Torsion

Von

Curt F. Kollbrunner
Senator h. c., Dr. sc. techn.
Dipl.-Bau-Ing. ETH, SIA
Zollikon / Zürich

und

Konrad Basler
Dr.-Ing.
Dipl.-Bau-Ing. ETH, SIA, M. ASCE
Beratender Ingenieur ASIC
Esslingen b. Zürich

Mit 112 Abbildungen und 22 Tabellen

Springer-Verlag Berlin Heidelberg GmbH
1966

Originally Published by Springer-Verlag, Berlin and Heidelberg in 1966
Softcover reprint of the hardcover 1st edition 1966

Library of Congress Catalog Card Number: 66-22 470

ISBN 978-3-662-28140-6 ISBN 978-3-662-29648-6 (eBook)
DOI 10.1007/978-3-662-29648-6

Titelnummer 1336

Vorwort

In diesem Buch werden die im Bauingenieurwesen vorkommenden Torsionsprobleme auf elementare Weise behandelt. Das Ziel ist die Spannungsberechnung von drehbeanspruchten Stäben, die einfach oder durchlaufend, normal oder schief gelagert sind, und deren Querschnitte voll, dünnwandig, offen oder geschlossen sein können.

Ein prismatischer Stab hat zwei Möglichkeiten, aus inneren Kräften ein Torsionsmoment aufzubauen. Die erste entsteht durch Bildung eines geschlossenen Schubflusses innerhalb des Materialquerschnittes, die zweite aus Schubspannungen, verursacht durch Normalspannungsänderung in Stablängsrichtung. Die erste Möglichkeit ergibt den SAINT-VENANTschen Torsionsanteil, die zweite den Wölbtorsionsanteil. (Gelegentlich wird in der Literatur dafür auch die Bezeichnung primärer und sekundärer Torsionsanteil oder, beim I -Profil, Torsion und Flanschbiegung verwendet.)

Für jeden Anteil ist eine Unterteilung in Festigkeitslehre und Statik denkbar, indem in der Festigkeitslehre nur die Gegebenheiten im Stabquerschnitt, d. h. die Bestimmung der Querschnittswerte und der Spannungsverteilung ins Auge gefaßt werden, während in der Statik die Berechnung der aus Drehbeanspruchung erzeugten Schnittgrößen unter besonderer Beachtung der Stablagerungsarten an jeder Stabstelle durchgeführt wird.

Mit Ausnahme weniger Querschnitte und Stablagerfälle hält in einem Stab die Summe von SAINT-VENANTschem Torsionsmoment T_s und Wölbtorsionsmoment T_ω dem gesamten äußeren Torsionsmoment T das Gleichgewicht. Zur Statik wird nicht nur die Bestimmung des gesamten Torsionsmomentenverlaufes gezählt, sondern auch seine Aufteilung in die beiden Komponenten T_s und T_ω. Diese Zerlegung des Torsionsmomentes gehört zum Problemkreis der gemischten Torsion.

Aus didaktischen Gründen ist jedoch eine ungemischte Einführung der beiden Torsionskomponenten erwünscht. Die zum Teil ungewohnten Begriffe können dann für sich allein erklärt werden, wie z. B. die sektorielle Koordinate ω oder das Bimoment M_ω. Diese der Einführung dienende Trennung in der Behandlung von SAINT-VENANTscher- und Wölbtorsion führt aber gleichzeitig zu wichtigen Anwendungsgebieten, wie aus dem letzten Abschnitt des 10. Kapitels hervorgeht. Bei gedrungenen Voll- und Hohlquerschnitten kann die Wölbtorsion meist vernachlässigt oder abschließend durch lokal begrenzte Korrekturen berücksichtigt werden. Andererseits ist es oft möglich, reine Wölbtorsion anzunehmen, wie z. B. bei den kaltgeformten dünnwandigen Bandstahlprofilen oder bei Brücken mit offenem dünnwandigem Querschnitt und Stahlblechfahrbahnen. Außerdem bleiben die querschnittbezogenen Betrachtungen, die Aspekte der Festigkeitslehre, unberührt davon, ob das SAINT-VENANTsche Torsionsmoment T_s bzw. das Wölbtorsionsmoment T_ω aus reiner oder gemischter Torsion anfällt.

Aus diesen und den nachstehenden Gedanken heraus ist folgende Gliederung des Buches in 13 Kapitel getroffen worden:

Teil des Buches	Festigkeitslehre	Statik
I: SAINT-VENANTsche Torsion	Kapitel 1 und 2	Kapitel 3 und 4
II: Wölbtorsion	Kapitel 5 und 6	Kapitel 7 und 8
III: Gemischte Torsion		Kapitel 9 und 10
IV: Faltwerke	Kapitel 11, 12 und 13	

In der Biegungs- und Wölbtheorie wird die Erhaltung des Stabquerschnittes unter Belastung vorausgesetzt. Um die Tragzustände kennenzulernen, die bei Preisgabe dieser Voraussetzung in den aus Scheiben zusammengesetzten Überbauten (den Faltwerken) doch noch möglich sind, ist Teil IV dieses Buches geschrieben worden. Die Scheiben werden als gelenkig miteinander verbunden angesehen. Die so berechneten Spannungen sind mit jenen der Stabtheorie (aufgefaßt als Biege- und Wölbtheorie zusammen) Grenzwerte, zwischen denen alle wirklichen Verhältnisse bei nur teilweiser Querschnittserhaltung liegen müssen. Wie aus dem 13. Kapitel hervorgeht, sind diese Schranken genügend eng und zum Teil zusammenfallend, um die praktisch vorkommenden Scheibentragwerke zu bemessen. Eine kompliziertere Theorie, wie etwa diejenige mit FOURIER-Serien und der Einführung von Plattenmomenten längs den Scheibenrändern, scheint erst dann angebracht, wenn keine lineare Verteilung der Scheibenspannungen mehr angenommen werden darf, d. h. wenn die Schubverzerrung mitberücksichtigt wird.

Solange die Ausnahme nicht speziell erwähnt wird, sind in allen Kapiteln prismatische, elastische Stäbe vorausgesetzt, in denen die Schubdeformationen gegenüber jenen aus Normalspannungen vernachlässigt werden. — Dieses Buch befaßt sich mit Spannungsproblemen und geht nicht auf die entsprechenden Stabilitätsprobleme ein.

Es gibt kein Teilgebiet der Festigkeitslehre, bei dem die eingeführte Bezeichnungsweise, Festlegung der Vorzeichen und Achsen, sowie die Darstellung des Stoffes so entscheidend ist wie bei der Wölbtorsion. Systematik und Klarheit gehen verloren, wenn z. B. mit x die Achse im Querschnitt und dann wieder als Stablängsachse bezeichnet wird; wenn die y-Achse nach oben zeigt bei der Betrachtung des Querschnittes, aber nach unten für die Berechnung der Durchbiegungen; wenn eine Belastungskomponente in negativer Achsrichtung als positiv eingeführt würde, die Spannung aber negativ; oder wenn diese Komponente zur Kennzeichnung als Index diejenige Koordinate erhalten sollte, zu der sie parallel verläuft; wenn andererseits das daraus resultierende Biegemoment den Fußzeiger der Achse erhalten würde, um die es wirkt, usw. — Um diese Unklarheiten zu vermeiden und eine vorzeichensichere Berechnung zu erzielen, mußten zum Teil neue, für den Leser zunächst ungewohnte Bezeichnungsweisen eingeführt werden. Sie werden jeweils dort begründet, wo die Zeichen zum erstenmal benutzt werden; hinsichtlich der Koordinaten hauptsächlich in Abschn. 5.1.

Bis um die Jahrhundertwende hat man im Ingenieurwesen unter Torsion die von Baron de SAINT-VENANT [1] begründete Theorie verstanden, wonach die Schnittgröße aus einem geschlossenen Schubflußfeld über den Querschnitt gebildet wird, ohne Schubspannungen aus einem Normalspannungsgefälle in Stablängsrichtung zu berücksichtigen (Wölbtorsion).

Entscheidende Beiträge zur Anwendung der SAINT-VENANTschen Torsion im Ingenieurwesen sind durch R. BREDT [2] [die Formel (2.5) wird nach ihm benannt], durch den Hinweis auf die Membrananalogie von L. PRANDTL [3], durch A. FÖPPLs Beiträge zur Torsionskonstanten von Walzprofilen [4, 5] und die Arbeiten von C. WEBER und W. GÜNTHER [6] geleistet worden.

S. TIMOSHENKO hat wohl zum erstenmal ein Problem mit gemischter Torsion gelöst. Nachdem PRANDTL in seiner Dissertation das Kippen von Balken mit Rechteckquerschnitt behandelt hatte, stellte er TIMOSHENKO in Göttingen als Dissertationsproblem das Kippen von I-Trägern. Diese Resultate, die zur „Torsion mit Flanschbiegung" geführt haben, sind 1905 in russischer und 1910 in deutscher Sprache [7] erschienen.

TIMOSHENKOs Beitrag für den wichtigen I-Querschnitt war die Lösung eines Eigenwertproblemes. Beim ebenso wichtigen [-Profil stand das entsprechende Randwertproblem im Vordergrund des Interesses. Biegeversuche, über die C. VON BACH [8] 1909 berichtete, ergaben an Balken mit [-Querschnitt keine ebene Dehnungsverteilung im Sinne der Hypothese von BERNOULLI-NAVIER (die Tensometer haben die Summe der Dehnungen, verursacht durch Biege- und Wölbspannungen angezeigt). — Erst 10 Jahre später wurden diese Resultate durch R. MAILLART [9] und A. EGGENSCHWYLER [10] richtig gedeutet, indem sie die Schubmittelpunktachse als geometrischen Ort einführten, den alle Belastungsebenen enthalten müssen, falls Biegung ohne Torsion vorliegen soll.

Die für allgemeine, offene, dünnwandige Querschnitte gültige Wölbtheorie hat ihren Ursprung hauptsächlich in den Arbeiten von H. WAGNER [11] und R. KAPPUS [12], die sich als Flugzeugstatiker mit dem Drillknicken von Stäben befaßten. In der deutschen Fachliteratur des Bauingenieurwesens sind erst etwa 20 Jahre später namhafte Beiträge erschienen: F. W. BORNSCHEUER [13] hat eine Systematik in den Querschnittswerten eingeführt, die bei Biegung und Verwölbung auftreten. Für den Stahlbau ist eine hervorragende Arbeit von F. WANSLEBEN [14] erschienen und R. HEILIG [15] hat den gewöhnlich vernachlässigbar kleinen Schubverformungseinfluß untersucht.

Neben Forschungsarbeiten von J. N. GOODIER [16] sind in den Vereinigten Staaten von Amerika von S. TIMOSHENKO [17] und F. BLEICH [18] übersichtliche Zusammenfassungen und Beiträge über die Theorie von Stäben mit dünnwandigem, offenem Querschnitt gegeben worden, wobei vorwiegend die Stabilitätsprobleme dieser Bauteile behandelt wurden. Die Aspekte des Flugzeugbaues sind in einem Buch von P. KUHN [19] enthalten.

Kürzlich ist in deutscher Übersetzung ein Buch von W. S. WLASSOW [20] erschienen, das offenbar schon seit 1940 in Rußland existiert hat. Die gemischte Torsion wird darin hervorragend behandelt, und es scheint uns, daß die Begriffe der sektoriellen Koordinaten erstmals von WLASSOW eingeführt worden sind.

Diesen Forschern und Wissenschaftlern, wie auch ungezählten anderen, die sich um den Stand der heutigen Torsionslehre verdient gemacht haben, sei an dieser Stelle für ihre Arbeiten gedankt. Spezieller Dank geht auch an B. Thürlimann, durch dessen Vorlesung [*21*] K. Basler erstmals mit der Wölbtorsion und der Faltwerktheorie bekannt geworden ist.

Für die gründliche Durchsicht des Manuskripts sei M. Meister und E. Karamuk bestens gedankt.

Dieses Buch ist die Synthese von Arbeiten, die während den Jahren 1961 bis 1965 durchgeführt worden sind. Ein Teil davon ist im Verlag der Schweizer Stahlbau-Vereinigung [*22*, *23*, *24*, *25*] und in der Schweizerischen Bauzeitung [*26*] erschienen.

Zürich und Esslingen bei Zürich, im Juni 1966

Curt F. Kollbrunner und **Konrad Basler**

Schrifttum zum Vorwort

[1] SAINT-VENANT, B. DE: Mémoires des savants étrangers. Vol. 14, 1855.

[2] BREDT, RUDOLPH: Kritische Bemerkungen zur Drehungselastizität. Zeitschrift des Vereins Deutscher Ingenieure, Bd. 40, S. 785, 1896.

[3] PRANDTL, L.: Zur Torsion von prismatischen Stäben. Physikalische Zeitschrift, 4. Jahrgang, S. 758, 1903.

[4] FÖPPL, A.: Der Drillingswiderstand von Walzeisenträgern. Zeitschrift des Vereins Deutscher Ingenieure, Bd. 61, S. 694, 1917.

[5] FÖPPL, A., u. L. FÖPPL: Drang und Zwang. Verlag R. Oldenbourg, München und Berlin, 1928.

[6] WEBER, C., u. W. GÜNTHER: Torsionstheorie. Verlag Friedr. Vieweg & Sohn, Braunschweig, 1958.

[7] TIMOSHENKO, S.: Einige Stabilitätsprobleme der Elastizitätstheorie. Zeitschrift für Mathematik und Physik, Bd. 58, 1910.

[8] BACH, C. VON: Versuche über die tatsächliche Widerstandsfähigkeit von Balken mit [-förmigem Querschnitt. Zeitschrift des Vereins Deutscher Ingenieure, 1909, 1910.

[9] MAILLART, R.: Zur Frage der Biegung. Schweizerische Bauzeitung, Bd. 77, S. 195, 1921.

[10] EGGENSCHWYLER, A.: Über die Festigkeitsberechnung von Schiebetoren und ähnlichen Bauwerken. Diss. E.T.H., 1921.

[11] WAGNER, H.: Verdrehung und Knickung von offenen Profilen. Festschrift 25 Jahre T.H. Danzig, 1929, oder Luftfahrtforschung Bd. 11, S. 329, 1934.

[12] KAPPUS, R.: Drillknicken zentrisch gedrückter Stäbe mit offenem Profil im elastischen Bereich. Luftfahrtforschung, Bd. 13, S. 444, 1937.

[13] BORNSCHEUER, F. W.: Systematische Darstellung des Biege- und Verdrehvorganges, unter besonderer Berücksichtigung der Wölbkrafttorsion. Der Stahlbau, Bd. 21, S. 1, 1952.

[14] WANSLEBEN, F.: Die Theorie der Drillfestigkeit von Stahlbauteilen. Stahlbau-Verlag, Köln, 1956.

[15] HEILIG, R.: Der Schubverformungseinfluß auf die Wölbkrafttorsion von Stäben mit offenem Profil. Der Stahlbau, Bd. 30, S. 67, 1961.

[16] GOODIER, J. N.: The buckling of compressed bars by torsion and flexure. Cornell University, Engineering Experiment Station, Bulletin 27, 1941.

[17] TIMOSHENKO, S.: Theory of bending, torsion and buckling of thin-walled members of open cross-section. Journal of the Franklin Institute, 239, 1945.

[18] BLEICH, F.: Buckling Strength of Metal Structures. McGraw-Hill Book Company, Inc., New York, 1952.

[19] KUHN, P.: Stresses in Aircraft and Shell Structures. McGraw-Hill Book Company, 1956.

[20] WLASSOW, W. S.: Dünnwandige elastische Stäbe. Band 1, VEB Verlag für Bauwesen, Berlin, 1964.

[21] THÜRLIMANN, B.: Lecture notes C. E. 453 and C. E. 411. Lehigh University, Bethlehem, Pa., U.S.A., 1958, 1959.

[22] KOLLBRUNNER, C. F., u. K. BASLER: Torsionskonstanten und Schubspannungen bei SAINT-VENANTscher Torsion. Mitt. TKSSV., Heft Nr. 23. Verlag Schweizer Stahlbau-Vereinigung, Juli 1962.

[23] KOLLBRUNNER, C. F., u. K. BASLER: Torsionsmomente und Stabverdrehung bei SAINT-VENANTscher Torsion. Mitt. TKSSV, Heft Nr. 27. Verlag Schweizer Stahlbau-Vereinigung. Oktober 1963.

[*24*] KOLLBRUNNER, C. F., u. K. BASLER: Sektorielle Größen und Spannungen bei offenen, dünnwandigen Querschnitten. Mitt. TKSSV, Heft Nr. 28. Verlag Schweizer Stahlbau-Vereinigung, Januar 1964.

[*25*] KOLLBRUNNER, C. F., u. K. BASLER: Statik der Wölbtorsion und der gemischten Torsion. Mitt. TKSSV., Heft Nr. 31. Verlag Schweizer Stahlbau-Vereinigung, Mai 1965.

[*26*] BASLER, K.: Zur Statik schief gelagerter Träger. Schweizerische Bauzeitung, Jhrg. 82, Heft 16, 1964.

Inhaltsverzeichnis

Bezeichnungen

Die nachfolgende Zusammenstellung enthält nur die wesentlichsten Abkürzungen. Für schief gelagerte Stäbe wird direkt auf Abschn. 4.1b verwiesen.

a = Stabverdrehung am linken Stabende: $\varphi'(z = 0)$
A = eingeschlossene Fläche (bei Hohlquerschnitten)
b = Stabverdrehung am rechten Stabende: $-\varphi'(z = l)$
c = Scheibenbreite
C = Schwerpunkt
d = charakteristische Länge = $\sqrt{E I_{\omega\omega}/G K}$
D = Drehpunkt, Schubmittelpunkt; $D = I_{xx} I_{yy} - I_{xy}^2$
E = Elastizitätsmodul
F = Querschnittsfläche
F_f = Flanschfläche
G = Schubmodul
h = Abstand, Dreieckshöhe
I_{xx} = $\int_F x^2\,dF$ = Flächenträgheitsmoment
I_{yy} = $\int_F y^2\,dF$ = Flächenträgheitsmoment
I_{xy} = $\int_F xy\,dF$ = Deviationsmoment
$I_{\omega\omega}$ = $\int_F \omega^2\,dF$ = sektorielles Trägheitsmoment
$I_{\omega x}$ = $\int_F \omega x\,dF$ = sektorielles Deviationsmoment
$I_{\omega y}$ = $\int_F \omega y\,dF$ = sektorielles Deviationsmoment
K = Torsionskonstante
l = Stablänge
m_D = verteilt angreifendes Drehmoment
M_D = konzentriert angreifendes Drehmoment
M_x = $\int_F \sigma x\,dF$ = Biegemoment
M_y = $\int_F \sigma y\,dF$ = Biegemoment
M_ω = $\int_F \sigma\omega\,dF$ = Bimoment
N = Normalkraft
0 = Koordinatennullpunkt
p = verteilte Belastung
P = konzentrierte Belastung
q = τt = Schubfluß
Q = Querkraft
r = Radius
s = Bogenkoordinate, Perimeterlänge
S = statisches Moment, Membranzugkraft
$\tilde{S}_x$ = $\int_0^s x\,dF$ = statisches Moment des abgeschnittenen Teiles

$\tilde{S}_y = \int\limits_0^s y\,dF$ = statisches Moment des abgeschnittenen Teiles

$\tilde{S}_\omega = \int\limits_0^s \omega\,dF$ = sektorielles statisches Moment des abgeschnittenen Teiles

t = Wandstärke

T = gesamtes Torsionsmoment aus äußeren Kräften

T_s = SAINT-VENANTsches Torsionsmoment

T_ω = Wölbtorsionsmoment

U = Formänderungsenergie

v = Verschiebung in s-Richtung

w = Verschiebung in z-Richtung

X = überzählige Größen

x, y = Koordinaten der Querschnittsebene

X, Y = zu x, y, parallele, nichtnormierte Koordinaten

z = Koordinate in Richtung der Stabsachse

α = linker Auflagerdrehwinkel

β = rechter Auflagerdrehwinkel

γ = Gleitung $\left(= \frac{\tau}{G}\right)$

Γ = Niveaulinie einer Membran

ε = Dehnung $\left(= \frac{\sigma}{E}\right)$

ζ = z/l, normierte Koordinate in Stablängsrichtung

η = Abkürzung für $\int \frac{ds}{t}$

η_{ii}: integriert über ganzen Perimeter der Zelle i

η_{ik}: integriert über gemeinsame Wand der Zellen i und k

$\varkappa$ = $\sqrt{l^2 GK/EI_{\omega\omega}}$, Abkürzung, Proportionalitätskonstante

ξ, η = Verschiebungen in x- bzw. y-Richtung

σ = Normalspannung

τ = Schubspannung

φ = Verdrehung des Stabes (Drehwinkel)

φ' = spezifische Stabverdrehung $\left(= \frac{d\varphi}{dz}\right)$

Φ = Spannungsfunktion

ω = normierte sektorielle Koordinate, s. Gl. (5.27)

Ω = nichtnormierte sektorielle Koordinate, s. Gl. (5.25)

Kopfzeiger:

(f) = Schnittgröße am Grundsystem des beidseitig fest gegen Verdrehung gehaltenen Stabes

Fußzeiger bei durchlaufenden Stäben:

i = Bezeichnung des Stabfeldes. Gerade Zahl

k = Bezeichnung des Auflagers. Ungerade Zahl

I. Saint-Venantsche Torsion

1 Vollquerschnitte

1.1 Einführung

In diesem ersten Teil werden prismatische Stäbe mit voller Querschnittsfläche F betrachtet, die durch ein gegebenes Torsionsmoment T beansprucht werden. Zu ermitteln sind Stabverdrehungen und Schubspannungen.

a) Stabverdrehung

Die Stabverdrehung wird durch den Drehwinkel gemessen, der angibt, um wieviel sich ein Querschnitt an der Stelle z des Stabes gegenüber einem Ausgangsquerschnitt verdreht (Abb. 1.1). Da dieser Drehwinkel von der Lage des Ausgangsquerschnittes abhängt, wird man sich für die auf die Längeneinheit bezogene Verdrehung $d\varphi/dz = \varphi'$ des Stabes interessieren, die in jedem Querschnitt z eindeutig eine Funktion des dort herrschenden Torsionsmomentes $T(z)$ ist.

Vorerst werden Stäbe betrachtet, die aus elastischem Material bestehen, welches dem HOOKEschen Gesetz gehorcht. Die spezifische Verdrehung muß daher direkt proportional zum wirkenden Torsionsmoment T und umgekehrt proportional zum Schubmodul G sein:

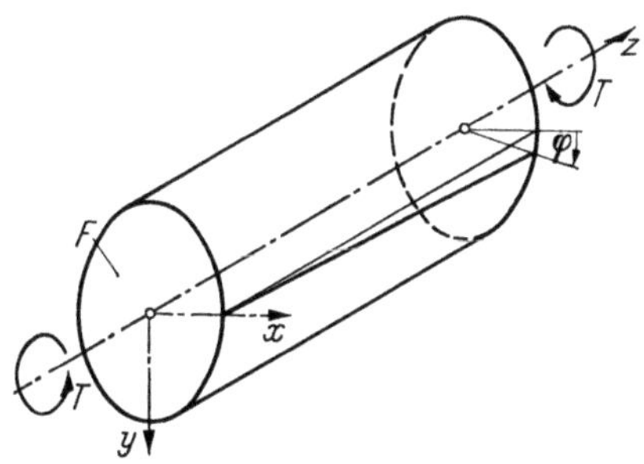

Abb. 1.1. Stabverdrehung φ infolge eines Torsionsmomentes T

$$\varphi' = \varkappa \frac{T}{G}.$$

Dabei wird die Proportionalitätskonstante $\varkappa$ nicht nur die Dimension der Gleichung richtigstellen, sondern auch noch eine Aussage über die Eignung des Querschnittes gegenüber Verdrehung geben. Die linke Seite dieser Gleichung hat die Dimension [Länge]$^{-1}$, der Quotient rechts [Länge]^3. Die Proportionalitätskonstante $\varkappa$ muß demnach die Dimension [Länge]$^{-4}$ haben. Es scheint daher bequemer, mit dem reziproken Wert von $\varkappa$ zu arbeiten, der dann die gleiche Dimension wie ein Flächenträgheitsmoment haben wird, und obige Gleichung neu anzusetzen wie folgt:

$$\varphi' = \frac{T}{GK}. \tag{1.1}$$

Die Größe K wird als *Torsionskonstante* oder *Drillwert* bezeichnet (engl. torsion constant), das Produkt GK als *Torsionssteifigkeit* oder *Drillsteifigkeit* (engl.

torsional rigidity). Gelegentlich wird in der Literatur die Torsionskonstante auch durch die Buchstaben J oder I symbolisiert. Es ist aber darauf aufmerksam zu machen, daß die Torsionskonstante nicht das polare Trägheitsmoment darstellt (mit einer einzigen Ausnahme, dem Kreisquerschnitt).

Die Definition der Torsionskonstanten ist somit folgende:

Die Torsionskonstante K ist die Proportionalitätskonstante mit der Dimension [Länge]^4, welche die differentielle Verknüpfung (1.1), die gemäß dem HOOKEschen Gesetz existieren muß, zur Gleichung macht.

Bevor ihre Berechnung gegeben wird, sei die Ermittlung der Schubspannungen kurz erläutert.

b) Schubspannungsverlauf

Der Schubspannungsverlauf infolge Torsion kann bei allen Vollquerschnitten mit Hilfe des Gleichnisses von PRANDTL[1] abgeschätzt werden:

Man stelle sich vor, daß über den Stabquerschnitt eine am Rande verankerte Membran gespannt werde. Die Membran stehe unter allseitigem Zug von der Größe S (Kraft/Längeneinheit). Einer Torsionsbeanspruchung entspricht die Wirkung eines gleichmäßig verteilten Druckes p senkrecht zur Membranebene.

Die dadurch entstehende Membrandurchbiegung werde mit $\Phi(x, y)$ bezeichnet und sei als klein vorausgesetzt (Abb. 1.2). Gelegentlich wird $\Phi(x, y)$ auch Spannungsfunktion und die dadurch beschriebene Figur Spannungshügel genannt.

Es lassen sich nach PRANDTL folgende Analogien zwischen diesem Membran- und Torsionsproblem herstellen:

Das Torsionsmoment T wird dargestellt durch das doppelte Volumen V, welches begrenzt ist durch die Membran und die Querschnittsebene,

$$T = 2V. \tag{1.2}$$

Die Schubspannungen verlaufen tangential zu den Niveaulinien der Membran (im Drehsinn des Torsionsmomentes), und ihr absoluter Betrag ist gleich der Neigung der Membran an der betreffenden Stelle,

$$\tau_{zx} = \frac{\partial \Phi}{\partial y}, \qquad \tau_{zy} = -\frac{\partial \Phi}{\partial x}. \tag{1.3}$$

Dem Produkt $2G\varphi'$ des Torsionsproblems entspricht das Verhältnis p/S des Membranproblems. Die obigen Beziehungen gelten somit nur falls

$$\frac{p}{S} = 2G\varphi' \tag{1.4a}$$

ist.

Diese letztere Aussage, (1.4a), kann mit Hilfe von (1.3) zu einer wertvollen Beziehung für die Berechnung der Torsionskonstanten umgeformt werden. Man betrachtet dazu das Gleichgewicht einer Membran-Kalotte, die durch eine Niveaulinie Γ abgeschnitten wird (Abb. 1.2). Mit der eingeschlossenen Fläche A wird die

---

[1] PRANDTL, L.: Zur Torsion von prismatischen Stäben. Physikalische Zeitschrift, 4. Jahrgang, 1903, S. 758.

Resultierende des Membrandruckes gleich pA. Diese muß gleich der Summe der Vertikalkomponenten längs der Randverankerung sein.

Berücksichtigt man, daß die Horizontalkomponente überall in der gespannten Membran gleich S ist und die Membranneigung gemäß der Beziehung (1.3) gleich der Schubspannung, so lautet die Gleichgewichtsbedingung:

$$pA = \oint_\Gamma S\tau\, ds;$$

da $S =$ konstant:

$$\frac{p}{S} A = \oint_\Gamma \tau\, ds$$

und, zufolge (1.4a):

$$2G\varphi' A = \oint_\Gamma \tau\, ds. \tag{1.4b}$$

Wird diese letztere Gl. (1.4b) in der Form von Gl. (1.1) geschrieben, so lesen wir als Beiwert folgende Torsionskonstante ab:

$$K = \frac{2AT}{\oint_\Gamma \tau\, ds}. \tag{1.5}$$

Es bedeuten:

$\oint_\Gamma \tau\, ds$: das Linienintegral über die Schubspannungen entlang einer beliebigen Schubspannungstrajektorie (Niveaulinie der Membran) [Kraft/Länge];

A: die von der geschlossenen Kurve umschriebene Fläche [Länge]^2;

T: das die Schubspannungen erzeugende Torsionsmoment [Kraft · Länge];

K: die Torsionskonstante [Länge]^4.

Zusammenfassend sei nochmals der Lösungsweg angegeben, um die Schubspannungen sowie die Torsionskonstante abschätzen zu können. Auf Grund der Vorstellung, oder mit Hilfe von Seifenhautexperimenten, wird die *Form* der Membran erfaßt. Dann wird mit Aussage (1.2) die *Größe* der Membran bestimmt. Auf Grund von (1.3) kann nun der Schubspannungsverlauf skizziert und mit (1.5) die Torsionskonstante bestimmt werden. Zur Illustration dieses Verfahrens werden nachstehend einige Beispiele besprochen.

1.2 Anwendungen

a) Der Kreisquerschnitt

In Abb. 1.2 ist die zum Kreisquerschnitt zugehörige Membran skizziert. Die der PRANDTLschen Analogie entsprechende Membran muß immer sehr flach sein (im gleichen Sinne, wie die Balkendurchbiegung flach gegenüber der Balkenlänge sein muß, um die Krümmung als zweite Ableitung der Durchbiegung angeben zu können).

In erster Näherung wird man sich mit einer parabolischen Form begnügen können, die im Polarkoordinatensystem ϱ, φ folgende Gestalt annimmt:

$$\Phi(\varrho, \varphi) = \Phi_0 \left[1 - \left(\frac{\varrho}{r}\right)^2\right].$$

Hierin bedeutet Φ_0 die Ausbiegung der Membran im Kreiszentrum. Sie wird festgelegt durch die Aussage (1.2), wonach das doppelte Volumen des von der Membran aufgespannten Paraboloides gleich dem Torsionsmoment sein muß:

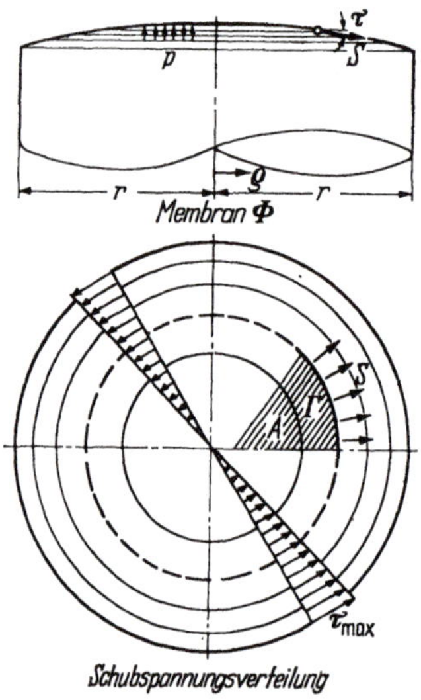

Abb. 1.2. Das PRANDTLsche Gleichnis beim Kreisquerschnitt

$$T = 2 \int_0^r \Phi_0 \left[1 - \left(\frac{\varrho}{r}\right)^2\right] 2\pi\varrho \, d\varrho,$$

$$\Phi_0 = \frac{T}{\pi r^2}$$

und somit

$$\Phi = \frac{T}{\pi r^2} \left[1 - \left(\frac{\varrho}{r}\right)^2\right].$$

Gemäß Aussage (1.3) folgt:

$$|\tau| = \frac{d\Phi}{d\varrho} = \frac{2T}{\pi r^4} \varrho.$$

Diese Schubspannungsverteilung ist in Abb. 1.2 skizziert. Die größte Schubspannung tritt am Kreisrand auf und beträgt:

$$\tau_{\max} = \frac{2T}{\pi r^3}. \qquad (1.6)$$

Mit diesem konstanten Wert für τ wird das Linienintegral um den zugehörigen Kreisrand der Länge $2\pi r$:

$$\oint_\Gamma \tau \, ds = \frac{2T}{\pi r^3} 2\pi r = \frac{4T}{r^2}$$

und somit die Torsionskonstante nach Gl. (1.5):

$$K = \frac{\pi}{2} r^4. \qquad (1.7)$$

b) Der schmale Rechteckquerschnitt

Bei einem Rechteckquerschnitt, dessen Breite b groß ist gegenüber der Dicke t, beeinflussen die kurzen Ränder die Membran nur noch in einer Ausdehnung, die von der gleichen Größenordnung ist wie diese Randlängen selbst. Abgesehen von diesen Endzonen wird daher die Membran, wie in Abb. 1.3 skizziert, parabelförmig von Längskante zu Längskante gespannt sein:

$$\Phi(x, y) = \Phi_0 \left[1 - \left(\frac{2x}{t}\right)^2\right].$$

Nach Gl. (1.2) gilt: $$T = 2\frac{2}{3}\Phi_0 t b,$$

daraus folgt: $$\Phi_0 = \frac{3}{4}\frac{T}{bt}$$

und $$\Phi = \frac{3}{4}\frac{T}{bt}\left[1 - \left(\frac{2x}{t}\right)^2\right].$$

Gemäß Aussage (1.3) gilt: $$|\tau_{zy}| = \frac{d\Phi}{dx} = 6\frac{T}{bt^3}x.$$

Am Rande ergibt sich: $$\tau_{\max} = 3\frac{T}{bt^2}. \tag{1.8}$$

Nach Gl. (1.5) $$K = \frac{2AT}{\oint\limits_\Gamma \tau\, ds} = \frac{2btT}{2b\tau_{\max}},$$

erhält man: $$K = \tfrac{1}{3}bt^3. \tag{1.9}$$

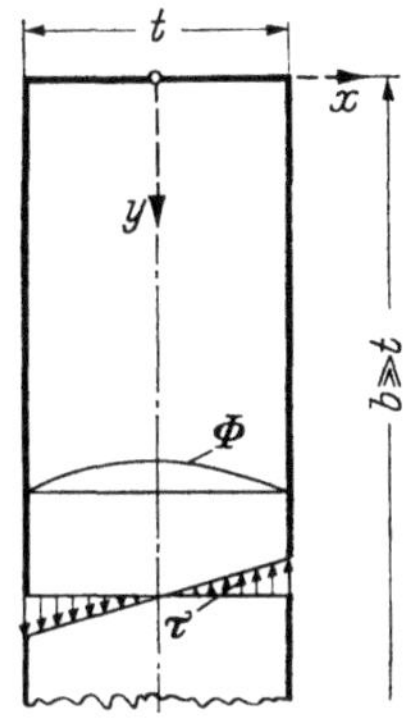

Abb. 1.3. Der schmale Rechteckquerschnitt

Übung 1.1. *Flachquerschnitt.* Beweise, daß beim schlanken Querschnitt (Stärke $t \ll$ Breite b) mit leicht variabler Stärke gilt:

$$K = \frac{1}{3}\int\limits_0^b t^3\, ds, \qquad \tau_{\max} = \frac{T}{K}t.$$

c) Der gleichseitige Dreieckquerschnitt

Der Stabquerschnitt mit den zu verwendenden Bezeichnungen ist in Abb. 1.4a dargestellt. Die Membran wird mit horizontaler Tangentialebene aus der Ecke heraus beginnen. Diese Einsicht ist nicht nur aus der Anschauung über flach gespannte Membrane erhältlich, sondern auch aus der Tatsache, daß in allen Ecken eines Profils die Schubspannungen verschwinden müssen; denn Schubspannungen können nur parallel zu den Querschnittsrändern verlaufen, sonst entstünden, wegen der Zuordnung der Schubspannungen ($\tau_{zx} = \tau_{xz}$, $\tau_{zy} = \tau_{yz}$), Oberflächenspannungen entlang den Erzeugenden des prismatischen Stabes. Da keine von null verschiedene Schubspannung in einer Ecke gleichzeitig parallel zu zwei verschiedenen Richtungen sein kann, besitzt auch die Membran in einer Ecke keine von null verschiedene Steigung.

Um also den Verlauf der Membran entlang der Symmetrieachse $y = 0$ unseren Vorstellungen gemäß beschreiben zu können, muß mindestens ein Polynom dritten Grades gewählt werden, das eine Nullstelle beim Rand $x = -a$ und eine Nullstelle samt horizontaler Tangente in der Ecke $x = 2a$ besitzt (Abb. 1.4a). Daher der Ansatz:

$$\Phi(x, y=0) = c\left(\frac{x}{a} + 1\right)\left(\frac{x}{2a} - 1\right)^2.$$

Vertikale Membranschnitte parallel zur y-Richtung müssen zur x-Achse symmetrische Kurven ergeben, die auf den Profilrändern den Wert null annehmen. Die einfachsten Kurven dieser Art sind wiederum Parabelbögen. Dadurch ist die *Form* der Membran festgelegt. Gemäß Abb. 1.4a hat also ein Volumenelement dV die Ausdehnung in y-Richtung von $2(2a-x)/\sqrt{3}$, eine Höhe von $\Phi(x, y=0)$ wie oben angeschrieben und eine Dicke von dx.

Sein Inhalt ist, zufolge der Parabelform, $^2/_3$ des Produktes dieser drei Dimensionen; das gesamte Volumen unter der Membran somit:

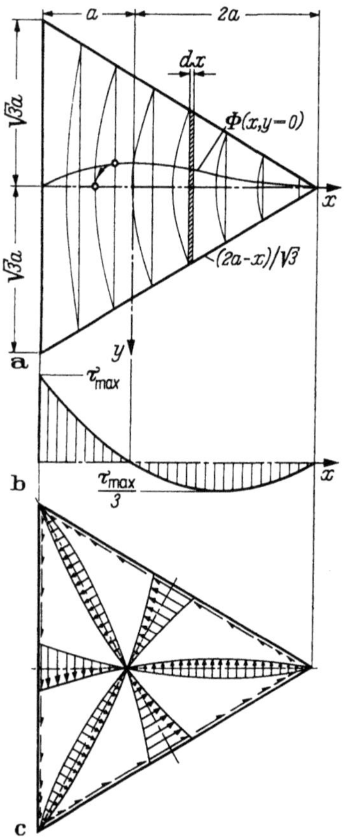

Abb. 1.4. Der gleichseitige Dreieckquerschnitt

$$V = \frac{8ac}{3\sqrt{3}} \int\limits_{2a}^{-a} \left(\frac{x}{a}+1\right)\left(\frac{x}{2a}-1\right)^3 dx$$

$$= \frac{27\sqrt{3}}{20}\, a^2 c,$$

woraus die Membranhöhe c gemäß Gl. (1.2) errechnet werden kann:

$$T = \frac{27\sqrt{3}}{10}\, a^2 c,$$

$$c = \frac{10}{27\sqrt{3}}\, \frac{T}{a^2}.$$

Man erhält:

$$\Phi(x, y=0) = \frac{10}{27\sqrt{3}}\, \frac{T}{a^2} \left(\frac{x}{a}+1\right)\left(\frac{x}{2a}-1\right)^2$$

und, zufolge Aussage (1.3):

$$|\tau_{zy}|_{y=0} = \frac{d\Phi(x, y=0)}{dx}$$

$$= \frac{5}{3\sqrt{3}}\, \frac{T}{a^3}\, \frac{x}{a} \left(\frac{x}{2a}-1\right).$$

Eine Skizze dieser Schubspannungsverteilung ist in Abb. 1.4b gegeben. Der größte Wert beträgt:

$$\tau_{\max} = \frac{5}{6\sqrt{3}}\, \frac{T}{a^3}. \tag{1.10}$$

Da der Profilrand $x = -a$ eine Niveaulinie der Membran ist, aber die zu diesem Rand parallel verlaufenden Vertikalschnittkurven parabelförmig, so sind auch die Neigungen der Membran und damit die Schubspannungen τ_{zy} entlang dieses Randes parabelförmig verteilt.

Wenn wir noch beachten, daß zufolge Symmetrie alle diese Aussagen auch gelten, wenn der Querschnitt um $\pm 120°$ gedreht wird, so entsteht das in Abb. 1.4c dargestellte Bild vom Schubspannungsverlauf.

Die Torsionskonstante, wiederum berechnet gemäß (1.5), ist:

$$K = \frac{2AT}{\oint\limits_{\Gamma} \tau\, ds} = \frac{2 \cdot 3\sqrt{3}a^2T}{\frac{2}{3}\tau_{\max}\, 2a\,\sqrt{3}\cdot 3} = \frac{aT}{\frac{2}{3}\tau_{\max}}.$$

Daraus folgt:

$$K = \frac{9\sqrt{3}}{5}\, a^4. \tag{1.11}$$

1.3 Saint-Venantsche Näherungsformel für die Torsionskonstante

Bis anhin war es nur möglich, die Torsionskonstante zu berechnen, wenn die Schubspannungen infolge Torsion wenigstens längs einer Spannungstrajektorie bekannt waren. Es kommt aber oft vor, etwa beim Aufstellen von Elastizitätsbedingungen oder bei Stabilitätsuntersuchungen, daß man sich nicht für die Schubspannungen, sondern nur für die Torsionssteifigkeit des Profils interessiert. Mit der nachfolgenden Formel (1.12) ist die Möglichkeit gegeben, die Torsionskonstante auch für beliebig geformte Vollquerschnitte rasch abzuschätzen.

Die Torsionskonstante charakterisiert die Eignung des Stabquerschnittes gegenüber Verdrehung in ähnlicher Weise, wie I_{xx} und I_{yy} die Eigenschaft des Querschnittes gegenüber Biegung in x- bzw. y-Richtung kennzeichnen, oder wie etwa die Querschnittsfläche F in Verbindung mit den Normalkräften im Stab steht. Man ist daher versucht, zu fragen, ob nicht K approximativ durch die bereits bekannten charakteristischen Größen eines Stabquerschnittes ausgedrückt werden könnte, d. h. ob ein Ansatz von folgender Form möglich wäre:

$$K = f(F, I_{xx}, I_{yy}).$$

Dabei müßten die Argumente einer solchen Funktion invariant sein; sie dürften demnach nicht von der Wahl des Koordinatensystems abhängen. Die Querschnittsfläche F genügt dieser Bedingung, aber die Flächenträgheitsmomente müßten wenigstens als Summe, $I_{xx} + I_{yy} = I_{rr}$, auftreten, denn nur das polare Trägheitsmoment I_{rr} ist invariant bei Drehung des Koordinatensystems. Also wäre anzunehmen, daß

$$K = f[F, (I_{xx} + I_{yy})] = f[F, I_{rr}]$$

ist.

Beim schmalen Rechteck ist aufgefallen, daß in der Formel für K die Seitenlängen wie beim Trägheitsmoment als Produkt der einen Dimension mit der dritten Potenz der anderen auftreten, jedoch mit umgekehrter Gewichtsverteilung. Für das schmale Rechteck ($I_{xx} \cong 0$, $I_{yy} \cong I_{rr}$) ist also das Produkt $I_{rr}K$ proportional zu F^4, $\left(\frac{1}{12} b^3 t \frac{1}{3} b t^3 = \frac{1}{36} b^4 t^4\right)$. Mit der Konstanten $\varkappa$, die für ein schmales Rechteck gleich 36 wäre, kann der funktionelle Zusammenhang folgendermaßen angegeben werden:

$$K = \frac{F^4}{\varkappa I_{rr}}.$$

Während für die Bestimmung der funktionellen Verknüpfung ein Fall berücksichtigt wurde, dessen eine Dimension viel größer ist als die andere, sollte $\varkappa$ an einem Profil bestimmt werden, welches etwa gleiche Abmessungen in allen Richtungen besitzt.

Setzt man die Werte für einen Kreisquerschnitt ein $\left(F = \pi r^2,\ I_{rr} = \frac{\pi}{2} r^4,\ K = \frac{\pi}{2} r^4\right)$, so wird $\varkappa = 4\pi^2 \cong 40$ und somit:

$$K = \frac{F^4}{40\, I_{rr}}. \tag{1.12}$$

Diese Näherungsformel ist schon von SAINT-VENANT[1] angegeben worden. Erstaunlich ist, wie vielgestaltig die Querschnittsform sein kann. Die Näherungsformel gilt für Vollquerschnitte, deren Abmessungen ungefähr gleich groß in zwei zueinander senkrechten Richtungen sind, bis zu solchen, bei denen eine die andere weit überwiegt. Die Querschnitte sollen aber keine stark einspringenden Ecken haben. Im nächsten Abschnitt wird gezeigt, wie in solchen Fällen die Torsionskonstante abgeschätzt würde.

Übung 1.2. *Saint-Venantsche Näherungsformel.* Für verschiedene Vollquerschnitte sind in der Fachliteratur genaue Werte für die Torsionskonstante zu finden. Berechne für solche Querschnitte die Torsionskonstante nach der SAINT-VENANTschen Näherungsformel (1.12) und verifiziere ihre Genauigkeit.

Die nachstehende Abbildung enthält eine Auswahl von Resultaten. Als Ordinate erscheint das Verhältnis von genähertem zum exakten Wert; als Abszisse ist, ähnlich der Klassierung von Gesteinsarten, das Verhältnis der größeren zur geringeren Querschnittsabmessung aufgetragen.

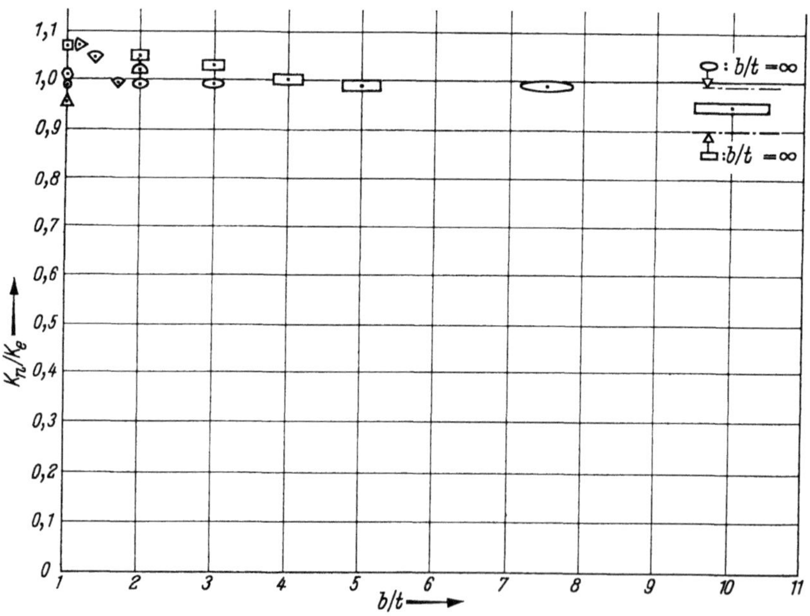

Resultate zur Übung 1.2: Genauigkeit der SAINT-VENANTschen Näherungsformel für die Torsionskonstante K. Näherungswert zum exakten Wert, K_n/K_e als Funktion der größten zur geringsten Querschnittsabmessung, b/t

[1] SAINT VENANT: De la torsion des prismes. Tome XIV de l'Académie des Sciences, Paris 1855.

1.4 Zusammengesetzte Vollquerschnitte

Häufig weisen die Querschnitte von Bauelementen komplizierte Formen auf, wie etwa diejenige dargestellt in Abb. 1.5. In solchen Fällen denkt man sich den Querschnitt aufgebaut aus mehreren Teilflächen ($F_1, F_2, \ldots, F_n$) von einfacher geometrischer Form, wie das auch aus Abb. 1.5 zum Ausdruck kommt.

Unter der Annahme, daß die Form des Gesamtprofiles bei Verdrehung gewahrt bleibe, erleiden dabei alle Teilquerschnitte die spezifische Verdrehung φ' des Gesamtprofils:

$$\varphi_i' = \varphi' \qquad (i = 1, 2, \ldots, n)$$

oder, gemäß Gl. (1.1),

$$\frac{T_i}{G K_i} = \frac{T}{G K} \qquad (i = 1, 2, \ldots, n),$$

d. h., es ist

$$T_i = \frac{K_i}{K} T \quad (i = 1, 2, \ldots, n), \tag{1.13}$$

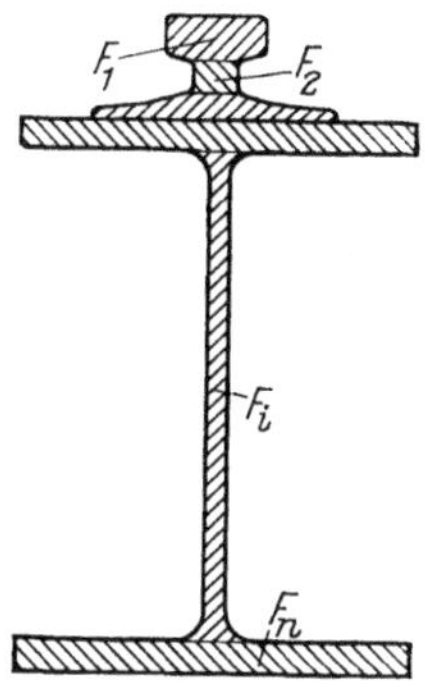

Abb. 1.5. Ein aus n Teilflächen bestehender Vollquerschnitt

wobei T und K das Torsionsmoment und die Torsionskonstante am gesamten Profilquerschnitt bezeichnen, während T_i und K_i die entsprechenden Werte sind, die zum Teilquerschnitt i gehören. Um Gleichgewicht zu erhalten, muß die Summe der Teilmomente gleich dem Gesamtmoment sein:

$$\sum_{i=1}^{n} T_i = T.$$

Unter Berücksichtigung von Gl. (1.13) ergibt dies:

$$\frac{T}{K} \sum_{i=1}^{n} K_i = T,$$

woraus folgt:

$$K = \sum_{i=1}^{n} K_i. \tag{1.14}$$

Setzt man für die Torsionskonstanten der Teilquerschnitte die Näherungs formel (1.12), so ergibt sich die Torsionskonstante eines aus n beliebig geformten Teilquerschnitten bestehenden Gesamtquerschnittes zu:

$$K \cong \frac{1}{40} \sum_{i=1}^{n} \frac{F_i^4}{I_{rr,i}}. \tag{1.15}$$

Es bedeuten:

F_i: die Querschnittsfläche des i-ten Teilquerschnittes;

$I_{rr,i}$: das polare Trägheitsmoment, $I_{rr} = I_{xx} + I_{yy}$, des i-ten Teilquerschnittes.

Im speziellen Fall, da alle Teilquerschnitte schmale Rechtecke sind, kann Formel (1.14) gemäß dem Resultat (1.9) auch angeschrieben werden als:

$$K = \tfrac{1}{3} \sum_{i=1}^{n} b_i t_i^3. \tag{1.16}$$

Es bedeuten:

b_i: die Breite (größere Ausdehnung) des i-ten Rechteckes;

t_i: die Stärke des i-ten Rechteckes.

Diese Formel (1.16) ist unseres Wissens zum ersten Male von A. Föppl[1] aufgestellt worden.

Beide Näherungsformeln (1.15) und (1.16) sind nicht ganz genau, und zwar aus zwei Gründen: Erstens haftet den Summanden ein gewisser Fehler an, indem sie nur angenähert die Torsionskonstante des i-ten Querschnitt-Teiles ergeben und zweitens bleiben die Wülste bei den Verschmelzungsstellen unberücksichtigt.

Für den Fall von Walzprofilen hat A. Föppl auf Grund von sorgfältig durchgeführten Versuchen folgende Korrekturfaktoren ermittelt (η ist das Verhältnis des versuchstechnisch ermittelten K-Wertes bezogen auf die nach Formel (1.16) vorausberechneten Werte):

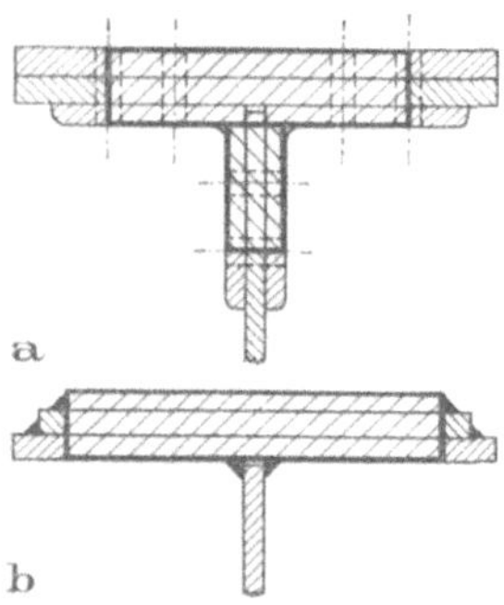

Abb. 1.6. Zerlegung in Teilquerschnitte bei genieteten (a) und geschweißten (b) Lamellenpaketen

Profil	$\eta = \dfrac{K_{\text{Versuch}}}{\frac{1}{3}\sum b t^3}$
L, L	1,0
T, Z	1,15
I, I	1,3

Man ist also berechtigt, die nach Formel (1.16) berechneten Werte um 15% zu erhöhen im Falle von T- und Z-Querschnitten, und um 30% im Falle von I-Profilen.

Natürlich könnte man die einzelnen Profilserien noch genauer untersuchen und den Einfluß der Verschmelzungsstellen für jedes Profil besser abschätzen. Es ist aber zu beachten, daß schon die zulässigen Walztoleranzen von $\pm 3\%$ in den Flansch- und Stegstärken Schwankungen in der Torsionskonstanten von $\pm 9\%$ verursachen.

Bei genieteten oder geschweißten Blechträgern werden oft Teilrechtecke mit ihren Breitseiten zusammengeschlossen (Abb. 1.6). Es stellt sich die Frage, ob die n Lamellen, die ein Gurtpaket aufbauen, als Einzelrechtecke oder das gesamte Gurtpaket als solidarischer Querschnitt in Rechnung gesetzt werden können. Um diese Frage zu klären, sind an der Lehigh University in Bethlehem, Pennsylvania, Großversuche an solchen Profilen durchgeführt worden[2]. Eine schöne Zusammenfassung dieser Versuche mit ergänzenden Betrachtungen wird von R. Barbré in deutscher Literatur gegeben[3]. Das Ergebnis ist bildlich in Abb. 1.6 dargestellt. Bis zur äußersten Nietreihe, bzw. innersten Schweißnaht, gilt die Gesamtstärke des Lamellenpaketes; überstehende Ränder müssen entsprechend ihrer individuellen Dicke in Rechnung gesetzt werden.

[1] Föppl, A.: Der Drillungswiderstand von Walzeisenträgern. Zeitschrift des Vereins deutscher Ingenieure, Vol. 61, 1917, S. 694. — Föppl, A., u. L. Föppl: Drang und Zwang. München und Berlin: R. Oldenbourg, 1928.

[2] Chang, F. K., u. B. G. Johnston: Torsion of Plate Girders. Trans., Am. Soc. of Civ. Eng., Vol. 118A, 1953, S. 337.

[3] Barbré, R.: Torsion zusammengesetzter Träger. Der Bauingenieur, Bd. 28, 1953, S. 98.

2 Geschlossene, dünnwandige Querschnitte

2.1 Einführung

Nachdem das vorhergehende 1. Kapitel mit „Vollquerschnitte" betitelt wurde, sollte dieses 2. Kapitel die Überschrift „Hohlquerschnitte" erhalten. Für das Bauingenieurwesen spielt aber der Spezialfall, bei dem die Wandstärke klein ist gegenüber den Abmessungen des gesamten Querschnittes, eine so viel größere Rolle als der „Querschnitt mit Löchern", daß wir uns mit wenig Ausnahmen nur mit dem dünnwandigen Querschnitt befassen werden. Ein Kriterium darüber, was als dünnwandig betrachtet werden kann, wird im Abschn. 2.2b gegeben.

a) Das Gleichnis von Prandtl

Für einen Hohlquerschnitt gilt das PRANDTLsche Gleichnis in derselben Form wie für den Vollquerschnitt, jedoch mit der Ergänzung, daß der inneren Begrenzung auch eine Niveaulinie der Membran entspricht. Wenn dem nicht so wäre, würde die Membranneigung längs des Innenrandes nicht verschwinden, was Schubspannungen normal zum Innenrand verlangen würde. Dies ist aber nicht möglich wegen der Zuordnung der Schubspannungen ($\tau_{zn} = \tau_{nz}$) und dem Fehlen von Oberflächenspannungen an der Innenwand des hohlen, prismatischen Stabes.

Über dem Hohlraum kann man sich somit die Membran durch eine horizontale Fläche ersetzt denken. Trotzdem die eigentliche Membran sich nur über den effektiven Materialquerschnitt erstreckt, stehen dennoch die horizontale Fläche und die Membran unter gleichmäßig verteiltem Innendruck p. Dem Innendruck ist somit alles unterworfen, was innerhalb des Umrisses des Profils liegt (Abb. 2.1).

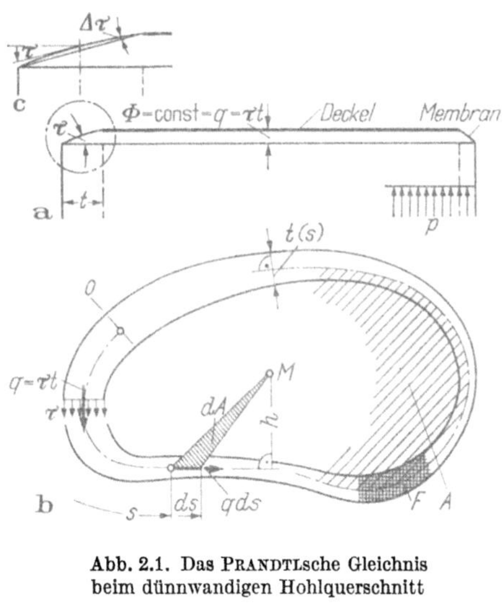

Abb. 2.1. Das PRANDTLsche Gleichnis beim dünnwandigen Hohlquerschnitt

Dem PRANDTLschen Gleichnis untersteht auch das ganze aus Membran und Deckel bestehende Gebilde. Es kann wiederum durch eine, hier allerdings unstetige Funktion $\Phi(x,y)$ beschrieben werden, die als Spannungsfunktion bezeichnet werden kann, oder etwas gegenständlicher als Spannungshügel.

Wenn die Wandstärke nicht allzu groß ist im Verhältnis zu den Abmessungen des Querschnittes, wenn also ein sogenannter dünnwandiger Querschnitt vorliegt, so ergeben sich in der Berechnung wesentliche Vereinfachungen aus folgenden zwei Gründen:

Erstens kann mit der durchschnittlichen Neigung der Membran, also der durchschnittlichen Schubspannung gerechnet werden, die gleich derjenigen über der

Mittellinie der Wand ist (Abb. 2.1c). Daher kann die Bedingung, daß die horizontale Fläche über dem Hohlraum überall die gleiche Hebung erfahren muß, ausgedrückt werden (Abb. 2.1a) durch:

$$\tau t = \text{konst.} = q. \tag{2.1}$$

Zweitens kann die durchschnittliche Richtung der Niveaulinien, die ja identisch mit den Schubspannungstrajektorien sind, gleich der Richtung der Wandmittellinie gesetzt werden, auch wenn die Wandstärke mit fortschreitender Perimeterlänge s stetig variiert (Abb. 2.1b). Daraus folgt, daß die in (2.1) festgelegte Schubkraft pro Längeneinheit des Perimeters q tangential zur Mittellinie der Wand verläuft.

Diese Konstante q, gebildet als Produkt von (mittlerer) Schubspannung und Wandstärke und von der Dimension [Kraft/Länge], wird als Schubfluß (englisch "shear flow") bezeichnet. Die Bezeichnung rührt wohl vom hydrodynamischen Gleichnis her. Das PRANDTLsche Membranmodell stellt nämlich nicht die einzige Analogie zum Torsionsproblem dar.

Beim *hydrodynamischen Gleichnis* entspricht der Schubspannungsverteilung die Geschwindigkeitsverteilung einer in einem prismatischen Gerinne mit konstanter Wirbelstärke zirkulierenden, idealen Flüssigkeit. Die Durchflußmenge durch eine Querschnitts-Wand ist gleich der Fließgeschwindigkeit multipliziert mit der Wandstärke t, also gleich q.

Wenn das Membranmodell (Abb. 2.1) ergibt, daß τ am größten ist, wo die Wandstärke am kleinsten, so ist die korrespondierende Aussage, daß die Durchflußgeschwindigkeit dort am größten sein muß, wo der Durchflußquerschnitt am engsten ist.

Eine weitere Gegenüberstellung ist die folgende:

Auf Grund der Kontinuitätsbedingung bei inkompressiblen Flüssigkeiten läßt sich besonders leicht einsehen, daß bei Verzweigungen die Summe der Ein- und Ausflußmengen gleich Null sein muß, $\Sigma q_i = 0$. Die entsprechende Deutung am Spannungshügel würde dagegen lauten, daß beim Durchgehen der Höhendifferenz zwischen dem Niveau des Randes bis zum einen Plateau, von diesem zum benachbarten und von dort zurück zum Rand, die resultierende Höhendifferenz Null ist, d. h. wiederum $\Sigma q_i = 0$.

b) Die Bredtsche Formel

Die Ermittlung der Schubspannungen τ und die Bestimmung der Torsionskonstanten K kann bei dünnwandigen Hohlquerschnitten in gleicher Weise vorgenommen werden wie bei den Vollquerschnitten.

Das Volumen V des Spannungshügels läßt sich jetzt sehr einfach bestimmen, nämlich als das Produkt aus der Höhe $\Phi_0 = q$ und der Grundrißfläche A, welche von der Wandmittellinie eingeschlossen wird (Abb. 2.1), somit als $V = qA$. Das Torsionsmoment T ist gemäß Gl. (1.2) gleich dem doppelten Betrag des Volumens V:

$$T = 2qA \tag{2.2}$$

oder

$$q = \frac{T}{2A}. \tag{2.3}$$

Daraus ist ersichtlich, daß nicht die Form des Hohlquerschnittes, wohl aber die eingeschlossene Fläche von Bedeutung ist.

Daß der Schubfluß ein resultierendes Torsionsmoment bewirkt, das gleich dem doppelten Produkt von q und eingeschlossener Fläche sein muß, läßt sich auch direkt aus einer Gleichgewichtsbetrachtung ermitteln. Der Betrag, den das Perimeter-Element ds in Abb. 2.1b zum Torsionsmoment bezüglich M beiträgt, ist $dT = hq\,ds = 2q\,dA$, woraus durch Integration die Gl. (2.2) folgt, und zwar unabhängig von der Lage des für diese Betrachtung gewählten Bezugspunktes M.

Der Schubfluß kann also aus Formel (2.3) berechnet werden und aus dieser wiederum mit Hilfe der Abkürzung (2.1) die Schubspannungen.

In expliziter Form angeschrieben, ergeben sich die *Schubspannungen* als:

$$\tau(s) = \frac{T}{2\,A\,t(s)}. \tag{2.4}$$

Setzt man diesen Wert in den Ausdruck (1.5) für die Torsionskonstante ein, so wird für den dünnwandigen Hohlquerschnitt die *Torsionskonstante* zu

$$K = \frac{4A^2}{\oint \frac{ds}{t(s)}} \tag{2.5}$$

Es bedeuten:

$\oint \frac{ds}{t(s)}$: Das Umlaufsintegral längs der Wandmittellinie s über den reziproken Wert der Wandstärke t. Ist der Hohlquerschnitt aus n Wandteilen gebildet, so wird das Integral durch folgende Summe ersetzt:

$$\oint \frac{ds}{t} = \sum_{i=1}^{n} \frac{s_i}{t_i}.$$

Für den Fall konstanter Wandstärke t über den ganzen Umfang der Länge u wird:

$$\oint \frac{ds}{t} = \frac{u}{t}.$$

A: Die von der Wandmittellinie eingeschlossene Fläche (Abb. 2.1b). (Nicht zu verwechseln mit der Querschnittsfläche F, welche sich auf den eigentlichen Materialquerschnitt bezieht.)

Der Ausdruck (2.5) ist erstmals von R. BREDT angegeben worden[1] und wird daher als BREDTsche Formel bezeichnet.

2.2 Anwendungen

a) Der radialsymmetrische Hohlquerschnitt (Abb. 2.2)

Bezeichnet man mit r_m den Radius der Wandmittellinie und mit t die Wandstärke eines Rohrquerschnittes, so wird die mittlere Schubspannung τ und die

[1] BREDT, R.: „Kritische Bemerkungen zur Drehungselastizität". Zeitschrift des Vereins deutscher Ingenieure, 1896, S. 815.

Torsionskonstante K gemäß Formel (2.4) und (2.5):

$$\tau = \frac{T}{2\pi r_m^2 t}, \tag{2.6}$$

$$K = \frac{4\pi^2 r_m^4}{\frac{1}{t}\, 2\pi r_m} = 2\pi r_m^3 t. \tag{2.7}$$

Dieses einfache Beispiel wird nun benutzt, um eine *Gegenüberstellung zwischen offenem und geschlossenem Hohlquerschnitt* durchzuführen.

Angenommen, der Torsionsstab, in diesem Beispiel also das Rohr, würde durch Biegen eines Blechstreifens und anschließendes Schweißen der Längsnaht erstellt. Im noch unverschweißten Zustand liegt der Rohrquerschnitt als offener dünnwandiger, nachher als geschlossener dünnwandiger Querschnitt vor. In ihrem Verhalten gegenüber Verdrehung ist ein sehr großer Unterschied vorhanden. Der offene Querschnitt muß die Saint-Venantsche Torsion aufnehmen wie der schmale Rechteckquerschnitt. Schubspannungen und Torsionskonstante werden somit aus den Resultaten (1.8) und (1.9) bestimmt, indem die Rechteckbreite b ersetzt wird durch die Länge der Wandmittellinie, $2\pi r_m$.

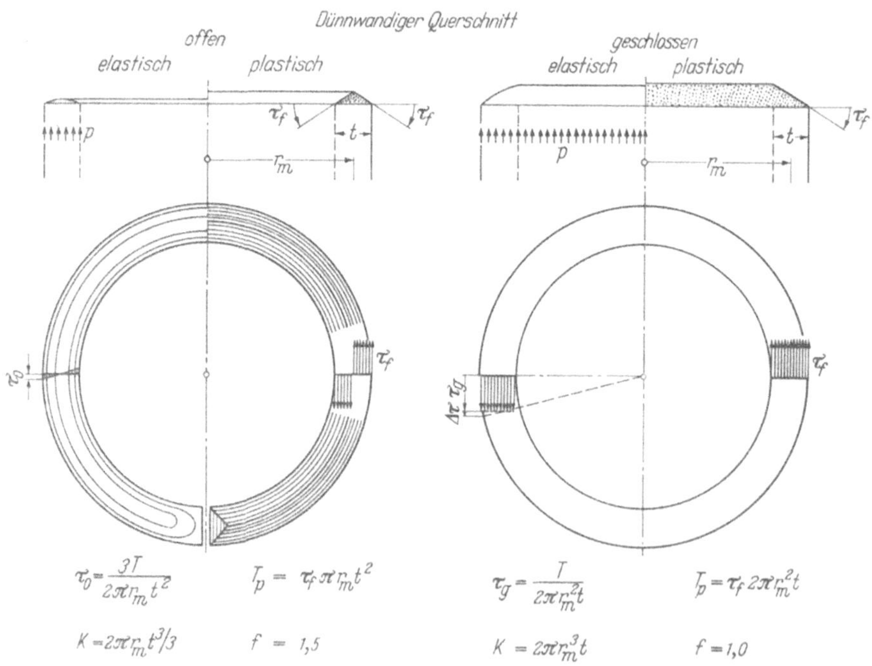

Abb. 2.2. Gegenüberstellung von offenem und geschlossenem Hohlquerschnitt

Diese Resultate sind in Abb. 2.2 links unten eingetragen. Aus der darüber skizzierten Figur, die auf dem linken Querschnittsteil das elastische, auf dem rechten das plastische Verhalten wiedergibt, ist ersichtlich, wieviel kleiner der

Hebelarm der inneren Kräfte beim offenen Querschnitt ist (erste Bildhälfte) als beim korrespondierenden geschlossenen, der auf der zweiten Bildhälfte dargestellt ist.

Bezeichnet man vorübergehend die zum offenen Rohrquerschnitt gehörenden Größen mit dem Index „o“, die zum entsprechenden geschlossenen mit „g“, so können mit den unter Abb. 2.2 gegebenen Ausdrücken die in Tab. 2.1 eingetragenen Beziehungen ermittelt werden.

Die erste Kolonne dieser Tabelle sagt aus, daß beim Verdrehen bis zu gleicher Beanspruchung das offene Rohr nur den $t/3\,r_m$-ten Teil des Torsionsmomentes am geschlossenen Rohrquerschnitt trägt, obwohl seine Verformung r_m/t-mal größer sein wird. Für Rohrquerschnitte, deren Wandstärke beispielsweise ein Zehntel des mittleren Radius beträgt, entspricht das einem Dreißigstel des Torsionsmomentes des geschlossenen Querschnittes und einer zehnfachen Verdrehung, obwohl offener und geschlossener Querschnitt gleiche Maximalwerte der Schubspannungen haben und beide gleichen Materialaufwand benötigen.

Aus der letzten Kolonne ist zum Beispiel ersichtlich, daß bei gleichen Verformungen sich die Torsionsmomente wie 1:300 verhalten, falls $t/r_m = 10$.

Tabelle 2.1. *Vergleich der Schubspannungen τ, der Torsionsmomente T und der spezifischen Verdrehungen φ' zwischen offenem (Index o) und geschlossenem (Index g) kreisförmigem Hohlquerschnitt mit der Wandstärke t und dem Radius der Wandmittellinie r_m*

	Falls Gleichheit besteht zwischen:		
So verhalten sich zwischen offenem und geschlossenem Rohrquerschnitt die	Schubspannung $\tau_o = \tau_g$	Torsionsmoment $T_o = T_g$	Spezifische Verdrehung $\varphi_o' = \varphi_g'$
Schubspannungen $\frac{\tau_o}{\tau_g}$ wie:	1	$3\frac{r_m}{t}$	$\frac{t}{r_m}$
Torsionsmomente $\frac{T_o}{T_g}$ wie:	$\frac{1}{3}\frac{t}{r_m}$	1	$\frac{1}{3}\left(\frac{t}{r_m}\right)^2$
Spez. Verdrehungen $\frac{\varphi_o'}{\varphi_g'}$ wie:	$\frac{r_m}{t}$	$3\left(\frac{r_m}{t}\right)^2$	1

Diese Betrachtungen gelten freilich nur für die dem Teil I zugrunde gelegte SAINT-VENANTsche Torsion. Stäbe mit offenem, dünnwandigem Querschnitt, zu denen das aufgeschlitzte Rohr gehört, können bei wölbbehinderter Lagerung auch noch mit Wölbtorsionsmomenten einer Drehbeanspruchung widerstehen, s. Teile II und III.

b) Zur Definition „dünnwandig“

Genau betrachtet sind die Schubspannungen nicht konstant über die Wanddicke eines Hohlquerschnittes, sondern weichen um einen Betrag $\Delta\tau$ vom Mittelwert τ ab (Abb. 2.2).

Im Membrangleichnis bedeutet diese Abweichung die zusätzliche Durchbiegung der — flach gespannten — Membran (Abb. 2.1c). Die Membranneigung ist auf der Innenseite des Hohlquerschnittes stets etwas kleiner und auf der Außenseite etwas größer als der Mittelwert. Diese zusätzliche Schubspannung $\Delta\tau$ unterscheidet sich vom Mittelwert τ wie die Schubspannung beim offenen sich vom geschlossenen Profil unterscheidet; gleiche spezifische Verdrehung vorausgesetzt.

Wird nun ein Wandelement des offenen dünnwandigen Querschnittes auch als Element eines schmalen Rechteckes betrachtet, so kann die spezifische Verdrehung des offenen Profils ausgedrückt werden als $\varphi' = \Delta\tau/tG$, und wenn diese derjenigen des geschlossenen Querschnittes gleichgesetzt wird, so folgt:

$$\Delta\tau = t\,\frac{T}{K}, \tag{2.8}$$

wobei K der Gl. (2.5) zu entnehmen ist.

Das Verhältnis der Schubspannungsabweichung zum Mittelwert beträgt zufolge Formel (2.4):

$$\frac{\Delta\tau}{\tau} = \frac{t^2}{2A}\oint\frac{ds}{t}. \tag{2.9a}$$

Für den Spezialfall konstanter Wanddicke über den ganzen Umfang des Hohlquerschnittes ist:

$$\frac{\Delta\tau}{\tau} = \frac{F}{2A}. \tag{2.9b}$$

Streng betrachtet wäre nun allerdings das resultierende Torsionsmoment um ΔT größer als in Gl. (2.2) angegeben. Dieser Korrekturbeitrag ΔT, herrührend aus den zusätzlichen Spannungen $\Delta\tau$, beträgt lediglich:

$$\frac{\Delta T}{T} = \frac{1}{3K}\oint t^3\,ds, \tag{2.10a}$$

also im Spezialfall mit konstanter Wandstärke:

$$\frac{\Delta T}{T} = \frac{1}{3}\left(\frac{F}{2A}\right)^2 \tag{2.10b}$$

und kann somit als Fehler höherer Ordnung vernachlässigt werden. Dies rührt daher, daß der Hebelarm der Kräfte, die ΔT aufbauen, auch nur von der Größenordnung der Wandstärke ist, während der zu T gehörende von gleicher Größenordnung wie die Querschnittsabmessungen ist.

Die Frage, wann ein Hohlquerschnitt als dünnwandig angesehen werden kann, läßt sich nun aus den Gln. (2.9) und (2.10) ermitteln bei vorgegebenem Genauigkeitsgrad. Im Falle konstanter Wandstärke folgt für einen zulässigen Fehler in den Schubspannungen von höchstens 10%, daß die Materialquerschnittsfläche F kleiner als ein Fünftel der von der Wandmittellinie umschlossenen Fläche A sein soll. Will man aber nur im Torsionsmoment den Fehler kleiner als 10% halten, so würde es in diesem Falle genügen, daß die Materialquerschnittsfläche die von der Wandmittellinie umschlossene Fläche nicht übersteigt. Daher kann bei vielen im Bauingenieurwesen vorkommenden Hohlquerschnitten die Theorie der dünnwandigen Querschnitte angewendet werden, ohne die mit den Formeln (2.8) oder (2.9) gegebene Verfeinerung in der Spannungsberechnung zu benutzen.

c) Gemischte offen-geschlossene Querschnitte

Oft sind die im Stahlbau verwendeten Torsionsquerschnitte nicht reine, in sich geschlossene Blechzylinder, sondern „Kasten" mit überstehenden Profilteilen, wie z. B. in Abb. 2.3a dargestellt.

Nach dem unter Abschn. 2.2b Gesagten ist jedoch ihre Berechnung hinsichtlich SAINT-VENANTscher Torsion folgende: Die nicht in sich geschlossenen Rippen und Auskragungen, besonders hervorgehoben in Abb. 2.3c, können gegenüber dem geschlossenen Querschnittsteil, Abb. 2.3b, vernachlässigt werden; denn wenn die Querschnittsform gewahrt bleibt, sind alle Teilflächen derselben Verdrehung unterworfen wie der geschlossene Zylinder, und die soeben durchgeführte Untersuchung über die Spannungen $\Delta\tau$ nach Gl. (2.9) hat auch Gültigkeit für die angehängten offenen Querschnittsteile. Die Schubspannungen in den offenen Querschnittsteilen sind also in der gleichen Größenordnung klein gegenüber den Schubspannungen im geschlossenen Bereich, wie ihr Materialquerschnitt klein ist gegenüber der vom Kasten umschlossenen Fläche.

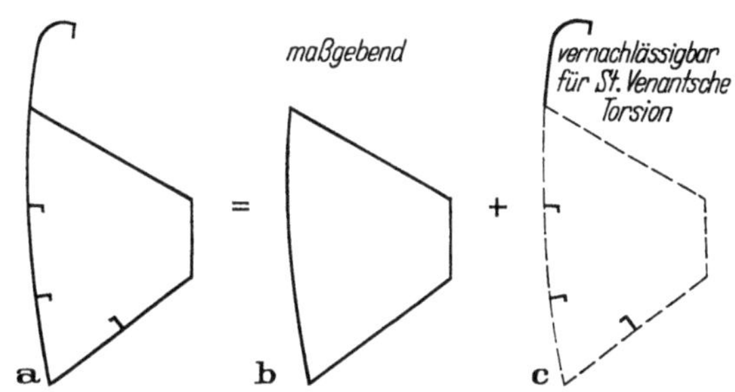

Abb. 2.3. Gemischter offen-geschlossener Querschnitt bei SAINT-VENANTscher Torsion

d) Verbundquerschnitte

Die Torsionskonstanten von kastenförmigen Stäben, deren Wände aus verschiedenen Materialien bestehen (Abb. 2.4), können wie bei der Biegeberechnung von Verbundquerschnitten mit Hilfe des Begriffes der „Wertigkeit n" eines Flächenteils auf die Berechnung homogener Querschnitte zurückgeführt werden. Dies geschieht so, daß für eine nicht aus dem Bezugsmaterial bestehende Kastenwand eine fiktive Wandstärke in Rechnung gesetzt wird gemäß der nachstehenden Gl. (2.12). Die Richtigkeit eines solchen Kunstgriffes läßt sich wie folgt beweisen:

Die von den äußeren Kräften geleistete Arbeit muß gleich der im Stabelement gespeicherten Formänderungsenergie, die auch oft als Arbeit der inneren Kräfte bezeichnet wird, sein.

Bei Materialien, für die das HOOKEsche Gesetz gilt, ist die Arbeit „einhalb mal Endwert der Kraft mal durchlaufener Weg". Bei der Arbeit der äußeren Kraft entspricht in diesem Falle der „Kraft" das am Querschnitt angreifende Torsionsmoment T und dem durchlaufenen „Weg" der Drehwinkel $d\varphi = \varphi'\,dz$; bei der inneren greift an dem Volumenelement die Kraft $\tau\,dF$ an, welche den Weg $\gamma\,dz$ durchläuft. Die gesamte innere Arbeit (Formänderungsenergie) wird erhalten durch Integration über alle Volumenelemente im betrachteten Stabelement.

Für ein Stabelement von der Länge dz heißt das:

$$\tfrac{1}{2}\,T\varphi'\,dz = \tfrac{1}{2}\,dz \int_F \tau\gamma\,dF$$

und mit $\gamma = \frac{\tau}{G}$ folgt:

$$T\varphi' = \int_F \frac{\tau^2}{G}\, dF.$$

Setzen wir für die Schubspannung τ am Hohlquerschnitt den in Formel (2.3) gegebenen Ausdruck ein und für das Flächenelement $dF = t(s)\, ds$, so wird:

$$\varphi' = \frac{T}{4A^2} \oint \frac{ds}{Gt}.$$

Im Integrand kann neben der Wandstärke t auch der Schubmodul G mit fortschreitender Bogenlänge s beliebig variieren. Legt man nun ein Bezugsmaterial fest, dessen Schubmodul G_0 sei, so wird aus obigem Ausdruck:

$$\varphi' = \frac{T}{G_0 K}, \qquad \text{mit} \quad K = \frac{4A^2}{\oint \frac{G_0}{G} \frac{ds}{t}}, \tag{2.11}$$

woraus ersichtlich ist, daß die bereits hergeleitete Formel (2.5) für die Torsionskonstante beibehalten werden kann, wenn mit einer fiktiven Wandstärke t^* gerechnet wird:

$$t^* = \frac{G}{G_0} t. \tag{2.12}$$

Da der Schubfluß q eine von der Wandstärke unabhängige Größe ist, ändert sich nichts an seiner Bestimmung aus Formel (2.3), bzw. τ aus Gl. (2.4). Hingegen werden die Zusatzspannungen $\Delta\tau$ ermittelt durch Multiplikation des nach Gl. (2.8) bestimmten Wertes mit $n = G/G_0$.

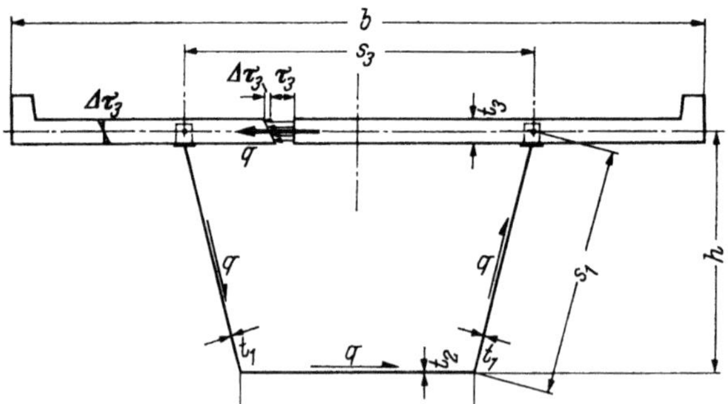

Abb. 2.4. Verbundquerschnitt

Zum Beispiel erhält für den in Abb. 2.4 dargestellten Stahlbrückenquerschnitt, dessen Obergurt durch eine Betonfahrbahnplatte gebildet ist, mit $G_{\text{Beton}}/G_{\text{Stahl}} = n$ (z. B. $n = 1/5$), die Torsionskonstante folgenden Wert:

$$K = \frac{h^2(s_2 + s_3)^2}{2\frac{s_1}{t_1} + \frac{s_2}{t_2} + \frac{s_3}{nt_3}}.$$

Der Schubfluß ist in allen vier Hohlkastenwänden:

$$q = \frac{T}{h(s_2 + s_3)},$$

und die Größe der Schubspannung τ in den verschiedenen Wänden ist:

$$\tau_1 = \frac{T}{t_1 h(s_2 + s_3)}, \qquad \tau_2 = \frac{T}{t_2 h(s_2 + s_3)}, \qquad \tau_3 = \frac{T}{t_3 h(s_2 + s_3)}.$$

Im Bereich der überkragenden Betonplatte sind die Schubspannungen infolge der SAINT-VENANTschen Torsion, wie in Abb. 2.4 angedeutet, linear verteilt über die Plattenstärke. Ihr Größtwert beträgt

$$\Delta\tau_3 = n t_3 \frac{T}{K}$$

oder, ausgedrückt als Bruchteil der Schubspannungen τ_3:

$$\frac{\Delta\tau_3}{\tau_3} = n \frac{2\frac{s_1}{t_1} + \frac{s_2}{t_2} + \frac{s_3}{n t_3}}{h(s_2 + s_3)} t_3^2.$$

Bei einer solchen Betonplatte sollten die Zusatzspannungen $\Delta\tau$ überprüft werden, denn die Wandstärke ist besonders groß, verglichen mit den Stahlblechen, und die zulässigen Spannungen sind klein. Zudem überlagern sich solche Schubspannungen jenen aus Querkraft und Wölbtorsion, (falls letztere berücksichtigt werden müssen, s. Abschn. 10.2).

e) Aufgelöste Kastenwände

Gelegentlich wird ein offener, dünnwandiger Stab durch ein Fachwerk zu einem kastenförmigen Querschnitt geschlossen. Auch in diesem Fall kann die Berechnung durch Einführen einer fiktiven Wand konstanter Stärke auf den Normalfall des Hohlquerschnittes zurückgeführt werden.

Wie im vorangehenden Beispiel, kann auch hier die Ersatzwandstärke t^* aus einer Betrachtung der Formänderungsenergie gewonnen werden.

Der in Abb. 2.5a dargestellte Stab sei betrachtet. Er besteht aus drei wirklichen und einer vierten, fiktiven Scheibe. Die Formänderungsenergie U der inneren Kräfte, angeschrieben für das Stabelement von der Länge a, ist:

$$U = \tfrac{1}{2} \sum_{i=1}^{4} a \int_{F_i} \tau_i \gamma_i \, dF_i$$

$$= \frac{a}{2G} \sum_{i=1}^{4} \int_{F_i} \tau_i^2 \, dF_i.$$

Insbesondere wird für Scheiben konstanter Dicke t_i und Breite b_i, unter Berücksichtigung, daß $\tau_i = q/t_i$ und $F_i = b_i t_i$:

$$U = \frac{aq^2}{2G} \sum_{i=1}^{4} \frac{b_i}{t_i}$$

und der Beitrag der fiktiven Scheibe zur Formänderungsarbeit beträgt somit:

$$\Delta U = \frac{aq^2}{2G} \frac{b}{t^*}.$$

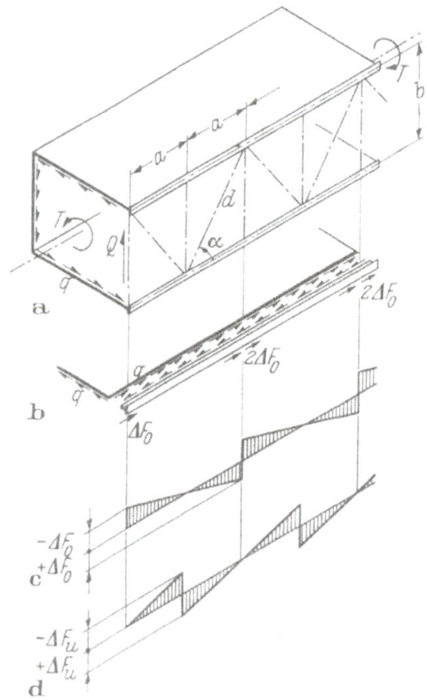

Abb. 2.5. Hohlquerschnitt mit einer Kastenwand als Fachwerk

Die fiktive Wandstärke soll nun so bestimmt werden, daß dieser Beitrag ΔU gleich demjenigen der wirklichen Scheibe von der Länge a, also eines Fachwerkelementes, sein muß. Dies wird nachstehend durchgeführt.

Der Schubfluß q ergibt eine resultierende Querkraft Q in der Ebene des Fachwerkes von $Q = qb$. Die Diagonalkraft D ergibt sich aus $D = Q/\sin\alpha$ und mit $\sin\alpha = b/d$ folgt: $D = qd$.

In Abb. 2.5b ist der losgelöste Obergurt skizziert und die angreifenden Kräfte sind eingetragen. Die Scheibe belastet den Obergurt in der Längsrichtung mit dem Schubfluß q, der aber sprunghaft in die Diagonalen abgegeben wird, wie aus dem in Abb. 2.5c dargestellten Diagramm der Gurtkräfte ersichtlich ist. Die Gurtkraft variiert somit linear über eine Feldlänge, und zwar von Null bis zu einem Höchstwert $\Delta F = qa$, $|\Delta F_o| = |\Delta F_u| = |q|\, a$.

Da die Formänderungsenergie in einem Stabe von der Länge l und dem Querschnitt F infolge einer Normalkraft P den Betrag $P^2 l/2EF$ hat, jedoch im Falle einer linear von Null auf den Endwert P ansteigenden Normalkraft $P^2 l/6EF$, kann die Formänderungsenergie für das Fachwerkfeld angeschrieben werden zu:

Beitrag der oberen Gurtung: $\frac{1}{2E}\left(\frac{qa}{F_o}\right)^2 \frac{a}{3} F_o = \frac{q^2}{2E}\,\frac{a^3}{3F_o}.$

Beitrag der Diagonalen: $\frac{1}{2E}\left(\frac{qd}{F_d}\right)^2 dF_d = \frac{q^2}{2E}\,\frac{d^3}{F_d}.$

Beitrag des Pfostens: spannungsfrei $= 0$.

Beitrag der unteren Gurtung: $\frac{1}{2E}\left(\frac{qa}{F_u}\right)^2 \frac{a}{3} F_o = \frac{q}{2E}\,\frac{a^3}{3F_u}.$

Ersatz für Fachwerk, total: $= \frac{q^2}{2E}\left(\frac{d^3}{F_d} + \frac{a^3}{3}\left(\frac{1}{F_0} + \frac{1}{F_u}\right)\right).$

Die Ersatzscheibenstärke ergibt sich durch Gleichsetzen dieser Summe mit dem oben angeschriebenen Wert für ΔU zu:

$$t^* = \frac{E}{G} \frac{ab}{\frac{d^3}{F_d} + \frac{a^3}{3}\left(\frac{1}{F_0} + \frac{1}{F_u}\right)}. \tag{2.13}$$

Zur Bestimmung der Gurtquerschnitte F_o und F_u kann noch folgendes ergänzt werden: Wenn die Gurtung, wie in Abb. 2.5, auch Teil einer Scheibe S ist, so wirkt, neben den eigentlichen Flanschquerschnitten F_G, auch ein Teil der Scheibenflächen F_S mit bei der Aufnahme der Gurtkräfte ΔF. Das dadurch entstehende Bild der Normalspannungen ist in Abb. 2.6 skizziert für die beiden Grenzfälle:

a) daß die nächste Fläche F verschwindend klein sei gegenüber der Scheibenfläche F_S, $F \ll F_S$.

b) daß die nächste Fläche die Scheibenfläche F_S an Größe weit übertreffe, $F \gg F_S$.

Gemäß der Biegetheorie liegt die neutrale Achse im Falle a) im Kern der als Rechteckquerschnitt anzusehenden Scheibe, im Falle b) am gegenüberliegenden Scheibenrand.

Die äquivalente Scheibenfläche, die zum eigentlichen Gurtquerschnitt F_G geschlagen werden müßte, um die Gurtspannungen zu erhalten, ist im ersten Fall $F_S/4$, im zweiten $F_S/3$ [s. Ungleichungen (12.18a)]. Da dies Grenzfälle sind, so ist die wirkliche, stellvertretende Fläche zwischen diesen beiden Werten zu suchen. Aber die Gurtkraft ΔF wechselt über Längenbereiche, die in der Größenordnung

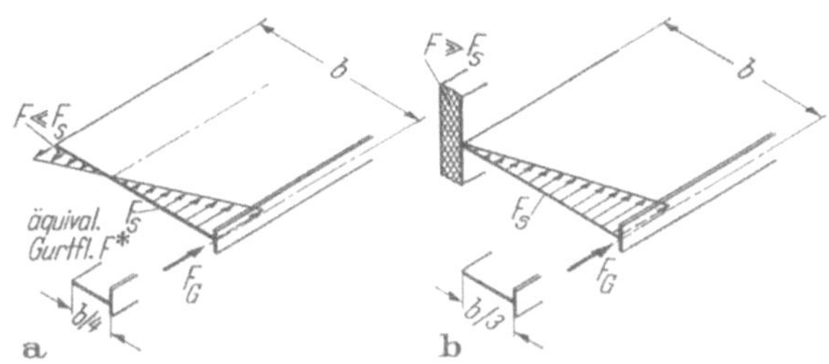

Abb. 2.6. Grenzlagen einer äquivalenten Gurtfläche

der Scheibenbreite liegen. Es ist möglich, daß die klassische Biegetheorie die mitwirkende Breite etwas überschätzt. Somit ist es vorsichtiger, in allen Fällen mit dem kleineren der beiden Grenzwerte zu rechnen. Das heißt, daß bei den in Formel (2.13) einzusetzenden Gurtquerschnitten F_o und F_u die in Abb. 2.6a skizzierte äquivalente Fläche F^* verwendet werden kann:

$$F^* = F_G + \tfrac{1}{4} F_S. \tag{2.14}$$

Übung 2.1. *Aufgelöste Kastenwände.* Berechne die fiktiven Wandstärken t^* für die nachstehend skizzierten. aufgelösten Kastenwände.

Resultate zur Übung 2.1

Fall a): $$t^* = \frac{E}{G}\,\frac{ab}{\dfrac{d^3}{F_d} + \dfrac{a^3}{3}\left(\dfrac{1}{F_0} + \dfrac{1}{F_u}\right)}$$

Fall b): $$t^* = \frac{E}{G}\,\frac{ab}{\dfrac{2d^3}{F_d} + \dfrac{b^3}{4F_v} + \dfrac{a^3}{12}\left(\dfrac{1}{F_0} + \dfrac{1}{F_u}\right)}$$

Fall c): $$t^* = \frac{E}{G}\,\frac{ab}{\dfrac{d^3}{2F_d} + \dfrac{a^3}{12}\left(\dfrac{1}{F_0} + \dfrac{1}{F_u}\right)}$$

Fall d): $$t^* = \frac{E}{G}\,\frac{ab}{\dfrac{d^3}{F_d} + \dfrac{b^3}{F_v} + \dfrac{a^3}{12}\left(\dfrac{1}{F_0} + \dfrac{1}{F_u}\right)}$$

Fall e): $$t^* = \frac{E}{G}\,\frac{1}{\dfrac{ab^2}{12I_b} + \dfrac{a^2b}{48}\left(\dfrac{1}{I_0} + \dfrac{1}{I_u}\right)}.$$

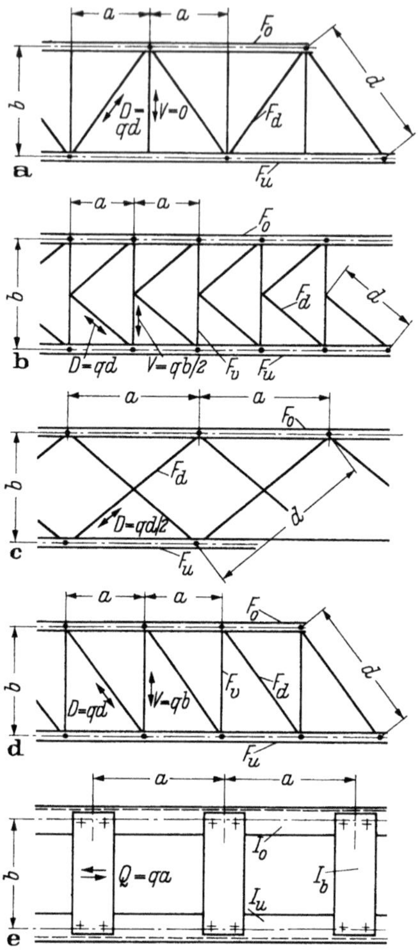

2.3 Mehrzellige Hohlquerschnitte

a) Allgemeines

Wie bei den Vollquerschnitten stellt sich nach der Behandlung der Grundfälle auch wieder die Frage, wie ein aus mehreren Teilelementen aufgebauter Querschnitt zu analysieren ist. Die Teilelemente sind hier die einzelnen Zellen.

In Abb. 2.7a ist ein aus n Zellen bestehender Querschnitt skizziert. Die ersten zwei, drei Zellen dieses n-zelligen Hohlquerschnittes sind in Abb. 2.7c herausgezeichnet mit dem zugehörigen Spannungshügel der Abb. 2.7b. Das bisher in den Abschn. 1.1 und 2.1 über die Membrananalogie Gesagte gilt unverändert auch hier; insbesondere, daß unter gleichförmigem Innendruck steht, was von der äußeren Umgrenzung des Querschnittes eingeschlossen ist, und daß die Deckel über der Innenöffnung horizontal sein müssen.

Die Zellanordnung braucht dabei nicht bandförmig wie im Beispiel der Abb. 2.7a zu sein; die Zellen können sich auch in zwei Dimensionen miteinander verketten, wie dies in Abb. 2.8a zum Ausdruck kommt. Wie man sich in diesem Fall den zugehörigen Spannungshügel vorzustellen hat, ist in Abb. 2.8b angedeutet.

Die Grundaufgabe ist nach wie vor die Berechnung der Schubspannungen bei vorgegebenem SAINT-VENANTschem Torsionsmoment und die Ermittlung der Torsionskonstanten. An Stelle der Schubspannungen wird allerdings bei dünnwandigen Hohlquerschnitten das Resultat oft als Schubfluß (also Schubspannung mal Wandstärke) stehengelassen.

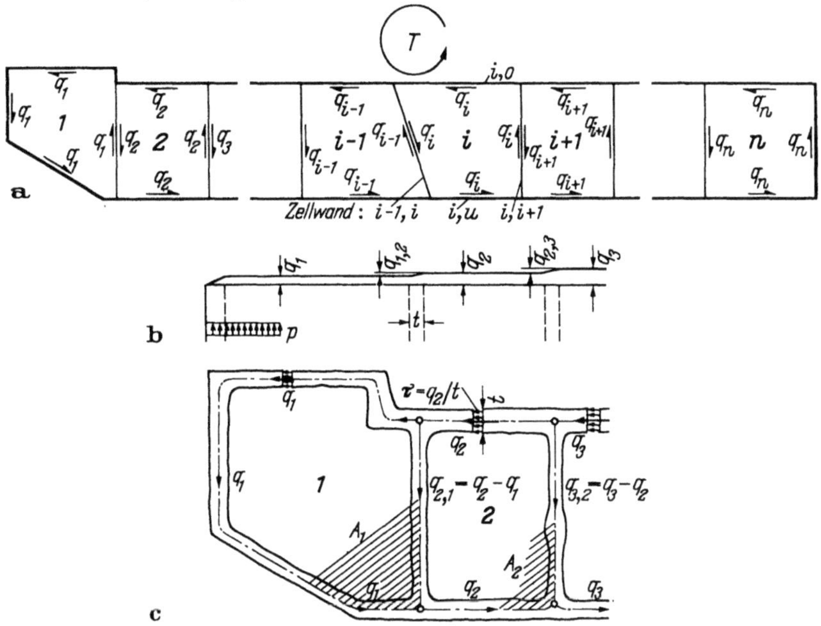

Abb. 2.7. Hohlquerschnitt mit n Zellen
a) Zellenanordnung; b) Schnitt durch die Spannungshügel der c) ersten Zellen

Eine mögliche Schubflußverteilung infolge Torsion des in Abb. 2.8a gegebenen Querschnittes ist in Abb. 2.8c skizziert. Die Aufgabe verlangt somit, ebenso viele Schubflüsse zu bestimmen wie der Querschnitt Wände hat.

Beachtet man, daß im Querschnitt betrachtet die Richtungsänderung einer Wand — auch im scharfen Winkel um 90° — noch keine neue Wand im Sinne der Torsionstheorie bedeutet, wohl aber, wenn die Zugehörigkeit zur Zelle wechselt, so hat man doch in diesem Beispiel 20 verschiedene Schubflüsse zu bestimmen, falls der Querschnitt keine Symmetrie aufweisen sollte.

Das bedeutet nicht, daß der Querschnitt ebenso hochgradig statisch unbestimmt anzusehen sei, denn ein Teil der Unbekannten ließe sich mit Hilfe der „Kontinuitätsgleichungen" der bei einer Wandverzweigung beteiligten Schubflüsse eliminieren. Ein Berechnungsschema könnte aber erst aufgestellt werden, wenn ein konkretes Problem vorliegt.

Mit Rücksicht auf die Rechenautomaten ist jedoch ein allgemein gültiges und übersichtliches Berechnungsschema anzustreben (Tab. 2.2). Um dieses herzuleiten, bedienen wir uns wiederum der Membrananalogie.

Zum Spannungshügel oder der Spannungsfunktion eines mehrzelligen Hohlquerschnittes gehören ebenso viele Hochebenen oder „Deckel", wie der Querschnitt Löcher, also Zellen, hat (Abb. 2.8b). Man beachte, daß durch die n Koten dieser Deckel der dem PRANDTLschen Gleichnis zugrunde liegende Spannungshügel eindeutig festgelegt ist.

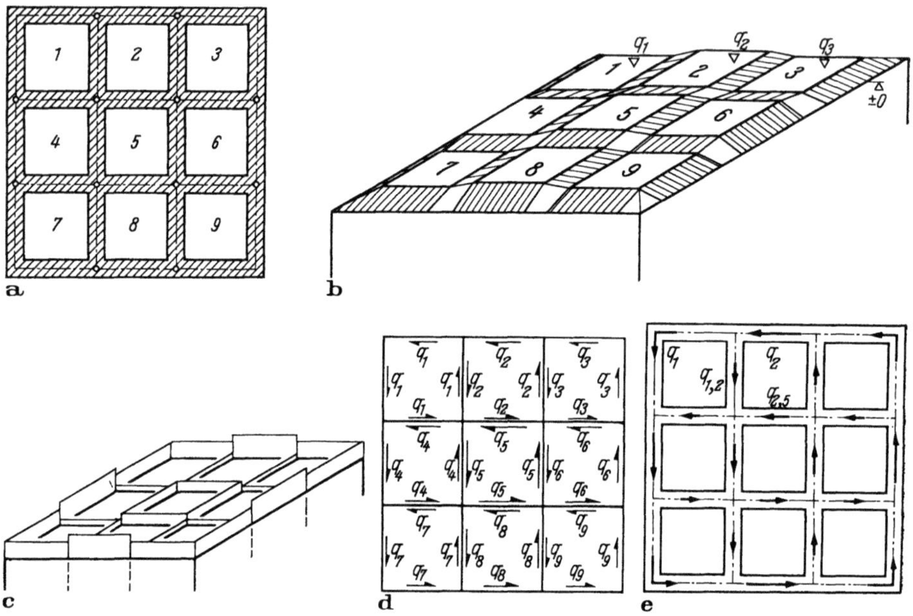

Abb. 2.8. Beispiel eines mehrzelligen Querschnittes

a) Zelleinteilung, b) Zugehöriger Spannungshügel, c) Schubflußverteilung, d) Deckelkoten als Schubflußvektoren, e) Resultierender Schubfluß in vektorieller Darstellung

Es ergeben sich nun zwei Fragen: Wie bestimmt man die Koten dieser Deckel und wie ermittelt man daraus übersichtlich die Schubflüsse in allen Wänden? Die zweite Frage sei vorweggenommen:

b) Darstellung der resultierenden Schubflüsse q_{ik} (Kotendifferenzen)

Wie im Zusammenhang mit Abb. 2.1 erläutert und in Abb. 2.1a eingetragen worden ist, bedeutet die Deckelkote gegenüber dem Profilrand den Schubfluß einer Einzelzelle. Bei einem mehrzelligen Querschnitt ist der Schubfluß in einer Wand zwischen zwei Zellen stets die Differenz der Deckelkoten dieser beiden Zellen, wie aus Abb. 2.8b ersichtlich ist.

Es muß noch das Vorzeichen des Schubflusses festgelegt werden. Richtungen im Sinne von x- und y-Achsen können nicht als Bezugselemente dienen, da Zellwände beliebige Richtungsänderungen haben können, trotz gleichbleibendem Schubfluß. Daher sind nur Drehsinne mögliche Orientierungsgrundlagen, somit z. B. der Drehsinn, den ein Schubfluß bezüglich seiner Zelle einhält. Bei Trennwänden zweier Zellen ist allerdings die Zellzugehörigkeit des darin enthaltenen Schubflusses willkürlich. Das ist aber nebensächlich, denn sobald diese festgelegt wird, gilt für beliebig aneinandergereihte Zellen:

1. Fließt in einer Wand der Zelle i, die auch der Zelle k angehören mag, der Schubfluß q_i im selben Drehsinn um die Zelle i wie der Bezugsdrehsinn, so ist der Schubfluß q_i positiv.

2. Als Bezugsdrehsinn dient der Drehsinn, in dem ein als positiv bezeichnetes Torsionsmoment auf den Querschnitt einwirkt.

3. Der resultierende Schubfluß q_{ik} in jener Wand der Zelle i, welche an die Zelle k grenzt, berechnet sich demnach als

$$q_{ik} = q_i - q_k, \begin{cases} (i = 1, 2, \ldots, n), \\ (k = \text{Nachbarzelle zur Zelle } i), \end{cases} \tag{2.15}$$

also „Deckelkote der Bezugszelle (i) minus Deckelkote der Nachbarzelle (k)". Ist eine Wand äußere Begrenzung des Profils, so fehlt eine Nachbarzelle und q_i ist dort bereits der resultierende Schubfluß.

Analytisch sind damit Größe und Vorzeichen des resultierenden Schubflusses festgelegt. Graphisch lassen sich die Deckelkoten geeigneter als Schubflußvektoren in die Querschnitte eintragen:

Man trägt in jeder Zelle i einen geschlossenen Schubfluß q_i ein. Da dieser die Bedeutung der Deckelkote hat, ist q_i konstant in allen Wänden dieser Zelle. Durch Überlagerung aller dieser zelleigenen Vektoren entstehen die resultierenden Schubflußvektoren in korrekter Größe und Richtung.

Diese Darstellung der Deckelkoten als Schubflüsse um die zugehörigen Zellen ist in Abb. 2.7c und 2.8d verwendet worden. In Abb. 2.8e ist der aus Abb. 2.8d durch Überlagerung entstandene resultierende Schubfluß ebenfalls gezeichnet.

c) Bestimmung der Grundschubflüsse q_i (Koten)

Zur Ermittlung der Deckelkoten q_1 bis q_n wird das Gleichgewicht der einzelnen Deckel in der Membran betrachtet. Dem auf einen Deckel anfallenden Innendruck stehen die Vertikalkomponenten der Membrankräfte gegenüber. Die Bedingung für ihr Gleichgewicht ist bereits zur Herleitung von Gl. (1.5) verwendet worden. Man kann daher Gl. (1.5) für jede einzelne Zelle wie folgt anschreiben:

$$\oint_i \tau \, ds = \frac{2T}{K} A_i \qquad (i = 1, 2, \ldots, n). \tag{2.16}$$

In diesen Gleichungen bedeutet T das am Gesamtquerschnitt wirkende Torsionsmoment, A_i die vom Perimeter der Zelle i eingeschlossene Fläche, und das Umlaufsintegral das über den Perimeter der Zelle i zu erstreckende Linienintegral. Als Integrand tritt die Schubspannung, das bedeutet in der PRANDTLschen Analogie die Neigung der Membran, auf, was gemäß Abb. 2.7b auch als Kotendifferenz dividiert durch die Wandstärke betrachtet werden kann, $\tau = q/t$.

Wird ferner der Integrationsbereich unterteilt, so daß je ein Linienintegral über die mit der Nachbarzelle k gemeinsame Wand, bzw. eine freie Wand, entsteht, so kann das Umlaufsintegral auch als Summe dieser Streckenintegrale geschrieben werden.

Für diese Teilbereiche bleibt der Schubfluß konstant und beträgt q_{ik}. Somit ist für $i = 1, 2, \ldots, n$ und $k =$ Nachbarzelle zur Zelle i:

$$\oint_i \tau\, ds = \oint_i \frac{q}{t}\, ds$$

$$= \sum_{\text{Zelle}\, i} q_{ik} \int_{ik} \frac{ds}{t}$$

und gemäß Definition (2.15)

$$= \sum_{\text{Zelle}\, i} q_i \oint_i \frac{ds}{t} - \sum_k q_k \int_{ik} \frac{ds}{t}.$$

Da q_i in allen Wänden der Zelle i denselben Betrag hat (es ist die Kote des Zelldeckels i) und sich daher aus der Summe herausziehen läßt, wird aus der Gl. (2.16):

$$q_i \oint_i \frac{ds}{t} - \sum_k q_k \int_{ik} \frac{ds}{t} = \frac{2T}{K} A_i \tag{2.17}$$

($i =$ Zelle $1, 2, \ldots, n$ des Querschnittes)
($k =$ Nachbarzelle zur Zelle i).

Dieser Ausdruck (2.17) stellt ein System von n linearen Gleichungen für die unbekannten Schubflüsse q_1 bis q_n dar. Ausgeschrieben für den in Abb. 2.7 skizzierten Querschnitt würde das Gleichungssystem lauten:

$$\begin{array}{rcl}
q_1 \oint_1 \frac{ds}{t} - q_2 \int_{1,2} \frac{ds}{t} & & = \frac{2T}{K} A_1, \\
-q_1 \int_{1,2} \frac{ds}{t} + q_2 \oint_2 \frac{ds}{t} - q_3 \int_{2,3} \frac{ds}{t} & & = \frac{2T}{K} A_2, \\
-q_2 \int_{2,3} \frac{ds}{t} + q_3 \oint_3 \frac{ds}{t} - q_4 \int_{3,4} \frac{ds}{t} & & = \frac{2T}{K} A_3, \\
\ldots \quad \ldots \quad \ldots & & = \ldots
\end{array}$$

Die Koeffizienten der Matrix sind dimensionslose Linienintegrale, die mit η bezeichnet werden sollen. Jedes Integral erstreckt sich längs der Wandmittellinie, und als Integrand tritt immer der reziproke Wert der Wandstärke auf. Nur der Integrationsbereich ist verschieden und kann in folgender Weise direkt durch die Indizes der Matrixkoeffizienten ausgedrückt werden:

$$\eta_{ik} = \int_{i,k} \frac{ds}{t}: \quad \text{Integral über die gemeinsame Wand zwischen Zelle } i \text{ und Zelle } k$$

$$\eta_{ii} = \oint_i \frac{ds}{t}: \quad \text{Umlaufsintegral längs dem Umfang der Zelle } i. \tag{2.18a}$$

Bei stückweise konstanter Wandstärke können diese Integrale mit den in Abb. 2.9a und 2.9b gegebenen Bezeichnungen auch angeschrieben werden als:

$$\eta_{ik} = \frac{s_{ik}}{t_{ik}} = \frac{s_3}{t_3},$$
$$\eta_{ii} = \sum_{i=1}^{4} \frac{s_i}{t_i} = \frac{s_1}{t_1} + \frac{s_2}{t_2} + \frac{s_3}{t_3} + \frac{s_4}{t_4}. \qquad (2.18\text{b})$$

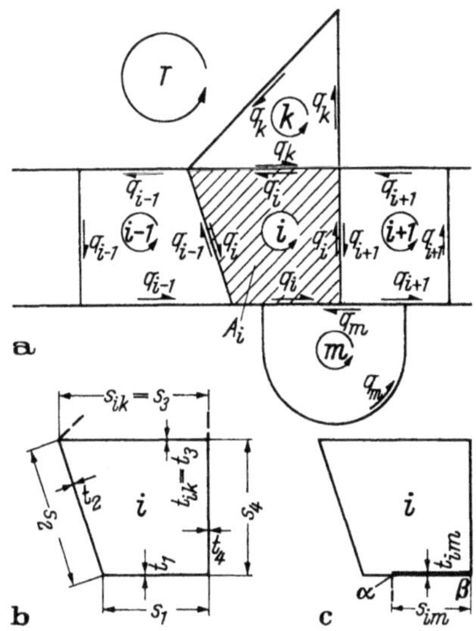

Abb. 2.9. Bezeichnungen

Aus der Bestimmung der Matrixkoeffizienten η_{ik} ist auch ersichtlich, daß $\eta_{ik} = \eta_{ki}$, also die Matrix des Gleichungssystems symmetrisch ist. Dagegen braucht das Gleichungssystem nicht immer dreigliedrig zu sein.

Die gegenseitige Anordnung der Zellen eines Querschnittes kommt zum Ausdruck in der Koeffizientenmatrix. Nur die bandförmige Anordnung von Zellen entsprechend der Abb. 2.7 resultiert in einer reinen Bandform der Matrix. Hätte z. B. die i-te Zelle nicht nur Nachbarzellen links und rechts, sondern Zellen gemäß Abb. 2.9a, so würde die zur Zelle i gehörende Gleichung wie folgt lauten:

$$q_i \eta_{ii} - q_{i-1} \eta_{i-1,i} - q_k \eta_{ki} - q_{i+1} \eta_{i,i+1} - q_m \eta_{im} = \frac{2T}{K} A_i,$$

wobei, wiederum als Beispiel herausgegriffen, η_{im} gemäß Abb. 2.9c folgendermaßen zu bestimmen wäre:

bei variabler Wandstärke: $$\eta_{im} = \int_{\alpha}^{\beta} \frac{ds}{t(s)},$$

bei konstanter Wandstärke: $$\eta_{im} = \frac{s_{im}}{t_{im}}.$$

Auf der rechten Seite des Gleichungssystems ist die Torsionskonstante K des Gesamtquerschnittes noch unbestimmt. Da aber alle Gleichungen den gemeinsamen Faktor $2T/K$ enthalten, kann die Schubflußverteilung, d. h. das Verhältnis der Schubflüsse untereinander, dennoch ermittelt werden, indem zunächst das Gleichungssystem nur mit den A_i auf der rechten Seite gelöst wird.

Nennen wir die so erhaltenen Lösungen $\bar{q}_i$, so wird die tatsächliche Größe der Schubflüsse durch Multiplikation dieser $\bar{q}_i$ mit dem zuerst unterdrückten gemeinsamen Faktor $2T/K$ erhalten, somit:

$$q_i = \bar{q}_i \frac{2T}{K}. \qquad (2.19)$$

Damit ist jedoch die Größe von K immer noch offen. Die Deckelkoten q_1 bis q_n sind wohl relativ zueinander, aber noch nicht in ihrer absoluten Größe festgelegt. Nach Aussage (1.2) müssen die Höhen des Spannungshügels so sein, daß sein doppelter Inhalt gleich dem Torsionsmoment wird:

$$2\sum_{i=1}^{n} q_i A_i = T.$$

Mit Gl. (2.19) ergibt sich:

$$\frac{4T}{K}\sum_{i=1}^{n} \bar{q}_i A_i = T,$$

woraus folgt:

$$K = 4\sum_{i=1}^{n} A_i \bar{q}_i. \qquad (2.20)$$

Damit sind auch für den mehrzelligen Hohlquerschnitt die beiden Hauptaufgaben, Ermittlung der Torsionskonstanten und der Schubspannungen aus SAINT-VENANTscher Torsion gelöst.

d) Berechnungsschema

In der Tab. 2.2 ist die Berechnung eines beliebigen, mehrzelligen Querschnittes unter SAINT-VENANTscher Torsion nochmals zusammengestellt.

Es werden zunächst die Linien- und Umlaufsintegrale (2.18), die sich über die gemeinsamen Zellwände, bzw. den Umfang der Zellen erstrecken, berechnet. Ferner werden die von den Wandmittellinien der Zellen umschlossenen Flächen A_i bestimmt. Damit sind alle Werte für das Anschreiben des Gleichungssystems berechnet; die Integrale η sind direkt die Matrixkoeffizienten und die Flächen A_i die „Belastungsglieder".

Aus den Lösungen $\bar{q}_i$ des Gleichungssystems wird die Torsionskonstante gemäß Gl. (2.20) bestimmt, und die Schubflüsse q_i infolge des wirklichen Torsionsmomentes werden aus Gl. (2.19) erhalten. Durch Superposition ergibt sich in jeder Zellwand der resultierende Schubfluß. Die eigentlichen Schubspannungen infolge Torsion werden durch Division des resultierenden Schubflusses durch die Wandstärke erhalten, [s. Gl. (2.1)].

In der Tab. 2.2 ist noch ein Verfahren angegeben, womit eine untere wie auch eine obere Schranke für die Torsionskonstante berechnet werden kann, ohne das Gleichungssystem erst auflösen zu müssen. Die Herleitung dieses Verfahrens wird im Abschn. 2.4b gegeben.

Tabelle 2.2. *Berechnungsschema für die Bestimmung der Torsionskonstanten K und des Schubflusses q eines mehrzelligen Hohlquerschnittes* (SAINT-VENANTsche *Torsion*)

Bezeichnungen

Der Querschnitt bestehe aus n Zellen, durchnumeriert von 1 bis n. (Die Zellen als aneinander gereiht auffassen, nicht umschlungen.)

s = Perimeter längs der Mittellinie einer Zellwand } siehe Abb. 2.7
$t(s)$ = Wandstärke (kann variabel sein mit s)

Matrixkoeffizienten

Hauptdiagonalglieder: (immer pos. einsetzen im Gleichungssystem)	$\eta_{ii} = \oint\limits_{i} \frac{ds}{t}$:	Umlaufsintegral längs dem Perimeter der Zelle i	siehe Gl. (2.18)
Übrige Glieder: (immer neg. einzusetzen im Gleichungssystem)	$\eta_{ik} = \int\limits_{i,k} \frac{ds}{t}$:	Linienintegral längs dem Perimeter der den Zellen i und k gemeinsamen Wand	
„Belastungsglieder" (immer pos., wenn rechts des =-Zeichens)	A_i:	Vom Perimeter der Zelle i umschriebene Fläche	siehe Abb. 2.7

Gleichungssystem (Unbekannte: $\bar{q}_i$, Dimension wie A_i)

$\bar{q}_1$	$\bar{q}_2$	$\bar{q}_3$	$\cdots$	$\bar{q}_n$	„Bel. Glied"	zur oberen Schranke für K:
$+\eta_{11}$	$-\eta_{12}$	$\cdots$	$\cdots$		$= A_1$	$\rightarrow \dfrac{A_1^2}{\eta_{11} - \eta_{12} - \cdots}$
$-\eta_{21}$	$+\eta_{22}$	$-\eta_{23}$	$\cdots$		$= A_2$	$\rightarrow \dfrac{A_2^2}{-\eta_{21} + \eta_{22} - \eta_{23} - \cdots}$
$\cdots$	$-\eta_{32}$	$+\eta_{33}$	$\cdots$		$= A_3$	$\rightarrow \dfrac{A_3^2}{\cdots + \eta_{33} - \cdots}$
			$\cdots$	neg.		
			pos.			
			neg.	η_{nn}	$= A_n$	$\rightarrow \dfrac{A_n^2}{\cdots + \eta_{nn}}$
zur unteren Schranke für K:	Σ aller Matrixkoeffizienten,				Σ Bel. Gl.	$\Sigma \dfrac{A_i^2}{\text{Zeilensumme } i}$

Torsionskonstante (nur Schranken) s. Abschn. 2.4b

n Worten $\quad 4 \dfrac{(\Sigma \text{ aller Bel. Gl.})^2}{\Sigma \text{ aller Matrixkoeff.}} < K < 4 \Sigma \dfrac{(\text{Bel. Gl. } i)^2}{\text{Zeilens. } i}$

in Symbolen
$$4 \frac{\left(\sum\limits_{i=1}^{n} A_i\right)^2}{\sum\limits_{i=1}^{n} \sum\limits_{k=1}^{n} \eta_{ik}} < K < 4 \sum_{i=1}^{n} \frac{A_i^2}{\sum\limits_{k=1}^{n} \eta_{ik}}$$
siehe Gl. (2.26)

Torsionskonstante (genauer Wert) $\quad K = 4 \sum\limits_{i=1}^{n} A_i \bar{q}_i$, ($\bar{q}_i$ = Lösungen des Gleichungssystems) Gl. (2.20)

Schubflüsse $\quad q_i = \bar{q}_i \dfrac{2T}{K}$, $\quad (i = 1, 2, \ldots, n)$ Gl. (2.19)

Der Drehsinn dieser Schubflüsse q_i um ihre zugehörige Zelle ist derjenige des den analysierten Querschnitt angreifenden SAINT-VENANTschen Torsionsmomentes (Bezugsdrehsinn).

Der *resultierende Schubfluß* im gesamten Querschnitt wird graphisch erhalten durch Superposition dieser n Schubflüsse. Analytisch ausgedrückt ist der resultierende Schubfluß in der den Zellen i und k gemeinsamen Wand

Abb. 2.8

$$q_{ik} = q_i - q_k, \qquad \text{Gl. (2.15)}$$

wobei ein positives Vorzeichen bedeutet, daß der resultierende Schubfluß die gemeinsame Wand im Bezugsdrehsinn der Zelle des Minuenden durchfließt (Zelle i).

Die Schubspannung infolge Torsion ist der durch die Wandstärke dividierte Betrag des resultierenden Schubflusses, $\tau = q/t$. } Abb. 2.7

e) Beispiele

Als erstes Beispiel soll nachstehend der zweizellige Hohlquerschnitt durchgerechnet werden, bei dem sich die Resultate noch in expliziter Form angeben lassen.

Das Gleichungssystem lautet:

$$\eta_{11}\bar{q}_1 - \eta_{12}\bar{q}_2 = A_1,$$

$$-\eta_{12}\bar{q}_1 + \eta_{22}\bar{q}_2 = A_2$$

mit den Lösungen

$$\bar{q}_1 = (A_1\eta_{22} + A_2\eta_{12})/(\eta_{11}\eta_{22} - \eta_{12}^2),$$

$$\bar{q}_2 = (A_2\eta_{11} + A_1\eta_{12})/(\eta_{11}\eta_{22} - \eta_{12}^2),$$

somit nach Gl. (2.20):

$$K = 4\,\frac{A_1^2\eta_{22} + 2A_1A_2\eta_{12} + A_2^2\eta_{11}}{\eta_{11}\eta_{22} - \eta_{12}^2}$$

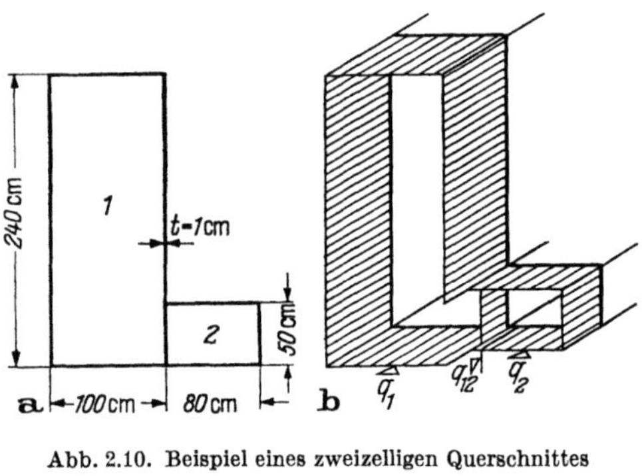

Abb. 2.10. Beispiel eines zweizelligen Querschnittes

und gemäßden Gln. (2.19) bzw. (2.15):

$$q_1 = \frac{T}{2}\,\frac{A_1\eta_{22} + A_2\eta_{12}}{A_1^2\eta_{22} + 2A_1A_2\eta_{12} + A_2^2\eta_{11}},$$

$$q_2 = \frac{T}{2}\,\frac{A_2\eta_{11} + A_1\eta_{12}}{A_1^2\eta_{22} + 2A_1A_2\eta_{12} + A_2^2\eta_{11}},$$

$$q_{12} = \frac{T}{2}\,\frac{A_1(\eta_{22}-\eta_{12}) - A_2(\eta_{11}-\eta_{12})}{A_1^2\eta_{22} + 2A_1A_2\eta_{12} + A_2^2\eta_{11}}. \tag{2.21}$$

Für den in Abb. 2.10a dargestellten zweizelligen Hohlkasten konstanter Wandstärke lauten die numerischen Werte:

$$\eta_{11} = \tfrac{1}{1}\,(100 + 240 + 100 + 240) = 680,$$

$$\eta_{12} = \tfrac{1}{1}\,50 \qquad = 50,$$

$$\eta_{22} = \tfrac{1}{1}\,(80 + 50 + 80 + 50) \qquad = 260, \tag{2.22a}$$

$$A_1 = 100 \cdot 240 \qquad = 24000\ \text{cm}^2,$$

$$A_2 = 50 \cdot 80 \qquad = 4000\ \text{cm}^2.$$

Eingesetzt in die Lösungen (2.21) folgt:

$$\begin{aligned} K &= 3{,}90 \cdot 10^6, & &[\mathrm{cm}^4], \\ q_1 &= 1{,}90 \cdot 10^{-5} T^{(\mathrm{cm}\,t)}, & &\left[\frac{t}{\mathrm{cm}}\right], \\ q_2 &= 1{,}15 \cdot 10^{-5} T^{(\mathrm{cm}\,t)}, & &\left[\frac{t}{\mathrm{cm}}\right], \\ q_{12} &= 0{,}75 \cdot 10^{-5} T^{(\mathrm{cm}\,t)}, & &\left[\frac{t}{\mathrm{cm}}\right]. \end{aligned} \tag{2.22b}$$

Der Verlauf dieser Schubflüsse ist aus Abb. 2.10b ersichtlich.

Als zweites Beispiel sei die Berechnung des in Abb. 2.8a skizzierten, neunzelligen Querschnittes gegeben. Wenn die einzelnen Zellwanddimensionen noch ganz beliebig und insbesondere verschieden von Wand zu Wand sind, so lautet das Gleichungssystem:

$\bar{q}_1$	$\bar{q}_2$	$\bar{q}_3$	$\bar{q}_4$	$\bar{q}_5$	$\bar{q}_6$	$\bar{q}_7$	$\bar{q}_8$	$\bar{q}_9$		
$+\eta_{11}$	$-\eta_{12}$		$-\eta_{14}$						$=$	A_1
$-\eta_{21}$	$+\eta_{22}$	$-\eta_{23}$		$-\eta_{25}$					$=$	A_2
	$-\eta_{32}$	$+\eta_{33}$			$-\eta_{36}$				$=$	A_3
$-\eta_{41}$			$+\eta_{44}$	$-\eta_{45}$		$-\eta_{47}$			$=$	A_4
	$-\eta_{52}$		$-\eta_{54}$	$+\eta_{55}$	$-\eta_{56}$		$-\eta_{58}$		$=$	A_5
		$-\eta_{63}$		$-\eta_{65}$	$+\eta_{66}$			$-\eta_{69}$	$=$	A_6
			$-\eta_{74}$			$+\eta_{77}$	$-\eta_{78}$		$=$	A_7
				$-\eta_{85}$		$-\eta_{87}$	$+\eta_{88}$	$-\eta_{89}$	$=$	A_8
					$-\eta_{96}$		$-\eta_{98}$	$+\eta_{99}$	$=$	A_9

Um auch hier ein numerisches Resultat zu geben, sei angenommen, daß alle Zellen quadratisch und mit gleichen Seitenlängen a und gleichen Wandstärken t ausgebildet seien. Es sind dann alle Hauptdiagonalglieder $\eta_{ii} = 4a/t$, alle übrigen Matrixkoeffizienten $\eta_{ik} = a/t$ und alle Belastungsglieder $A_i = a^2$. Zufolge doppelter Symmetrie des Querschnitts reduziert sich damit das Gleichungssystem auf:

$\bar{q}_1$	$\bar{q}_2$	$\bar{q}_5$		
4	-2		$=$	at
-2	4	-1	$=$	at
	-4	4	$=$	at

woraus folgt:

$$\left.\begin{aligned}\bar{q}_1 &= \frac{11}{16}at\\ \bar{q}_2 &= \frac{14}{16}at\\ \bar{q}_5 &= \frac{18}{16}at\end{aligned}\right\}(2.20)\to K = 4a^3t\,\frac{118}{16},\quad (2.19)\to\left\{\begin{aligned}q_1 &= \frac{T}{2a^2}\,\frac{11}{118},\\ q_2 &= \frac{T}{2a^2}\,\frac{14}{118},\\ q_5 &= \frac{T}{2a^2}\,\frac{18}{118},\end{aligned}\right.\qquad (2.23)$$

$$\text{und gemäß (2.15):}\left\{\begin{aligned}q_{12} &= -\frac{T}{2a^2}\,\frac{3}{118},\\ q_{25} &= -\frac{T}{2a^2}\,\frac{4}{118}.\end{aligned}\right.$$

(Die Skizzen in Abb. 2.8 sind mit diesen Resultaten gezeichnet worden.)

2.4 Sonderfälle und Grenzwerte

a) Getrennte Zellen

Ein Sonderfall eines mehrzelligen Querschnittes liegt dann vor, wenn die einzelnen Zellen sich nicht berühren, aber dennoch zum selben Stabquerschnitt gehören. Dies kann zum Beispiel der Fall sein bei Brücken, deren Hauptträger kastenförmig ausgebildet sind und die unter sich durch kräftige Querverbände verbunden sind, um den Gesamtquerschnitt der Brücke zu erhalten. In solchen Fällen verschwinden die Linienintegrale η_{ik} über die gemeinsamen Zellwände und es verbleiben nur noch die Hauptdiagonalglieder η_{ii}. Jede Gleichung des Systems (2.17) ist daher für sich allein lösbar und ergibt:

$$\bar{q}_i = \frac{A_i}{\eta_{ii}} \qquad (i = 1, 2, \ldots, n).$$

Somit ist nach Gl. (2.20)

$$K = 4\sum_{i=1}^{n}\frac{A_i^2}{\eta_{ii}} \qquad (2.24\text{a})$$

oder, mit der Definition (2.18a)

$$K = \sum_{i=1}^{n}\frac{4A_i^2}{\oint\limits_i \frac{ds}{t}}, \qquad (2.24\text{b})$$

also gemäß Formel (2.5)

$$K = \sum_{i=1}^{n} K_i, \qquad (2.24\text{c})$$

d. h., die Torsionskonstante des Gesamtquerschnittes ist direkt die Summe der Torsionskonstanten der einzelnen Hohlquerschnitte. Aus Gl. (2.19) erhält man für den Schubfluß der Zelle i:

$$q_i = \frac{A_i}{\eta_{ii}}\,\frac{2T}{K} \qquad (i = 1, 2, \ldots, n), \qquad (2.25\text{a})$$

erweitert mit $2A_i$
$$q_i = \frac{4A_i^2}{\oint \frac{ds}{t}} \frac{T}{2A_i K}, \tag{2.25b}$$

somit nach Formel (2.5)
$$q_i = \frac{K_i}{K} \frac{T}{2A_i} \quad (i = 1, 2, \ldots, n). \tag{2.25c}$$

b) Grenzwerte für die Torsionskonstanten[1]

Eine weitere Möglichkeit des Zerfalls des Gleichungssystems durch Verschwinden der Linienintegrale η_{ik} entsteht, wenn nicht der Integrationsbereich dahinfällt — wie im vorangehenden Abschnitt — sondern der Integrand vernachlässigbar klein wird. Gedanklich ist dies möglich durch Erhöhung der Schubsteifigkeit in den gemeinsamen Zellwänden, indem dort der Schubmodul G größer angenommen wird als in den übrigen Zellwänden (G_0).

Die so berechnete Torsionskonstante wird demnach zu hoch eingeschätzt. Gemäß Gl. (2.12) verschwindet aber der Integrand im Grenzfall $G \gg G_0$, und das Gleichungssystem (2.17) zerfällt aus diesem Grunde.

Die numerische Ermittlung des oberen Grenzwertes für die Torsionskonstante ist daher mit Gl. (2.24b) gegeben, wobei allerdings in jenen Umlaufsintegralen die Anteile der gemeinsamen Zellwände fehlen sollen. Dies geschieht formal am einfachsten, indem zu den kompletten Umlaufsintegralen die mit anderen Zellen gemeinsamen Wandanteile wieder abgezogen werden. Dies ist die algebraische Summe der Koeffizienten einer Matrixzelle. Der obere Grenzwert der Torsionskonstanten eines mehrzelligen Querschnittes kann daher direkt aus dem aufgestellten Gleichungssystem für die Schubflußverteilung berechnet werden, indem zunächst die „Belastungsglieder“ A_i quadriert und durch die algebraische Summe der Matrixkoeffizienten ihrer Zelle dividiert werden. Dann ist der vierfache Betrag der Summe dieser gebildeten Quotienten der gesuchte obere Grenzwert für K. Das Berechnungsschema ist aus Tab. 2.2 ersichtlich.

Ein unterer Grenzwert ist leicht zu bilden, indem die Außenwand des Gesamtquerschnittes als Wand einer einzigen Zelle aufgefaßt wird und die Unterteilung in mehrere Zellen unberücksichtigt bleibt. Es gilt dann Gl. (2.5), wobei als Fläche A jene des Gesamtquerschnittes zu nehmen ist, somit

$$A = \sum_{i=1}^{n} A_i .$$

Das Umlaufsintegral um den gesamten Querschnitt kann entweder neu ermittelt oder auch wieder aus der Koeffizientenmatrix bestimmt werden, denn es ist die algebraische Summe aller Matrixkoeffizienten:

$$\oint\limits_{\text{ges. Querschn.}} \frac{ds}{t} = \sum_{i=1}^{n} \sum_{k=1}^{n} \eta_{ik} .$$

[1] Auf diese Möglichkeit der Eingabelung ist in „Stresses in Aircraft and Shell Structures“ von P. Kuhn, McGraw-Hill Book Company, 1956, hingewiesen worden.

In der Aufstellung von Tab. 2.2 ist auch die Berechnung dieses Grenzwertes eingetragen.

Dadurch ist es möglich, untere und obere Schranken für die Eingabelung der Torsionskonstanten eines mehrzelligen Querschnittes zu erhalten, ohne das Gleichungssystem für die Schubflußverteilung erst auflösen zu müssen.

$$4\,\frac{\left(\sum\limits_{i=1}^{n} A_i\right)^2}{\sum\limits_{i=1}^{n}\sum\limits_{k=1}^{n}\eta_{ik}} < K < 4\sum_{i=1}^{n}\frac{A_i^2}{\sum\limits_{k=1}^{n}\eta_{ik}}. \tag{2.26}$$

Anschließend sei für das in Abb. 2.10 dargestellte Beispiel diese Eingabelung der Torsionskonstanten numerisch durchgeführt. Mit den Werten (2.22a) lautet das Gleichungssystem:

$\bar q_1$	$\bar q_2$	A (cm²)	
680	− 50	= 24000	$\dfrac{24000^2}{680-50} = 0{,}911\cdot 10^6$
− 50	260	= 4000	$\dfrac{4000^2}{260-50} = 0{,}076\cdot 10^6$
840		= 28000	$0{,}987\cdot 10^6$

$$4\cdot\frac{28000^2}{840} < K < 4\cdot 0{,}987\cdot 10^6,$$

$$3{,}72\cdot 10^6\,\text{cm}^4 < K < 3{,}95\cdot 10^6\,\text{cm}^4.$$

Nach den Lösungen (2.22b) ist der genaue Wert von $K = 3{,}90\cdot 10^6\,\text{cm}^4$.

Übung 2.2. *Zweizelliger Hohlquerschnitt.* Um eine Vorstellung über die Güte der Einschrankung der Torsionskonstanten K gemäß den Ungleichungen (2.26) zu erhalten, sei die Seitenlänge der zweiten Zelle variiert.

a) Der Querschnitt mit konstanter Wandstärke bestehe aus quadratförmigen Zellen mit den Seitenlängen a und $\varkappa a$. Wenn der Parameter $\varkappa$ alle Werte zwischen Null und eins durchläuft, so sind sämtliche Größenverhältnisse zweizelliger Hohlquerschnitte untersucht.

Resultat:

oberer Grenzwert für K: $$K_0 = \frac{1+\frac{4}{3}\varkappa-\frac{1}{3}\varkappa^4}{1-\frac{1}{4}\varkappa}\,a^3 t,$$

exakter Wert für K: $$K_e = \frac{1+\frac{1}{2}\varkappa^2+\varkappa^3}{1-\frac{1}{8}\varkappa}\,a^3 t,$$

unterer Grenzwert für K: $$K_u = \frac{1+2\varkappa^2+\varkappa^4}{1+\frac{1}{2}\varkappa}\,a^3 t.$$

b) Es werden nun die Formen der sekundären Zelle geändert. Die zweite Zelle sei ein Rechteck mit den Abmessungen a und $\varkappa a$. Gesucht ist das Verhältnis der Schranken zum genauen Wert, K_0/K_e und K_u/K_e, als Funktion des Parameters $\varkappa$.

Das Resultat ist, zusammen mit jenem aus Teil a), in der nachstehenden Abbildung zusammengefaßt:

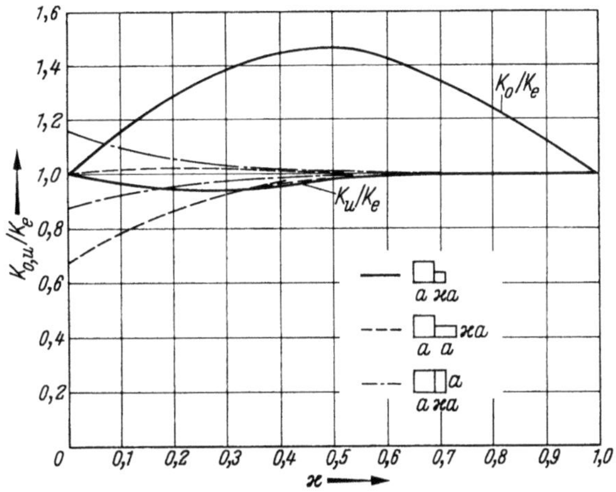

Resultate zur Übung 2.2: Obere und untere Schranken für die Torsionskonstante bezogen auf den exakten Wert, K_0/K_e bzw. K_u/K_e, bei zwei verschieden großen Zellen.

Übung 2.3. *Mehrere Zellen in eindimensionaler Anordnung.* Es seien N quadratische Zellen zu einem Rechteckquerschnitt der Seiten a und Na aneinandergefügt. Alle Wandstärken sind gleich t.

Berechne für kleine Zellenzahlen N die Torsionskonstante K_e und ihre unteren und oberen Näherungswerte K_u und K_o, bzw. ihre Abweichung vom exakten Wert K_e, und für große Zellenzahlen N wenigstens das Verhältnis von unterer zu oberer Schranke, K_u/K_o.

Die *Resultate* sind in nebenstehender Tabelle zusammengefaßt:

Zahl der Zellen	$\frac{K_u}{K_e}$	$\frac{K_o}{K_e}$
2	1,00	1,00
3	0,988	1,021
4	0,975	1,015
5	0,978	1,014
	$\frac{K_u}{K_o}$	
10	0,97	
100	0,99	
N	$\frac{1}{1+\frac{N-2}{3N^2}}$	

c) Mehrere Zellen in zweidimensionaler Anordnung

So erstaunlich gut die Eingabelung des genauen Wertes von K bei linearem Aneinanderreihen von Zellen gelingt, um so schlechter wird die obere Schranke nach dem in Tab. 2.2 angegebenen Berechnungsverfahren für zweidimensionale Zellanordnung. Bei vollständigem Einschließen einer Zelle durch Nachbarzellen entsteht der triviale obere Grenzwert von unendlich.

Mathematisch äußert sich das darin, daß für eine solche Zelle die Zeilensumme der Matrixkoeffizienten null ergibt und gemäß Gl. (2.26) im Nenner eines Bruches steht.

Um eine Verbesserung zu erhalten, sei noch einmal an den Gedankenschritt erinnert, der zu einer oberen Schranke für K führt, nämlich, alle Zwischenwände unendlich steif anzunehmen. In Abb. 2.11 a, die einen neunzelligen Hohlquerschnitt darstellt, ist dies durch kräftige Linien angedeutet. Wie ersichtlich, entsteht aus der allseitig umringten Zelle eine geschlossene Zelle mit unendlich steifen Wänden, was $K_0 = \infty$ als Resultat erklärt. Abhilfe kann getroffen werden durch Belassen von wenigstens einer Wand pro eingeschlossener Zelle (Abb. 2.11 b). Um die Symmetrie nicht zu zerstören, kann auch nach Abb. 2.11 c verfahren werden.

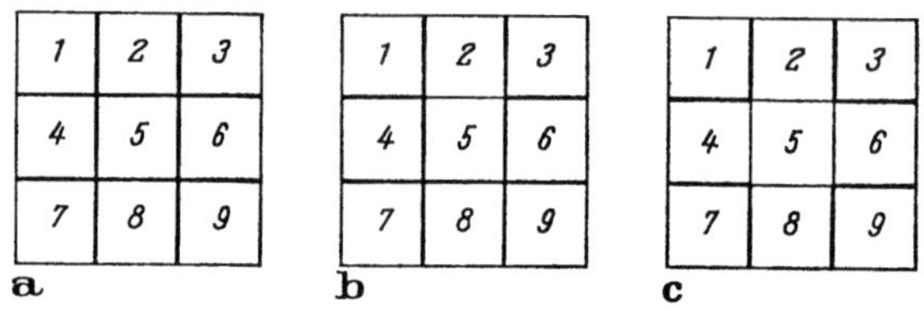

Abb. 2.11. Verbesserung der oberen Schranke bei zweidimensionaler Zellanordnung

Das resultierende Gleichungssystem ist nun nicht mehr so einfach, daß nur noch Hauptdiagonalglieder übrig bleiben; aber es verschwinden darin so viele Matrixkoeffizienten wie Wände als starr angenommen worden sind.

2.5 Durch eine gemeinsame Grundzelle verbundene Zellen

a) Einführung

Ein oft anzutreffender Sonderfall entsteht, wenn eine Zelle, im folgenden als Null-Zelle bezeichnet, Träger von beliebig vielen — n — weiteren Zellen ist, die sich jedoch nicht berühren, sonst aber willkürliche Form, Lage und Größe aufweisen können, Abb. 2.12 a[1]. Es wird möglich sein, die Torsionskonstante und die Schubflüsse für diesen Sonderfall eines mehrzelligen Hohlquerschnittes in expliziter Form anzuschreiben.

Nach den allgemeinen Methoden des Abschn. 2.3 wird der Querschnitt so in Einzelzellen zerlegt, daß diese sich nicht einschließen, sondern aneinanderfügen. Der Trägerzelle oder Grundzelle, welche alle anderen verbindet, wird die Nummer 0

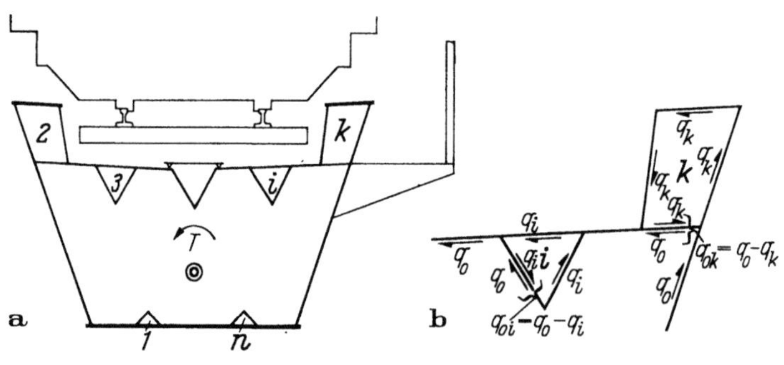

Abb. 2.12. Mehrzelliger Hohlquerschnitt mit n voneinanden getrennten Zellen, aber verbunden durch eine gemeinsame Grundzelle 0

[1] Dieser Querschnitt ist folgendem Artikel entnommen: Zucker, O.: „Bau der Eisenbahnbrücke über die Autobahn in Wuppertal-Ost". Der Stahlbau, 29. Jg., 1960. S. 344.

zugeteilt, die übrigen durchnumeriert von 1 bis n. In den total $n + 1$ Zellen wirken ebenso viele Schubflüsse (im Sinne von Deckelkoten der gesamten Spannungsfunktion), die, superponiert, das resultierende Schubflußbild ergeben. Der Schubfluß q_0 ist dann bereits der resultierende Schubfluß in all jenen Wandteilen der Zelle 0, die nicht an eine andere Zelle grenzen. Nur in den mit den Zellen 1 bis n gemeinsamen Wandteilen wird der resultierende Schubfluß aus einer Superposition der beiden beteiligten Schubflußvektoren erhalten. Dies kommt bei Abb. 2.12b zum Ausdruck, die ein Ausschnitt aus der rechten Kastenwand von Abb. 2.12a darstellt.

Bei diesem Sonderfall des Hohlquerschnittes mit einer Grundzelle können daher die resultierenden Schubflüsse folgendermaßen gruppiert werden:

q_0, in den ausschließlich zur Zelle 0 gehörenden Wandteilen;

q_i, in dem zur Zelle i allein gehörenden Wandteil ($i = 1, 2, \ldots, n$);

q_{0i}, in dem der Zelle 0 und i gemeinsamen Wandstück ($i = 1, 2, \ldots, n$).

Was dabei als „gemeinsame Zellwand" anzusehen ist, ergibt sich aus der Festlegung, daß Zellen stets aneinander zu reihen sind, sich also nicht einschließen sollen. Die in die Berechnung der Matrixkoeffizienten (2.18) eingehenden Wandteile und die zugehörigen Zellquerschnitte (Belastungsglieder) sind daher noch einmal gesondert herausgehoben in Abb. 2.13. Für den Fall stückweise konstanter Wandstärken sind die Koeffizienten η_{0i} und η_{ii} direkt ablesbar aus dieser Abbildung.

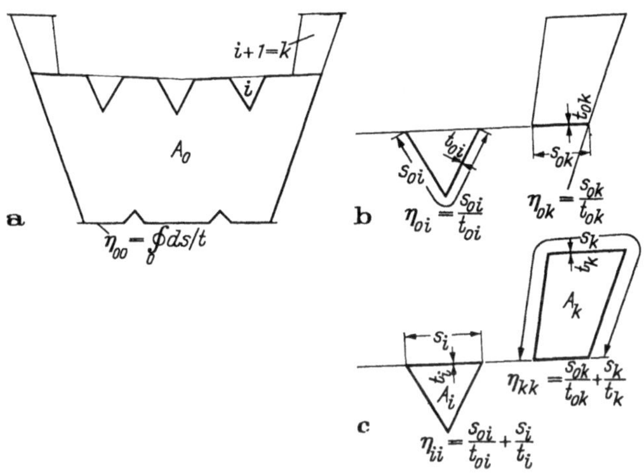

Abb. 2.13. Berechnung der Koeffizienten η_{00}, η_{0i}, η_{ii}, A_0 und A_i

b) Berechnung

Die Besonderheit des in diesem Abschnitt behandelten mehrzelligen Querschnittes, nämlich daß die Zellen 1 bis n keine unter sich gemeinsamen Wandteile haben, reflektiert sich nun im zugehörigen Gleichungssystem für die Berechnung der Schubflußverteilung, das folgende Gestalt annimmt:

$$
\begin{array}{cccccccccc}
\bar{q}_0 & \bar{q}_1 & \bar{q}_2 & & q_i & & \bar{q}_n & & \\
\hline
\eta_{00} & -\eta_{01} & -\eta_{02} & \cdots & -\eta_{0i} & \cdots & -\eta_{0n} & = & A_0 \\
-\eta_{10} & \eta_{11} & & & & & & = & A_1 \\
-\eta_{20} & & \eta_{22} & & & & & = & A_2 \\
\cdots & & & \cdots & & & & = & \cdots \\
-\eta_{i0} & & & & \eta_{ii} & & & = & A_i \\
\cdots & & & & & \cdots & & = & \cdots \\
-\eta_{n0} & & & & & & \eta_{nn} & = & A_n
\end{array}
\qquad (2.27)
$$

Mit Ausnahme der ersten können alle übrigen Gleichungen des Systems angeschrieben werden als:

$$-\eta_{i0}\bar{q}_0 + \eta_{ii}\bar{q}_i = A_i \qquad (i = 1, 2, \ldots, n),$$

somit:

$$\bar{q}_i = \frac{A_i}{\eta_{ii}} + \frac{\eta_{i0}}{\eta_{ii}}\bar{q}_0 \qquad (i = 1, 2, \ldots, n). \qquad (2.27\,\mathrm{a})$$

Werden die Gln. (2.27a) in die oberste Gleichung des Systems (2.27) eingesetzt und die Symmetrie der Koeffizienten berücksichtigt, so folgt:

$$\bar{q}_0\eta_{00} - \sum_{i=1}^{n} \eta_{0i}\left(\frac{A_i}{\eta_{ii}} + \frac{\eta_{0i}}{\eta_{ii}}\bar{q}_0\right) = A_0,$$

oder

$$\bar{q}_0\left(\eta_{00} - \sum_{i=1}^{n}\frac{\eta_{0i}^2}{\eta_{ii}}\right) = A_0 + \sum_{i=1}^{n} A_i\frac{\eta_{0i}}{\eta_{ii}}. \qquad (2.27\,\mathrm{b})$$

Mit den Abkürzungen

$$
\begin{aligned}
A &= A_0 + \sum_{i=1}^{n} A_i\frac{\eta_{0i}}{\eta_{ii}},\\
B &= \eta_{00} - \sum_{i=1}^{n}\frac{\eta_{0i}^2}{\eta_{ii}},\\
C &= \sum_{i=1}^{n}\frac{A_i^2}{\eta_{ii}},
\end{aligned}
\qquad (2.28)
$$

folgt somit aus Gl. (2.27b):

$$\bar{q}_0 = \frac{A}{B}$$

und daher aus den Gln. (2.27a)

$$\bar{q}_i = \frac{A_i}{\eta_{ii}} + \frac{\eta_{0i}}{\eta_{ii}}\frac{A}{B} \qquad (i = 1, 2, \ldots, n).$$

Werden diese Werte in die Bestimmungsgleichung für die Torsionskonstante eingesetzt, Gl. (2.20), so erhält man:

$$K = 4\left[A_0\bar{q}_0 + \sum_{i=1}^{n} A_i\bar{q}_i\right],$$

$$= 4\left[A_0\frac{A}{B} + \sum_{i=1}^{n}\frac{A_i^2}{\eta_{ii}} + \frac{A}{B}\sum_{i=1}^{n} A_i\frac{\eta_{0i}}{\eta_{ii}}\right],$$

$$= 4\left[A_0\frac{A}{B} + C + \frac{A}{B}(A - A_0)\right],$$

$$K = 4\,\frac{A^2 + BC}{B}. \tag{2.29}$$

Damit werden die resultierenden Schubflüsse gemäß Gl. (2.19) bestimmt zu:

$$q_0 = \frac{2T}{K}\,\bar{q}_0 = \frac{T}{2}\,\frac{A}{A^2 + BC}, \tag{2.30}$$

$$q_i = \frac{2T}{K}\,\bar{q}_i = \frac{T}{2}\,\frac{\eta_{0i}A + A_iB}{\eta_{ii}(A^2 + BC)} \qquad (i = 1, 2, \ldots, n), \tag{2.31a}$$

$$q_{0i} = q_0 - q_i = \frac{T}{2}\,\frac{(\eta_{ii} - \eta_{0i})A - A_iB}{\eta_{ii}(A^2 + BC)} \qquad (i = 1, 2, \ldots, n). \tag{2.32a}$$

An Stelle der Gln. (2.31a) und (2.32a) ist es oft bequemer, diese beiden Schubflußgruppen als Faktor des Schubflusses q_0 in der Grundzelle auszudrücken:

$$q_i = q_0\left(\frac{\eta_{0i}}{\eta_{ii}} + \frac{A_i}{\eta_{ii}}\,\frac{B}{A}\right) \qquad (i = 1, 2, \ldots, n), \tag{2.31b}$$

$$q_{0i} = q_0\left(\frac{\eta_{ii} - \eta_{0i}}{\eta_{ii}} - \frac{A_i}{\eta_{ii}}\,\frac{B}{A}\right) \qquad (i = 1, 2, \ldots, n). \tag{2.32b}$$

Das Vorzeichen der Schubflüsse q_0 und q_i ist allein bestimmt durch das Vorzeichen des Torsionsmomentes T; sie umfließen also ihre zugehörigen Zellwandteile im selben Drehsinn wie das Torsionsmoment den Querschnitt beansprucht. Positive Schubflüsse q_{0i} haben die gleiche Fließrichtung wie q_0, negative die entgegengesetzte.

Das Problem ist damit gelöst. Sowohl die Torsionskonstante als auch die drei resultierenden Schubflußgruppen sind mit den Gln. (2.29) bis (2.32) in expliziter Form angegeben.

c) Statische Deutung

Die Formeln (2.31b) und (2.32b) lassen sich direkt herleiten aus einer Überlagerung zweier Schubflüsse. Beide Ausdrücke bestehen aus zwei Summanden. Die Deutung ist, daß je die ersten Summanden den Durchfluß von q_0 durch die Zelle i darstellen, während die zweiten den zelleigenen Schubflußbeitrag zur Aufnahme des gesamten Torsionsmomentes bedeuten (Abb. 2.14). Dies sei nachstehend verifiziert.

Eine Wand verzweige und wiedervereinige sich, wie in Abb. 2.14 dargestellt ist. Die Wand ist Träger eines Schubflusses q_0, der sich ebenfalls verzweigt in die beiden Schubflußteile q_{0i} und q_i. Ihre Größe läßt sich bestimmen aus einer Gleichgewichtsbedingung

$$q_0 = q_{0i} + q_i$$

und einer Verträglichkeitsbedingung, die gleiche Schubverformung der Wände s_{0i} und s_i verlangt:

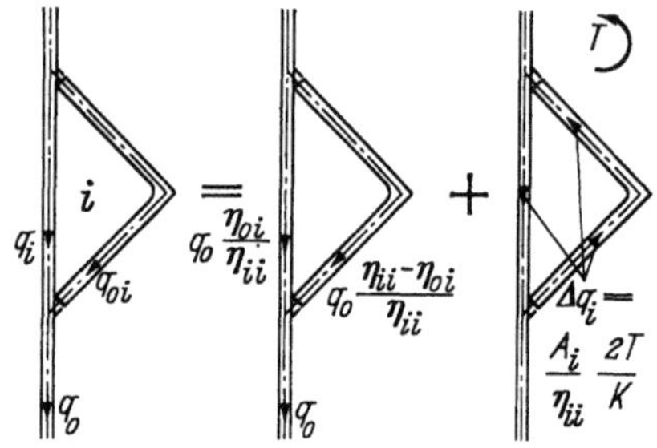

Abb. 2.14.
Deutung der Formeln (2.31b) und (2.32b)

$$\int_{s_{0i}} \gamma \, ds = \int_{s_i} \gamma \, ds .$$

Da $\gamma = \frac{q}{tG}$, folgt:

$$q_{0i} \int_{s_{0i}} \frac{ds}{t} = q_i \int_{s_i} \frac{ds}{t} .$$

Definitionsgemäß werden diese Integrale mit η_{0i}, bzw. $\eta_{ii} - \eta_{0i}$ bezeichnet, weshalb die Verträglichkeitsbedingung auch wie folgt angeschrieben werden kann:

$$q_{0i} \eta_{0i} = q_i (\eta_{ii} - \eta_{0i}) .$$

Dies liefert, zusammen mit der Gleichgewichtsbedingung, folgende Aufteilung des Schubflusses q_0:

$$\begin{aligned} q_i &= \frac{\eta_{0i}}{\eta_{ii}} q_0 \qquad (i = 1, 2, \ldots, n), \\ q_{0i} &= \frac{\eta_{ii} - \eta_{0i}}{\eta_{ii}} q_0 \qquad (i = 1, 2, \ldots, n), \end{aligned} \tag{2.33}$$

was in der Tat die beiden ersten Summanden in den Ausdrücken (2.31b) und (2.32b) darstellt.

Es verbleibt, den absoluten Betrag des zweiten Summanden dieser Ausdrücke zu verifizieren, der darauf zurückzuführen ist, daß sich die Zelle i im gleichen Maß wie die Grundzelle verdrehen muß.

Unter Berücksichtigung von Gl. (2.30) und (2.29) kann dieser zweite Summand folgendermaßen umgeformt werden:

$$\begin{aligned} q_0 \frac{A_i}{\eta_{ii}} \frac{B}{A} &= \frac{T}{2} \frac{A}{A^2 + BC} \frac{A_i}{\eta_{ii}} \frac{B}{A} \qquad (i = 1, 2, \ldots, n), \\ &= 2T \frac{B}{4(A^2 + BC)} \frac{A_i}{\eta_{ii}} \qquad (i = 1, 2, \ldots, n), \\ &= \frac{A_i 2T}{\eta_{ii} K} \qquad (i = 1, 2, \ldots, n), \end{aligned}$$

was tatsächlich der Schubfluß q_i einer aus dem Zusammenhang gelösten, aber mit dem Gesamtquerschnitt gleichermaßen verdrehten Zelle ist, [s. Gl. (2.25a)].

d) Sonderfälle

Angenommen, es seien alle Zellen der Nummern 1 bis n gleich ausgebildet (Abb. 2.15), so vereinfachen sich die Formeln (2.29) bis (2.32). Wird die Trägerzelle mit „Null" und die n gleichen Zellen mit „eins" bezeichnet, so lauten die Abkürzungen (2.28):

$$A = A_0 + n A_1 \frac{\eta_{01}}{\eta_{11}},$$

$$B = \eta_{00} - n \frac{\eta_{01}^2}{\eta_{11}},$$

$$C = n \frac{A_1^2}{\eta_{11}}.$$

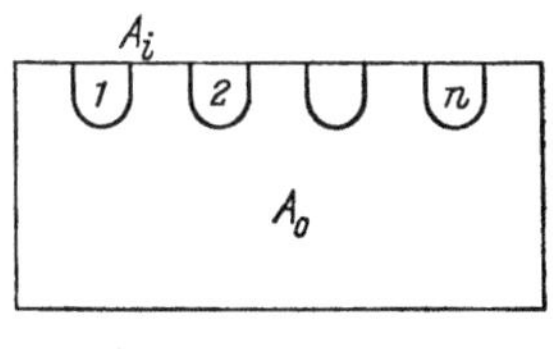

Abb. 2.15. Grundzelle mit n gleichen Nebenzellen

Werden diese Ausdrücke in die Gln. (2.29) bis (2.32) für die Torsionskonstante, bzw. die Schubflüsse eingesetzt, so folgt:

$$\begin{aligned} K &= 4\, \frac{A_0^2 \eta_{11} + 2 n A_0 A_1 \eta_{01} + n A_1^2 \eta_{00}}{\eta_{00}\eta_{11} - n \eta_{10}^2}, \\ q_0 &= \frac{T}{2}\, \frac{A_0 \eta_{11} + n A_1 \eta_{01}}{A_0^2 \eta_{11} + 2 n A_0 A_1 \eta_{01} + n A_1^2 \eta_{00}}, \\ q_1 &= \frac{T}{2}\, \frac{A_0 \eta_{01} + A_1 \eta_{00}}{A_0^2 \eta_{11} + 2 n A_0 A_1 \eta_{01} + n A_1^2 \eta_{00}}, \\ q_{01} &= \frac{T}{2}\, \frac{A_0(\eta_{11} - \eta_{01}) - A_1(\eta_{00} - n\eta_{01})}{A_0^2 \eta_{11} + 2 n A_0 A_1 \eta_{01} + n A_1^2 \eta_{00}}, \end{aligned} \tag{2.34}$$

Die Berechnung der Koeffizienten η_{00}, η_{01}, η_{11}, A_0 und A_1 geht aus Abb. 2.13 hervor, indem i bzw. k der Index 1 zugeteilt wird. Für $n = 1$ entstehen die Formeln des zweizelligen Querschnittes, Gln. (2.21).

Bei obigem Sonderfall können die Größenverhältnisse zwischen Haupt- und Nebenzellen beliebig sein, solange die Nebenzellen alle gleich sind. Nun soll noch der Extremfall untersucht werden, bei dem die Nebenzellen zwar verschieden untereinander sein können, aber klein sind gegenüber der Hauptzelle (Abb. 2.16).

Je kleiner die von den Nebenzellen umschlossenen Flächen A_i gegenüber der Grundzellfläche A_0 werden, um so kleiner ist der zelleigene Schubflußbeitrag zur Aufnahme des Torsionsmomentes. Im Grenzfall liegen Wandverzweigungen ohne eingeschlossene Flächen A_i vor.

Abb. 2.16 Grundzelle mit beliebigen Nebenzellen, die aber klein sind gegenüber der Hauptzelle

Die Torsionskonstante kann dann aus den Gln. (2.29) bzw. (2.28) erhalten werden durch Streichen der mit A_i behafteten Terme:

$$K = \frac{4 A_0^2}{\eta_{00} - \sum\limits_{i=1}^{n} \frac{\eta_{0i}^2}{\eta_{ii}}}.$$

Wird dieser Ausdruck mit der Bredtschen Formel (2.5) verglichen, so ist ersichtlich, daß lediglich eine Änderung in der Integralberechnung über die

Perimeterstellen mit Wandverzweigung vorzunehmen ist, die mit den Bezeichnungen der Abb. 2.17 für jede Stelle wie folgt geschieht:

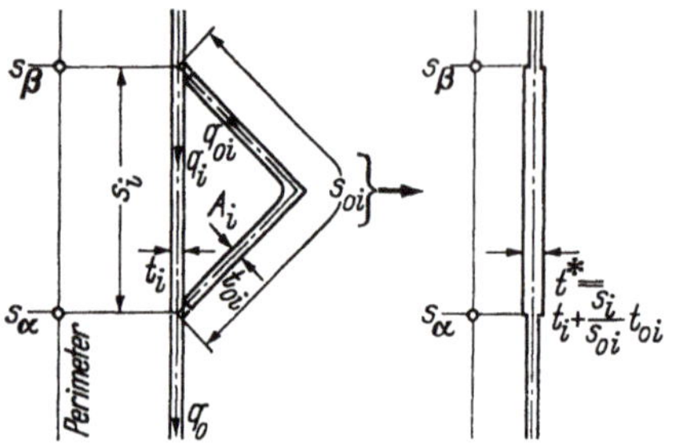

Abb. 2.17. Äquivalente Wandstärke t^* bei Wandverzweigungen

$$\left[\int \frac{ds}{t} - \frac{\eta_{0i}^2}{\eta_{ii}}\right]_{s_\alpha}^{s_\beta} = \frac{s_{0i}}{t_{0i}} - \frac{\left(\frac{s_{0i}}{t_{0i}}\right)^2}{\frac{s_{0i}}{t_{0i}} + \frac{s_i}{t_i}},$$

$$= \frac{s_i}{t_i + \frac{s_i}{s_{0i}} t_{0i}},$$

$$= \frac{s_i}{t^*}.$$

Durch Einführen einer ideellen Wandstärke

$$t^* = t_i + \frac{s_i}{s_{0i}} t_{0i} \tag{2.35}$$

kann somit über eine solche Verzweigungsstelle hinweg integriert und die Torsionskonstante berechnet werden, als ob ein einzelliger Hohlquerschnitt vorläge.

Der Schubfluß q_0 ist, in Übereinstimmung mit dem Ausdruck (2.2):

$$q_0 = \frac{T}{2A_0}, \tag{2.36a}$$

und in den Wandverzweigungen betragen die Schubflüsse die durch Formel (2.33) ausgedrückten Anteile von q_0, die mit den Bezeichnungen der Abb. 2.15 auch folgendermaßen angeschrieben werden können:

$$q_i = \frac{q_0}{1 + \frac{s_i t_{0i}}{s_{0i} t_i}}, \tag{2.36b}$$

$$q_{0i} = \frac{q_0}{1 + \frac{s_{0i} t_i}{s_i t_{0i}}}. \tag{2.36c}$$

Die Vernachlässigung der Flächen A_i gegenüber A_0, die zu den sehr einfachen Formeln (2.35) und (2.36) führt, hat einen geringeren Einfluß auf die Berechnung der Torsionskonstanten und des Schubflusses q_0 als auf die beiden Flußzweige q_i und q_{0i}. Diese können aber ohne große Mühe verbessert werden, indem der Schubfluß, welcher nur lokalen Charakter hat — d. h. die Zelle A_i allein umfließt — hinzugefügt wird.

Nach der im Abschn. 2.5c gegebenen Betrachtung ergibt diese Korrektur (Abb. 2.14, rechts):

$$|\Delta q_i| = \frac{A_i}{\eta_{ii}} \frac{2T}{K} \tag{2.37a}$$

oder mit den Bezeichnungen der Abb. 2.15:

$$|\Delta q_i| = \frac{A_i}{\frac{s_{0i}}{t_{0i}} + \frac{s_i}{t_i}} \frac{2T}{K}, \tag{2.37b}$$

Diese lokalen Schubflüsse Δq_i fließen im selben Drehsinne um die Zelle i wie q_0 um die Hauptzelle fließt.

Übung 2.4. *Mehrere Zellen in zweidimensionaler Anordnung.* Berechne die Torsionskonstante K und den größten auftretenden Schubfluß $q_{\max}$ in folgenden quadratischen, mehrzelligen Hohlquerschnitten mit der Seitenlänge a und konstanter Wandstärke t für:

den vierzelligen Hohlquerschnitt, (Zellteilung $a/2$)

den neunzelligen Hohlquerschnitt, (Zellteilung $a/3$)

den sechzehnzelligen Hohlquerschnitt, (Zellteilung $a/4$)

Resultat:

Querschnitt	K	$q_{\max}$
a, a 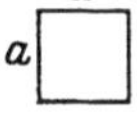	$1{,}00a^3t$	$1{,}00\ \frac{T}{2a^2}$
a 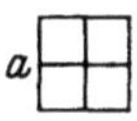	$1{,}00a^3t$	$1{,}00\ \frac{T}{2a^2}$
a 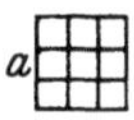	$1{,}09a^3t$	$1{,}068\ \frac{T}{2a^2}$
a 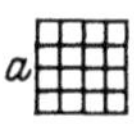	$1{,}21a^3t$	$0{,}964\ \frac{T}{2a^2}$

Bemerkung. Untersuchungen wie bei der oben besprochenen Approximation der Torsionskonstanten sind für die Schubflüsse in mehrzelligen Querschnitten möglich. Es zeigt sich, daß zur Abschätzung des größten Schubflusses diejenige Approximation geeignet ist, die zur unteren Schranke der Torsionskonstanten führt, also Vernachlässigung der Ausfachung. Ein Gefühl für die Größe des begangenen Fehlers ergibt die Tabelle von Resultaten für den 1-, 4-, 9- und 16zelligen Querschnitt mit konstanter Wandstärke t und Seitenlänge a, in der neben K der größte vorhandene Schubfluß $q_{\max}$ tabelliert ist. Die Einheiten, in denen K und q ausgedrückt sind, a^3t bzw. $T/2a^2$, sind nämlich diejenigen der Einzelzelle, bestehend aus den Umfassungswänden. Die Abweichungen der numerischen Werte von der Zahl eins sind angesichts der groben Vernachlässigung erstaunlich klein.

2.6 Schubspannungen aus Querkräften am geschlossenen Hohlquerschnitt

a) Problem

Obwohl die Spannungsberechnung infolge Torsion das Ziel dieses Buches ist, müssen die Belastungsfälle aus Biegung gelegentlich mitbesprochen werden.

Der erste Grund für die Schubspannungsberechnung infolge Biegebeanspruchung sowohl bei Saint-Venantscher Torsion, wie später bei Wölbtorsion, besteht in den übereinstimmenden Berechnungsverfahren für die Schubflüsse aus Torsion mit denen aus Querkraft. Ein zweiter Grund rührt von der Aufteilung äußerer Belastung in einen verdrehenden Anteil und einen Biegeanteil her, der nicht ohne Kenntnis der Schubmittelpunktsachse geschehen kann.

Bei den geschlossenen, dünnwandigen Hohlquerschnitten ohne Symmetrie besteht in der Schubflußberechnung insofern eine Schwierigkeit, als an keiner Stelle ein Ausgangswert q_1 für die Berechnung bekannt ist. Wie aus der später zu besprechenden Gl. (5.17) hervorgeht, ist die Kenntnis einer Integrationskonstanten q_1, nämlich des Schubflusses am Integrationsbeginn, notwendig, um den Schubfluß über den Querschnitt bestimmen zu können.

Bei allen offenen Profilen ist zufolge der Abwesenheit von Oberflächen-Schubspannungen längs des offenen Profilrandes dieser Ausgangswert $q_1 = 0$, somit bekannt.

Bei geschlossenen Hohlquerschnitten wird diese Teilaufgabe (die Bestimmung von Ausgangswerten für die Schubflußberechnung) durch Aufschneiden sämtlicher Zellen i gelöst. An jeder Schnittstelle wird ein überzähliger Schubfluß q_i so eingeführt, daß er in Stablängsrichtung den gleichen Verlauf hat wie die Querkraft Q bzw. des daraus entstehenden Schubflusses q_0 am nun offenen Querschnitt.

Zur Bestimmung der Unbekannten, den Schubflüssen q_i, steht für jede Zelle i eines n-zelligen Hohlquerschnittes die Bedingung, daß die Schubverformung um die Zelle verschwinden muß zur Verfügung:

$$\oint_i \gamma \, ds = 0 \qquad (i = 1, 2, \ldots, n). \tag{2.38}$$

Hierin bedeutet $\gamma = \tau/G$, was mit der Definition des Schubflusses als Schubspannung τ mal Wandstärke t, $q = \tau t$, auch als $\gamma = q/Gt$ angeschrieben werden kann:

$$\oint_i \frac{q}{Gt} \, ds = 0 \qquad (i = 1, 2, \ldots, n). \tag{2.39}$$

Eine solche Schubflußberechnung in Hohlquerschnitten ist erstmals von W. J. Goodey[1] durchgeführt und von A. Pflüger[2] und H. Ebner[3] vereinfacht worden.

b) Schubspannungen infolge Querkraft

Die nachstehende Berechnung hat für beliebig geformte mehrzellige Hohlquerschnitte Gültigkeit, solange nicht eine Zelle vollständig von anderen Zellen umschlossen ist. Dann kann jede Zelle an einem Querschnittsrand aufgeschnitten werden, so daß sich jeder überzählige Schubfluß q_i an diesem Grundsystem nur über die zugehörige Zelle i erstreckt; q_i ist ein Schubfluß konstanter Größe, der von einem Schnittufer über die ganze Zelle i bis zum unmittelbar daneben liegenden Schnittufer reicht.

Alle Schubflüsse q_i werden mit dem gleichen Drehsinn eingeführt, wie ein positives Torsionsmoment am Querschnitt wirkt (s. Abb. 1.1).

---

[1] Goodey, W. J.: Shear Stresses in Hollow Sections. Aircraft Engineering, No. 86, April 1936.

[2] Pflüger, A.: Beitrag zur Ermittlung der Schubspannungen in mehrzelligen Hohlquerschnitten. Ing.-Arch., Bd. 8, 1937.

[3] Ebner, H.: Zur Festigkeit von Schalen- und Rohrholmflügeln. Luftfahrtforschung, Bd. 14, 1937.

An jeder Wandstelle setzt sich der resultierende Schubfluß q aus dem Schubfluß q_0 des offenen Profils und dem Einfluß der überzähligen Größen zusammen. Letzterer ist q_i an jenen Wandstellen der Zelle i, welche gleichzeitig den Querschnittsrand bilden und zufolge der eingeführten Vorzeichendefinition in gemeinsamen Zellwänden $q_{ik} = q_i - q_k$ wie in Gl. (2.15) festgehalten worden ist.

Wenn somit i für die Zellen 1 bis n steht und k für die Nachbarzellen zur Zelle i, so kann die Elastizitätsbedingung (2.39) folgendermaßen gegliedert werden:

$$\oint_i \frac{q_0}{Gt}\,ds + q_i \oint_i \frac{ds}{Gt} - \sum_k q_k \int_{i,k} \frac{ds}{Gt} = 0 \qquad (2.40)$$

(i = Zelle 1, 2, ..., n des Querschnittes)

(k = Nachbarzelle zur Zelle i)

Ist der Schubmodul G nicht ein und derselbe für alle Zellwände, so kann durch Einführen einer ideellen Wandstärke $t^* = Gt/G_0$ nach Gl. (2.12) dieses Gleichungssystem (2.40) umgeformt werden. Der Vergleichsmodul G_0 wird herausgekürzt und der erste Summand als „Belastungsglied" auf die rechte Seite der Elastizitätsgleichung geschlagen:

$$q_i \oint_i \frac{ds}{t^*} - \sum_k q_k \int_{i,k} \frac{ds}{t^*} = -\oint_i q_0 \frac{ds}{t^*} \qquad (2.41)$$

(i = Zelle 1, 2, ..., n des Querschnittes)

(k = Nachbarzelle zur Zelle i).

Aus einem Vergleich mit dem System (2.17) geht hervor, daß die Bestimmung der überzähligen Größen mit derselben Koeffizientenmatrix durchgeführt werden kann wie für die Schubflüsse infolge Torsion.

An Stelle der Belastungsglieder $2TA_i/K$ tritt jetzt das Belastungsglied:

$$\oint_i q_0 \frac{ds}{t^*}. \qquad (2.42)$$

Für einen unveränderten Schubmodul G ist $t^* = t$. Der resultierende Schubfluß aus Querkraft ergibt sich durch Überlagern der Teileinflüsse zu:

$$q = q_0 + q_i \qquad (2.43)$$

(i = Zelle 1, 2, ..., n des Querschnittes).

Da die positiv definierten Schubflüsse q_i alle den gleichen Umlaufsinn haben, ergibt die Überlagerung in gemeinsamen Zellwänden von selbst die Differenz $q_i - q_k$.

c) Schubmittelpunkt

Die praktische Bedeutung des Schubmittelpunktes besteht darin, daß eine beliebige Querbelastung eines Stabes auf die Schubmittelpunktsachse reduziert werden kann, so daß die Kraftkomponente den Stab auf reine Biegung beanspruchen wird und das aus Reduktion auf diese Achse entstandene Torsionsmoment nur reine Verdrehung erzeugt. Den Durchstoßpunkt dieser Schubmittelpunktsachse durch die Querschnittsebene nennt man Schubmittelpunkt (D). Für prismatische Stäbe ist seine Lage bezüglich des Querschnittes konstant; er kann durch zwei Koordinatenangaben x_D und y_D festgelegt werden, wobei x und y für die nachstehende Berechnung beliebige karthesische Koordinaten sind, die ihren Ursprung im Stabschwerpunkt haben und mit der Stabachse (der z-Achse) ein Rechtssystem bilden.

Die aufsummierten Schubflüsse müssen über den Querschnitt dieselbe Wirkungslinie ihrer Resultierenden haben, wie die Querkraft aus äußerer Belastung; sonst wäre der Stab nicht im Gleichgewicht. Bezogen auf die Schwerachsen x und y bedeutet das, daß die resultierende Querkraftkomponente Q_y, multipliziert mit dem Abstand x dieser Komponente vom Schwerpunkt C, gleich dem aufsummierten Produkt von Schubfluß q infolge Q_y multipliziert mit dem Abstand h_C des Schubflußvektors vom Bezugspunkt C ist. Für die Querkraftkomponente in x-Richtung (Q_x) lautet die Gleichgewichtsbedingung bis auf das Vorzeichen analog:

$$\begin{aligned} Q_y x &= \int_s q(Q_y) h_C \, ds \\ -Q_x y &= \int_s q(Q_x) h_C \, ds \end{aligned} \tag{2.44}$$

Die Lageberechnung des Schubmittelpunktes D ergibt sich nun aus seiner Definition. Wenn in diesen beiden Gleichungen jeder Schubfluß aus der zugehörigen reinen Biegebeanspruchung infolge $Q_x = 1$ bzw. $Q_y = 1$ eingesetzt wird, so sind die Koordinaten x und y auf der linken Seite die Schubmittelpunktskoordinaten x_D und y_D.

Infolge Querkraft sind die Schubflüsse nach Gl. (2.43) die Summe der Schubflüsse am Grundsystem der offenen Querschnitte, q_0, und der überzähligen, um jede Zelle i geschlossenen Schubflüsse q_i.

Man erhält aus den Gln. (2.44):

$$\begin{aligned} x_D &= \int_s q_0(Q_y = 1) h_C \, ds + \sum_{i=1}^{n} q_i(Q_y = 1) \oint_i h_C \, ds \\ y_D &= -\int_s q_0(Q_x = 1) h_C \, ds - \sum_{i=1}^{n} q_i(Q_x = 1) \oint_i h_C \, ds \end{aligned} \tag{2.45}$$

Die ersten beiden Summanden bedeuten die Schubmittelpunktskoordinaten für offene Querschnitte, die hier mit x_{D0} bzw. y_{D0} bezeichnet werden sollen. Die zweiten Summanden geben die Verschiebung infolge Schließen der Zellen zu einem Hohlquerschnitt, die mit Δx_D bzw. Δy_D bezeichnet werden können.

Die Gln. (2.45) können daher auch folgendermaßen abgekürzt geschrieben werden:

$$\begin{aligned} x_D &= x_{D0} + \Delta x_D \\ y_D &= y_{D0} + \Delta y_D . \end{aligned} \tag{2.46}$$

Die Formeln für die Koordinaten x_{D0} und y_{D0} sind später in Gl. (5.22) für allgemeine Schwerachsen und in Gl. (5.23) für Hauptschwerachsen gegeben. Sie sind identisch mit den Gln. (5.39) bzw. (5.40). Zu ihrer Bestimmung ist im Kapitel 6 ein vorzeichensicheres Verfahren aufgestellt. Die Korrektur Δx_D und Δy_D an diesen Koordinaten, die nur bei geschlossenen Hohlquerschnitten anzubringen sind, ist das von den überzähligen Größen aufgebrachte Torsionsmoment.

Da das Umlaufsintegral in den zweiten Summanden den doppelten Zellquerschnitt A_i bedeutet, ist:

$$\begin{aligned} \Delta x_D &= 2 \sum_{i=1}^{n} A_i q_i (Q_y = 1), \\ \Delta y_D &= -2 \sum_{i=1}^{n} A_i q_i (Q_x = 1). \end{aligned} \tag{2.47}$$

Damit sind auch die Schubmittelpunktskoordinaten am dünnwandigen Hohlquerschnitt bestimmt. Das Bemerkenswerte ist, daß dasselbe Gleichungssystem (2.17) zur Bestimmung der Schubflüsse aus SAINT-VENANTscher Torsion auch zur Schubflußberechnung infolge Querkraft und Schubmittelpunktsberechnung zugezogen werden kann.

3 Torsionsmomente und Stabverdrehung bei Saint-Venantscher Torsion

3.1 Einführung

a) Saint-Venantsche Torsion

In den beiden vorangegangenen Kapiteln 1 und 2 ist das SAINT-VENANTsche Torsionsmoment für einen Querschnitt als gegeben betrachtet worden. Die Bestimmung des Torsionsmomentes T für jede Stabstelle ist ein Problem der Stabstatik, dem verschiedene Kapitel dieses Buches gewidmet sind. In diesem und dem nächsten Kapitel wird die Berechnung der Schnittgröße T für reine SAINT-VENANTsche Torsion (T_S) behandelt, im Kapitel 7 und 8 für reine Wölbtorsion (T_ω), und im Kapitel 9 für gemischte Torsion, gebildet aus SAINT-VENANTscher und Wölbtorsion zusammen, ($T = T_S + T_\omega$). Unter welchen Voraussetzungen SAINT-VENANTsche Torsion für sich betrachtet werden darf, ist im Kapitel 10 angedeutet. Im allgemeinen wird dies bei allen gedrungenen Voll- und Hohlquerschnitten der Fall sein.

Da hier voraussetzungsgemäß das von den Schubspannungen über einen Querschnitt erzeugte Torsionsmoment ein SAINT-VENANTsches sein soll, braucht der Fußzeiger S — für SAINT-VENANTsche Torsion im Gegensatz zu ω für Wölbtorsion — nicht weiter mitgeführt zu werden; das gesamte Torsionsmoment T soll gleich dem SAINT-VENANTschen Torsionsmoment T_S sein, $T = T_S$.

b) Differentialgleichung

Die Differentialgleichung für SAINT-VENANTsche Torsion ist eine einfache, lineare Differentialgleichung, [s. Gl. (1.1)]. Sie ist der Ausdruck des HOOKEschen Gesetzes, wonach die spezifische Verdrehung φ' proportional dem Torsionsmoment T und umgekehrt proportional der Torsionssteifigkeit GK ist. Die Integration dieser Differentialgleichung (1.1) ergibt:

$$\varphi(a) = \int_0^a \frac{T(z)}{GK(z)} dz. \tag{3.1}$$

Darin bedeuten:

φ Die Stabverdrehung, die angibt, um wieviel sich ein Querschnitt an der Stelle $z = a$ des Stabes gegenüber seinem Ausgangsquerschnitt an der Stelle $z = 0$ verdreht.

T Das im Querschnitt z vorhandene Torsionsmoment, positiv einzusetzen bei einer Rechtsdrehung am Querschnitt mit äußerer Flächennormalen in z-Achsenrichtung, oder bei Linksdrehung an einer Schnittfläche mit Flächennormalen in negativer Stabrichtung (s. Abb. 1.1).

G Schubmodul

K Torsionskonstante

c) Bezeichnungsweisen

So trivial eine Statik für SAINT-VENANTsche Torsion mit einer linearen Differentialgleichung erscheinen mag, ist doch die Anschrift der Schnittgrößen bei durchlaufenden Stäben nicht besonders einfach. Bereits der in der Biegelehre als einfache Balken bezeichnete Stab ist hinsichtlich Torsion meist einfach statisch unbestimmt gelagert: Die Stabverdrehung muß an beiden Stabenden verschwinden, was eine Elastizitätsbedingung zu erfüllen gibt.

Da der einfache Stab als Grundsystem für durchlaufende Stäbe benutzt wird, muß eine Unterscheidung zwischen diesen beiden möglichen Lagerungsarten geschehen. Diese wird dadurch getroffen, daß Schnittgrößen am einfachen Stab mit statisch unbestimmter Lagerung den Kopfzeiger (f) — beidseitig *fest* gegen Verdrehung gehalten — tragen, gegenüber dem einfachen Stab mit statisch bestimmter Torsionslagerung, bei welchen der Ursachenzeiger 0 — „infolge äußerer Belastung" — genügt.

Bei durchlaufenden Stäben muß mit zwei Fußzeigern die Orts- und Ursachenbezeichnung bewältigt werden. Dazu werden die Felder mit i und die Auflager mit k bezeichnet, wobei numerisch für i die geraden und für k die ungeraden Zahlen reserviert sind.

Wenn beim Torsionsmoment T_k über einem Auflager k unterschieden werden muß, ob der Wert unmittelbar links oder rechts der Lagerstelle gemeint ist, so wird die entsprechende Feldzugehörigkeit als zweiter Index mitgeführt, z. B. $T_{k,i-1}$ oder $T_{k,i}$ (s. Abb. 3.3).

Als besondere Bezeichnungen werden eingeführt:

$$\varphi_{ii} = \int_0^{l_i} \frac{dz}{GK(z)}, \quad \text{für prismatische Stäbe} = \frac{l_i}{GK_i} \tag{3.2a}$$

= Stabverdrehung infolge eines Einheitsmomentes $T = 1$; der reziproke Wert ist das Moment infolge einer Einheitsverdrehung $\varphi = 1$.

μ_k = Moment, das zur Verdrehung der Unterstützung beim Stablager k um den Winkel $\varphi_k = 1$ benötigt wird (= Federkonstante). (3.2b)

Doppelindizes bei Drehwinkeln φ kennzeichnen Einflußgrößen am Grundsystem.

Der erste Index kennzeichnet den Ort des Einflußkoeffizienten, der zweite die Ursache infolge der Krafteinheit. Der Ursachenzeiger 0 bedeutet immer: „infolge äußerer Belastung". (3.2c)

3.2 Der einfache Stab

a) Statisch bestimmte Lagerung

Die statisch bestimmte Lagerung ist dann möglich, wenn der Stab nur an einer Stelle gegen Verdrehung gehalten ist. Der Verlauf des Torsionsmomentes wird direkt aus einer Gleichgewichtsbetrachtung gewonnen. Die lineare Differentialgleichung $\varphi' = T/GK$ hat eine einzige Randbedingung zu erfüllen; an der Einspannstelle muß die Verdrehung $\varphi = 0$ sein. Wird diese Einspannstelle zum Ursprung des Koordinatensystems gemacht, so kann die Stabverdrehung infolge eines konzentriert angreifenden Momentes M_D und eines gleichmäßig verteilt angreifenden Momentes m_D aus Gl. (3.1) gewonnen werden. Für prismatische Stäbe i sind die Resultate in Abb. 3.1a bzw. 3.1b zusammengefaßt.

Tabelle 3.1a

	$0 < z_i < a_i$	$a_i < z_i < l_i$
T_{i0}	M_D	0
φ_{i0}	$\frac{M_D}{GK_i} z_i$	$\frac{M_D}{GK_i} a_i$

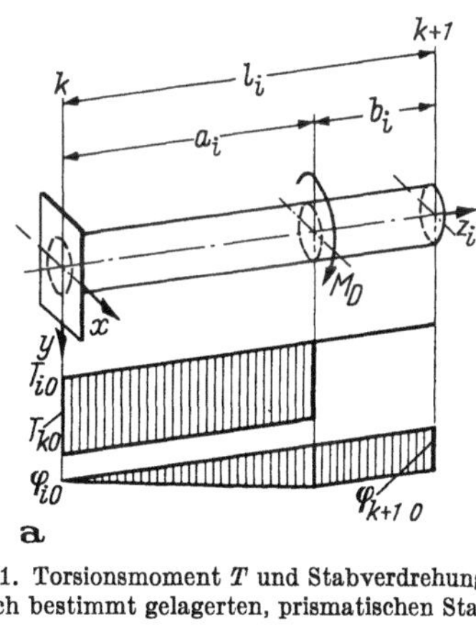

a

Abb. 3.1. Torsionsmoment T und Stabverdrehung φ beim statisch bestimmt gelagerten, prismatischen Stabfeld i

a Infolge eines konzentriert angreifenden Drehmomentes M_D

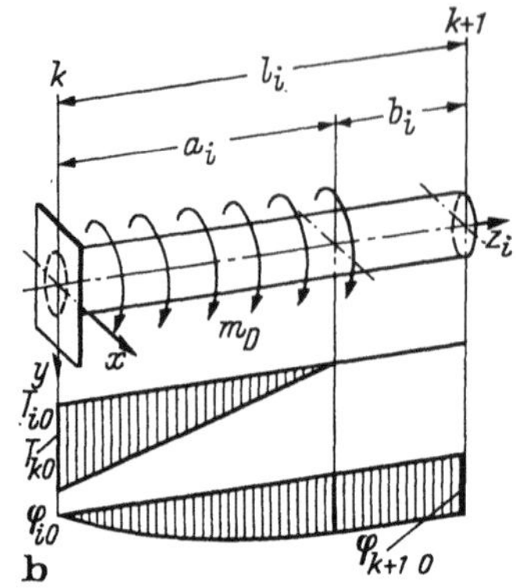

Abb. 3.1. b Infolge eines verteilt angreifenden Drehmomentes m_D

Tabelle 3.1 b

	$0 < z_i < a_i$	$a_i < z_i < l_i$
T_{i0}	$m_D a_i \left(1 - \frac{z_i}{a_i}\right)$	0
φ_{i0}	$\frac{m_D a_i}{GK_i} z_i \left(1 - \frac{z_i}{2a_i}\right)$	$\frac{m_D a_i}{GK_i} \frac{a_i}{2}$

b) Drehfest gehaltene Lagerung

Wird ein Stab i an beiden Auflagern k und $k+1$ fest gegen Verdrehung gehalten, so liegt ein einfach statisch unbestimmt gelagerter Stab vor (Abb. 3.2). Als Unbekannte kann z. B. das Einspannmoment an der Stelle $k+1, i$ angesehen werden, $T^{(f)}_{k+1,i}$. Die Elastizitätsbedingung lautet dann:

$$\varphi_{k+1,0} + T^{(f)}_{k+1,i}\varphi_{ii} = 0$$

$$T^{(f)}_{k+1,i} = -\frac{\varphi_{k+1,0}}{\varphi_{ii}}. \tag{3.3}$$

Das Torsionsmoment und die Stabverdrehung werden an jeder Stabstelle z_i durch Superposition der Grundsystemwerte aus äußerer Belastung mit demjenigen der überzähligen Größe erhalten zu:

$$T^{(f)}_{i0} = T_{i0} + T^{(f)}_{k+1,i}, \tag{3.4a}$$

$$\varphi^{(f)}_{i0} = \varphi_{i0} + \varphi_{i,k+1} T^{(f)}_{k+1,i}. \tag{3.4b}$$

Entsprechend der Definition (3.2c) bedeutet die Einflußgröße $\varphi_{i,k+1}$ „Stabverdrehung an der Stabstelle z_i infolge eines Torsionsmomentes von der Größe der Maßeinheit, am Stabende $k+1$ wirkend“, somit:

$$\varphi_{i,k+1} = \int_0^{z_i} \frac{dz}{GK(z)}.$$

Für prismatische Stäbe ist daher $\varphi_{i,k+1} = z_i/GK_i$. Abb. 3.2 ist für solche Fälle gezeichnet, und dafür ist auch die tabellarische Zusammenstellung der Resultate verwendbar.

Tabelle 3.2a

	$0 < z_i < a_i$	$a_i < z_i < l_i$
$T_{i0}^{(f)}$	$M_D \frac{b_i}{l_i}$	$-M_D \frac{a_i}{l_i}$
$\varphi_{i0}^{(f)}$	$\frac{M_D}{GK_i} \frac{b_i}{l_i} z_i$	$\frac{M_D}{GK_i} \frac{a_i}{l_i} (l_i - z_i)$

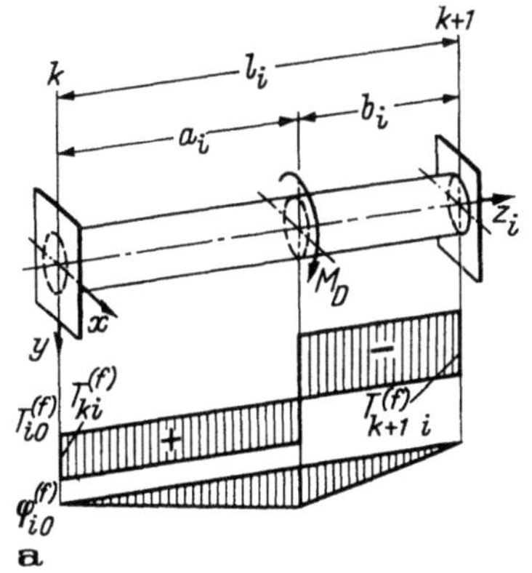

Abb. 3.2. Torsionsmoment T und Stabverdrehung φ beim beidseitig fest gegen Verdrehung gehaltenen, prismatischen Stab i

a Infolge eines konzentriert angreifenden Drehmomentes M_D

a

Tabelle 3.2b

	$0 < z_i < a_i$	$a_i < z_i < a_i + c_i$	$a_i + c_i < z_i < l_i$
$T_{i0}^{(f)}$	$+m_D c_i \frac{b_i + \frac{c_i}{2}}{l_i}$	$m_D c_i \left(\frac{b_i + \frac{c_i}{2}}{l_i} - \frac{z_i - a_i}{c_i} \right)$	$-m_D c_i \frac{a_i + \frac{c_i}{2}}{l_i}$
$\varphi_{i0}^{(f)}$	$\frac{m_D c_i}{GK_i} \frac{b_i + \frac{c_i}{2}}{l_i} z_i$	$\frac{m_D}{2GK_i} \left[-a_i^2 + z_i \left(2a_i + 2c_i - 2\frac{a_i c_i}{l_i} - \frac{c_i^2}{l_i} \right) - z_i^2 \right]$	$\frac{m_D c_i}{GK_i} \frac{a_i + \frac{c_i}{2}}{l_i} (l_i - z_i)$

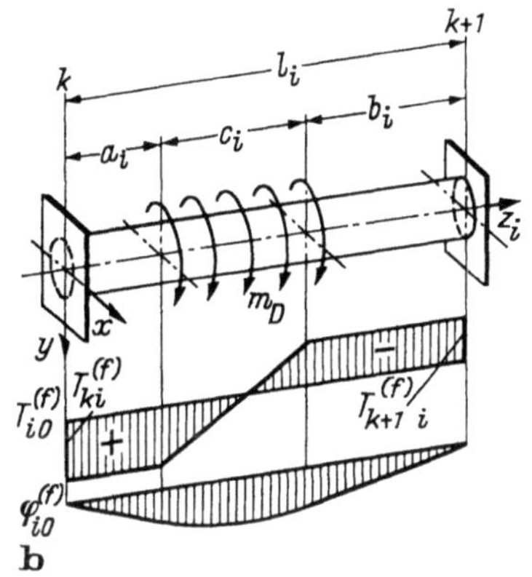

Abb. 3.2. b Infolge eines streckenweise verteilt angreifenden Drehmomentes m_D

b

Übung 3.1. *Gleichmäßig verteilt angreifendes Drehmoment.* Berechne die Torsionsmomente $T_{i0}^{(f)}$ und die Stabverdrehung $\varphi_{i0}^{(f)}$ für den Fall eines über die gesamte Stablänge gleichmäßig verteilt angreifenden Drehmoments m_D

nach der im Abschn. 3.2b dargestellten Art,
nach Tab. 3.2b, indem $a_i = b_i = 0$ gesetzt wird und $c_i = l_i$,
nach Abschn. 3.2a unter Beachtung der Symmetrieeigenschaften in System und Belastung.

Resultat

$$T_{i0}^{(f)} = m_D l_i \left(\frac{1}{2} - \frac{z_i}{l_i} \right),$$

$$\varphi_{i0}^{(f)} = \frac{m_D}{2GK_i} z_i (l_i - z_i).$$

3.3 Der durchlaufende, elastisch drehbar gelagerte Stab

Bei der Berechnung der Biegemomente durchlaufender Balken wird unterschieden zwischen fester, frei drehbarer und elastisch senk- bzw. drehbarer Lagerung. Bei der Torsionsberechnung nach SAINT-VENANT ist aber nur ein Fall von Interesse, jener mit elastischer Lagerung bezüglich Stabverdrehung. Würde der Stab am Lager drehfest gehalten, so entstünde kein Durchlaufeffekt; das gesamte Torsionsmoment würde vom Lager absorbiert. Andererseits, wenn bei einer Lagerung kein Widerstand gegenüber Verdrehung erfolgen würde, läge noch kein neues Stabfeld hinsichtlich Torsion vor.

In Anlehnung an die Berechnung durchlaufender Balken sollte es auch hier möglich sein, ein lineares Gleichungssystem anzuschreiben, dessen Lösungen die Torsionsmomente oder Drehwinkel an den Lagerstellen sind. Im ersten Falle entspräche das der Kraftmethode, im zweiten der Deformationsmethode, indem diese als Lösungen des Gleichungssystemes die Formänderungen, jene aber die Schnittgrößen gäbe. Nachstehend werden Gleichungssysteme gemäß beiden Methoden hergeleitet.

Es sei nochmals auf die eingeführte Bezeichnung verwiesen:

Die Indizes i werden für die Felder-, die Indizes k für die Lagerbezeichnung verwendet (Abb. 3.3) und in einer numerischen Berechnung dafür die geraden bzw. die ungeraden Zahlen gesetzt.

Bei den Lagern $k, k+1, \ldots$ treten die Stabdrehwinkel $\varphi_k, \varphi_{k+1}, \ldots$ auf. Für die Anschrift der Torsionsmomente bei diesen Lagern muß unterschieden werden, auf welcher Seite des Auflagers sich der Schnitt befindet, auf den sich das Torsionsmoment beziehen soll: $T_{k,i-1}$ und T_{ki} oder $T_{k+1,i}$ und $T_{k+1,i+1}$. Ist z. B. $k = 3$ (und somit $i = 4$, s. Abb. 3.3) so würden diese vier Torsionsmomentenanschriften T_{32} und T_{34} bzw. T_{54} und T_{56} lauten.

Das von der Auflagerverdrehung φ_k selbst verursachte Drehmoment M_{Dk} ist proportional dem Auflagerdrehwinkel φ_k und der Verdrehung stets entgegengesetzt:

$$M_{Dk} = -\mu_k \varphi_k. \tag{3.5}$$

Die „Federkonstante" μ_k ist somit jenes Moment, das zur Verdrehung der Auflagerkonstruktion um den Winkel $\varphi_k = 1$ erforderlich ist.

a) Die „Drei-Drehwinkel-Gleichungen"

Wird angenommen, die Lager seien zunächst gegenüber Verdrehung gehalten, so entstehen die Stabendmomente für feste Einspannung $T_{ki}^{(f)}$ und $T_{k+1,i}^{(f)}$. Beispiele dafür sind in Abb. 3.2 gegeben. Werden dann die Bindungen gelöst, so muß noch das Moment infolge der Auflagerdrehung am anliegenden Stabauflager und dasjenige am gegenüberliegenden dazu gezählt werden. Diese beiden Einflüsse lassen sich allgemein so anschreiben, daß man erst das Moment infolge einer Einheitsverdrehung $\varphi = 1$ bestimmt [$= 1/\varphi_{ii}$, s. Gl. (3.2a)], und dann diesen Wert mit dem effektiv auftretenden Drehwinkel multipliziert:

$$T_{ki} = T_{ki}^{(f)} - \frac{\varphi_k}{\varphi_{ii}} + \frac{\varphi_{k+1}}{\varphi_{ii}}, \tag{3.6a}$$

$$T_{k,i-1} = T_{k,i-1}^{(f)} - \frac{\varphi_{k-1}}{\varphi_{i-1,i-1}} + \frac{\varphi_k}{\varphi_{i-1,i-1}}. \tag{3.6b}$$

Die Verknüpfung der Unbekannten zu einem Gleichungssystem entsteht durch Anschreiben des *Momentengleichgewichtes* am Lagerknotenpunkt k. Gemäß Abb. 3.3b, in der die beteiligten Momente als positive Größen eingetragen sind, lautet die Gleichgewichtsbedingung wie folgt:

$$-T_{k,\,i-1} + M_{Dk} + T_{ki} = 0 \qquad (k = 1, 3, 5, \ldots). \tag{3.7}$$

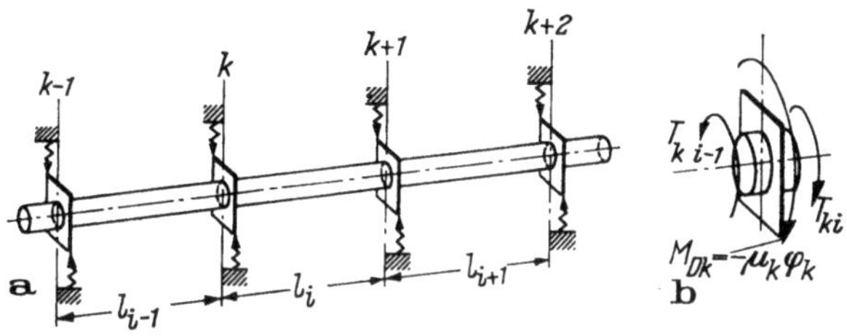

Abb. 3.3. Der durchlaufende, elastisch gelagerte Stab (a) und Drehmomente am Lager k (b)

Werden die Ausdrücke (3.5), (3.6a) und (3.6b) für diese Torsionsmomente eingesetzt und die Gleichung geordnet, so entsteht pro Lager k folgende Gleichung für den Verdrehungswinkel φ_k:

$$\frac{1}{\varphi_{i-1,\,i-1}}\,\varphi_{k-1} - \left(\frac{1}{\varphi_{i-1,\,i-1}} + \mu_k + \frac{1}{\varphi_{ii}}\right)\varphi_k + \frac{1}{\varphi_{ii}}\,\varphi_{k+1} = T^{(f)}_{k,\,i-1} - T^{(f)}_{ki}$$

$$\begin{pmatrix} k = 1, & 3, & 5, & \ldots \text{ Lager} \\ i = & 2, & 4, & 6, \ldots \text{ Felder} \end{pmatrix}. \tag{3.8a}$$

Bei feldweise konstanter Torsionssteifigkeit GK lassen sich die Verschiebungsgrößen φ_{ii} gemäß Gl. (3.2a) explizite angeben:

$$\frac{GK_{i-1}}{l_{i-1}}\,\varphi_{k-1} - \left(\frac{GK_{i-1}}{l_{i-1}} + \mu_k + \frac{GK_i}{l_i}\right)\varphi_k + \frac{GK_i}{l_i}\,\varphi_{k+1} = T^{(f)}_{k,\,i-1} - T^{(f)}_{ki}$$

$$\begin{pmatrix} k = 1, & 3, & 5, & \ldots \text{ Lager} \\ i = & 2, & 4, & 6, \ldots \text{ Felder} \end{pmatrix}. \tag{3.8b}$$

Es bedeuten:

K_{i-1}, K_i	die Torsionskonstanten der Stäbe im Feld $i - 1$ bzw. i.
G	Schubmodul.
l_{i-1}, l_i	die Stablänge der Felder $i - 1$ und i.
μ_k	die „Federkonstante" des Lagers k, d. h. jenes Moment, das zur Verdrehung des Lagers um den Drehwinkel $\varphi = 1$ benötigt wird.
φ_{k-1}, φ_k, φ_{k+1}	die Unbekannten des Gleichungssystems. Dies sind die effektiven Winkel, um die sich der durchlaufende Stab an den Lagerstellen verdreht.
$T^{(f)}_{k,\,i-1}$, $T^{(f)}_{ki}$	die Stabeinspannmomente bei drehfester Lagerung (s. Abschn. 3.2b).

Die Stabendmomente lassen sich aus den Gln. (3.6) berechnen.

Das Superpositionsgesetz kann aber auch für jede andere Stabstelle angeschrieben werden zu:

$$T(z_i) = T_{i0}^{(f)} + \frac{\varphi_{k+1} - \varphi_k}{\varphi_{ii}}. \tag{3.9a}$$

Für die Stabverdrehung gilt bei konstanter Torsionssteifigkeit:

$$\varphi(z_i) = \varphi_{i0}^{(f)} + \varphi_k \left(1 - \frac{z_i}{l_i}\right) + \varphi_{k+1} \frac{z_i}{l_i}. \tag{3.9b}$$

Bei variabler Torsionssteifigkeit wäre z_i/l_i durch $\varphi_{i\,k+1}/\varphi_{ii}$ zu ersetzen.

Das von jedem Auflager aufzunehmende Drehmoment ist durch Gl. (3.5) gegeben.

b) Die „Drei-Torsionsmomenten-Gleichungen"

Um mit der Kräftemethode durchzukommen, wird die Kontinuität zunächst verletzt, indem der Stab bei jedem Feldende durchgeschnitten wird. Jedes Feld für sich stellt ein statisch bestimmt gelagertes Grundsystem dar, das mit Ausnahme der elastischen Lagerung bereits in Abb. 3.1 skizziert ist.

Das gesamte Drehmoment für den Stabteil i ist gegeben durch das resultierende Torsionsmoment aus äußerer Belastung, T_{k0}, und die beiden unbekannten Schnittmomente $T_{k,i-1}$ bzw. $T_{k+1,i}$.

$$M_{Dk} = -T_{k,i-1} + T_{k0} + T_{k+1,i}. \tag{3.10}$$

Der Ausdruck (3.10) stellt die Auflagerbelastung dar; der negative Wert ist die Reaktion. Wird diese in Gl. (3.5) eingesetzt, so erhält man den Auflagerdrehwinkel φ_{ki}.

Der Enddrehwinkel vom vorangehenden Feld, $\varphi_{k,i-1}$, setzt sich zusammen aus einem entsprechenden Ausdruck und der Stabverdrehung über die Feldlänge l_{i-1}, die $\varphi_{k0} + T_{k,i-1}\varphi_{i-1,i-1}$ beträgt.

Die Verknüpfung der Unbekannten $T_{k-1,i-2}$, $T_{k,i-1}$, $T_{k+1,i}$, ... entsteht durch Anschreiben der *Verträglichkeitsbedingung* an allen Lagern k mit Ausnahme des ersten:

$$\varphi_{k,i-1} = \varphi_{ki} = 0 \tag{3.11}$$

oder:

$$\frac{-T_{k-1,i-2} + T_{k-1,0} + T_{k,i-1}}{\mu_{k-1}} + \varphi_{k0} + \varphi_{i-1,i-1} T_{k,i-1} - \frac{-T_{k,i-1} + T_{k0} + T_{k+1,i}}{\mu_k} = 0.$$

Daraus erhält man:

$$-\frac{1}{\mu_{k-1}} T_{k-1,i-2} + \left(\frac{1}{\mu_{k-1}} + \varphi_{i-1,i-1} + \frac{1}{\mu_k}\right) T_{k,i-1} - \frac{1}{\mu_k} T_{k+1,i}$$

$$= -\frac{T_{k-1,0}}{\mu_{k-1}} + \frac{T_{k0}}{\mu_k} - \varphi_{k0}$$

$$\begin{pmatrix} k = & 3, & 5, & \ldots \text{ Lager} \\ i = 2, & 4, & 6, & \ldots \text{ Felder} \end{pmatrix} \tag{3.12}$$

Dabei bedeuten:

$T_{k-1,i-2}$, $T_{k,i-1}$, $T_{k+1,i}$ die Unbekannten des Gleichungssystemes. Dies sind die Torsionsmomente im Stab, links von jedem Lager.

μ_{k-1}, μ_k die „Federkonstanten“ der betreffenden Lager, definiert in (3.2b).

$\varphi_{i-1,i-1}$ Stabverdrehung infolge eines Einheitsmomentes, s. Gl. (3.2a).

$T_{k-1,0}$, T_{k0}, φ_{k0} die Belastungsglieder, definiert in (3.2c). Eine Auswahl davon ist zusammengestellt in Abb. 3.1.

Aus den Lösungen werden das Torsionsmoment und die Stabverdrehung wie folgt berechnet:

$$T(z_i) = T_{i0} + T_{k+1,i}, \tag{3.13a}$$

$$\varphi(z_i) = \varphi_{i0} + \varphi_{i,k+1} T_{k+1,i} + \frac{-T_{k,i-1} + T_{k0} + T_{k+1,i}}{\mu_k}. \tag{3.13b}$$

Die Drehmomentenbelastung der Auflager ist durch Gl. (3.10) gegeben.

3.4 Beispiele

a) Systeme

Die im vorangehenden Abschnitt entwickelten Gleichungssysteme (3.8) und (3.12) werden in all jenen Fällen benötigt, in denen ein durchlaufender, drillsteifer Stab auf Torsion beansprucht ist und elastisch drehbare Lagerung hat.

Zum Beispiel bei Brücken mit kastenförmigen Hauptträgern ist die Formel (2.25c) nur dann anwendbar, wenn die Querträger so steif sind, daß alle Hauptträger dieselbe Verdrehung erleiden. Ist dies nicht der Fall, so können mit Hilfe dieser neuen Gleichungen die Torsionsmomente in jedem einzelnen Hauptträger, wie auch die Beanspruchung der Querträger, bestimmt werden.

Torsionssteif ausgebildete Kranbahnen sind oft als elastisch eingespannte Stäbe anzusehen. Die elastische Einspannung ist durch die Hallenrahmen oder Kranbahnstützen bestimmt. Um ein konkretes Beispiel für die Torsionsmomentenbestimmung in einem Kranbahnträger zu geben, sei der in Abb. 3.4a skizzierte Portalkran gewählt.

Um die numerische Rechnung einfach zu halten, ist angenommen, daß die Steifigkeiten konstant sind — bei Rahmen und Endriegel ist die Biegesteifigkeit EI, beim Kranbahnträger die Torsionssteifigkeit GK — und daß alle Stablängen gleich a sind. Die Brücke, an der die Katze zentrisch befestigt ist, kann an beliebiger Stelle zwischen den beiden Endriegeln stehen. Sie gibt die Last je zur Hälfte auf die beiden kastenförmigen Kranbahnträger ab, beansprucht diese aber gleichzeitig auf Torsion (M_D), da die Resultierende ihres Auflagerdruckes nicht durch den Schubmittelpunkt des Kastens geht.

Hinsichtlich Torsion ist der Kranbahnträger 1, 3, 5, 7 ein über drei Felder durchlaufender Stab mit elastischer Einspannung, in den Lagern 1 und 7 durch die Endriegel, in 3 und 5 durch die Rahmen (Abb. 3.4b).

Die „Federkonstanten" μ_1 und μ_3 werden gemäß ihrer Definition (3.2b) als jene Momente bestimmt, die den Endriegel (Abb. 3.4c) bzw. den Rahmen (Abb. 3.4d) um $\varphi = 1$ verdrehen. (Die Momentenflächen für den Belastungs- als auch Verschiebungszustand sind daneben skizziert.) Ferner werden die Stabkonstanten φ_{ii} entsprechend Gl. (3.2a) ermittelt:

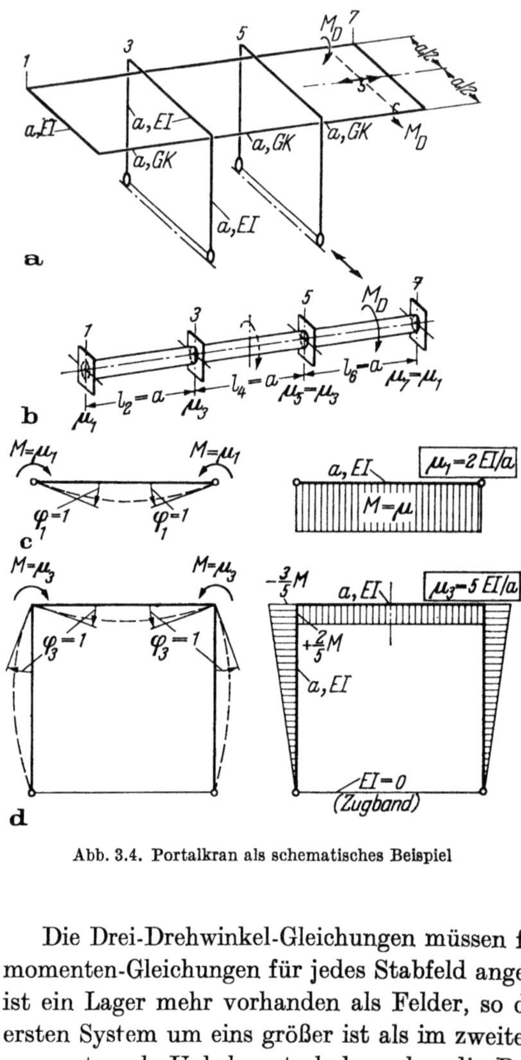

Abb. 3.4. Portalkran als schematisches Beispiel

$$\mu_1 = \mu_7 = 2\,\frac{EI}{a},$$

$$\mu_3 = \mu_5 = 5\,\frac{EI}{a}, \qquad (3.14)$$

$$\varphi_{22} = \varphi_{44} = \varphi_{66} = \frac{a}{GK}.$$

b) Wahl der Gleichungen

Welches der beiden dreigliedrigen Gleichungssysteme (3.8) oder (3.12) angewendet werden soll, hängt unter anderem davon ab, ob in erster Linie die Stabverdrehung φ oder die Torsionsmomente T gesucht werden.

Als Unbekannte der Gleichungssysteme treten im ersten Falle die Winkel, im zweiten die Torsionsmomente auf. Allerdings bedarf es zur Anschrift der Verformungen und der Schnittkräfte für eine beliebige Stabstelle in jedem Falle des Superpositionsgesetzes [Gln. (3.9) bzw. (3.13)], so daß dieser Unterschied geringfügig ist.

Die Drei-Drehwinkel-Gleichungen müssen für jedes Lager, die Drei-Torsionsmomenten-Gleichungen für jedes Stabfeld angeschrieben werden. Im allgemeinen ist ein Lager mehr vorhanden als Felder, so daß die Zahl der Unbekannten im ersten System um eins größer ist als im zweiten. Im Gegensatz zu den Torsionsmomenten als Unbekannte haben aber die Drehwinkel den Vorteil, daß sie bei symmetrischem System und symmetrischer Belastung symmetrisch verteilt sind, so daß sich kein eindeutiger Grund ergibt, dem einen oder dem anderen der beiden Gleichungssysteme den Vorzug zu geben.

Für den Fall von symmetrischer Belastung des in Abb. 3.4b abgebildeten Kranbahnträgers, eines Drehmomentes M_D in der Mitte des Feldes l_4, lautet das Gleichungssystem für die Drehwinkel gemäß Gl. (3.8) und unter Beachtung der Feder- und Stabkonstanten (3.14):

$$
\begin{array}{ccccc}
\varphi_1 & \varphi_3 & \varphi_5 & \varphi_7 & \text{Belastungs-glieder} \\
-\left(2\frac{EI}{a}+\frac{GK}{a}\right) & +\frac{GK}{a} & & & =0 \\
+\frac{GK}{a} & -\left(\frac{GK}{a}+5\frac{EI}{a}+\frac{GK}{a}\right) & +\frac{GK}{a} & & =-\frac{M_D}{2} \\
 & +\frac{GK}{a} & -\left(\frac{GK}{a}+5\frac{EI}{a}+\frac{GK}{a}\right) & +\frac{GK}{a} & =-\frac{M_D}{2} \\
 & & +\frac{GK}{a} & -\left(\frac{GK}{a}+2\frac{EI}{a}\right) & =0
\end{array}
$$

Unter Berücksichtigung der Symmetrie ($\varphi_1 = \varphi_7$, $\varphi_3 = \varphi_5$) und nach Erweitern aller Gleichungen mit a/GK entsteht das aufzulösende System:

$$
\begin{array}{lll}
-\left(1+2\frac{EI}{GK}\right)\varphi_1 & +\varphi_3 & =0 \\
\varphi_1 & -\left(1+5\frac{EI}{GK}\right)\varphi_3 & =-\frac{M_D}{2}\frac{a}{GK}.
\end{array}
$$

Die Lösungen sind:

$$
\left.
\begin{aligned}
\varphi_1 = \varphi_7 &= \frac{\frac{M_D}{2}\frac{a}{GK}}{\frac{EI}{GK}\left(7+10\frac{EI}{GK}\right)}, \\
\varphi_3 = \varphi_5 &= \left(1+2\frac{EI}{GK}\right)\varphi_1.
\end{aligned}
\right\}
\tag{3.15a}
$$

Nach Gl. (3.9a) ergibt dies die Torsionsmomente:

$$
T_2 = -T_6 = \frac{M_D}{7+10\frac{EI}{GK}},
$$

$$
|T_4| = \frac{M_D}{2}. \tag{3.15b}
$$

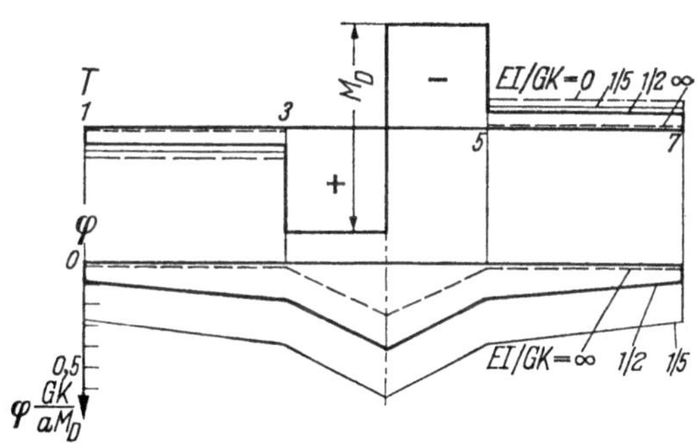

Abb. 3.5. Torsionsmomente T und Stabverdrehung φ des Kranbahnträgers nach Abb. 3.4 (M_D in Symmetrieachse)

Diese Resultate und die zugehörige Stabverdrehung nach Gl. (3.9b) sind in Abb. 3.5 für verschiedene Werte von Biegesteifigkeit der Einspannkonstruktion, EI, zu Torsionssteifigkeit des Durchlaufstabes, GK, aufgezeichnet.

Das in Torsionsmomenten angeschriebene Gleichungssystem [Gl. (3.12)] lautet für den in Abb. 3.4b abgebildeten Torsionsstab:

$$\begin{array}{cccl}
T_{32} & T_{54} & T_{76} & \text{Belastungsglieder} \\
\left(\frac{1}{\mu_1}+\varphi_{22}+\frac{1}{\mu_3}\right) & -\frac{1}{\mu_3} & & = -\frac{T_{10}}{\mu_1}+\frac{T_{30}}{\mu_3}-\varphi_{30} \\
-\frac{1}{\mu_3} & +\left(\frac{1}{\mu_3}+\varphi_{44}+\frac{1}{\mu_5}\right) & -\frac{1}{\mu_5} & = -\frac{T_{30}}{\mu_3}+\frac{T_{50}}{\mu_5}-\varphi_{50} \\
 & -\frac{1}{\mu_5} & +\left(\frac{1}{\mu_5}+\varphi_{66}+\frac{1}{\mu_7}\right) & = -\frac{T_{50}}{\mu_5} \qquad -\varphi_{70}
\end{array}$$

Für den vorangehend untersuchten Belastungsfall, ein konzentriert wirkendes Drehmoment in Mitte des Feldes 4, lauten die einzusetzenden Belastungsglieder:

$$T_{10}=T_{50}=0, \qquad T_{30}=M_D,$$

$$\varphi_{30}=\varphi_{70}=0, \qquad \varphi_{50}=\frac{M_D}{GK}\,\frac{a}{2}.$$

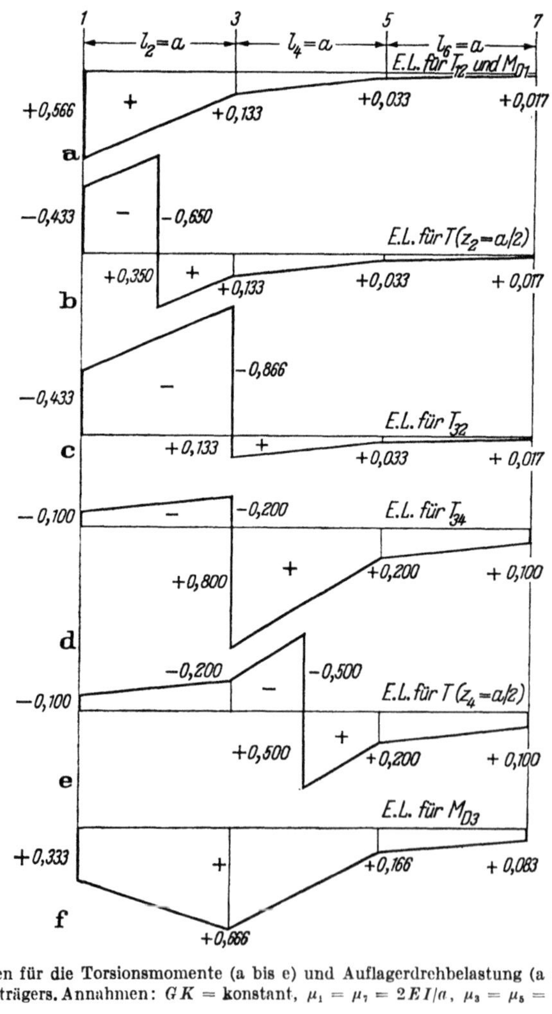

Abb. 3.6. Einflußlinien für die Torsionsmomente (a bis e) und Auflagerdrehbelastung (a und f) des in Abb. 3.4 skizzierten Kranbahnträgers. Annahmen: GK = konstant, $\mu_1=\mu_7=2EI/a$, $\mu_3=\mu_5=5EI/a$, $EI/GK=1/2$

Zusammen mit den Matrixelementen (3.14) ergibt dies folgendes — bereits mit $10EI/a$ erweitertes — Gleichungssystem:

T_{32}	T_{54}	T_{76}	Belastungsglieder
$+7+10\,\frac{EI}{GK}$	-2		$=+2M_D$
-2	$+4+10\,\frac{EI}{GK}$	-2	$=-2M_D-5M_D\,\frac{EI}{GK}$
	-2	$+7+10\,\frac{EI}{GK}$	$=0.$

Die Lösung dieses Systems ergibt, unter Beachtung der Gln. (3.13), ebenfalls die in den Gln. (3.15) angeschriebenen Schnittgrößen.

c) Einflußlinien

Da mit den Gleichungssystemen (3.8) und (3.12) eine analytische Formulierung der Aufgabe vorliegt, bietet das Bestimmen der Einflußlinien keine neuen Probleme mehr. Interessant ist die Feststellung, daß bei prismatischen Stäben die Einflußlinien stückweise linear sein müssen, trotzdem das System statisch unbestimmt sein kann. Dies ist eine Folge der sehr einfachen Differentialgleichung $\varphi'=T/GK$, die für konstante Torsionssteifigkeit GK einen linearen Zusammenhang zwischen Stabdrehwinkel φ und konzentriertem Torsionsmoment $T=1$ liefert.

Für den in Abb. 3.4b dargestellten Torsionsstab mit den dort angegebenen Einspanngraden und $EI/GK=1/2$ sind die Einflußlinien der Torsionsmomente aufgezeichnet für einen Schnitt unmittelbar rechts des ersten Auflagers (Abb. 3.6a), in Feldmitte der ersten Spannweite (Abb. 3.6b), links und rechts des nächsten Lagers (Abb. 3.6c und 3.6d) und einen solchen in der Stabmitte (Abb. 3.6e). Durch Subtraktion der Einflußlinie c) von d) entsteht diejenige der Auflagerbelastung im Lager 3 (Abb. 3.6f).

Gemäß Gl. (3.5) ist diese Linie auch proportional zur Einflußlinie für die Stabverdrehung im Lager 3.

4 Schief gelagerte Stäbe bei Saint-Venantscher Torsion

4.1 Einführung

a) Voraussetzungen

Es werden die beiden üblichen Voraussetzungen gemacht: erstens, daß die Stabstatik Gültigkeit hat, d. h. die Spannweiten gegenüber den Querschnittsabmessungen groß sind, und zweitens, daß der Wölbanteil zur Aufnahme der Torsion vernachlässigbar klein ist. In Rechnung wird also nur die SAINT-VENANTsche Torsionssteifigkeit GK gesetzt, was für Plattenbrücken und einzellige Hohlquerschnitte in Abb. 4.1 definiert ist [s. Gl. (1.9) und (2.5)].

Die Berechnung wird für gerade Stäbe mit variablem, aber bezüglich der Vertikalachse symmetrischem Stabquerschnitt und beliebiger, von Auflager zu Auflager verschiedener Schiefstellung entwickelt. Die zu verwendende Bezeichnungsweise ist dabei wesentlich und wird daher vorangestellt. Darauf folgend

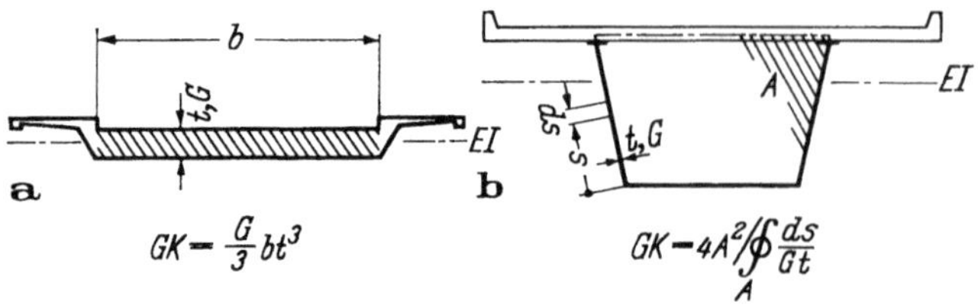

Abb. 4.1. Torsionssteifigkeit GK bei Stäben mit Platten und Hohlquerschnitten

wird die Verkettung von Torsions- und Biegemoment hergeleitet. Um die dabei erwähnten Nebenwirkungen besser zu verstehen, wird im abschließenden Abschnitt des Teiles 4.1 ein iterativer Lösungsweg an Hand eines Beispieles gezeigt. Der Teil 4.2 enthält die analytische Berechnung für zentrische Belastung und 4.3 die notwendigen Ergänzungen für exzentrische Lastanordnung. Allgemeine Betrachtungen einzelner Parameter und verschiedene Probleme sind im Teil 4.4 enthalten.

b) Bezeichnungen und Abkürzungen

Am durchlaufenden Balken werden die Felder mit i bezeichnet und in numerischen Berechnungen dafür die geraden Zahlen 2, 4, 6, ... verwendet. Die Auflager seien mit k designiert und werden in numerischen Beispielen mit den ungeraden Zahlen durchnumeriert. Die Indizes $k + 1$, $i - 1$ usw. bedeuten einen Sprung nach oben oder unten in der für k bzw. i vorgesehenen Zahlengruppe (s. Abb. 4.2).

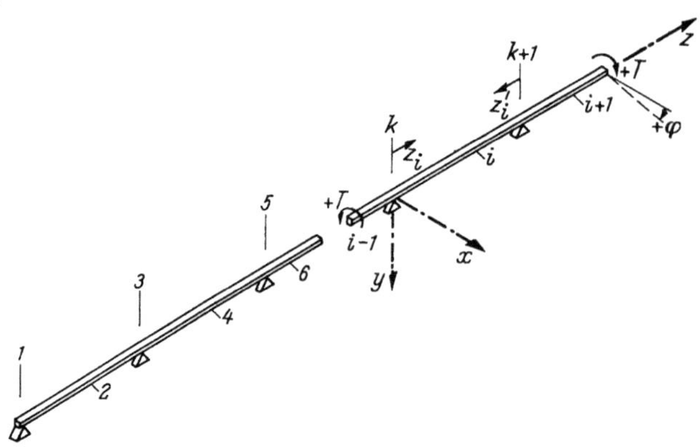

Abb. 4.2. Bezeichnungen der Felder und Lager am Durchlaufträger

Die Lage des Koordinatensystemes geht aus der Abb. 4.2 hervor, ebenso die als positiv definierten Stabdrehwinkel und Torsionsmomente. Eine vom rechten

Stabende zurücklaufende Abszisse, z', wird mit Strich gekennzeichnet. Dasselbe gilt für die Abkürzungen $\zeta = z/l$, $\zeta' = z'/l$, welche zur Fixierung der Lage einer Schnittstelle verwendet werden.

Als Bezeichnungen für Auflagerdrehwinkel und Auflagerdrücke am linken Auflager, sowie Entfernungen von diesem, sind die Buchstaben α, A bzw. a vorgesehen; die korrespondierenden zum rechten Lager mit β, B bzw. b.

Werden für Einflußgrößen Doppelindizes benötigt, so fixiert der erste die Lage, der zweite die Ursache. Der Ursachenzeiger 0 bedeutet immer „infolge äußerer Belastung".

Da im 4. Kapitel keine anderen Flächenträgheitsmomente als I_{yy} vorkommen, wird in diesem Kapitel der zur Unterscheidung notwendige Doppelindex weggelassen.

Liste der im 4. Kapitel benutzten Abkürzungen

a	Abstand vom linken Auflager
A	Auflagerdruck links am einfachen Balken
b	Abstand vom rechten Auflager
B	Auflagerdruck rechts am einfachen Balken
C	Stabkonstante $\frac{GK}{EI}\frac{\mathrm{tg}^2\delta}{2}$, mit Indizes: s. Tab. 4.2
d	Stabbreite
D	Determinante, definiert in Tab. 4.2
e	Gegenseitige Verschiebung der Lagerkörper
E	Elastizitätsmodul
F	Resultierende Auflagerkraft
G	Schubmodul $= E/2(1+\nu)$
I	Flächenträgheitsmoment (bezüglich der x-Achse, s. Abb. 4.1)
K	Torsionskonstante (s. Abb. 4.1)
l	Spannweite
M	Biegemoment
M_D	Drehmoment bezüglich der Stabachse
p	Verteilte Belastung
P	Einzellast
Q	Querkraft
T	Torsionsmoment
x	Koordinate (Abb. 4.2), Exzentrizität einer Last
y	Koordinate (Abb. 4.2), lotrechte Durchbiegung
z	Koordinate (Abb. 4.2), Distanz vom linken Auflager
z'	Rückläufige Koordinate, Distanz vom rechten Auflager
α	Auflagerdrehwinkel am linken Auflager (s. Tab. 4.1)
β	Auflagerdrehwinkel am rechten Auflager (s. Tab. 4.1)
γ	Verschiebungsgröße: $\frac{dz}{GK}$ (s. Tab. 4.1)
δ	Lagerschiefstellung (= Abweichung von rechtwinkliger Lagerung)
ζ	$= z/l$, Normierte Lagekoordinate vom linken Auflager ausgehend
ζ'	$= z'/l$, Normierte Lagekoordinate vom rechten Auflager ausgehend
λ	Verhältnis von Endfeldlänge zu Mittelfeldlänge
ν	POISSONsche Zahl (z. B. $^1/_3$ für Stahl, $^1/_6$ für Beton)
ξ	$= x/l$, Normierte Lagekoordinate
σ	Normalspannung
τ	Schubspannung
φ	Stabdrehwinkel

Indizes

i Gerade Zahl, den Feldern zugeordnet (s. Abb. 4.2)
k Ungerade Zahl, den Lagern zugeordnet (s. Abb. 4.2)
0 „infolge äußerer Belastung"
D „infolge eines Drehmomentes M_D als äußere Belastung"
(f) „am Grundsystem des beidseitig fest gegen Verdrehung gehaltenen Stabes" (Kopfzeiger)

Tabelle 4.1. *Verschiebungsgrößen und Belastungsglieder am einfachen Balken des Feldes i*

Verschiebungsgrößen	bei variablem Querschnitt	bei prismatischem Stab
α_{ik}:	$\frac{1}{l^2}\int_0^{l_i}\frac{z'z'}{EI}\,dz'$	$\frac{l_i}{3EI_i}$
$\alpha_{i,k+1}=\beta_{ik}$:	$\frac{1}{l^2}\int_0^{l_i}\frac{zz'}{EI}\,dz$	$\frac{l_i}{6EI_i}$
$\beta_{i,k+1}$:	$\frac{1}{l_i^2}\int_0^{l_i}\frac{zz}{EI}\,dz$	$\frac{l_i}{3EI_i}$
γ_i:	$\int_0^{l_i}\frac{dz}{GK}$	$\frac{l_i}{GK}$
Belastungsglieder für Einzellast P		
α_{i0}:	$\frac{1}{l_i}\int_0^{l_i}\frac{M_0 z'}{EI}\,dz'$	$\frac{Pl_i^2}{6EI_i}(\zeta_i'-\zeta_i'^3)$
β_{i0}:	$\frac{1}{l_i}\int_0^{l_i}\frac{M_0 z}{EI}\,dz$	$\frac{Pl_i^2}{6EI_i}(\zeta_i-\zeta_i^3)$
Belastungsglieder für verteilte Belastung p		
α_{i0}:	$\frac{p}{2l_i}\int_0^{l_i}\frac{zz'^2}{EI}\,dz'$	$\frac{pl_i^3}{24EI_i}$
β_{i0}:	$\frac{p}{2l_i}\int_0^{l_i}\frac{z'z^2}{EI}\,dz$	$\frac{pl_i^3}{24EI_i}$

Tabelle 4.2. *Liste der Stabkonstanten C und D*

Querschnitt	variabel	*EI* und *GK* feldweise konstant	
Schiefstellung der Auflager	verschieden von Auflager zu Auflager		bei allen Auflagern = δ
$C_{i\alpha k} =$	$\dfrac{\operatorname{tg}\delta_k(\alpha_{ik}\operatorname{tg}\delta_k + \alpha_{i\,k+1}\operatorname{tg}\delta_{k+1})}{\gamma_i}$	$\dfrac{GK_i}{EI_i}\dfrac{\operatorname{tg}\delta_k}{6}(2\operatorname{tg}\delta_k + \operatorname{tg}\delta_{k+1})$	$= C_i = \dfrac{GK_i}{EI_i}\dfrac{\operatorname{tg}^2\delta}{2}$ (für alle vier)
$C_{i\alpha\,k+1} =$	$\dfrac{\operatorname{tg}\delta_{k+1}(\alpha_{ik}\operatorname{tg}\delta_k + \alpha_{i\,k+1}\operatorname{tg}\delta_{k+1})}{\gamma_i}$	$\dfrac{GK_i}{EI_i}\dfrac{\operatorname{tg}\delta_{k+1}}{6}(2\operatorname{tg}\delta_k + \operatorname{tg}\delta_{k+1})$	
$C_{i\beta k} =$	$\dfrac{\operatorname{tg}\delta_k(\beta_{ik}\operatorname{tg}\delta_k + \beta_{i\,k+1}\operatorname{tg}\delta_{k+1})}{\gamma_i}$	$\dfrac{GK_i}{EI_i}\dfrac{\operatorname{tg}\delta_k}{6}(\operatorname{tg}\delta_k + 2\operatorname{tg}\delta_{k+1})$	
$C_{i\beta\,k+1} =$	$\dfrac{\operatorname{tg}\delta_{k+1}(\beta_{ik}\operatorname{tg}\delta_k + \beta_{i\,k+1}\operatorname{tg}\delta_{k+1})}{\gamma_i}$	$\dfrac{GK_i}{EI_i}\dfrac{\operatorname{tg}\delta_{k+1}}{6}(\operatorname{tg}\delta_k + 2\operatorname{tg}\delta_{k+1})$	
$D_i =$	$1 + C_{i\alpha k} + C_{i\beta\,k+1}$	$1 + \dfrac{GK_i}{EI_i}\dfrac{\operatorname{tg}^2\delta_k + \operatorname{tg}\delta_k\operatorname{tg}\delta_{k+1} + \operatorname{tg}^2\delta_{k+1}}{3}$	$1 + 2C_i = 1 + \dfrac{GK_i}{EI_i}\operatorname{tg}^2\delta$

c) Torsionsmomente und Nebenwirkungen

Durch Schiefstellung der Lager werden in den Stabfeldern auch unter lotrechter, zentrischer Belastung Torsionsmomente verursacht, die ihrerseits wieder Einfluß auf die Biegemomente haben. Zur Anschrift dieser Verknüpfung wird das Feld i, zwischen den Auflagen k und $k + 1$ gelegen, herausgegriffen (Abb. 4.3a).

Der Stab sei sowohl durch äußere Lasten p und P als auch durch je ein Stützmoment M_k und M_{k+1} belastet, die alle in der Vertikalebene durch die Stabachse wirken. Vorübergehend denke man sich den Stab auch nur durch zwei Lager unter seiner Achse gestützt. Da keine Ursache zur Verdrehung des Stabes vorliegt, zeigt sich die Ansicht der Neutralebene wie in Abb. 4.3b skizziert, mit Stabecken, die beim Auflager k eine Höhendifferenz von $\alpha_i e_k$, beim Lager $k + 1$ eine solche von $\beta_i e_{k+1}$ aufweisen.

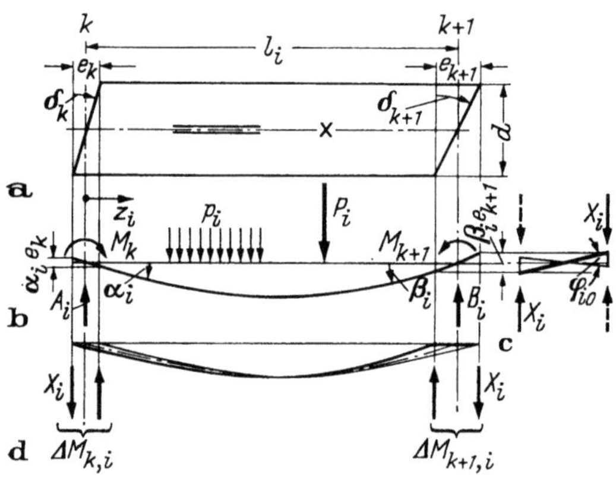

Abb. 4.3. Verkettung von Durchbiegung und Verdrehung

Wie aus der Blickrichtung in Stabachse ersichtlich ist, Abb. 4.3c, beträgt die erforderliche Stabverdrehung φ_i, um die Ecken auf die Höhe der Lagerkanten zu zwingen:

$$\varphi_{i0} = -\left(\frac{\alpha_i e_k}{d} + \frac{\beta_i e_{k+1}}{d}\right).$$

Mit $e_k/d = \operatorname{tg} \delta_k$ und $e_{k+1}/d = \operatorname{tg} \delta_{k+1}$ wird daher die Verträglichkeitsbedingung, die bei schiefer Lagerung horizontale Lagerkanten verlangt:

$$\alpha_i \operatorname{tg} \delta_k + \varphi_i + \beta_i \operatorname{tg} \delta_{k+1} = 0. \tag{4.1}$$

Diese Bedingung muß für jedes *Feld* des Durchlaufträgers erfüllt sein.

Um einen Stab von der Länge l_i mit der Torsionssteifigkeit GK um den Winkel φ_i zu verdrehen, braucht es ein Torsionsmoment von der Größe $T_i = \varphi_i/\gamma_i$, wobei die Verschiebungsgröße γ_i in Tab. 4.1 definiert ist. Somit folgt aus Gl. (4.1):

$$T_i = -\frac{\alpha_i \operatorname{tg} \delta_k + \beta_i \operatorname{tg} \delta_{k+1}}{\gamma_i}. \tag{4.2}$$

Man kann sich dieses Torsionsmoment durch ein in den Ecken des Lagers k lotrecht wirkendes Kräftepaar X_i aufgebaut denken. Am Stabende $k + 1$ wird es wieder durch ein entgegengesetzt drehendes Kräftepaar X_i abgebaut. Daß der Hebelarm der beiden Kräftepaare gleich der Stabbreite d sei, ist eine für die nachfolgende Betrachtung bequeme, aber keinesfalls notwendige Annahme.

Aus der untersten Skizze der Abb. 4.3 ist ersichtlich, daß die Kräfte X_i auch Nebenwirkungen auf die Biegemomente des Stabes haben. Die Änderung im linken Stützmoment beträgt:

$$\left.\begin{aligned} \Delta M_{ki} &= X_i e_k = \frac{T_i}{d} e_k = T_i \operatorname{tg} \delta_k \\ \text{im rechten:} \quad \Delta M_{k+1,\,i} &= X_i e_{k+1} = \frac{T_i}{d} e_{k+1} = T_i \operatorname{tg} \delta_{k+1} \end{aligned}\right\}. \tag{4.3}$$

Bei positiven, also nach unten gerichteten, Enddrehwinkeln α_i und β_i, positiven Winkeln δ_k und δ_{k+1} ist T_i stets negativ. Die Änderungen (4.3) in den Stützmomenten sind dann auch negativ, was aus Abb. 4.3d zum Ausdruck kommt. Wäre die Schiefstellung der Auflager negativ, so würde zwar T_i positiv, aber die Ausdrücke (4.3) wiederum negativ, zufolge negativer Tangenswerte. Eine Schiefstellung der Auflager wirkt sich daher stets wie eine erhöhte Einspannung des Stabes aus. Die Feldmomente werden auf Kosten der Stützmomente abgebaut.

d) Beispiel: Iterationsverfahren

Die im vorangehenden Abschnitt beschriebene Berechnung des Torsionsmomentes und sein Einfluß auf die Biegemomente kann zu einem Iterationsverfahren benutzt werden, mit dem Auswirkungen der Auflagerschiefstellung in einem zweiten Rechnungsgang leicht abgeschätzt werden können. Zur Illustration möge der in Abb. 4.4 gezeichnete Plattenstreifen dienen, der unter gleichmäßig verteilter Belastung p steht und am rechten Auflager um den Winkel δ schief gelagert ist.

Das induzierte Torsionsmoment T und seine Nebenwirkungen auf die Stützmomente sind, nach den Formeln (4.2) und (4.3):

$$\left.\begin{aligned} T &= -\beta \frac{GK}{l} \operatorname{tg} \delta \\ \Delta M_A &= 0 \\ \Delta M_B &= -\beta \frac{GK}{l} \operatorname{tg}^2 \delta \end{aligned}\right\} \tag{4.4a}$$

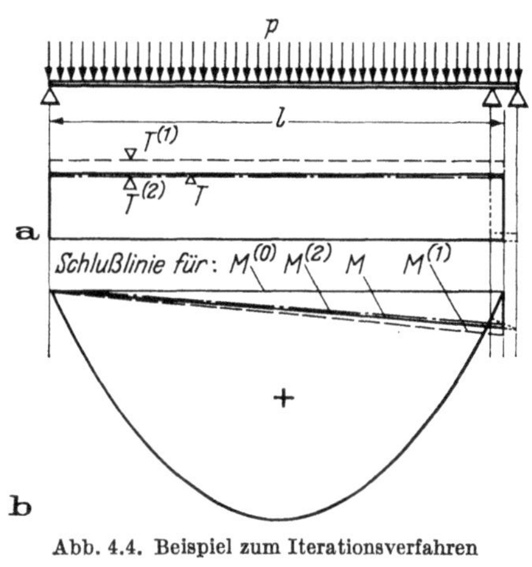

Abb. 4.4. Beispiel zum Iterationsverfahren

a) Torsionsmomentenfläche; b) Biegemomentenfläche

Zur ersten Näherung werden die Auflagerdrehwinkel bei normaler Lagerung verwendet. In diesem Beispiel ist es der Auflagerdrehwinkel β_0 am einfachen Balken (s. Tab. 4.1)

$$\beta^{(1)} = \frac{pl^3}{24EI}$$

$$\left.\begin{aligned} \text{somit} \quad T^{(1)} &= -\frac{pl^2}{8} \frac{GK}{EI} \frac{\operatorname{tg} \delta}{3} \\ \text{und} \quad \Delta M_B^{(1)} &= -\frac{pl^2}{8} \frac{GK}{EI} \frac{\operatorname{tg}^2 \delta}{3} \end{aligned}\right\} \tag{4.4b}$$

Das Korrekturmoment $\Delta M_B^{(1)}$ ist offenbar etwas zu groß, denn es verkleinert den angenommenen Auflagerdrehwinkel β um den Betrag $\Delta\beta^{(1)} = \beta_2 \, |\Delta M_B^{(1)}|$, wobei β_2 wiederum Tab. 4.1 entnommen werden kann:

$$\Delta\beta^{(1)} = \frac{l}{3EI} \frac{pl^2}{8} \frac{GK}{EI} \frac{\operatorname{tg}^2 \delta}{3}.$$

Damit entsteht als zweite, verbesserte Näherung für den Auflagerdrehwinkel:

$$\beta^{(2)} = \beta^{(1)} - \Delta\beta^{(1)} = \frac{p l^3}{24 E I}\left(1 - \frac{G K}{E I}\,\frac{\operatorname{tg}^2 \delta}{3}\right),$$

der jetzt aber etwas zu klein wird, da der Abzug mit einem zu großen Korrekturglied erfolgte.

Somit ist in zweiter Näherung und als untere Schranke für die Absolutwerte von T und ΔM_B:

$$\left.\begin{aligned} T^{(2)} &= -\frac{p l^2}{8}\left(1 - \frac{G K}{E I}\,\frac{\operatorname{tg}^2 \delta}{3}\right)\frac{G K}{E I}\,\frac{\operatorname{tg} \delta}{3} \\ \Delta M_B^{(2)} &= -\frac{p l^2}{8}\left(1 - \frac{G K}{E I}\,\frac{\operatorname{tg}^2 \delta}{3}\right)\frac{G K}{E I}\,\frac{\operatorname{tg}^2 \delta}{3}, \end{aligned}\right\} \qquad (4.4\,\mathrm{c})$$

Angenommen, es sei die Torsionssteifigkeit GK gleich $\sqrt{3}$ mal die Biegesteifigkeit EI (was für einen betonierten Balken mit Rechteckquerschnitt angenähert zutrifft, wie im Abschn. 4.4a gezeigt wird) und $\delta = 30°$, so ist:

$$\frac{G K}{E I}\,\frac{\operatorname{tg}^2 \delta}{3} = \frac{\sqrt{3}}{9}.$$

Unter diesen Annahmen liegt nach den Formeln (4.4b) und (4.4c) das Torsionsmoment T und das negative Auflagermoment ΔM_B zwischen folgenden Schranken:

$$\left.\begin{aligned} 1 &> 24\,\frac{|T|}{p l^2} > 0{,}807 \\ 1 &> 24\sqrt{3}\,\frac{|\Delta M_B|}{p l^2} > 0{,}807. \end{aligned}\right\} \qquad (4.4\,\mathrm{d})$$

Würde die Iteration weitergeführt, so entstünde eine geometrische Reihe für den Auflagerdrehwinkel:

$$\beta = \frac{p l^3}{24 E I}\left[1 - \frac{G K}{E I}\,\frac{\operatorname{tg}^2 \delta}{3} + \left(\frac{G K}{E I}\,\frac{\operatorname{tg}^2 \delta}{3}\right)^2 - \cdots + \cdots\right],$$

deren Grenzfunktion folgenden Wert annimmt:

$$\beta = \frac{p l^3}{24 E I}\,\frac{1}{1 + \dfrac{G K}{E I}\,\dfrac{\operatorname{tg}^2 \delta}{3}}.$$

Somit sind die genauen Schnittgrößen:

$$\left.\begin{aligned} T &= -\frac{p l^2}{8}\,\frac{\dfrac{G K}{E I}\,\dfrac{\operatorname{tg} \delta}{3}}{1 + \dfrac{G K}{E I}\,\dfrac{\operatorname{tg}^2 \delta}{3}} \\ \Delta M_B &= -\frac{p l^2}{8}\,\frac{\dfrac{G K}{E I}\,\dfrac{\operatorname{tg}^2 \delta}{3}}{1 + \dfrac{G K}{E I}\,\dfrac{\operatorname{tg}^2 \delta}{3}}. \end{aligned}\right\} \qquad (4.4\,\mathrm{e})$$

Für das numerische Beispiel würde der in Ungleichung (4.4d) zwischen 1 und 0,807 eingeschränkte, genaue Wert 0,838 ergeben. Die Torsions- und Biegemomentenfläche für die ersten beiden Iterationsschritte, als auch der genaue Wert, sind in Abb. 4.4 gezeichnet.

Anstoß zur Begründung eines solchen Iterationsverfahrens wurde aus einer kurzen Notiz von WANSLEBEN[1] erhalten, der unseres Wissens zum ersten Male auf die einfache Verknüpfung zwischen Auflagerdrehwinkel und Stabverdrehung hingewiesen hat. Längere Zeit versuchte K. BASLER auf iterativem Wege beim durchlaufenden Stab Näherungslösungen zu erhalten. Es hat sich aber herausgestellt, daß die Beurteilung, ob es sich um obere oder untere Schranken handelt, beim Durchlaufträger schwieriger wird als beim einfachen Balken, und daß Konvergenzkriterien erforderlich sind. Im oben berechneten Fall ist z. B. keine Konvergenz mehr möglich, wenn die Stabkonstante

$$C_{\beta,B} = \frac{GK}{EI}\,\frac{\mathrm{tg}^2\,\delta}{3}$$

gleich oder größer als eins ist.

Aus dem Wunsch heraus, durch strenge Lösungen die Qualität der Iteration zu prüfen, ist schließlich die im nächsten Abschn. 4.2 gegebene analytische Berechnung entstanden, deren Ergebnis so erstaunlich einfach ist, daß sie in vielen Fällen ebenso rasch zum Ziele führt wie die approximative.

4.2 Analytische Berechnung

a) Auflagerdrehwinkel bei schiefer Lagerung

Beim Anschreiben der Drehwinkel nach dem Superpositionsgesetz müssen die Zusatzmomente mit berücksichtigt werden:

$$\left.\begin{aligned} \alpha_i &= \alpha_{i0} + M_k\alpha_{ik} + M_{k+1}\alpha_{i\,k+1} + \Delta M_{ki}\alpha_{ik} + \Delta M_{k+1\,i}\alpha_{i\,k+1} \\ \beta_i &= \beta_{i0} + M_k\beta_{ik} + M_{k+1}\beta_{i\,k+1} + \Delta M_{ki}\beta_{ik} + \Delta M_{k+1\,i}\beta_{i\,k+1}. \end{aligned}\right\} \quad (4.5)$$

Nach Gl. (4.3) ist

$$\begin{aligned} \alpha_i &= \alpha_{i0} + M_k\alpha_{ik} + M_{k+1}\alpha_{i\,k+1} + T_i(\alpha_{ik}\,\mathrm{tg}\,\delta_k + \alpha_{i\,k+1}\,\mathrm{tg}\,\delta_{k+1}) \\ \beta_i &= \beta_{i0} + M_k\beta_{ik} + M_{k+1}\beta_{i\,k+1} + T_i(\beta_{ik}\,\mathrm{tg}\,\delta_k + \beta_{i\,k+1}\,\mathrm{tg}\,\delta_{k+1}). \end{aligned}$$

Wird T_i gemäß Gl. (4.2) eingesetzt, so ergibt dies mit den in Tab. 4.2 definierten Abkürzungen:

$$\begin{aligned} \alpha_i &= \alpha_{i0} + M_k\alpha_{ik} + M_{k+1}\alpha_{i\,k+1} - \alpha_i C_{i\alpha k} - \beta_i C_{i\alpha\,k+1} \\ \beta_i &= \beta_{i0} + M_k\beta_{ik} + M_{k+1}\beta_{i\,k+1} - \alpha_i C_{i\beta k} - \beta_i C_{i\beta\,k+1} \end{aligned}$$

oder, geordnet:

$$\left.\begin{aligned} \alpha_i(1 + C_{i\alpha k}) + \beta_i C_{i\alpha\,k+1} &= \alpha_{i0} + M_k\alpha_{ik} + M_{k+1}\alpha_{i\,k+1} \\ \alpha_i C_{i\beta k} + \beta_i(1 + C_{i\beta\,k+1}) &= \beta_{i0} + M_k\beta_{ik} + M_{k+1}\beta_{i\,k+1}. \end{aligned}\right\} \quad (4.6)$$

Da $C_{i\alpha k}C_{i\beta\,k+1} = C_{i\beta k}C_{i\alpha\,k+1}$, lautet die Determinante der Matrixkoeffizienten sehr einfach:

$$D_i = 1 + C_{i\alpha k} + C_{i\beta\,k+1}.$$

[1] WANSLEBEN, F.: Beitrag zur Berechnung schiefer, drillsteifer Brücken. Der Stahlbau, Jg. 24, 1955, 224.

Damit sind die Lösungen des Gleichungssystems (4.6):

$$
\left.
\begin{aligned}
\alpha_i &= \frac{1}{D_i}\,[M_k(\alpha_{ik} + \alpha_{ik} C_{i\beta\,k+1} - \beta_{ik} C_{i\alpha\,k+1}) + \\
&\quad + M_{k+1}(\alpha_{i\,k+1} + \alpha_{i\,k+1} C_{i\beta\,k+1} - \beta_{i\,k+1} C_{i\alpha\,k+1}) + \\
&\quad + \alpha_{i0} + \alpha_{i0} C_{i\beta\,k+1} - \beta_{i0} C_{i\alpha\,k+1}] \\
\beta_i &= \frac{1}{D_i}\,[M_k(\beta_{ik} + \beta_{ik} C_{i\alpha k} - \alpha_{ik} C_{i\beta k}) + \\
&\quad + M_{k+1}(\beta_{i\,k+1} + \beta_{i\,k+1} C_{i\alpha k} - \alpha_{i\,k+1} C_{i\beta k}) + \\
&\quad + \beta_{i0} + \beta_{i0} C_{i\alpha k} - \alpha_{i0} C_{i\beta k}]\,.
\end{aligned}
\right\}
\qquad (4.7)
$$

b) Dreimomentengleichungen

Die bis anhin untersuchten Balkenfelder sind insofern verträglich mit den Auflagerbedingungen, als ihre schiefen Ränder horizontal liegen. Für einen durchlaufenden Träger muß dazu noch Kontinuität in Stablängsrichtung formuliert werden. Diese zweite Verträglichkeitsbedingung verlangt, daß die Summe der Enddrehwinkel bei jedem *Auflager* verschwindet:

$$\beta_{i-1} + \alpha_i = 0\,. \qquad (4.8)$$

Der Auflagerdrehwinkel α_i ist bereits im ersten Ausdruck der beiden Gln. (4.7) gegeben; β_{i-1} wird aus dem zweiten erhalten durch Reduktion der Indizes i und k um eins. Wie bei den Dreimomentengleichungen des Durchlaufträgers auf frei drehbaren Stützen können die einzelnen Koeffizienten als Faktoren der unbekannten Stützmomente M_{k-1}, M_k und M_{k+1} auftreten, oder aber als „Belastungsglieder" auf die rechte Seite des Gleichheitszeichens geschlagen werden. In dieser geordneten Anschrift sind nachstehend die Verträglichkeitsbedingungen (4.8) wiedergegeben; es sind die Dreimomentengleichungen des schief gelagerten durchlaufenden Stabes. Direkt anschließend sind die vereinfachten Gleichungen aufgeführt für den Fall, daß Biege- und Torsionssteifigkeit feldweise konstant sind (Spezialfall 1), daß dazu noch die Auflagerschiefstellung über den ganzen Durchlaufträger dieselbe bleibt (Spezialfall 2), und schließlich, daß für den ganzen Stab sich weder der Querschnitt noch die Lagerschiefstellung ändert (Spezialfall 3).

Allgemeiner Fall $\left\{\begin{array}{l}\text{Stabquerschnitt: variabel, } EI(z),\ GK(z),\\ \text{Lagerschiefe: verschieden, } \delta_{k-1} \neq \delta_k \neq \delta_{k+1}.\end{array}\right.$

$$
\begin{aligned}
&M_{k-1}(\beta_{i-1\,k-1} + \beta_{i-1\,k-1} C_{i-1\,\alpha\,k-1} - \alpha_{i-1\,k-1} C_{i-1\,\beta\,k-1})\, D_i + \\
&+ M_k[(\beta_{i-1\,k} + \beta_{i-1\,k} C_{i-1\,\alpha\,k-1} - \alpha_{i-1\,k} C_{i-1\,\beta\,k-1})\, D_i + \\
&+ (\alpha_{ik} + \alpha_{ik} C_{i\beta\,k+1} - \beta_{ik} C_{i\alpha\,k+1})\, D_{i-1}] + \\
&+ M_{k+1}(\alpha_{i\,k+1} + \alpha_{i\,k+1} C_{i\beta\,k+1} \quad \beta_{i\,k+1} C_{i\alpha\,k+1})\, D_{i-1} = \\
&= -[(\beta_{i-1\,0} + \beta_{i-1\,0} C_{i+1\,\alpha\,k-1} - \alpha_{i-1\,0} C_{i-1\,\beta\,k-1})\, D_i + \\
&+ (\alpha_{i0} + \alpha_{i0} C_{i\beta\,k+1} - \beta_{i0} C_{i\alpha\,k+1})\, D_{i-1}]
\end{aligned}
\qquad (4.9)
$$

mit: Verschiebungsgrößen α, β: s. Tab. 4.1, erste Kolonne,
Stabkonstanten C, D: s. Tab. 4.2, erste Kolonne,

Indizes k, i: s. Abb. 4.2 $\begin{pmatrix} k = 1, & 3, & 5, & \dots \\ i = & 2, & 4, & 6, \dots \end{pmatrix}$

Spezialfall 1 $\left\{\begin{array}{l}\text{Stabquerschnitt: feldweise konstant, } EI_i,\ GK_i, \\ \text{Lagerschiefe: verschieden, } \delta_{k-1} \neq \delta_k \neq \delta_{k+1}.\end{array}\right.$

Berechnung nach System (4.9), jedoch mit den zweiten Kolonnenwerten von Tab. 4.1 und 4.2, oder:

$$\begin{aligned}
&M_{k-1}\frac{l_{i-1}}{6EI_{i-1}}\left(1-\frac{GK_{i-1}}{EI_{i-1}}\frac{\operatorname{tg}\delta_{k-1}\operatorname{tg}\delta_k}{2}\right)D_i+\\
&+M_k\left[\frac{l_{i-1}}{6EI_{i-1}}\left(2+\frac{GK_{i-1}}{EI_{i-1}}\frac{\operatorname{tg}^2\delta_{k-1}}{2}\right)D_i+\frac{l_i}{6EI_i}\left(2+\frac{GK_i}{EI_i}\frac{\operatorname{tg}^2\delta_{k+1}}{2}\right)D_{i-1}\right]+\\
&+M_{k+1}\frac{l_i}{6EI_i}\left(1-\frac{GK_i}{EI_i}\frac{\operatorname{tg}\delta_k\operatorname{tg}\delta_{k+1}}{2}\right)D_{i-1}= \qquad (4.10)\\
&=\left[\alpha_{i-1\,0}\frac{GK_{i-1}}{EI_{i-1}}\frac{\operatorname{tg}\delta_{k-1}+2\operatorname{tg}\delta_k}{6}\operatorname{tg}\delta_{k-1}-\beta_{i-1\,0}\left(1+\frac{GK_{i-1}}{EI_{i-1}}\frac{2\operatorname{tg}\delta_{k-1}+\operatorname{tg}\delta_k}{6}\operatorname{tg}\delta_{k-1}\right)\right]D_i+\\
&+\left[\beta_{i0}\frac{GK_i}{EI_i}\frac{2\operatorname{tg}\delta_k+\operatorname{tg}\delta_{k+1}}{6}\operatorname{tg}\delta_{k+1}-\alpha_{i0}\left(1+\frac{GK_i}{EI_i}\frac{\operatorname{tg}\delta_k+2\operatorname{tg}\delta_{k+1}}{6}\operatorname{tg}\delta_{k+1}\right)\right]D_{i-1},
\end{aligned}$$

wobei:

$$D_{i-1}=1+\frac{GK_{i-1}}{EI_{i-1}}\frac{\operatorname{tg}^2\delta_{k-1}+\operatorname{tg}\delta_{k-1}\operatorname{tg}\delta_k+\operatorname{tg}^2\delta_k}{3},$$

$$D_i=1+\frac{GK_i}{EI_i}\frac{\operatorname{tg}^2\delta_k+\operatorname{tg}\delta_k\operatorname{tg}\delta_{k+1}+\operatorname{tg}^2\delta_{k+1}}{3}$$

mit: $\begin{pmatrix} k = 1, & 3, & 5, & \dots \\ i = & 2, & 4, & 6, \dots \end{pmatrix}$.

Die Quotienten GK_i/EI_i sind oft invariant, d. h. unabhängig von der Stabstärke, s. Abschn. 4.4a. Daher wird

Spezialfall 2 $\left\{\begin{array}{l}\text{Stabquerschnitt: } EI = \text{feldweise konstant,} \\ GK/EI = \text{invariant,} \\ \text{Lagerschiefe: überall gleich, } \delta_k = \delta_{k+1} = \delta.\end{array}\right.$

$$\begin{aligned}
&M_{k-1}\frac{l_{i-1}}{6EI_{i-1}}(1-C)+M_k\cdot\left(\frac{l_{i-1}}{6EI_{i-1}}+\frac{l_i}{6EI_i}\right)(2+C)+M_{k+1}\frac{l_i}{6EI_i}(1-C)\\
&\qquad=-[(\beta_{i-1\,0}+\alpha_{i0})(1+C)-(\alpha_{i-1\,0}+\beta_{i0})C], \qquad (4.11)
\end{aligned}$$

wobei: $C=\frac{GK}{EI}\frac{\operatorname{tg}^2\delta}{2}$, $\begin{pmatrix} k = 1, & 3, & 5, \dots \\ i = & 2, & 4, & 6, \dots \end{pmatrix}$

Spezialfall 3 $\begin{cases} \text{Stabquerschnitt: konstant über alle Felder,} \\ \text{Lagerschiefe: gleich über allen Stützen.} \end{cases}$

$$\begin{aligned} &M_{k-1}\, l_{i-1}(1-C) + M_k(l_{i-1}+l_i)(2+C) + M_{k+1} l_i(1-C) \\ &= -6EI[-\alpha_{i-1\,0}C + (\beta_{i-1\,0}+\alpha_{i0})(1+C) - \beta_{i0}C], \end{aligned} \tag{4.12}$$

wobei: $C = \frac{GK}{EI}\frac{\mathrm{tg}^2\delta}{2}, \quad \begin{pmatrix} k = 1, & 3, & 5, \ldots \\ i = & 2, & 4, & 6, \ldots \end{pmatrix}$

c) Schnittgrößen und Deformationen

Das durch Auflagerschiefstellung induzierte Torsionsmoment ist mit Gl. (4.2) gegeben, wobei die Auflagerdrehwinkel gemäß den Ausdrücken (4.7) einzusetzen sind. Unter Beachtung, daß

$$C_{i\beta\,k+1}\,\mathrm{tg}\,\delta_k = C_{i\beta k}\,\mathrm{tg}\,\delta_{k+1}$$

und

$$C_{i\alpha k}\,\mathrm{tg}\,\delta_{k+1} = C_{i\alpha\,k+1}\,\mathrm{tg}\,\delta_k,$$

wird das Torsionsmoment im Feld i im *allgemeinsten Fall* (Querschnitt variabel, Schiefe von Lager zu Lager verschieden):

$$\begin{aligned} T_i = \frac{-1}{\gamma_i D_i}[\alpha_{i0}\,\mathrm{tg}\,\delta_k + \beta_{i0}\,\mathrm{tg}\,\delta_{k+1} + M_k(\alpha_{ik}\,\mathrm{tg}\,\delta_k + \beta_{ik}\,\mathrm{tg}\,\delta_{k+1}) + \\ + M_{k+1}(\alpha_{i\,k+1}\,\mathrm{tg}\,\delta_k + \beta_{i\,k+1}\,\mathrm{tg}\,\delta_{k+1})], \end{aligned} \tag{4.13}$$

wobei D_i der ersten Kolonne von Tab. 4.2 zu entnehmen ist.

Im Spezialfall 1 (EI_i, GK_i feldweise konstant, $\delta_k \neq \delta_{k+1}$) gilt:

$$T_i = -\frac{\frac{6EI_i}{l_i}(\alpha_{i0}\,\mathrm{tg}\,\delta_k + \beta_{i0}\,\mathrm{tg}\,\delta_{k+1}) + M_k(2\,\mathrm{tg}\,\delta_k + \mathrm{tg}\,\delta_{k+1}) + M_{k+1}(\mathrm{tg}\,\delta_k + 2\,\mathrm{tg}\,\delta_{k+1})}{6\frac{EI_i}{GK_i} + 2(\mathrm{tg}^2\delta_k + \mathrm{tg}\,\delta_k\,\mathrm{tg}\,\delta_{k+1} + \mathrm{tg}^2\delta_{k+1})}. \tag{4.14}$$

Sind neben feldweise konstanter Biege- und Torsionssteifigkeit auch die Lagerschiefstellungen über den ganzen Stab gleich ($\delta_k = \delta_{k+1} = \delta$), so wird für die *Spezialfälle 2 und 3*:

$$T_i = -\frac{\mathrm{tg}\,\delta}{\frac{EI_i}{GK_i} + \mathrm{tg}^2\delta}\left[\frac{EI_i(\alpha_{i0}+\beta_{i0})}{l_i} + \frac{M_k + M_{k+1}}{2}\right] \tag{4.15a}$$

oder mit der Abkürzung $C_i = \frac{GK_i}{EI_i}\frac{\mathrm{tg}^2\delta}{2}$

$$T_i = -\frac{1}{\mathrm{tg}\,\delta}\frac{2C_i}{1+2C_i}\left[\frac{EI_i(\alpha_{i0}+\beta_{i0})}{l_i} + \frac{M_k + M_{k+1}}{2}\right]. \tag{4.15b}$$

Hier läßt sich der Klammerausdruck folgendermaßen deuten: $EI_i\alpha_{i0}$ ist nach der MOHRschen Analogie der linke Auflagerdruck infolge der als Belastung eingeführten Momentenfläche M_{i0}; $EI_i\beta_{i0}$ der entsprechende rechte des Feldes i. Die Summe dieser beiden Ausdrücke stellt somit den Inhalt der Momentenfläche dar, und es ist:

$$\frac{EI_i(\alpha_{i0}+\beta_{i0})}{l_i} = \frac{\int_0^{l_i} M_{i0}\,dz}{l_i}. \tag{4.16}$$

Für den ersten Summanden im Klammerausdruck kann daher das *durchschnittliche* Moment aus äußerer Belastung am Balkenfeld i gesetzt werden, was für eine konzentrierte Einzellast P

$$\frac{EI_i(\alpha_{i0}+\beta_{i0})}{l_i} = \frac{1}{2} M_{\max} = \frac{a_i b_i}{2 l_i} P \tag{4.16a}$$

oder für gleichmäßig verteilte Belastung p

$$\frac{EI_i(\alpha_{i0}+\beta_{i0})}{l_i} = \frac{2}{3} M_{\max} = \frac{p l_i^2}{12} \tag{4.16b}$$

ergibt.

Zum Anschreiben der Biegemomente sind die Stützmomente am linken und rechten Ende des Feldes i von besonderem Interesse. Diese seien mit M_{ki} und $M_{k+1\,i}$ bezeichnet und werden durch Einsetzen der Gl. (4.3):

$$\left.\begin{aligned} M_{ki} &= M_k + \Delta M_{ki} = M_k + T_i \operatorname{tg} \delta_k, \\ M_{k+1\,i} &= M_{k+1} + \Delta M_{k+1\,i} = M_{k+1} + T_i \operatorname{tg} \delta_{k+1}. \end{aligned}\right\} \tag{4.17}$$

Superposition der Einflüsse ergibt den vertrauten Ausdruck für das Biegemoment an der Stelle $\zeta_i = z_i/l_i$ bzw. $\zeta_i' = z_i'/l_i$:

$$M_i = M_{i0} + M_{ki}\zeta_i' + M_{k+1\,i}\,\zeta_i. \tag{4.18}$$

Zum Aufzeichnen der Momentenflächen wird man die beiden Stützmomentwerte für jedes Feld bestimmen, und dann die Momentenfläche M_{i0} (ermittelt am Grundsystem des einfachen Balkens i infolge äußerer Belastung) überlagern.

Mit diesen Stützmomenten nach Gl. (4.17) können auch die Querkräfte Q und die Auflagerdrücke F wie üblich ausgedrückt werden:

$$Q_i = Q_{i0} + \frac{M_{k+1\,i} - M_{ki}}{l_i}, \tag{4.19}$$

$$F_k = Q_{ki} - Q_{k\,i-1}. \tag{4.20}$$

Die Wirkungslinie dieses Auflagerdruckes geht nicht mehr durch die Stabachse, auch wenn die äußere Belastung nur durch diese angreifen darf. Ihre Verschiebung aus der Stabachse kann ausgedrückt werden durch die x-Koordinate zu:

$$x_{Fk} = \frac{T_i - T_{i-1}}{F_k}. \tag{4.21}$$

Als zweiter geometrischer Ort für die (vertikale) Wirkungslinie des Auflagerdruckes bleibt natürlich die Gerade längs der schiefen Lagerkante k.

Die lotrechte Durchbiegung der Stabachse y kann wiederum durch Überlagerung der Einflüsse am Grundsystem des einfachen Balkens folgendermaßen angeschrieben werden:

$$y_i = y_{i0} + M_{ki} y_{ik} + M_{k+1\,i}\, y_{i\,k+1}, \tag{4.22}$$

wobei

$$\begin{aligned} y_{i0} &= \text{Biegelinie infolge äußerer Belastung,} \\ y_{ik} &= \text{Biegelinie infolge } M_{ki} = 1, \\ y_{i\,k+1} &= \text{Biegelinie infolge } M_{k+1\,i} = 1 \end{aligned}$$

bedeuten. Die letzteren beiden Werte lassen sich direkt der Tab. 4.1 (Fall Einzellast mit $P = 1$) entnehmen, denn nach dem MAXWELL-MOHRschen Gesetz über die Gegenseitigkeit der Verschiebungen ist $y_{ik} = \alpha_{i0}$ und $y_{i\,k+1} = \beta_{i0}$.

Zur Beschreibung der Durchbiegung all jener Stabfasern, die nicht in der Stabachse liegen, wird auch die Stabverdrehung φ benötigt. Der Drehwinkel φ wird von der Horizontalen aus gemessen. Der positive Drehsinn ist in Abb. 4.2 definiert. Allgemein gilt:

$$\varphi(z_i) = \varphi(z_i = 0) + \int_0^{z_i} \varphi'\, dz. \tag{4.23}$$

Da bei schiefen Brücken $\varphi(z_i = 0) = \alpha_i \operatorname{tg} \delta_k$ ist (s. Abb. 4.3) und bei SAINT-VENANTscher Torsion $\varphi' = T/GK$, so folgt mit α_i aus Gl. (4.7):

$$\varphi(z_i) = \alpha_i \operatorname{tg} \delta_k + \int_0^{z_i} \frac{T}{GK}\, dz. \tag{4.24}$$

d) Beispiel: Durchlaufträger über drei Felder

Der in Abb. 4.5 skizzierte durchlaufende Balken mit konstanter Biegesteifigkeit EI, konstanter Torsionssteifigkeit GK und gleicher Lagerschiefstellung δ wird durch eine gleichmäßig verteilte Belastung p im Mittelfeld belastet.

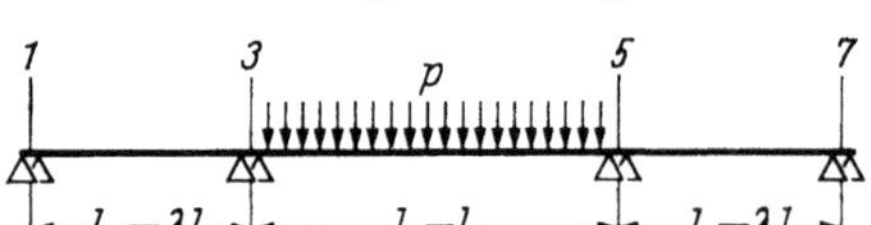

Abb. 4.5. Dreifeldriger Durchlaufträger

Infolge der Symmetrie in Tragwerk und Belastung ist das Übertragungsmoment M_3 gleich demjenigen bei 5, $M_3 = M_5$, und die einzige erforderliche Gleichung lautet nach System(4.12):

$$M_3 l(\lambda + 1)(2 + C) + M_3 l(1 - C) = -6EI\left[+\frac{pl^3}{24EI}(1 + C) - \frac{pl^3}{24EI} C\right]$$

mit $C = \dfrac{GK}{EI}\,\dfrac{\operatorname{tg}^2 \delta}{2}$, woraus folgt:

$$M_3 = -\frac{3}{3 + 2\lambda + \lambda C}\,\frac{pl^2}{12}.$$

Die Schnittgrößen entsprechend den Formeln (4.15) bis (4.21) lauten:

$$T_2 = T_6 = -\frac{2}{\operatorname{tg}\delta}\,\frac{C}{1+2C}\,\frac{M_3}{2} = +\frac{1}{\operatorname{tg}\delta}\,\frac{3C}{(1+2C)(3+2\lambda+\lambda C)}\,\frac{pl^2}{12}, \tag{4.25a}$$

$$T_4 = -\frac{2}{\operatorname{tg}\delta}\,\frac{C}{1+2C}\left(\frac{pl^2}{12} + M_3\right) = -\frac{1}{\operatorname{tg}\delta}\,\frac{2\lambda C(2+C)}{(1+2C)(3+2\lambda+\lambda C)}\,\frac{pl^2}{12}, \tag{4.25b}$$

$$M_{12} = M_{76} = T_2 \operatorname{tg}\delta = +\frac{3C}{(1+2C)(3+2\lambda+\lambda C)}\,\frac{pl^2}{12}, \tag{4.25c}$$

$$M_{32} = M_{56} = M_3 + T_2 \operatorname{tg}\delta = -\frac{3(1+C)}{(1+2C)(3+2\lambda+\lambda C)}\,\frac{pl^2}{12}, \tag{4.25d}$$

$$M_{34} = M_{54} = M_3 + T_4 \operatorname{tg}\delta = -\frac{3+6C+4\lambda C+2\lambda C^2}{(1+2C)(3+2\lambda+\lambda C)}\,\frac{pl^2}{12}, \tag{4.25e}$$

$$Q_2 = -Q_6 = 0 + \frac{M_{32} - M_{12}}{\lambda l} = -\frac{1}{4\lambda(3+2\lambda+\lambda C)}\,pl, \tag{4.25f}$$

$$Q_4 = (\tfrac{1}{2} - \zeta_4)\,pl, \tag{4.25g}$$

$$F_1 = F_7 = Q_2 = -\frac{1}{4\lambda(3+2\lambda+\lambda C)}\,pl, \tag{4.25h}$$

$$F_3 = F_5 = \frac{pl}{2} - Q_2 = +\frac{2\lambda(3+2\lambda+\lambda C)+1}{4\lambda(3+2\lambda+\lambda C)}\,pl, \tag{4.25i}$$

$$x_{F1} = -x_{F7} = \frac{T_2}{Q_2} = -\frac{1}{\operatorname{tg}\delta}\,\frac{\lambda C}{1+2C}\,l, \tag{4.25k}$$

$$x_{F3} = -x_{F5} = \frac{T_4 - T_2}{F_3} = -\frac{\lambda C}{3\operatorname{tg}\delta}\cdot\frac{3+4\lambda+2\lambda C}{(1+2C)(1+6\lambda+4\lambda^2+2\lambda^2 C)}\,l. \tag{4.25l}$$

Die angeschriebenen Formeln für die Momente und zum Teil auch für die Querkräfte, Auflagerdrücke und ihre Wirkungslinie lassen sich für folgende Grenzfälle überprüfen:

Keine Schiefstellung der Auflager. Durch Nullsetzen von C und $\operatorname{tg}\delta$, aber auch $C/\operatorname{tg}\delta$, ergibt sich $M_3 = M_{32} = M_{34} = -pl^2/(12 + 8\lambda)$, was tatsächlich gleich dem Stützmoment des entsprechenden gewöhnlichen durchlaufenden Balkens unter Mittelfeldbelastung ist. Die Torsionsmomente T_2 und T_4 verschwinden, ebenso die Exzentrizität der Auflagerkraft.

Totale Einspannung des Mittelfeldes. Diese wird erreicht durch vollständiges Zusammenrücken der Auflager in den Endfeldern. Für $\lambda = 0$ ist, den Erwartungen entsprechend, $T_4 = 0$ und $M_3 = M_{34} = -pl^2/12$.

Mittelfeld als einfacher Balken. Für den Grenzwert $\lambda \to \infty$ wird:

$$\begin{aligned} T_4 &= -\frac{1}{\operatorname{tg}\delta}\,\frac{2C}{1+2C}\,\frac{pl^2}{12} = T\,,\\ M_{34} &= -\frac{2C}{1+2C}\,\frac{pl^2}{12} = M_s\,,\\ x_{F3} = -x_{F5} &= -\frac{l}{3\operatorname{tg}\delta}\,\frac{C}{1+2C} = x_F\,. \end{aligned} \tag{4.26}$$

Nachstehend werden diese Werte für verschiedene Lagerschiefstellungen δ numerisch durchgerechnet, wobei $\lambda = 1$ sein soll, d. h. alle drei Spannweiten sind gleich lang. Dazu bedarf es noch einer Annahme über das Verhältnis von Torsions- zu Biegesteifigkeit.

Ein für das numerische Rechnen bequemer, und wie sich im Abschn. 4.4a zeigen wird, nicht unrealistischer Näherungswert für einen schmalen, rechteckigen Voll- oder Hohlquerschnitt ist $GK/EI = 2$. Dann wird $C = \operatorname{tg}^2\delta$ oder $\operatorname{tg}\delta = \sqrt{C}$.

Mit diesen Annahmen sind in der ersten Kolonne von Tab. 4.3 die Formeln (4.25) noch einmal angeführt. Der Reihe nach sind dann für die normierten Schnittgrößen die numerischen Werte berechnet: zuerst für den gewöhnlichen Durchlaufträger, dann für sehr kleine Abweichung der Lagerkanten vom rechten Winkel zur Stabachse, für $\delta = 26{,}5°$, $35°$, $45°$, $55°$ und den asymptotischen Wert $\delta = 90°$.

Tabelle 4.3. *Numerische Werte für verschiedene Lagerschiefen* δ
(System und Belastung lt. Abb. 4.5, $\lambda = 1$, $GK/EI = 2$)

δ: C:	beliebig $\operatorname{tg}^2\delta$	0 0	$\approx \operatorname{tg}\delta$ $\ll 1$	26,5° 0,25	35° 0,5	45° 1	55° 2	90° ∞
$12\,\frac{T_2}{pl^2}$:	$+\frac{3\sqrt{C}}{(1+2C)(5+C)}$	0	+0,6δ	+0,190	+0,193	+0,167	+0,121	+0
$12\,\frac{T_4}{pl^2}$:	$-\frac{2\sqrt{C}\,(2+C)}{(1+2C)(5+C)}$	0	−0,8δ	−0,286	−0,322	−0,333	−0,323	−0
$12\,\frac{M_{12}}{pl^2}$:	$+\frac{3C}{(1+2C)(5+C)}$	0	0	+0,095	+0,136	+0,167	+0,171	0
$12\,\frac{M_{32}}{pl^2}$:	$-\frac{3(1+C)}{(1+2C)(5+C)}$	−0,6	−0,6	−0,476	−0,409	−0,333	−0,257	−0
$12\,\frac{M_{34}}{pl^2}$:	$-\frac{3+10C+2C^2}{(1+2C)(5+C)}$	−0,6	−0,6	−0,715	−0,773	−0,833	−0,885	−1
$\frac{Q_2}{pl}$:	$-\frac{1}{4(5+C)}$	−0,05	−0,05	−0,048	−0,045	−0,042	−0,036	−0
$\frac{x_{F1}}{l}$:	$-\frac{\sqrt{C}}{1+2C}$	0	−δ	−0,333	−0,356	−0,333	−0,283	−0
$\frac{x_{F3}}{l}$:	$-\frac{\sqrt{C}\,(7+2C)}{3(11+24C+4C^2)}$	0	−0,21δ	−0,072	−0,079	−0,077	−0,070	−0

Einige numerische Resultate sind in Abb. 4.6 aufgezeichnet. Die Figur zeigt zuoberst den Grundriß, wobei die angenommene Stabbreite willkürlich ist. Die Lagen der resultierenden Auflagerkräfte sind für $\delta = 45°$ gezeichnet. Sowohl bei positiver (Lager 3 und 5) als auch bei negativer Auflagerkraft (Lager 1 und 7) befindet sich die Resultierende stets auf der dem belasteten Mittelfeld näher gelegenen Auflagerseite. Anschließend sind für verschiedene Stabkonstanten C die Flächen der Biegemomente, Torsionsmomente und Querkräfte skizziert. Es ist deutlich ersichtlich, daß mit zunehmendem C-Wert eine erhöhte Einspannung des belasteten Feldes erzeugt wird.

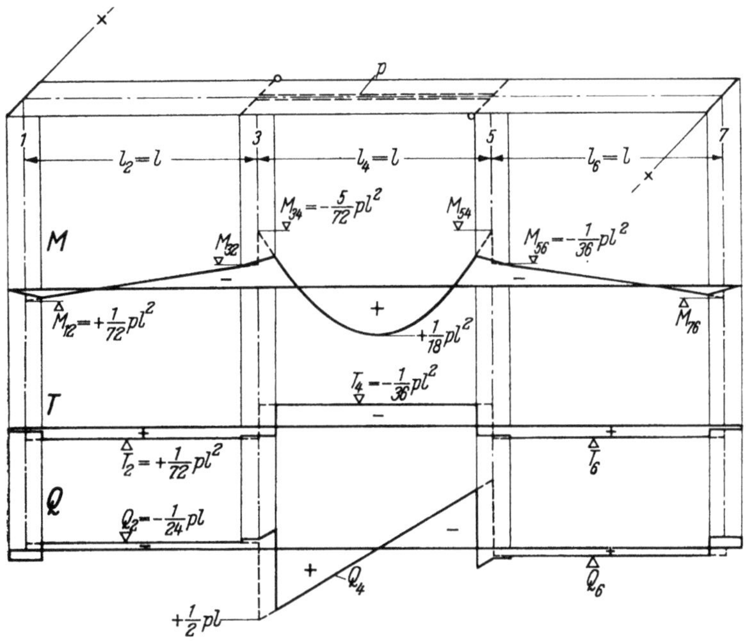

Abb. 4.6. Biegemomente-, Torsionsmomente- und Querkraftflächen für Mittelfeldbelastung

Dagegen ist die Zunahme der Veränderung gegenüber dem gewöhnlichen durchlaufenden Balken für die Biegemomente ganz verschieden von den Torsionsmomenten. Dies wird durch die Abb. 4.7 und 4.8 illustriert. Während sich die Biegemomente bis zu einer Lagerschiefe von 10° noch unwesentlich verändern, sind die Torsionsmomente schon beinahe auf der Hälfte ihres Höchstwertes. Dies beweist wiederum die Güte des in Abschn. 4.1 d besprochenen Iterationsverfahrens für kleine Lagerschiefen.

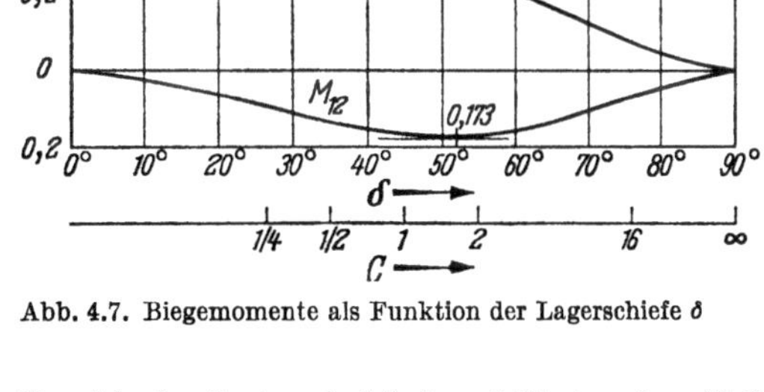

Abb. 4.7. Biegemomente als Funktion der Lagerschiefe δ

Die Biegemomente variieren im Mittelfeld nahezu gleichförmig vom Ausgangsfall des gewöhnlichen Durchlaufträgers bis zum Grenzfall des voll eingespannten. Dagegen nimmt das Torsionsmoment bei größerer Lagerschiefe wieder ab. Dieses interessante Verhalten erklärt sich aus Gl. (4.2). Daraus ist ersichtlich, daß das Torsionsmoment nicht nur mit der Lagerschiefe, sondern auch mit der Summe der Auflagerdrehwinkel wächst. Da sich das System bei hohen δ-Werten dem Fall totaler Einspannung nähert, nehmen die Auflagerdrehwinkel ab. Im Grenzfall verschwinden sie und mit ihnen das induzierte Trosionsmoment.

Übung 4.1. *Schief gelagerter Zweifeldträger.* Berechne die Torsionsmomente, Biegemomente und Querkräfte für einen schief gelagerten, prismatischen Stab über zwei Felder mit gleicher Spannweite (d. h. $l_2 = l_4 = l$) und gleicher Lagerschiefe ($\delta_1 = \delta_3 = \delta_5 = \delta$):

a) Infolge Eigengewicht g,

b) infolge gleichmäßig verteilter Nutzlast in einem Feld (d. h. $p_2 = p$, $p_4 = 0$).

Lösungen, $C = \frac{GK}{EI}\frac{\mathrm{tg}^2\,\delta}{2}$.

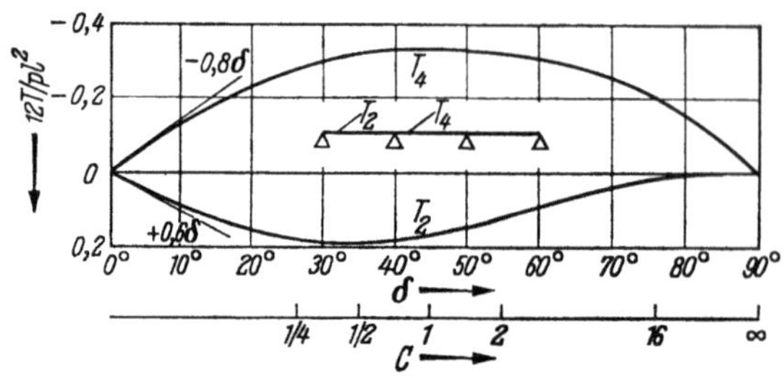

Abb. 4.8. Torsionsmomente als Funktion der Lagerschiefe δ

Fall a) Eigengewicht

Torsionsmomente:

$$T_2 = T_4 = -\frac{1}{\mathrm{tg}\,\delta}\,\frac{C}{2+C}\,\frac{gl^2}{12}.$$

Biegemomente im Feld 2 ($\zeta_2 = \zeta$, $\zeta_2' = 1 - \zeta$):

$$M_2 = \frac{gl^2}{2}\zeta(1-\zeta) - \frac{C+3\zeta}{2+C}\,\frac{gl^2}{12}.$$

M_4 ist symmetrisch zu M_2 bezüglich der Vertikalachse durch Lager 3.

Querkräfte im Feld 2 ($\zeta_2 = \zeta$):

$$Q_2 = \left(\frac{1}{2} - \zeta - \frac{1}{4(2+C)}\right) gl.$$

Q_4 ist punktsymmetrisch zu Q_2 bezüglich Lager 3.

Fall b) Feldweise gleichmäßig verteilte Belastung

Torsionsmomente:

$$T_2 = -\frac{pl^2}{\mathrm{tg}\,\delta}\,\frac{C(5+4C)}{24(2+C)(1+2C)}, \qquad T_4 = \frac{pl^2}{\mathrm{tg}\,\delta}\,\frac{C}{8(2+C)(1+2C)}.$$

Stützmomente, mit $M_3 = -\frac{pl^2}{8(2+C)}$:

$$M_{12} = M_3\frac{C(5+4C)}{3(1+2C)}, \qquad M_{32} = M_3\frac{3+11C+4C^2}{3(1+2C)},$$

$$M_{34} = M_3\frac{1+C}{1+2C}, \qquad M_{54} = -M_3\frac{C}{1+2C}.$$

Querkräfte:

$$Q_2 = \left(\frac{1}{2} - \zeta - \frac{1}{8(2+C)}\right) pl, \qquad Q_4 = \frac{1}{8(2+C)}\,pl.$$

Anmerkung: Die Auflagerkräfte und ihre Wirkungslinien werden aus diesen Lösungen über Gl. (4.20) und (4.21) bestimmt. Der Verlauf dieser Torsionsmomenten-, Biegemomenten- und Querkraft-Flächen ist aus der Lösung zur Übung 4.3 ersichtlich.

4.3 Exzentrische Belastung

a) Belastungszerlegung

In diesem dritten Teil werden die bis anhin gewonnenen Erkenntnisse auf den Fall von lotrechter, aber nicht mehr in der Symmetrieebene liegender, Belastung erweitert.

Wegen der Gültigkeit des Superpositionsgesetzes (die Deformationen sind klein und das Stabmaterial gehorche dem HOOKEschen Gesetz) genügt es, die Belastungszerlegung für eine Einzelkraft durchzuführen. Eine solche Kraft und ihre Aufteilung in zwei Belastungsfälle ist in Abb. 4.9 skizziert. Ihre Reduktion auf die Symmetrieebene ergibt die lotrechte Belastung durch die Stabachse, die im zweiten Teil besprochen worden ist, und $M_D = P x_D$, ein konzentriert angreifendes Drehmoment.

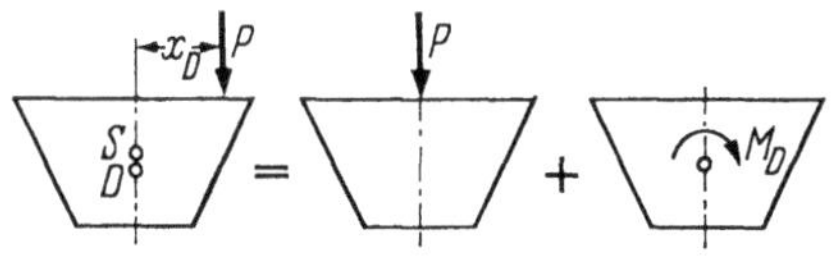

Abb. 4.9. Belastungszerlegung

Als die wesentliche neue Aufgabe stellt sich daher, die Wirkung eines angreifenden Drehmomentes M_D auf den schief gelagerten, durchlaufenden Balken mit SAINT-VENANTscher Torsionssteifigkeit zu studieren. Es wird sich zeigen, daß auch dieser Lastfall mit den im Abschn. 4.2b gegebenen Dreimomentengleichungen berechnet werden kann.

b) Konzentriert angreifendes Drehmoment

Als Teil des statisch unbestimmten Grundsystems werde wiederum das schief gelagerte Feld i des Durchlaufträgers herausgegriffen (Abb. 4.10a). Das Drehmoment M_{Di} greife an der Stelle a_i vom Auflager k bzw. b_i vom Lager $k+1$ an.

Jetzt kann das Torsionsmoment im Stab nicht mehr über die ganze Feldlänge konstant sein, sondern nur noch über die Teilstrecken a_i und b_i, wo es mit den Werten an den zugehörigen Lagern übereinstimmt, und daher mit T_{ki} und $T_{k+1\,i}$ bezeichnet werden kann. Entsprechend soll daher die in Tab. 4.1 gegebene Definition der Verschiebungsgröße γ erweitert werden zu:

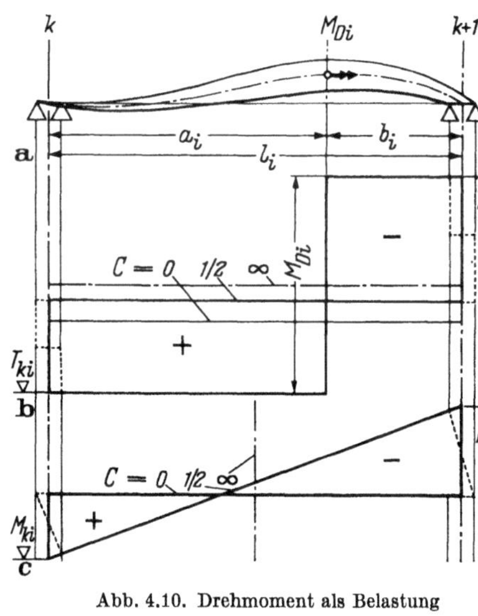

Abb. 4.10. Drehmoment als Belastung

allg. Fall $GK_i = \text{konst.}$

$$\left.\begin{array}{llll} & \gamma(z_i): & \int\limits_0^{z_i} \frac{dz}{GK} & \frac{z_i}{GK_i} \\ \text{bzw.} & \gamma(a_i): & \int\limits_0^{a_i} \frac{dz}{GK} & \frac{a_i}{GK_i} \\ \text{und} & \gamma(b_i): & \int\limits_0^{b_i} \frac{dz}{GK} & \frac{b_i}{GK_i} \end{array}\right\} \quad (4.27)$$

wobei $\gamma(a_i) + \gamma(b_i) = \gamma_i$.

Da der Torsionsmomentensprung gleich dem angreifenden Drehmoment M_{Di} sein muß, gilt folgende Gleichgewichtsbedingung:

$$T_{ki} - T_{k+1\,i} = M_{Di}. \quad (4.28)$$

Dazu kommt noch die Verträglichkeitsbedingung (4.1)

$$\alpha_i \operatorname{tg} \delta_k + T_{ki} \int\limits_0^{a_i} \frac{dz}{GK} + T_{k+1\,i} \int\limits_0^{b_i} \frac{dz}{GK} + \beta_i \operatorname{tg} \delta_{k+1} = 0. \quad (4.29)$$

Durch Auflösen der beiden Gln. (4.28) und (4.29) entsteht folgende Anschrift der Torsionsmomente:

$$\left.\begin{aligned} T_{ki} &= +M_{Di} \frac{\gamma(b_i)}{\gamma_i} - \frac{\alpha_i \operatorname{tg} \delta_k + \beta_i \operatorname{tg} \delta_{k+1}}{\gamma_i} \\ T_{k+1\,i} &= -M_{Di} \frac{\gamma(a_i)}{\gamma_i} - \frac{\alpha_i \operatorname{tg} \delta_k + \beta_i \operatorname{tg} \delta_{k+1}}{\gamma_i} \end{aligned}\right\}. \quad (4.30)$$

Mit denselben Betrachtungen, die zu den Beziehungen (4.3) geführt haben, lassen sich die durch das Torsionsmoment und die Lagerschiefstellung verursachten Änderungen in den Stützmomenten einsehen:

$$\left.\begin{aligned} \Delta M_{ki} &= T_{ki} \operatorname{tg} \delta_k \\ \Delta M_{k+1\,i} &= T_{k+1\,i} \operatorname{tg} \delta_{k+1} \end{aligned}\right\}. \quad (4.31)$$

Wiederum können die Auflagerdrehwinkel durch Superposition der verursachten Biegemomentenflächen angeschrieben werden. Die Summanden α_{i0} und β_{i0} fehlen, aber die Beiträge der als äußere Kräfte einzuführenden Stützmomente M_k und M_{k+1} bleiben, sowie die Werte herrührend von den ΔM_{ki} und $\Delta M_{k+1\,i}$.

$$\left.\begin{aligned} \alpha_i &= M_k \alpha_{ik} + M_{k+1} \alpha_{i\,k+1} + \Delta M_{ki} \alpha_{ik} + \Delta M_{k+1\,i} \alpha_{i\,k+1}, \\ \beta_i &= M_k \beta_{ik} + M_{k+1} \beta_{i\,k+1} + \Delta M_{ki} \beta_{ik} + \Delta M_{k+1\,i} \beta_{i\,k+1} \end{aligned}\right\} \quad (4.32)$$

Nach Gl. (4.31):

$$\alpha_i = M_k \alpha_{ik} + M_{k+1} \alpha_{i\,k+1} + T_{ki} \alpha_{ik} \operatorname{tg} \delta_k + T_{k+1\,i} \alpha_{i\,k+1} \operatorname{tg} \delta_{k+1},$$

$$\beta_i = M_k \beta_{ik} + M_{k+1} \beta_{i\,k+1} + T_{ki} \beta_{ik} \operatorname{tg} \delta_k + T_{k+1\,i} \beta_{i\,k+1} \operatorname{tg} \delta_{k+1}.$$

Nun werden die Torsionsmomente gemäß Gl. (4.30) eingesetzt und die beiden Gleichungen nach α_i und β_i geordnet.

Wenn zu den bereits in Tab. 4.2 definierten Abkürzungen noch die beiden folgenden eingeführt werden

$$\left.\begin{aligned} \alpha_{iD} &= M_{Di} \frac{\gamma(b_i)\alpha_{ik} \operatorname{tg}\delta_k - \gamma(a_i)\alpha_{i\,k+1} \operatorname{tg}\delta_{k+1}}{\gamma_i} \\ \beta_{iD} &= M_{Di} \frac{\gamma(b_i)\beta_{ik} \operatorname{tg}\delta_k - \gamma(a_i)\beta_{i\,k+1} \operatorname{tg}\delta_{k+1}}{\gamma_i} \end{aligned}\right\}, \tag{4.33}$$

so ergibt dies:

$$\left.\begin{aligned} \alpha_i(1 + C_{i\alpha k}) + \beta_i C_{i\alpha\,k+1} &= M_k \alpha_{ik} + M_{k+1} \alpha_{i\,k+1} + \alpha_{iD} \\ \alpha_i C_{i\beta k} + \beta_i (1 + C_{i\beta\,k+1}) &= M_k \beta_{ik} + M_{k+1} \beta_{i\,k+1} + \beta_{iD} \end{aligned}\right\}. \tag{4.34}$$

Dieses Gleichungssystem unterscheidet sich aber vom früher hergeleiteten Gleichungssystem (4.6) nur in den Belastungsgliedern. An Stelle von α_{i0} und β_{i0} treten jetzt α_{iD} und β_{iD}.

Damit ist die Berechnung des hier untersuchten Belastungsfalles auf die im Abschn. 4.2 beschriebene zurückgeführt. Die dort hergeleiteten Dreimomentengleichungen sind genau so anwendbar wie für zentrische Belastung, nur müssen die Belastungsglieder gemäß den Ausdrücken (4.33) ermittelt werden.

Auch die Schnittgrößen lassen sich berechnen wie im Abschn. 4.2c angegeben, wobei jedoch zu beachten ist, daß entsprechend den Ausdrücken (4.30) zu dem nach Formel (4.13), (4.14) oder (4.15) berechneten Wert des Torsionsmomentes noch $M_{Di}\gamma(b_i)/\gamma_i$ zu addieren bzw. $M_{Di}\gamma(a_i)/\gamma_i$ zu subtrahieren ist, je nachdem, ob die Schnittstelle links oder rechts vom angreifenden Drehmoment liegt.

Als ein Beispiel zur Berechnung der Schnittkräfte wird ein Stab mit nur einem Feld l, konstanter Biege- und Torsionssteifigkeit EI bzw. GK und gleicher Lagerschiefstellung angenommen. Der Stab sei beansprucht durch das Drehmoment M_D im Abstand a vom linken Auflager A bzw. b vom Lager B.

Nach Gl. (4.33) sind die Belastungsglieder α_D und β_D:

$$\alpha_D = M_D \left[\frac{b}{l}\frac{l}{3EI} - \frac{a}{l}\frac{l}{6EI}\right] \operatorname{tg}\delta,$$

$$\beta_D = M_D \left[\frac{b}{l}\frac{l}{6EI} - \frac{a}{l}\frac{l}{3EI}\right] \operatorname{tg}\delta,$$

die, eingesetzt in Gl. (4.15b)

$$T = -M_D \frac{C}{1 + 2C} \frac{b - a}{l}$$

ergeben. Somit sind die gesuchten Torsionsmomente:

$$\left.\begin{aligned} T_A &= M_D \frac{b}{l} - M_D \frac{C}{1+2C} \frac{b-a}{l} \\ T_B &= -M_D \frac{a}{l} - M_D \frac{C}{1+2C} \frac{b-a}{l} \end{aligned}\right\}. \tag{4.35}$$

In den beiden Ausdrücken stellen die ersten Summanden die Torsionsmomentenfläche für den beidseitig gegen Verdrehung starr eingespannten Stab dar, der zweite Summand hat die Bedeutung der Schlußlinie. Diese verschiebt sich je nach der Größe der Auflagerschiefstellung [was im Faktor $C/(1+2C)$ zum Ausdruck kommt] und der Lage des angreifenden Drehmomentes. Es entsteht keine Verschiebung der Schlußlinie, wenn die Auflagerschiefstellung verschwindet ($C = 0$), und zwar unabhängig von der Lage des Drehmomentes; und andererseits auch keine, wenn das Drehmoment in Feldmitte angreift, ganz unabhängig davon, wie die Lagerschiefstellung ist.

Entsprechend den Ausdrücken (4.31) werden die Änderungen in den Biegemomenten über den Auflagern bestimmt. Für den Fall $a = 2l/3$ bzw. $b = l/3$ und $\operatorname{tg} \delta = \sqrt{C}$ sind die Torsions- und Biegemomentenflächen in den Abb. 4.10b und 4.10c gezeichnet.

Die Auflagerdrehwinkel ergeben sich aus den Gln. (4.32) zu:

$$\alpha = \Delta M_A \frac{l}{3EI} + \Delta M_B \frac{l}{6EI} = \frac{M_D l \operatorname{tg} \delta}{6EI} \left(\frac{2b-a}{l} - 3 \frac{C}{1+2C} \frac{b-a}{l} \right),$$

$$\beta = \Delta M_A \frac{l}{6EI} + \Delta M_B \frac{l}{3EI} = \frac{M_D l \operatorname{tg} \delta}{6EI} \left(\frac{b-2a}{l} - 3 \frac{C}{1+2C} \frac{b-a}{l} \right),$$

was für die numerischen Werte

$$\alpha = 0{,}177 \frac{l M_D}{6EI}, \qquad \beta = -0{,}530 \frac{l M_D}{6EI}$$

gibt.

Entsprechend Abschn. 4.2c können nun die Deformationen berechnet werden. Diese sind für das Einzelfeld und die obigen Annahmen in Abb. 4.10a gezeichnet.

c) Allgemeine exzentrische Belastung

Die im vorausgegangenen Abschnitt bis ins Detail begründete Berechnung für ein konzentriert angreifendes Drehmoment soll zunächst verallgemeinert werden auf beliebige Drehbelastung.

Am beiderseits *fest* eingespannten Stab (Kopfzeiger f) werde die aus äußerer Drehbelastung hervorgerufene Torsionsmomentenfläche mit $T_{i0}^{(f)}$ und seine Stabendmomente mit $T_{ki}^{(f)}$ und $T_{k+1\,i}^{(f)}$ bezeichnet. In Abb. 3.2 sind solche Flächen und ihre bei den Einspannstellen auftretenden Werte eingetragen.

Die Gln. (4.30) sind nun so zu verstehen, daß die Torsionsmomente bei den Lagern k und $k+1$ gleich ihren Werten bei fester Einspannung plus die durch Auflagerdrehwinkel verursachten Änderungen sind.

$$\left.\begin{aligned} T_{ki} &= T_{ki}^{(f)} - \frac{\alpha_i \operatorname{tg} \delta_k + \beta_i \operatorname{tg} \delta_{k+1}}{\gamma_i}, \\ T_{k+1\,i} &= T_{k+1\,i}^{(f)} - \frac{\alpha_i \operatorname{tg} \delta_k + \beta_i \operatorname{tg} \delta_{k+1}}{\gamma_i}. \end{aligned}\right\} \tag{4.36}$$

Führt man noch einmal dieselben Gedankengänge durch wie zwischen Gl. (4.30) und Gl. (4.34), so folgt, daß die den Gln. (4.33) entsprechenden Belastungsglieder infolge Drehmomente in allgemeinster Form lauten:

$$\left.\begin{aligned} \alpha_{iD} &= T_{ki}^{(f)} \alpha_{ik} \operatorname{tg} \delta_k + T_{k+1\,i}^{(f)} \alpha_{i\,k+1} \operatorname{tg} \delta_{k+1}, \\ \beta_{iD} &= T_{ki}^{(f)} \beta_{ik} \operatorname{tg} \delta_k + T_{k+1\,i}^{(f)} \beta_{i\,k+1} \operatorname{tg} \delta_{k+1}. \end{aligned}\right\} \tag{4.37}$$

Um auch in diesem Abschnitt noch einen oft vorkommenden Belastungsfall als Beispiel zu geben, sei angenommen, das Stabfeld i werde durch ein auf ganze Länge gleichmäßig verteiltes Drehmoment m_D [Kraft × Länge/Länge] belastet. Bei konstanter Biege- und Torsionssteifigkeit, aber verschiedener Lagerschiefe, werden die Belastungsglieder nach Einsetzen der in Übung 3.1 berechneten Einspannwerte für $z_i = 0$ bzw. $z_i = l$ in die Ausdrücke (4.37):

$$\left.\begin{aligned} \alpha_{iD} &= \frac{m_D l_i^2}{12\,E I_i} (2 \operatorname{tg} \delta_k - \operatorname{tg} \delta_{k+1}), \\ \beta_{iD} &= \frac{m_D l_i^2}{12\,E I_i} (\operatorname{tg} \delta_k - 2 \operatorname{tg} \delta_{k+1}). \end{aligned}\right\} \tag{4.38}$$

Sind auch die Lager noch parallel ($\delta_k = \delta_{k+1} = \delta$), so vereinfachen sich diese auf:

$$\alpha_{iD} = -\beta_{iD} = \frac{m_D\, l_i^2}{12\,E I_i} \cdot \operatorname{tg} \delta. \tag{4.39}$$

Hat man *beliebige exzentrische Belastung*, so wird diese zunächst in den zentrischen und den verdrehenden Anteil zerlegt, um die Belastungsglieder $\alpha_{i0} + \alpha_{iD}$ und $\beta_{i0} + \beta_{iD}$ zu bestimmen. Diese werden in die Dreimomentengleichungen des Abschn. 4.2 b eingeführt und die überzähligen Größen M_k durch Auflösen des Systems erhalten. Damit kann nach Gl. (4.13), (4.14) oder (4.15) die Verschiebung der Schlußlinie der Torsionsmomentenflächen angegeben werden, d. h. der folgende Wert ist der am Grundsystem bestimmten $T_{i0}^{(f)}$-Fläche zu überlagern [allgemeinste Formulierung entsprechend Gl. (4.13)]:

$$\begin{aligned} T_i = -\frac{1}{\gamma_i D_i} [(\alpha_{i0} + \alpha_{iD}) \operatorname{tg} \delta_k + (\beta_{i0} + \beta_{iD}) \operatorname{tg} \delta_{k+1} + M_k(\alpha_{ik} \operatorname{tg} \delta_k + \\ + \beta_{ik} \operatorname{tg} \delta_{k+1}) + M_{k+1}(\alpha_{i\,k+1} \operatorname{tg} \delta_k + \beta_{i\,k+1} \operatorname{tg} \delta_{k+1})]. \end{aligned} \tag{4.40}$$

Aus diesen Werten lassen sich die Stützmomente für die Biegemomentenflächen berechnen, so daß auch diese Schlußlinien gezogen werden können:

$$\left.\begin{aligned} M_{ki} &= M_k + (T_{ki}^{(f)} + T_i) \operatorname{tg} \delta_k = M_k + T_{ki} \operatorname{tg} \delta_k, \\ M_{k+1\,i} &= M_{k+1} + (T_{k+1\,i}^{(f)} + T_i) \operatorname{tg} \delta_{k+1} = M_{k+1} + T_{k+1\,i} \operatorname{tg} \delta_{k+1}. \end{aligned}\right\} \tag{4.41}$$

Die Ausdrücke (4.18), (4.19) und (4.20) für die Biegemomente, Querkräfte und Auflagerdrücke bleiben damit erhalten. Die Lage der Wirkungslinie des Auflagerdruckes wird aber präziser formuliert:

$$x_{Fk} = \frac{T_{ki} - T_{k\,i-1}}{F_k}. \tag{4.42}$$

Übung 4.2. *Drehbeanspruchter Dreifeldträger mit schiefer Lagerung.* Berechne die den Gln. (4.25) entsprechenden allgemeinen Lösungen für den Stab nach Abb. 4.5, aber nun beansprucht durch ein im Mittelfeld gleichmäßig verteilt angreifendes Drehmoment m_D.

Lösung

Mit $\alpha_{40} = -\beta_{40} = \frac{m_D l_4^2}{12EI} \operatorname{tg}\delta$ und $\alpha_{20} = \beta_{20} = \alpha_{60} = \beta_{60} = 0$ wird, zufolge Symmetrie in den Spannweiten, aber Antimetrie in der Belastung, $M_5 = -M_3$. Aus dem Gleichungssystem (4.12) wird eine einzige Gleichung mit der Lösung:

$$M_3 = -\frac{6EI}{l}\,\frac{1+2C}{1+2C+2\lambda+\lambda C}\,\alpha_{40}.$$

Somit sind:

Torsionsmomente [s. Gl. (4.40) und (4.15 b)]:

$$T_2 = -T_6 = \frac{C}{1+2C+\lambda(2+C)}\,\frac{m_D l}{2},$$

$$T_4 = \left(1 - 2\frac{z_4}{l}\right)\frac{m_D l}{2}.$$

Stützmomente [s. Gl. (4.41)]:

$$M_{12} = -M_{76} = \operatorname{tg}\delta\,\frac{C}{1+2C+\lambda(2+C)}\,\frac{m_D l}{2},$$

$$M_{32} = -M_{56} = -\operatorname{tg}\delta\,\frac{1+C}{1+2C+\lambda(2+C)}\,\frac{m_D l}{2},$$

$$M_{34} = -M_{54} = \operatorname{tg}\delta\,\frac{\lambda(2+C)}{1+2C+\lambda(2+C)}\,\frac{m_D l}{2}.$$

Querkräfte [s. Gl. (4.19)]:

$$Q_2 = Q_6 = -\frac{\operatorname{tg}\delta}{2\lambda}\,\frac{1+2C}{1+2C+\lambda(2+C)}\,m_D,$$

$$Q_4 = -\operatorname{tg}\delta\,\frac{\lambda(2+C)}{1+2C+\lambda(2+C)}\,m_D.$$

Auflagerdrücke [s. Gl. (4.20)]:

$$F_1 = -F_7 = -\frac{\operatorname{tg}\delta}{2\lambda}\,\frac{1+2C}{1+2C+\lambda(2+C)}\,m_D,$$

$$F_3 = -F_5 = \frac{\operatorname{tg}\delta}{2\lambda}\,\frac{1+2C-2\lambda^2(2+C)}{1+2C+\lambda(2+C)}\,m_D.$$

Lage der Auflagerdruck-Wirkungslinien [s. Gl. (4.42)]:

$$x_{F1} = -x_{F7} = -\frac{1}{\operatorname{tg}\delta}\,\frac{\lambda C}{1+2C}\,l,$$

$$x_{F3} = -x_{F5} = \frac{\lambda}{\operatorname{tg}\delta}\,\frac{1+C+\lambda(2+C)}{1+2C-2\lambda^2(2+C)}\,l.$$

d) Beispiel: Einflußflächen

Die Einflußlinie für eine Schnittgröße an einer bestimmten Stabstelle wird durch Auftragen der Einflußgröße unter der Laststellung erhalten. Da die Lage der konzentrierten, lotrechten Einzellast $P = 1$ bei exzentrischer Lastanordnung durch zwei Koordinaten beschrieben werden muß (z_i und x, s. Abb. 4.2), entsteht notwendigerweise eine Einflußfläche für die Schnittkraft, auch wenn zur Berechnung die Stabstatik zugezogen wird.

Nach dem in Abschn. 4.3a geschilderten Vorgehen wird die Lasteinheit $P = 1$ zunächst auf die Stabachse reduziert. Dann werden die Schnittgrößen für die beiden Lastfälle ,,zentrische Belastung unter $P = 1$" und ,,Drehmoment als Belastung infolge $M_D = x$" berechnet und superponiert. Da die Berechnung der beiden Lastfälle bereits besprochen worden ist, bietet das Bestimmen solcher Einflußflächen keine neuen Probleme mehr.

Zur Illustration sollen die Einflußflächen für das Torsions- und Biegemoment des Einfeldbalkens mit gleicher Lagerschiefe berechnet und für die konkreten Werte

$$\left.\begin{aligned} &\text{Schnitt in } a = 2l/3 \quad \text{bzw.} \quad b = l/3, \\ &GK/EI = 2, \\ &C = 1/2 \quad \text{bzw.} \quad \operatorname{tg}\delta = 1/\sqrt{2}, \end{aligned}\right\} \tag{4.43}$$

gezeichnet werden.

Infolge zentrischer Belastung durch die Einheitslast in a bzw. $b = l - a$ wird aus der Gl. (4.15b) mit (4.16a) das Torsionsmoment

$$T = -\frac{1}{\operatorname{tg}\delta}\frac{C}{1+2C}\frac{ab}{l}$$

erhalten. Zufolge des Drehmomentes $M_D = x$ sind es jedoch die Ausdrücke (4.35), die das Torsionsmoment zu beiden Seiten der Schnittstelle beschreiben.

Die Überlagerung der beiden Lastfälle ergibt:

$$T_A = \frac{l}{1+2C}\left\{-\frac{C}{\operatorname{tg}\delta}\frac{ab}{l^2} + \frac{x}{l}\left[(1+2C)\frac{b}{l} - C\left(\frac{b}{l} - \frac{a}{l}\right)\right]\right\},$$

$$T_B = \frac{l}{1+2C}\left\{-\frac{C}{\operatorname{tg}\delta}\frac{ab}{l^2} + \frac{x}{l}\left[-(1+2C)\frac{a}{l} - C\left(\frac{b}{l} - \frac{a}{l}\right)\right]\right\}.$$

Für die Beschreibung der Lage des Lastangriffspunktes werden noch die Abkürzungen $a/l = \zeta$, $b/l = \zeta'$ und $x/l = \xi$ eingeführt und die Summanden in den eckigen Klammern berechnet. Damit werden für die Torsionsmomente bei den Auflagern A und B folgende Einflußfunktionen erhalten:

$$\left.\begin{aligned} T_A &= \frac{l}{1+2C}\left[-\frac{C}{\operatorname{tg}\delta}\zeta\zeta' + \xi(C+\zeta')\right] \\ T_B &= \frac{l}{1+2C}\left[-\frac{C}{\operatorname{tg}\delta}\zeta\zeta' - \xi(C+\zeta)\right] \end{aligned}\right\} \tag{4.44}$$

Da der Wert T_A auch das Torsionsmoment an jeder Stabstelle zwischen dem Lager A und dem Angriffspunkt des Drehmomentes $M_D = x$ darstellt, ist die Lösung T_A auch der Einflußflächenteil, der sich von der Schnittstelle bis zum Lager B erstreckt. Andererseits stellt T_B in den Gln. (4.44) auch den zwischen Lager A und betrachteter Schnittstelle gelegenen Einflußflächenteil für das Torsionsmoment dar.

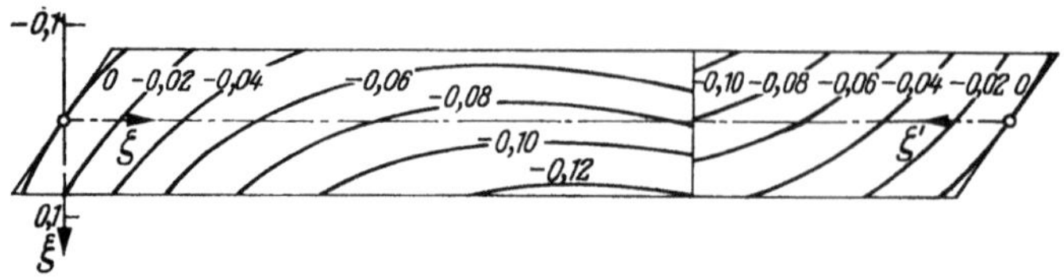

Abb. 4.11. Einflußfläche für das Torsionsmoment im Schnitt $\zeta = {}^2/_3$, $\zeta' = {}^1/_3$ (Werte mit Pl multiplizieren)

Für die Annahmen (4.43) sind die beiden Flächenteile in Abb. 4.11 in Relief- und in Abb. 4.12 in isodiametrischer Darstellung gezeichnet. Die numerischen Werte für diesen konkreten Fall lauten:

$$\frac{T}{Pl} = -0{,}354\,\zeta\zeta' + \xi(0{,}25 + 0{,}5\zeta') \quad \begin{cases} \zeta > 2/3 \\ \zeta' < 1/3 \end{cases},$$

$$\frac{T}{Pl} = -0{,}354\,\zeta\zeta' - \xi(0{,}25 + 0{,}5\zeta) \quad \begin{cases} \zeta < 2/3 \\ \zeta' > 1/3 \end{cases}.$$

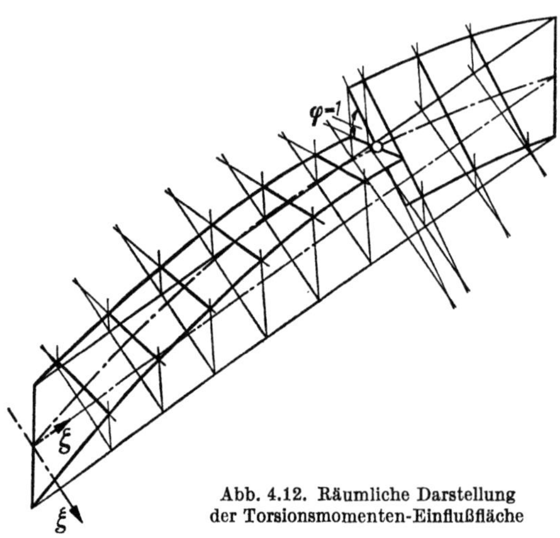

Abb. 4.12. Räumliche Darstellung der Torsionsmomenten-Einflußfläche

Als letztes Beispiel soll noch die GREENsche Funktion, d. h. die Einflußfunktion, für das Biegemoment des einfeldigen Stabes hergeleitet werden. Da bei diesem keine überzähligen Größen M_k und M_{k+1} errechnet werden müssen, ergeben sich die Biegemomente an der Schnittstelle a, bzw. $b = l - a$ aus den Gln. (4.18) und (4.41) zu:

$$M = M_0 + T_A \frac{b}{l} \operatorname{tg} \delta_A + T_B \frac{a}{l} \operatorname{tg} \delta_B.$$

Wird die Einflußordinate mit η bezeichnet, so ist entsprechend

$$\eta_M = \eta_{M_0} + \eta_{T_A} \frac{b}{l} \operatorname{tg} \delta_A + \eta_{T_B} \frac{a}{l} \operatorname{tg} \delta_B. \tag{4.45}$$

In diesem Ausdruck bedeutet η_{M_0} die Einflußfläche am Grundsystem des einfachen Balkens, die sich im Aufriß als das vertraute Dreieck mit der Ordinate

ab/l projiziert.

$$\eta_{M_0} = \begin{cases} l\,\dfrac{b}{l}\,\zeta, & \text{wenn} \quad \zeta < \dfrac{a}{l} \\[2ex] l\,\dfrac{a}{l}\,\zeta', & \text{wenn} \quad \zeta' < \dfrac{b}{l}. \end{cases} \tag{4.46}$$

Die Faktoren η_{T_A} und η_{T_B} sind die Einflußflächen für die Torsionsmomente in den Lagern A und B. Für gleiche Lagerschiefe, $\delta_A = \delta_B = \delta$, sind die Ausdrücke bereits durch die Gl. (4.44) gegeben. Werden sie in Gl. (4.45) eingesetzt, so ergibt dies folgende GREENsche Funktion für das Biegemoment im Schnitt a bzw. $b = l - a$ eines einfeldigen, links und rechts gleich schief gelagerten Stabes:

$$\eta_M = l \left\{ \begin{matrix} \dfrac{b}{l}\,\zeta \\[2ex] \dfrac{a}{l}\,\zeta' \end{matrix} - \frac{C}{1+2C}\,\zeta\zeta' + \frac{\xi \operatorname{tg}\delta}{1+2C}\left[\frac{b}{l}\,(C+\zeta') - \frac{a}{l}\,(C+\zeta)\right] \right\}, \text{ für} \begin{cases} \zeta < \dfrac{a}{l} \\[2ex] \zeta > \dfrac{a}{l} \end{cases}. \tag{4.47}$$

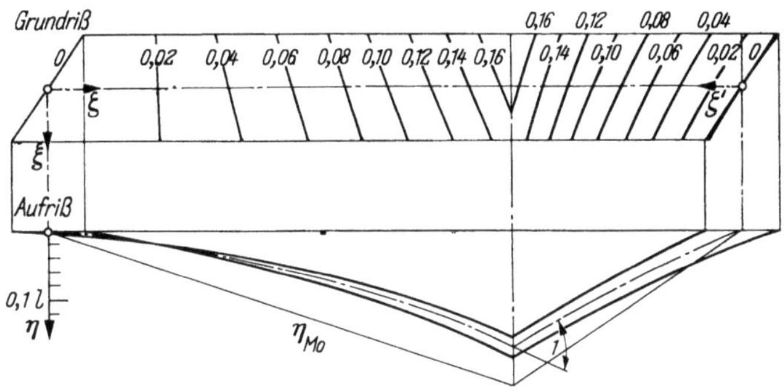

Abb. 4.13. Einflußfläche für das Biegemoment im Schnitt $\zeta = {}^2/_3$, $\zeta' = {}^1/_3$ $(M = \eta P l)$

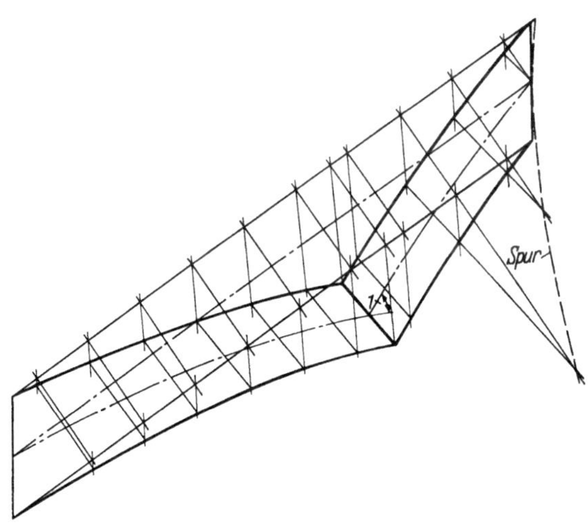

Abb. 4.14. Räumliche Darstellung der Biegemomenten-Einflußfläche

Für die speziellen Werte (4.43) wird

$$\eta_M = l \left\{ \begin{matrix} \frac{1}{3}\zeta \\ \\ \frac{2}{3}\zeta' \end{matrix} \quad -\frac{1}{4}\zeta\zeta' + \frac{\sqrt{2}}{4}\xi\left(\frac{1}{6} - \zeta\right) \right\} \quad \text{für} \quad \left\{ \begin{matrix} \zeta < \frac{2}{3} \\ \\ \zeta > \frac{2}{3} \end{matrix} \right.,$$

was in den Abb. 4.13 und 4.14 als Einflußfläche veranschaulicht ist. Zum Vergleich ist im Aufriß der Abb. 4.13 auch die Einflußlinie η_{M_0}, nach Gl. (4.46), eingetragen.

4.4 Allgemeine Betrachtungen

a) Die Stabkonstante C

In der gesamten Berechnung spielt der Koeffizient C (Tab. 4.2) eine entscheidende Rolle. In ihm sind alle zu erwartenden Faktoren bei schiefer Lagerung enthalten.

Im einfachsten Fall von gleicher Lagerschiefe δ, konstanter Torsionssteifigkeit GK und konstanter Biegesteifigkeit EI ist zu erwarten, daß die Schnittgrößen nicht nur von Spannweite und Belastung abhängig sind, sondern auch noch vom Verhältnis von Torsions- zu Biegesteifigkeit, GK/EI, und irgendwie vom Winkel δ. Es ist ferner zu vermuten, daß sich eine Vergrößerung der Torsionssteifigkeit gegenüber der Biegesteifigkeit in ähnlicher Richtung auswirken wird wie die Vergrößerung der Lagerschiefe.

Aus diesen Betrachtungen resultiert, daß der alle neuen Einflüsse umfassende Koeffizient C folgendermaßen aus den beiden Parametern GK/EI und δ aufgebaut ist:

$$C = \frac{GK}{EI}\,\frac{\operatorname{tg}^2\delta}{2}. \tag{4.48}$$

Es ist zu erwarten, daß der erstgenannte Parameter, GK/EI, stark von den Abmessungen des Stabquerschnittes abhängt. Um eine Vorstellung darüber zu erhalten, seien nachstehend zwei typische Fälle untersucht.

Für einen schlanken, rechteckigen *Vollquerschnitt*, dargestellt in Abb. 4.1a, ist [s. Lösung (1.9)]:

$$\frac{GK}{EI} = \frac{\frac{E}{2(1+\nu)}\,\frac{1}{3}bt^3}{E\,\frac{1}{12}bt^3} = \frac{2}{1+\nu}. \tag{4.49}$$

Das Verhältnis von Torsions- zu Biegesteifigkeit ist somit unabhängig von den Querschnittsabmessungen! Wenn daher die Vouten bei einer Vorberechnung für den Einfluß der Lagerschiefstellung unberücksichtigt bleiben, so wird eine genauere Berechnung keine großen Veränderungen mehr bringen. Die Stabkonstanten sind jedoch nicht vollständig unabhängig von der Materialverteilung, wie aus der ersten Kolonne der Tab. 4.2 ersichtlich ist.

Im Falle eines rechteckigen *Hohlquerschnittes*, $b \cdot h$, mit konstanter Wandstärke t wird K aus der BREDTschen Formel (2.5) berechnet, und das Verhältnis von Torsions- zu Biegesteifigkeit ist nun:

$$\frac{GK}{EI} = \frac{\dfrac{E}{2(1+\nu)}}{E} \frac{\dfrac{4b^2h^2}{2(b+h)}t}{\dfrac{1}{2}bth^2 + \dfrac{2}{12}th^3} = \frac{2}{1+\nu} \frac{1}{\left(1+\dfrac{h}{b}\right)\left(1+\dfrac{1}{3}\dfrac{h}{b}\right)}. \tag{4.50}$$

Wenn somit die Querschnittshöhe h klein ist gegenüber der Breite b, so entsteht derselbe Wert wie beim entsprechenden Vollquerschnitt!

Wird zudem der Einfluß der POISSONschen Zahl ν vernachlässigt, so ist in beiden Fällen $C = \mathrm{tg}^2\,\delta$. Wenn daher in den zur Illustration des Verfahrens dienenden Beispielen für $GK/EI = 2$ gesetzt, oder, was gleichbedeutend ist, die Relation $\sqrt{C} = \mathrm{tg}\,\delta$ verwendet worden ist, so ist dies nicht allzufern von einem wirklich vorkommenden Fall.

Um einige Angaben von effektiv auftretenden C-Werten zu erhalten, wird nachstehend der Ausdruck (4.48) für eine Auswahl von Parametern tabelliert.

Tabelle 4.4. *Werte von* $C = \dfrac{GK}{EI}\dfrac{\mathrm{tg}^2\,\delta}{2}$

Schiefe δ:	0°	15°	30°	45°	60°	75°	90°
$\frac{GK}{EI} = 2$	0	0,07	0,33	1,00	3,00	13,90	∞
$\frac{GK}{EI} = \frac{2}{1+\nu}$, $\nu = 1/6$	0	0,06	0,28	0,86	2,57	11,90	∞
$\frac{GK}{EI} = \frac{2}{1+\nu}$, $\nu = 1/3$	0	0,05	0,25	0,75	2,25	10,40	∞
$\frac{GK}{EI} = 1$	0	0,04	0,17	0,50	1,50	6,95	∞

b) Verhältnisse bei Auflagern

Zur Herleitung des durch Lagerschiefstellung verursachten Torsionsmomentes sind im Abschn. 4.1c und in allen Figuren zwei an den Stabrändern liegende Lagerkörper pro Stütze angenommen worden. Dies geschah, um die Vorstellung zu erleichtern. Die effektive Stabbreite oder der Abstand der Lagerkörper ist unwesentlich für die Berechnung. Als Resultat wird lediglich der Auflagerdruck [Gl. (4.20)] und seine Wirkungslinie, Gl. (4.21) bzw. (4.42), festgesetzt.

Dies sei veranschaulicht am gleichmäßig verteilt belasteten Einzelfeld. Der resultierende Auflagerdruck ist $F_A = F_B = pl/2$. Seine rechtwinklig zur Stabachse gemessene Lage ist durch den letzten Ausdruck in der Aufstellung (4.26) festgelegt. Die Resultierende liegt immer auf der Verlängerungsgeraden durch die schiefe Lagerkante. In dieser Richtung gemessen beträgt die Exzentrizität:

$$r = \frac{|X|}{\cos\delta} = \frac{l}{3\sin\delta}\frac{C}{1+2C}$$

mit C nach Gl. (4.48) eingesetzt erhält man:

$$r = \frac{l}{6} \frac{\frac{GK}{EI} \sin \delta}{\cos^2 \delta + \frac{GK}{EI} \sin^2 \delta}. \tag{4.51}$$

Diese Lage der resultierenden Auflagerkraft ist im Grundriß des Stabes (Abb. 4.15) eingezeichnet für alle Winkel δ und den nach Abschn. 4.4a größtmöglichen Wert von $GK/EI = 2$. Für $GK/EI = 1$ entsteht als Spur der Resultierenden bei variabler Lagerschiefe δ je ein Halbkreis mit Durchmesser $l/6$. Aus der Abb. 4.15 kann festgestellt werden, daß die geringste Lagerschiefstellung die Resultierende stark aus der Achse verschiebt und demzufolge ungleiche Lagerpressungen verursacht werden.

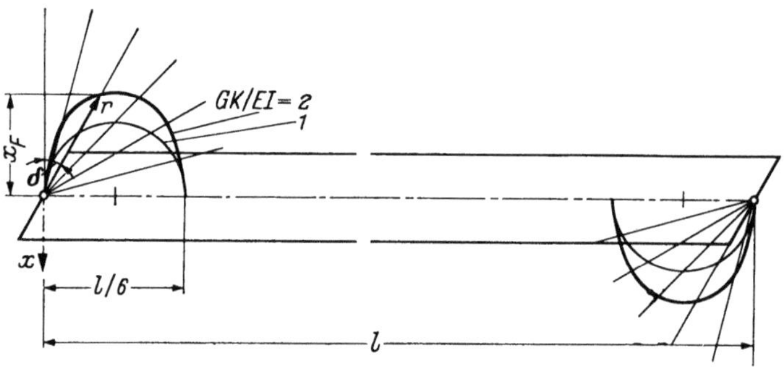

Abb. 4.15. Lage der Wirkungslinie des Auflagerdruckes als Funktion der Lagerschiefe δ beim Einzelfeld unter gleichmäßig verteilter Belastung

Falls bei der baulichen Ausführung nur zwei Lagerkörper vorgesehen sind, so kann aus Kenntnis der Wirkungslinie und der Resultierenden die Belastung der beiden Lagerkörper mit Gleichgewichtsbedingungen allein berechnet werden. Befinden sich diese in den Abständen $+d/2$ und $-d/2$ von der Stabachse (positive Abstände in x-Richtung gemessen), so sind die beiden Lagerkörperauflasten $F_k(+d/2)$ und $F_k(-d/2)$:

$$F_k\left(\pm \frac{d}{2}\right) = \frac{F_k}{2} \pm \frac{T_{ki} - T_{k\,i-1}}{d}. \tag{4.52}$$

Sind mehr als zwei Lagerkörper vorhanden oder wird ein eigentliches Linienlager ausgebildet, so ist die Lastverteilung auf die einzelnen Lagerpunkte noch unbestimmt, nicht aber — und dies sei nochmals betont — Lage und Größe der resultierenden Auflagerkraft. Wird als Hypothese die Annahme der linearen Lastverteilung getroffen, so ist die Linienpressung pro Längeneinheit der schiefen Lagerkante:

$$\bar{\sigma}_k = \left[\frac{F_k}{d} + \frac{12(T_{ki} - T_{k\,i-1})}{d^3} x\right] \cos \delta_k. \tag{4.53}$$

Beim Betrachten der Abb. 4.3b scheint es, als ob zu den Voraussetzungen der durchgeführten Berechnung auch die Annahme gehöre, daß die Biegelinie in

Auflagernähe durch ihre Tangenten in den theoretischen Lagerpunkten ersetzt werden müsse. Da aber nichts über die Distanz zweier angenommener Lagerkörper ausgesagt zu werden braucht, kann man sich diese auch beliebig nahe, aber dennoch schief, zusammengerückt denken, um die Voraussetzungen zu erfüllen. Mit anderen Worten: die Randbedingung ist eine mathematische, und es genügt, die im Vorwort erwähnte Voraussetzung der Gültigkeit der Stabstatik zu postulieren.

Zur Beurteilung verschiedener Einzelheiten ist es aber von Vorteil, wenn man sich das Unterschiedes gegenüber praktisch ausgeführten Randbedingungen bewußt ist. So wird zum Beispiel eine Einflußfläche, wie sie in Abb. 4.11 gezeichnet ist, nur die mathematische Randbedingung in den Endpunkten des Stabes erfüllen. Würde je ein Lager in den Ecken des skizzierten Balkenfeldes angenommen, so wären selbstverständlich die tatsächlichen Randbedingungen leicht verletzt, wie dies deutlich aus Abb. 4.11 ersichtlich ist.

Aber auch die Torsions- und Biegemomentenflächen erfahren über den Stützen leichte Korrekturen, die von der ausgeführten Lagerkörperanordnung abhängen. Würden zum Beispiel je zwei Lagerkörper pro Stütze in einem so großen gegenseitigen Abstand ausgeführt, daß sie unter die Stabränder zu liegen kämen, so entstünde der in Abb. 4.6 dargestellte und in den Abb. 4.4 und 4.10 mit punktierten Linien gekennzeichnete Verlauf.

Die im Abschn. 4.4c gemachte Feststellung, daß sich schiefe Lagerung günstig auf die Feldmomente auswirkt, ist jetzt noch dahin zu ergänzen, daß sich auch über den Stützen die Momentenspitzen durch Lagerschiefstellung brechen lassen. Dabei können allerdings erhöhte Schubkräfte zwischen den beiden Lagerkörpern auftreten, und es muß der Stabquerschnitt erhalten bleiben.

Übung 4.3. *Analytische Formulierung der Korrekturen über den Auflagern.* Die Korrekturen an den Schnittgrößen T, M und Q im Bereich der Auflager können (innerhalb den Annahmen der Stabstatik) allgemein als Funktion der abgegebenen Auflagerkraft F_k und des resultierenden Drehmomentes $T_{ki} - T_{k\,i-1}$ angegeben werden.

Berechne diese Korrekturen analytisch für

1. Fall: Zwei Lagerkörper im Abstand $\pm \dfrac{d}{2}$ von der Stabachse [Gl. (4.52)].

2. Fall: Linienlagerung unter der Annahme linearer Lastverteilung [Gl. (4.53)].

Lösung in nachstehender Tabelle.

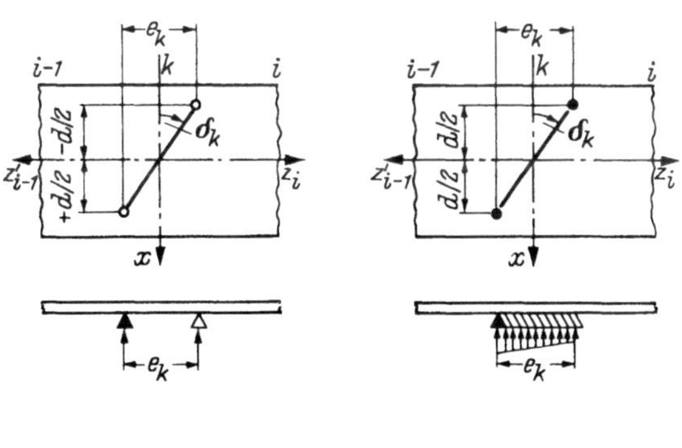

Übung 4.4. *Numerische Berechnung der Korrekturen über den Auflagern.* Mit den in Übung 4.1 berechneten Lösungen für die Schnittgrößen eines Zweifeldträgers werde für fol-

Zusammenstellung der Korrekturen

	Im Bereich $0 \leq z'_{i-1} < e_k/2$

1. Fall: 2 Lagerkörper in $x = \pm \frac{d}{2}$

T:	$T_{i-1} + \left[\frac{F_k}{2} \frac{e_k}{\operatorname{tg} \delta_k} + (T_{ki} - T_{k\,i-1})\right] \frac{1}{2}$
M:	$M_{i-1} + \left[\frac{F_k}{2} \frac{e_k}{\operatorname{tg} \delta_k} + (T_{ki} - T_{k\,i-1})\right] \cdot \left(\frac{1}{2} - \frac{z'_{i-1}}{e_k}\right) \cdot \operatorname{tg} \delta_k$
Q:	$Q_{i-1} + \left[\frac{F_k}{2} \frac{e_k}{\operatorname{tg} \delta_k} + (T_{ki} - T_{k\,i-1})\right] \cdot \frac{\operatorname{tg} \delta_k}{e_k}$

2. Fall: Linienlagerung

T:	$T_{i-1} + \frac{F_k}{2} \cdot \frac{e_k}{\operatorname{tg} \delta_k} \left[\frac{1}{4} - \left(\frac{z'_{i-1}}{e_k}\right)^2\right] + (T_{ki} - T_{k\,i-1}) \left[1 - 8 \left(\frac{z'_{i-1}}{e_k}\right)^3\right] \cdot \frac{1}{2}$
M:	$M_{i-1} + \left\{F_k \cdot \frac{e_k}{\operatorname{tg} \delta_k} \left[\frac{1}{4} - \left(\frac{z'_{i-1}}{e_k}\right)^2\right] + (T_{ki} - T_{k\,i-1}) \left[1 - 8 \left(\frac{z'_{i-1}}{e_k}\right)^2\right]\right\} \frac{\operatorname{tg} \delta_k}{2} -$ $- z'_{i-1} \left\{F_k \left(\frac{1}{2} - \frac{z'_{i-1}}{e_k}\right) + \frac{3}{2} \frac{\operatorname{tg} \delta_k}{e_k} (T_{ki} - T_{k\,i-1}) \left[1 - 4 \left(\frac{z'_{i-1}}{e_k}\right)^2\right]\right\}$
Q:	$Q_{i-1} + F_k \left(\frac{1}{2} - \frac{z'_{i-1}}{e_k}\right) + \frac{3}{2} \cdot \frac{\operatorname{tg} \delta_k}{e_k} (T_{ki} - T_{k\,i-1}) \left[1 - 4 \left(\frac{z'_{i-1}}{e_k}\right)^2\right]$

gende numerische Annahmen die Torsions- und Biegemomentenfläche und die Querkraftfläche samt den Korrekturen über den Auflagern bestimmt:

Annahmen:	Linienlagerung	$d = l/8$,
	Lagerschiefe	$\delta = -45°$ $(\operatorname{tg} \delta = -1!)$,
	Torsions- zu Biegesteifigkeit	$GK/EI = 1{,}08$.

über den Auflagern

Bei $z'_{k-1} = z_i = 0$ (d. h. bei k)	Im Bereich $0 \leq z_i < e_k/2$
$F_k\left(\pm\frac{d}{2}\right) = \frac{F_k}{2} \pm \frac{T_{ki} - T_{k\,i-1}}{d}$	
$\left(\frac{F_k}{2}\cdot\frac{e_k}{\operatorname{tg}\delta_k} + T_{k\,i-1} + T_{ki}\right)\frac{1}{2}$	$T_i + \left[\frac{F_k}{2}\cdot\frac{e_k}{\operatorname{tg}\delta_k} - (T_{ki} - T_{k\,i-1})\right]\cdot\frac{1}{2}$
$M_k + \left(\frac{F_k}{2}\cdot\frac{e_k}{\operatorname{tg}\delta_k} + T_{k\,i-1} + T_{ki}\right)\frac{1}{2}\cdot\operatorname{tg}\delta_k$	$M_i + \left[\frac{F_k}{2}\cdot\frac{e_k}{\operatorname{tg}\delta_k} - (T_{ki} - T_{k\,i-1})\right]\left(\frac{1}{2} - \frac{z_i}{e_k}\right)\cdot\operatorname{tg}\delta_k$
$\frac{Q_{k\,i-1} + Q_{k\,i}}{2} + (T_{ki} - T_{k\,i-1})\frac{\operatorname{tg}\delta_k}{e_k}$	$Q_i - \left[\frac{F_k\cdot e_k}{2\cdot\operatorname{tg}\delta_k} - (T_{ki} - T_{k\,i-1})\right]\frac{\operatorname{tg}\delta_k}{e_k}$

$$\bar{\sigma}_k = \left[\frac{F_k}{d} + \frac{12(T_{ki} - T_{k\,i-1})}{d^3}x\right]\cos\delta_k$$

$\left(\frac{F_k}{4}\cdot\frac{e_k}{\operatorname{tg}\delta} + T_{ki} + T_{k\,i-1}\right)\cdot\frac{1}{2}$	$T_i + \frac{F_k}{2}\cdot\frac{e_k}{\operatorname{tg}\delta_k}\left[\frac{1}{4} - \left(\frac{z_i}{e_k}\right)^2\right] - (T_{ki} - T_{k\,i-1})\left[1 - 8\left(\frac{z_i}{e_k}\right)^3\right]\cdot\frac{1}{2}$
$M_k + \frac{F_k}{4}\cdot\frac{e_k}{\operatorname{tg}\delta} + T_{ki} + T_{k\,i-1}\Big)\cdot\frac{\operatorname{tg}\delta_k}{2}$	$M_i + \left\{F_k\frac{e_k}{\operatorname{tg}\delta_k}\left[\frac{1}{4} - \left(\frac{z_i}{e_k}\right)^2\right] - (T_{ki} - T_{k\,i-1})\left[1 - 8\left(\frac{z_i}{e_k}\right)^3\right]\right\}\frac{\operatorname{tg}\delta_k}{2} - z_i\left\{F_k\left(\frac{1}{2} - \frac{z_i}{e_k}\right) - \frac{3}{2}\frac{\operatorname{tg}\delta_k}{e_k}(T_{ki} - T_{k\,i-1})\left[1 - 4\left(\frac{z_i}{e_k}\right)^2\right]\right\}$
$\frac{1}{2}Q_{k\,i-1} + \frac{1}{2}Q_{ki} + (T_{ki} - T_{k\,i-1})\frac{3}{2}\cdot\frac{\operatorname{tg}\delta_k}{e_k}$	$Q_i - F_k\left(\frac{1}{2} - \frac{z_i}{e_k}\right) + \frac{3}{2}\cdot\frac{\operatorname{tg}\delta_k}{e_k}(T_{ki} - T_{k\,i-1})\left[1 - 4\left(\frac{z_i}{e_k}\right)^2\right]$

Die *Lösungen* sind in den nachstehenden beiden Abbildungen zusammengefaßt (S. 92 und S. 93).

Die Berechnung aller Schnittgrößen, samt der Korrekturen über den Auflagern, ist von E. Karamuk im Ingenieurbüro Basler & Hofmann, Zürich, programmiert worden. Die in den Lösungen eingetragenen numerischen Werte stammen aus seiner elektronischen Berechnung.

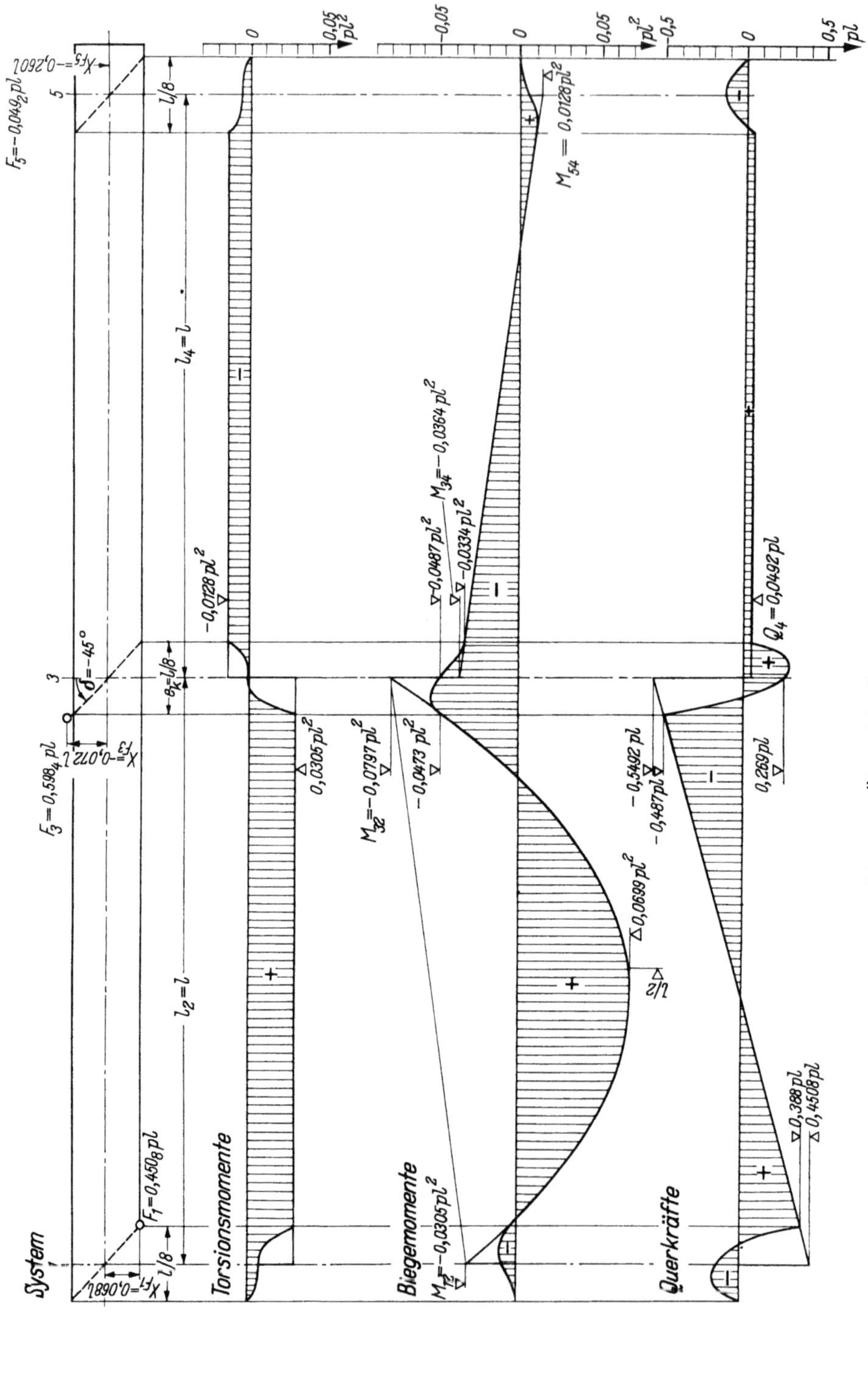

Lösung zur Übung 4.4a. Schnittkräfte aus Eigengewicht

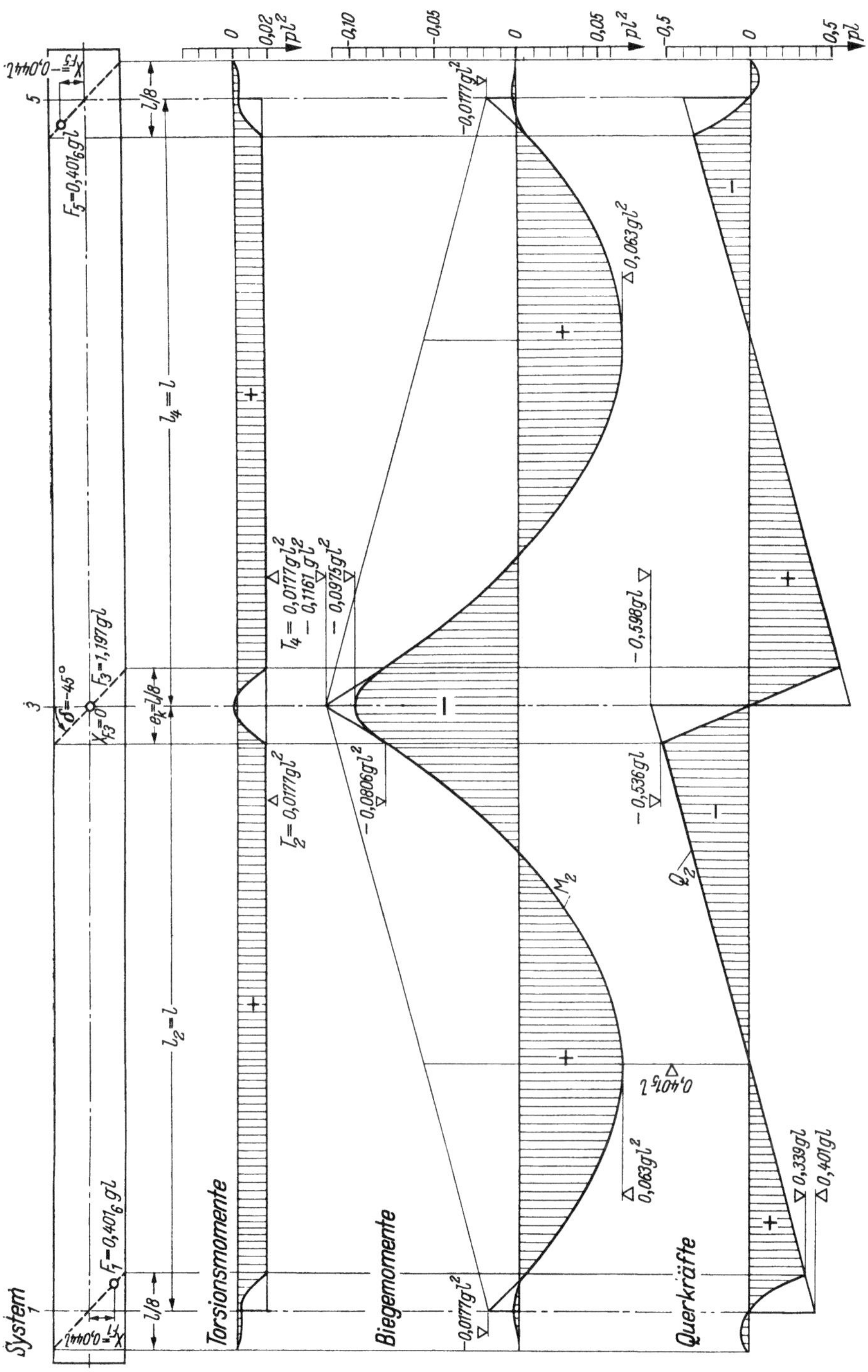

Lösung zur Übung 4.4b. Gleichmäßig verteilte Belastung in Feld 2

c) Größte Schubspannung infolge Lagerschiefe

Schiefstellung der Auflager hat den Nachteil, daß Schubspannungen aus Torsion verursacht werden, auch wenn nur zentrische Belastung vorkommen soll. Wie groß können diese, ausschließlich auf Lagerschiefstellung zurückzuführenden Schubspannungen werden? In diesem Abschnitt soll versucht werden, dafür eine obere Schranke zu erstellen.

Aus Gl. (4.15a) ist ersichtlich, daß das Torsionsmoment dann am größten ist, wenn der Quotient vor der Klammer, wie auch deren Inhalt, den größtmöglichen Wert erreicht. Der erwähnte Quotient

$$Q = \frac{\operatorname{tg}\delta}{\dfrac{EI}{GK} + \operatorname{tg}^2\delta}$$

verschwindet für eine Lagerschiefe $\delta = 0°$ als auch $\delta = 90°$. Er muß zwischen diesen beiden Grenzen einen optimalen Wert erreichen, dessen Lagerschiefe sich aus der Bedingung:

$$\frac{dQ}{d(\operatorname{tg}\delta)} = \frac{\dfrac{EI}{GK} + \operatorname{tg}^2\delta - 2\operatorname{tg}^2\delta}{\left(\dfrac{EI}{GK} + \operatorname{tg}^2\delta\right)^2} = 0$$

bestimmen läßt zu:

$$\operatorname{tg}\delta_{\text{opt}} = \sqrt{\frac{EI}{GK}}. \tag{4.54}$$

Somit ist:

$$T_i \leq \frac{1}{2}\sqrt{\frac{GK_i}{EI_i}}\left[\frac{EI_i(\alpha_{i0} + \beta_{i0})}{l_i} + \frac{M_k + M_{k+1}}{2}\right]. \tag{4.55}$$

Der Klammerausdruck stellt ein durchschnittliches Biegemoment über die Stablänge l_i dar. Wie immer auch die Belastungsanordnung und die Stabeinspannung gewählt wird, das durchschnittliche Biegemoment kann das extremale nie übersteigen, d. h.

$$T_{\text{opt}} \leq \frac{1}{2}\sqrt{\frac{GK}{EI}}\,M_{\text{extr}}.$$

Diese Ungleichung ist nun noch in Spannungen auszudrücken. Für die beiden im Abschn. 4.4a besprochenen Querschnitte lauten die Schubspannungen infolge SAINT-VENANTscher Torsion nach Gl. (1.8) bzw. (2.4), als auch die Normalspannungen infolge Biegung:

Schmaler Rechteckquerschnitt	Rechteckiger Hohlquerschnitt
$\tau = 3\dfrac{T}{bt^2}$	$\tau = \dfrac{T}{2bht}$
$\sigma = 6\dfrac{M}{bt^2}$	$\sigma = \dfrac{M}{bht\left(1 + \dfrac{1}{3}\dfrac{h}{b}\right)}$

Für den schmalen Rechteckquerschnitt ist daher $T_{\text{opt}} = \tau_{\text{opt}}\, b t^2/3$ und $M_{\text{extr}} = \sigma_{\text{extr}}\, b t^2/6$. Eingeführt in die letzte Ungleichung, in der auch GK/EI entsprechend dem Resultat (4.49) ersetzt wird, liefert:

$$\tau_{\text{opt}} \leq \frac{1}{4} \sqrt{\frac{2}{1+\nu}}\, \sigma_{\text{extr}}\,.$$

Die entsprechende Ungleichung für den rechteckigen Hohlquerschnitt wird erhalten zu:

$$\tau_{\text{opt}} \leq \frac{1}{4} \sqrt{\frac{2}{1+\nu}}\, \sigma_{\text{extr}} \sqrt{\frac{1+\frac{1}{3}\frac{h}{b}}{1+\frac{h}{b}}}\,.$$

Für kleine Seitenverhältnisse h/b wird die zweite Wurzel in guter Näherung eins; jedenfalls wird die Ungleichung durch kein Seitenverhältnis h/b verletzt, wenn der Wurzelwert durch eins ersetzt wird. Schließlich liegt für alle Materialien ν zwischen null und 0,5, so daß im ungünstigsten Falle der erste Wurzelwert $= \sqrt{2}$ sein kann. Wären dicke, rechteckige Vollquerschnitte zugelassen, so würde sich das Verhältnis GK/EI leicht verkleinern.

Somit läßt sich aussagen, daß sowohl für den rechteckigen Voll- als auch Hohlquerschnitt die durch Lagerschiefstellung verursachte Schubspannung unter keiner Laststellung, bei beliebigen Spannweitenverhältnissen und freier Wahl des Baumaterials, den $\sqrt{2}/4$-fachen Wert der Biegespannung überschreitet:

$$\tau_{\text{opt}} \leq 0{,}354\, \sigma_{\text{extr}}\,. \tag{4.56}$$

d) Zusammenfassung

Bei schiefen Brücken sind zwei Sätze von Verträglichkeitsbedingungen notwendig: eine Bedingung für jedes *Feld*, die verlangt, daß die Gesamtverdrehung des Stabfeldes verschwinden muß, damit es verträglich mit den horizontalen Lagerkanten sein kann, und eine Bedingung für jede *Zwischenstütze*, die bewirkt, daß die Stabachse kontinuierlich ist. Diese beiden Bedingungen sind in den Gln. (4.1) und (4.8) formuliert. Sie entkoppeln sich nur für normale Lagerung des Durchlaufträgers, d. h. wenn $\operatorname{tg} \delta_k = \operatorname{tg} \delta_{k+1} = 0$ ist.

Als überzählige Größen werden beim durchlaufenden Träger üblicherweise die Stützmomente eingeführt. Bei schiefer Lagerung sind aber zwei Stützmomente pro Lager k vorhanden, $M_{k\,i-1}$ und M_{ki}, und je ein Torsionsmoment T_i pro Feld. Die Zahl der Unbekannten ist daher gleich der dreifachen Felderzahl. Würden diese Unbekannten benützt, so müßten die erwähnten beiden Sätze von Elastizitätsgleichungen noch durch je eine Momentengleichgewichtsbedingung pro Stütze ergänzt werden.

$$M_{ki} - M_{k\,i-1} - (T_i - T_{i-1}) \operatorname{tg} \delta = 0\,. \tag{4.57}$$

Trotzdem ist es gelungen, ein Berechnungsverfahren herzuleiten, bei dem die Zahl der überzähligen Größen auf diejenige des Normalfalles beschränkt ist, ohne dabei eine größere Verkettung der Elastizitätsgleichungen zu erhalten als bei den CLAPEYRONschen Dreimomentengleichungen. Die zwei wesentlichsten Punkte, Wahl des Grundsystems und der überzähligen Größen, seien nochmals kurz beleuchtet.

Zur Herleitung des Berechnungsverfahrens wurde eine Serie einfeldiger, aber bereits mit der schiefen Lagerung verträglicher Balken als statisch unbestimmtes Grundsystem benutzt. Durch Auflösen der simultanen Gln. (4.6) ist ein für alle Mal ein zweigliederiges Gleichungssystem gelöst worden, das für jedes Feld des Trägers Gültigkeit hat und daher die Zahl der überzähligen Größen um gleichviel zu reduzieren vermag, wie Stabfelder vorhanden sind. Als verbleibende überzählige Größen wurden auch nicht die effektiv vorkommenden Stützmomente gewählt — man müßte sich dabei auf die linken oder die rechten entscheiden —, sondern ideelle Übertragungsmomente M_k. Diese sind zwar keine am Bauwerk feststellbaren Größen mehr, vermögen aber die Berechnung noch weiter zu vereinfachen und formal derjenigen des normalgelagerten Durchlaufträgers anzugleichen.

Diese Überlegungen braucht der Konstrukteur nicht für jeden schief gelagerten Träger neu herzuleiten, denn das verbleibende Gleichungssystem wie auch die zu ermittelnden Schnittmomente sind in vertrauten Verschiebungsgrößen ausgedrückt, die sich am *normal gelagerten, einfachen Balken* bestimmen lassen. Die Anleitung für eine solche Berechnung lautet einfach:

Alternierend sind Auflager und Feld durchzunumerieren, so daß den Lagern die ungeraden Zahlen k und den Feldern die geraden Zahlen i zugeordnet sind. Für jedes Feld sind — wie beim normal gelagerten Durchlaufträger — die Belastungsglieder zu ermitteln. Ferner sind für jedes Feld die Stabkonstanten C und D entsprechend Tab. 4.2 bereitzustellen. Anschließend können die Dreimomentengleichungen angeschrieben werden, wobei je nach Kompliziertheit des Falles die Formen (4.12), (4.11), (4.10) oder (4.9) angewendet werden dürfen. Nach deren Auflösung muß als erste Schnittgröße das Torsionsmoment in jedem Feld angeschrieben werden. Dies geschieht mit den Formeln (4.15b) bzw. (4.14) oder (4.13) je nach der Schwierigkeit des Falles. Unter Mitbenützung dieser ersten Schnittmomente lassen sich die Stützmomente berechnen aus den Gln. (4.17) und damit, wie üblich, die Biegemomente an jeder anderen Stabstelle, (4.18), die Querkräfte, (4.19), und die resultierenden Auflagerdrücke, (4.20). Zu den letzteren gesellt sich noch je eine Angabe über die Lage ihrer Wirkungslinien (4.21).

Im Falle einer exzentrischen Belastung wird diese zerlegt in eine zentrische und in ein angreifendes Drehmoment. Mit dem ersten Belastungsanteil wird wie oben verfahren, aber auch mit dem zweiten können dieselben Dreimomentengleichungen verwendet werden, falls die Belastungsglieder nach Gl. (4.37) eingesetzt werden.

II. Wölbtorsion

5 Analytische Berechnung der Spannungen

5.1 Bezeichnungsweise

a) Vorzeichenkonvention

Für Normalspannungen σ und Schubspannungen τ gilt folgende Vorzeichendefinition:

Bei einer Schnittfläche, deren äußere Normale in der positiven Richtung einer Koordinatenachse zeigt, sind die Spannungskomponenten dann als positiv zu betrachten, wenn sie in einer positiven Achsrichtung wirken, sonst sind sie negativ. Liegt eine Schnittfläche vor, deren äußere Flächennormale in negativer Achsrichtung weist, so müssen auch die Spannungskomponenten in negativer Achsrichtung wirken, um positiv zu gelten.

Demzufolge sind Zugspannungen stets positive und Druckspannungen negative Größen.

Da innere Kräfte die Resultierenden der Spannungen sind, müssen sie sich derselben Vorzeichenregelung fügen. So beanspruchen z. B. positive Querkräfte Q ein Stabelement, wie in Abb. 5.1 festgehalten, und ein positives Torsionsmoment, wie in Abb. 5.2 skizziert.

b) Koordinatensystem

In Profiltabellen werden allgemein x und y als die Querschnittsachsen verwendet, und zwar x als Abszisse und y als Ordinate. Für die Stabslängsrichtung ist daher die z-Achse zu gebrauchen.

Ferner soll die y-Achse nach unten zeigen, sonst müssen im Bauingenieurwesen Lasten und Durchbiegungen infolge Schwerkraft stets als negative Größen eingeführt werden.

Wird schließlich noch verlangt, daß das Koordinatensystem ein Rechtssystem sei, so entsteht die in Abb. 5.2 festgelegte Zuordnung.

c) Bezeichnung der x- und y-abhängigen Größen

Entsprechend der von Bornscheuer[1] eingeführten Systematik tragen die Flächenintegrale als Fußzeiger die Koordinaten der Integranden. So ist z. B. das Trägheitsmoment I_{xx} folgendermaßen definiert:

$$I_{xx} = \int_F x x \, dF$$

sinngemäß das Biegemoment:

$$M_x = \int_F \sigma x \, dF.$$

[1] Bornscheuer, F. W.: Systematische Darstellung des Biege- und Verdrehvorganges, unter besonderer Berücksichtigung der Wölbkrafttorsion. Der Stahlbau, Bd. 21, 1952, 1.

Ist eine aus den Grundkoordinaten abgeleitete Größe nicht ein fester Querschnittswert, sondern eine Variable, wie z. B. das statische Moment $\tilde{S}$ der abgeschnittenen Querschnittsfläche, so wird dies durch Überstreichen mit einer Wellenlinie angedeutet:

$$\tilde{S}_x = \int_0^s x\,dF.$$

Bei Querschnittskenngrößen, in denen die sogenannte Wölbkoordinate ω vorkommt, wird das Beiwort sektoriell mitverwendet. Dabei muß der Bezugspunkt für die Wölbkoordinate als weiterer Fußzeiger mitgeschrieben werden, es sei denn, die Koordinate beziehe sich auf den Schubmittelpunkt.

d) Vorzeichenverknüpfung der z-abhängigen Größen

α) Spezielle Biegung in y-Richtung. Ausgehend von der Biegelinie η ergibt die Differentiation nach z bei Balken mit konstanter Biegesteifigkeit EI sukzessive den Verlauf der Neigungswinkel θ der Biegelinie, der Biegemomente M, der Querkräfte Q und der Belastung p. Dabei ist aus Dimensionsbetrachtungen ersichtlich, daß die zweite Ableitung nicht direkt das Biegemoment darstellen kann (sondern M/EI). Aber selbst bei variabler Biegesteifigkeit wird durch diese Dimensionsänderung das Vorzeichen der abgeleiteten Größen nicht geändert. Ausgehend von einer einzigen Vorzeichendefinition legt somit der Differentiationsprozeß die Vorzeichen der übrigen Größen fest.

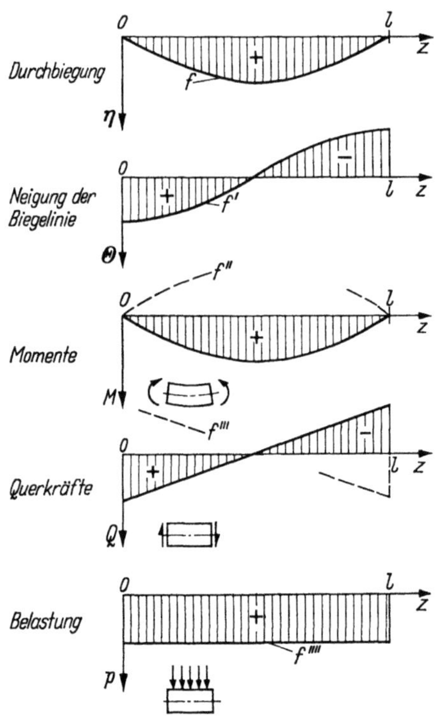

Abb. 5.1. Die z-abhängigen Größen bei lotrechter Biegung des einfachen Balkens

Zum Beispiel beim einfach gelagerten Balken von der Länge l, konstanter Biegesteifigkeit und gleichmäßig verteilter Belastung p_y ergibt sich unter Berücksichtigung der Randbedingungen

$$\eta(0) = \eta''(0) = \eta(l) = \eta''(l) = 0$$

folgende in Abb. 5.1 dargestellte Verkettung von Funktionen (Abkürzungen: $\zeta = z/l$, die Ableitungen nach z werden mit Strichen bezeichnet):

$$f = +\frac{p_y l^4}{24}\,\zeta(1 - 2\zeta^2 + \zeta^3) = \eta(EI),$$

$$f' = +\frac{p_y l^3}{24}\,(1 - 6\zeta^2 + 4\zeta^3) = \Theta_y(EI),$$

$$f'' = -\frac{p_y l^2}{2}\,\zeta(1 - \zeta) = -M_y,$$

$$f''' = -\frac{p_y l}{2}(1 - 2\zeta) = -Q_y,$$

$$f'''' = +p_y = p_y.$$

Daraus ist ersichtlich, daß beim einfach gelagerten Balken die Integration einer positiven, d. h. in Koordinatenrichtung wirkenden Querbelastung auch positive, also in gleicher Richtung zeigende Durchbiegungen liefert. Die Vorzeichenverknüpfung zwischen erster und letzter Größe ist in Ordnung.

Für die Querkräfte dagegen ist bereits oben, im Zusammenhang mit den Spannungen, eine Vorzeichenkonvention festgelegt worden: An einer Querschnittsfläche, deren äußere Normale in $+z$-Richtung zeigt, muß eine positive Querkraft in $+y$-Richtung, also nach unten wirken. Beim einfach gelagerten Balken unter lotrechter Belastung ist dies der Fall in Nähe des Auflagers $z = 0$. In obigem Beispiel ist jedoch die dritte Ableitung negativ in jener Balkenhälfte. Die Querkraft muß demzufolge als negativer Wert der dritten Ableitung erscheinen.

Die Vorzeichen der verbleibenden Größen, des Neigungswinkels θ_y und des Biegemomentes M_y sind dann festgelegt, wenn noch folgende Konvention berücksichtigt wird:

$$\theta_y = +\eta', \qquad Q_y = +M_y'.$$

In der ersten Kolonne der Tab. 5.1 sind die besprochenen Vorzeichendefinitionen zusammengefaßt.

β) Reine Verdrehung. Einer Untersuchung über die Zusammenhänge zwischen Torsionsmoment und Stabverdrehung vorgreifend (s. Abschn. 5.4), muß für die Vorzeichenregelung vorweggenommen werden, daß für die Verdrehung φ eines dünnwandigen Stabes mit offenem Querschnitt, bei gleichen Randbedingungen

$$\varphi(0) = \varphi''(0) = \varphi(l) = \varphi''(l) = 0,$$

dieselbe Funktionskette gilt, wie in obigem Beispiel angeschrieben ist. Auf der Stufe der Querkraft steht das Torsionsmoment T_ω, und auf derjenigen des Biegemomentes das sogenannte Bimoment[1] M_ω.

Einer positiven, d. h. rechtsdrehenden Drehbelastung m_D entspricht eine positive, also in gleichem Sinne gehende Verdrehung.

Das Torsionsmoment T_ω ist positiv definiert, wenn es an einem Querschnitt mit positiver äußerer Normalen in $+\varphi$-Richtung zeigt, Abb. 5.2. Die Gleichgewichtsbedingung an einem durch m_D beanspruchten Stabelement der Länge dz lautet demnach:

$$-T_\omega + m_D\,dz + \left(T_\omega + \frac{dT_\omega}{dz}\,dz\right) = 0.$$

Somit gilt: $$T_\omega' = -m_D,$$

[1] Heilig, R.: Der Schubverformungseinfluß auf die Wölbkrafttorsion von Stäben mit offenem Profil. Der Stahlbau, Band 30, 1961, 97.

was gleich der Verkettung zwischen Querkraft und Belastung ist. Entsprechend der Beziehung $M'_y = +Q_y$ ist es daher naheliegend, die dem Torsionsmoment T_ω übergeordnete Funktion, das Bimoment M_ω, zu definieren als $M'_\omega = +T_\omega$.

Für die spezifische Verdrehung θ_ω gilt $\varphi' = +\theta_\omega$. Damit ist auch diese Kette der Funktionen festgelegt, siehe zweite Kolonne der Tab. 5.1.

Tabelle 5.1. *Vorzeichenverknüpfung z-abhängiger Größen bei spezieller Biegung und Wölbtorsion*

	infolge Querbelastung p_y	infolge Drehbelastung m_D	infolge Querbelastung p_x
Deformation	η	φ	ξ
Neigung	$\theta_y = +\eta'$	$\theta_\omega = +\varphi'$	$\theta_x = +\xi'$
Biege- und Bimomente	$M_y = -EI_{yy}\theta'_y$ $= -EI_{yy}\eta''$	$M_\omega = -EI_{\omega\omega}\theta'_\omega$ $= -EI_{\omega\omega}\varphi''$	$M_x = -EI_{xx}\theta'_x$ $= -EI_{xx}\xi''$
Querkräfte und Torsionsmomente	$Q_y = +M'_y$ $= -(EI_{yy}\theta'_y)'$ $= -(EI_{yy}\eta'')'$	$T_\omega = +M'_\omega$ $= -(EI_{\omega\omega}\theta'_\omega)'$ $= -(EI_{\omega\omega}\varphi'')'$	$Q_x = +M'_x$ $= -(EI_{xx}\theta'_x)'$ $= -(EI_{xx}\xi'')'$
Belastung	$p_y = -Q'_y$ $= -M''_y$ $= +(EI_{yy}\theta'_y)''$ $= +(EI_{yy}\eta'')''$	$m_D = -T'_\omega$ $= -M''_\omega$ $= +(EI_{\omega\omega}\theta'_\omega)''$ $= +(EI_{\omega\omega}\varphi'')''$	$p_x = -Q'_x$ $= -M''_x$ $= +(EI_{xx}\theta'_x)''$ $= +(EI_{xx}\xi'')''$

γ) **Spezielle Biegung in x-Richtung.** Schließlich wird definiert, daß für Biegung in x-Richtung dieselben Vorzeichenregeln gelten wie für die y-Richtung, siehe Kolonne 3, Tab. 5.1. Diese Definition scheint trivial zu sein, ist sie doch die Voraussetzung einer Systematik und Analogie bei der Behandlung von Biegungs- und Verdrehungsproblemen. Es ist aber zu beachten, daß durch diese Vorzeichendefinitionen diejenige verletzt wird, die Momente dann als positiv bezeichnet, wenn ihre Vektoren in positiver Koordinatenrichtung zeigen.

δ) **Normalkräfte.** Werden die Biegemomente nicht durch Querbelastung, sondern durch eine im Querschnitt exzentrisch angreifende Normalkraft N mit den Lagekoordinaten x_N und y_N hervorgerufen, so ist:

$$M_x = +N x_N,$$

$$M_y = +N y_N.$$

Die positive Normalkraft ist eine Zugkraft.

5.2 Grundlagen für dünnwandige Querschnitte

Von der Dünnwandigkeit der Querschnitte wird hier insofern Gebrauch gemacht, als die Normalspannungen in Stablängsrichtung und die Schubspannungen in Wandmitte repräsentativ sein sollen für die Spannungen über die ganze Wandstärke. Im übrigen darf der Querschnitt beliebig geformt sein, krummlinig oder gerade, mit konstanter oder variabler Wandstärke.

Das Postulat der Dünnwandigkeit bedeutet eine große Erleichterung in der Beschreibung der inneren Kräfte und der Deformationen. Die Lage dieser Größen im Querschnitt kann durch eine einzige Bogenkoordinate s festgehalten werden, die beim Randpunkt 1 beginnt und bis zum anderen Randpunkt n die Länge b hat, Abb. 5.2a.

Ferner hat die Dünnwandigkeit zur Folge, daß der SAINT-VENANTsche Torsionsanteil bei der Bestimmung der Torsionsmomente und Stabverdrehungen oft vernachlässigt werden kann. (Die SAINT-VENANTsche Torsionskonstante K ist proportional der dritten Potenz der Wandstärke und somit der $\varkappa$-Wert, der nach Abschn. 10.2a ein Maß des Torsionsverhaltens darstellt, relativ klein.)

In Abb. 5.2b sind die Kräfte an einem Wandelement skizziert, wobei an Stelle der Schubspannungen $\tau_{zs} = \tau_{sz}$ das Produkt q aus Schubspannung und Wandstärke verwendet und, wie üblich, als Schubfluß bezeichnet wird,

$$q = \tau t .$$

Zur Vereinfachung werden ferner die Normalspannungen in Richtung der Bogenkoordinate vernachlässigt.

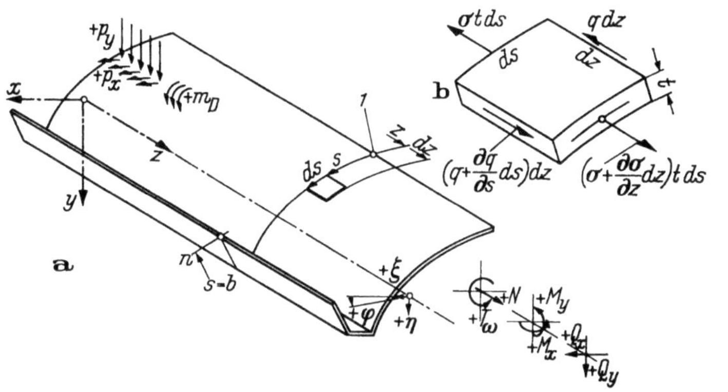

Abb. 5.2. a) Positiv definierte Belastungen (p_x, p_y, m_D), Deformationen (ξ, η, φ) und Schnittgrößen (Q_x, Q_y, N, M_x, M_y, T_ω) am Stab b) Positiv definierte Schnittkräfte am Scheibenelement

a) Gleichgewichtsbedingung am Wandelement

Für das in Abb. 5.2b dargestellte Wandelement lautet die Gleichgewichtsbedingung für Kräfte in Stablängsrichtung:

$$\frac{\partial q}{\partial s} + \frac{\partial \sigma}{\partial z} t = 0 . \tag{5.1}$$

b) Verträglichkeitsbedingung

In Abb. 5.3a und 5.3b ist die Ansicht und die Draufsicht des Wandelementes in ursprünglichem und, strichliert, in verschobenem Zustand skizziert. Zwischen der Verschiebung w in Stablängsrichtung und der Verschiebung v in Bogenrichtung besteht folgender differentielle Zusammenhang, wenn mit γ die Veränderung des ursprünglich rechten Winkels bezeichnet wird ($\gamma = \tau/G$ = Gleitung):

$$\frac{\partial w}{\partial s} + \frac{\partial v}{\partial z} = \gamma. \tag{5.2}$$

c) Tangentialverschiebung als Funktion von ξ, η, φ

Mit ξ, η und φ werden die Verschiebungen eines Stabelementes in x- und y-Richtung bzw. der Verdrehung des Wandelementes um die Spur P einer zur Stabachse parallelen Drehachse bezeichnet. Gesucht wird die Verschiebung v in Richtung der Bogenkoordinate, ausgedrückt als Funktion dieser drei Verschiebungsgrößen.

Wenn die Zunahme der Verschiebung ξ von der Stabstelle z bis zur Stelle $z + dz$ den Wert $d\xi$ hat, so beträgt nach Abb. 5.3c die Zunahme der Tangentialverschiebung $dv = d\xi \cos\alpha$. Der Winkel α ist definiert als derjenige Winkel, um den die positive x-Achse zu drehen ist, um in positiver Tangentenrichtung zu zeigen.

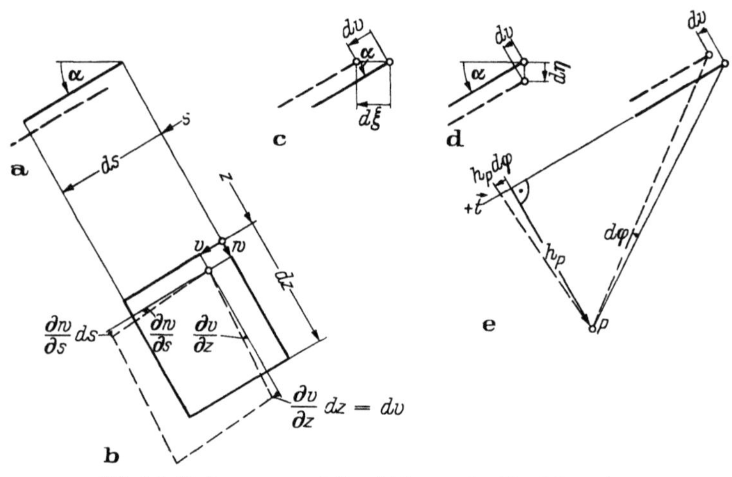

Abb. 5.3. Verformungen und Verschiebungen des Wandelementes

Entsprechend folgt aus Abb. 5.3d die Beziehung $dv = d\eta \sin\alpha$. Der Punkt P sei das Zentrum einer Verdrehung des Wandelementes, Abb. 5.3e, mit dem Tangentenabstand h_P, der positiv einzusetzen ist, wenn P links der Tangente liegt. Die Tangentialverschiebung dv infolge einer Verdrehungszunahme $d\varphi$ von der Stelle z bis zu $z + dz$ beträgt demnach $dv = h_P\, d\varphi$.

Die Überlagerung dieser drei Verschiebungszunahmen ergibt:

$$dv = d\xi \cos\alpha + d\eta \sin\alpha + h_P\, d\varphi.$$

Da ξ, η und φ Funktion der beiden Koordinaten s und z sind, α und h_P aber nicht von z abhängen, so ist:

$$\frac{\partial v}{\partial z} = \frac{\partial \xi}{\partial z} \cos\alpha + \frac{\partial \eta}{\partial z} \sin\alpha + h_P \frac{\partial \varphi}{\partial z}. \tag{5.3}$$

d) Voraussetzungen

Die drei wesentlichen Voraussetzungen für die Berechnung prismatischer Stäbe mit offenem, dünnwandigem Querschnitt lauten:

1. Die Querschnitte behalten ihre Form. Das bedeutet, daß jede der drei Verschiebungsfunktionen $\xi(s,z)$, $\eta(s,z)$ und $\varphi(s,z)$ für alle Punkte eines Querschnittes gleiche Werte aufweisen müssen. Sie stehen für den Querschnitt schlechthin und dürfen daher nicht von der Querschnittskoordinate s abhängig sein.

$$\xi = \xi(z), \qquad \eta = \eta(z), \qquad \varphi = \varphi(z). \tag{5.4}$$

2. Die Schubverformung bleibe vernachlässigbar klein. Diese, in der Biegungslehre übliche Annahme, bedeutet mathematisch, daß γ in Gl. (5.2) verschwindet, so daß folgende einfache Beziehung zwischen der Längsverschiebung w und der Tangentialverschiebung v besteht:

$$\frac{\partial w}{\partial s} = -\frac{\partial v}{\partial z}. \tag{5.5}$$

3. Die Spannungen seien den Dehnungen proportional. Das Material soll somit dem HOOKEschen Gesetz gehorchen. Die Dehnungen sind die ersten Ableitungen der Verschiebungen, $\varepsilon = \partial w/\partial z$, und wegen des einfachen Spannungszustandes (Abb. 5.2b) lautet die mathematische Formulierung dieser dritten Annahme:

$$\sigma = E\,\frac{\partial w}{\partial z}. \tag{5.6}$$

e) Die sechs Gleichgewichtsbedingungen am Querschnitt

Für jeden Stabquerschnitt stehen sechs Gleichgewichtsbedingungen zur Verfügung, die sich auf folgende Kraft- und Momentenkomponenten beziehen: Normalkaft N, Biegemomente M_x und M_y, Torsionsmoment T_P bezüglich eines Querschnittpunktes P und die beiden Querkräfte Q_x und Q_y. Die Gleichgewichtsbedingungen sagen aus, daß die Resultierenden der inneren Kräfte und Momente gleich denjenigen der äußeren mit Hilfe der Statik auf den Querschnitt reduzierten Komponenten sein müssen:

$$\begin{aligned}
&\int_F \sigma\,dF = N, \quad \text{a)} \qquad &&\int_s q h_P\,ds = T_P, \quad \text{d)}\\
&\int_F \sigma x\,dF = M_x, \quad \text{b)} \qquad &&\int_s q\cos\alpha\,ds = Q_x, \quad \text{e)}\\
&\int_F \sigma y\,dF = M_y, \quad \text{c)} \qquad &&\int_s q\sin\alpha\,ds = Q_y. \quad \text{f)}
\end{aligned} \tag{5.7}$$

5.3 Reine Biegung

a) Längsverschiebung *w*

Die Spannungen sollen für reine Biegung des Stabes ermittelt werden. Es dürfen somit weder Axialkräfte noch Torsionsmomente vorkommen. Mathematisch formuliert bedeutet das, daß in den Gln. (5.7a) und (5.7d) die rechten Seiten verschwinden müssen:

$$\int_F \sigma \, dF = 0 \qquad \text{und} \qquad \int_s q h_P \, ds = 0, \tag{5.8}$$

was nur möglich ist bei reiner Querbelastung des Stabes, deren Wirkungslinie den Querschnittspunkt P enthält.

Wird der Ausdruck (5.3) in Gl. (5.5) eingeführt und voraussetzungsgemäß $\partial\varphi/\partial z = 0$ gesetzt, so erhält man unter Beachtung von Gl. (5.4):

$$\frac{\partial w}{\partial s} = -\frac{d\xi}{dz}\cos\alpha - \frac{d\eta}{dz}\sin\alpha,$$

somit folgt:

$$w = -\xi' \int \cos\alpha \, ds - \eta' \int \sin\alpha \, ds + w_0(z)$$

und, da

$$dX(= dx) = ds\cos\alpha, \qquad dY(= dy) = ds\sin\alpha \tag{5.9}$$

ist, wird

$$w = -\xi' X - \eta' Y + w_0(z). \tag{5.10}$$

Die Wahl großer Buchstaben für die Querschnittskoordinaten soll andeuten, daß es sich um karthesische Koordinaten mit *beliebiger* Lage des Ursprungs handelt (gegenüber x und y, die durch den Schwerpunkt C gehen sollen). Die Funktion $w_0(z)$ ist noch unbestimmt und bedeutet, wie aus Gl. (5.10) ersichtlich ist, die Längsverschiebung im Ursprung der X- und Y-Koordinaten.

Aus Gl. (5.10) ist ersichtlich, daß die Längsverschiebung w über einen Querschnitt nur linear mit beliebigen rechtwinkligen Koordinaten variiert, was beweist, daß die Annahmen (5.4) und (5.5) zusammen die Bernoulli-Naviersche Hypothese vom Ebenbleiben der Querschnitte einschließen.

b) Normalspannungen σ

Aus der Verformung w ergibt sich die Normalspannung nach Gl. (5.6) zu:

$$\sigma = -E\xi'' X - E\eta'' Y + E w_0'(z).$$

Mit der ersten der beiden Bedingungen (5.8) läßt sich $w_0'(z)$ bestimmen:

$$-E\xi'' \int_F X \, dF - E\eta'' \int_F Y \, dF + E w_0' \int_F dF = 0,$$

$$E w_0'(z) = E\xi'' \frac{\int_F X \, dF}{F} + E\eta'' \frac{\int_F Y \, dF}{F},$$

somit folgt:

$$\sigma = -E\,\xi''\left(X - \frac{\int_F X\,dF}{F}\right) - E\,\eta''\left(Y - \frac{\int_F Y\,dF}{F}\right).$$

Daher wird mit folgender Normierung der Koordinaten:

$$x = X - \frac{\int_F X\,dF}{F}, \qquad y = Y - \frac{\int_F Y\,dF}{F}, \tag{5.11}$$

$$\sigma = -E\xi'' x - E\eta'' y. \tag{5.12}$$

Die Quotienten in der Koordinatentransformation (5.11) sind die zur Bestimmung der Schwerpunktslage erforderlichen Rechenschritte; x und y sind somit Schwerachsen.

Die verbleibenden unbekannten Funktionen ξ'' und η'' im Ausdruck (5.12) werden aus den Gleichgewichtsbedingungen (5.7b und 5.7c) bestimmt:

$$-E\xi''\int_F xx\,dF - E\eta''\int_F xy\,dF = M_x,$$

$$-E\xi''\int_F xy\,dF - E\eta''\int_F yy\,dF = M_y.$$

Man erhält:

$$-E\xi'' = \frac{M_x I_{yy} - M_y I_{xy}}{D},$$

$$-E\eta'' = \frac{M_y I_{xx} - M_x I_{xy}}{D}. \tag{5.13}$$

Dabei bezeichnet:

$$D = I_{xx} I_{yy} - I_{xy}^2. \tag{5.14}$$

Die Normalspannung ergibt sich damit aus Gl. (5.12) zu:

$$\sigma = \frac{(M_x I_{yy} - M_y I_{xy})x + (M_y I_{xx} - M_x I_{xy})y}{D} \tag{5.15a}$$

oder, nach den beiden Beanspruchungsfällen geordnet:

$$\sigma = \frac{I_{yy}x - I_{xy}y}{D} M_x + \frac{I_{xx}y - I_{xy}x}{D} M_y. \tag{5.15b}$$

Werden die Zähler der Brüche in den Gln. (5.15) gleich Null gesetzt, so entstehen die Gleichungen der Neutralachse für die dazugehörigen Biegefälle. Im Nenner steht die Invariante der Flächenträgheitsmomente (5.14).

Für den Fall, daß $I_{xy} = 0$, die Koordinatenachsen x und y somit Hauptschwerachsen sind, wird aus Gl. (5.15):

$$\sigma = \frac{M_x}{I_{xx}} x + \frac{M_y}{I_{yy}} y. \tag{5.16}$$

c) Schubspannungen τ

Aus der Gleichgewichtsbedingung (5.1) folgt:

$$q(s,z) = q_1(z) - \int_0^s \frac{\partial \sigma}{\partial z}\, t\, ds\,. \tag{5.17}$$

Die Integrationskonstante q_1 ist eine Funktion von z. Sie ist der Schubfluß am Beginn des Integrationsbereiches und verschwindet, wegen Fehlen von Oberflächenspannungen, wenn die Integration bei einem freien Rand beginnt, was hier vorausgesetzt wird (s. Abb. 5.2).

In Gl. (5.15) sind nur die Momente Funktion von z, und diese geben nach z differenziert die entsprechenden Querkräfte mit denselben Vorzeichen wie die Momente, wie aus der Zusammenstellung in Tab. 5.1 ersichtlich ist. Daher wird aus Gl. (5.15a) in Gl. (5.17) eingesetzt:

$$q = -\frac{1}{D}\left[(Q_x I_{yy} - Q_y I_{xy}) \int_0^s x t\, ds + (Q_y I_{xx} - Q_x I_{xy}) \int_0^s y t\, ds\right].$$

Wenn mit $\tilde{S}_x$ und $\tilde{S}_y$ die statischen Momente der bei der Stelle s abgeschnittenen Querschnittsteile bezeichnet werden:

$$\tilde{S}_x = \int_0^s x\, dF\,, \qquad \tilde{S}_y = \int_0^s y\, dF\,, \tag{5.18}$$

so lauten die den Formeln (5.15b) und (5.16) entsprechenden Ausdrücke für die Schubflüsse:

$$q = -\frac{I_{yy}\tilde{S}_x - I_{xy}\tilde{S}_y}{D}\, Q_x - \frac{I_{xx}\tilde{S}_y - I_{xy}\tilde{S}_x}{D}\, Q_y\,, \tag{5.19}$$

bzw. für die Hauptschwerachsen:

$$q = -\frac{Q_x}{I_{xx}}\tilde{S}_x - \frac{Q_y}{I_{yy}}\tilde{S}_y\,. \tag{5.20}$$

d) Schubmittelpunkt

Die hergeleiteten Formeln für die Normalspannungen und Schubflüsse haben nur Gültigkeit, wenn die Belastungen den in Gl. (5.8) vorgeschriebenen Anforderungen an ihre Wirkungslinien genügen.

Von der ersten dieser beiden Forderungen, dem Verschwinden einer Längskraftkomponente, ist zur Herleitung von Gl. (5.12) bereits Gebrauch gemacht worden. Aus der zweiten schließt man, daß das statische Moment aus Schubkraft mal Hebelarm für einen Angriffspunkt P der äußeren Querkräfte verschwinden muß. Daher ist P nicht mehr ein beliebiger Punkt in der Querschnittsebene, sondern ein spezieller, der mit D bezeichnet werde. Der Punkt D ist dadurch ausgezeichnet, daß er die Wirkungslinien der Querkräfte infolge verdrehungsfreier Biegung enthält. Dieser Punkt ist von R. MAILLART[1] und A. EGGENSCHWYLER[2] erstmals erkannt und vom ersteren als Schubmittelpunkt bezeichnet worden.

Wie bei der Bestimmung von Schwerpunktslagen, muß zur analytischen Beschreibung des Punktes D erst eine Basis bestimmt werden, die hier der Schwerpunkt C sei. Die gesuchte Schubmittelpunktslage kann damit direkt in Koordinaten des Bezugssystemes, als x_D und y_D, angegeben werden.

In zwei Teilbelastungsfälle Q_x und Q_y parallel den x- und y-Koordinaten zerlegt, lautet die Forderung, daß das Moment der inneren Schubkräfte bezüglich dem Schwerpunkt C gleich dem Torsionsmoment aus äußerer Belastung sei, wie folgt:

$$\begin{aligned} \int_s q(Q_y) h_C \, ds &= Q_y x_D . \\ \int_s q(Q_x) h_C \, ds &= -Q_x y_D , \end{aligned} \tag{5.21}$$

Werden die Schubflüsse (5.19) für die Teilbelastungsfälle eingesetzt (im ersten ist $Q_x = 0$, im zweiten $Q_y = 0$), so ergibt dies folgende Ausdrücke für die Koordinaten des Schubmittelpunktes:

$$\begin{aligned} x_D &= -\frac{1}{D}\left[I_{xx}\int_s \tilde{S}_y h_C \, ds - I_{xy}\int_s \tilde{S}_x h_C \, ds\right], \\ y_D &= +\frac{1}{D}\left[I_{yy}\int_s \tilde{S}_x h_C \, ds - I_{xy}\int_s \tilde{S}_y h_C \, ds\right], \end{aligned} \tag{5.22}$$

bzw. für die Hauptschwerachsen, wobei $I_{xy} = 0$ ist:

$$\begin{aligned} x_D &= -\frac{\int_s \tilde{S}_y h_C \, ds}{I_{yy}}, \\ y_D &= +\frac{\int_s \tilde{S}_x h_C \, ds}{I_{xx}}. \end{aligned} \tag{5.23}$$

5.4 Reine Verdrehung

a) Voraussetzungen und Verwölbung w

Reine Verdrehung φ um einen Drehpunkt D setzt voraus, daß weder Längskräfte noch Biegemomente die Querschnitte beanspruchen. Die Resultierenden aus den äußeren Kräften müssen somit in den Gleichgewichtsbedingungen (5.7a bis c)

---

[1] MAILLART, R.: Zur Frage der Biegung. Schweiz. Bauzt., Bd. 77, S. 195, 1921.

[2] EGGENSCHWYLER, A.: Über die Festigkeitsberechnung von Schiebetoren und ähnlichen Bauwerken. Diss. ETH Zürich, 1921.

verschwinden:

$$\int_F \sigma\, dF = 0, \qquad \int_F \sigma x\, dF = 0, \qquad \int_F \sigma y\, dF = 0 \tag{5.24}$$

und in Gl. (5.3) die Verschiebungen ξ und η, so daß diese Gleichung unter Berücksichtigung der ersten Voraussetzung (5.4) wie folgt lautet:

$$\frac{\partial v}{\partial z} = \varphi' h_D .$$

Aus der zweiten Voraussetzung (5.5) folgt damit

$$w = -\varphi' \int h_D\, ds + w_0(z) .$$

Im Unterschied zur reinen Biegung bleibt nun ein ursprünglich ebener Querschnitt unter Verdrehung nicht mehr eben; er *verwölbt* sich in der Art der angeschriebenen Längsverschiebung w. Diese variiert nur soweit linear über einen Querschnittsteil als er gerade ist. Bei Scheiben ist daher der Tangentenabstand h_D für jedes Element der Scheibe gleich und kann vor das Integralzeichen gesetzt werden.

Wird jedoch das auftretende Integral über $h_D\, ds$ als neue Koordinate aufgefaßt, so bleibt auch für eine krummlinige Querschnittsform die Spannungsberechnung infolge Verdrehung derjenigen aus Verbiegung analog. Dabei werden ebenfalls statische Momente, Trägheits- und Deviationsmomente benötigt, die zur Unterscheidung gegenüber den gewöhnlichen als sektorielle Momente bezeichnet werden (s. Abschn. 5.1 c). Ebenso wird die neue Koordinate als sektorielle Koordinate benannt und dafür das Symbol Omega verwendet, da diese Koordinate keine lineare Dimension mehr hat. Der große Buchstabe Ω steht für die sektorielle Koordinate mit beliebiger Lage des Nullpunktes und der kleine Buchstabe ω für die normierte sektorielle Koordinate, entsprechend der getroffenen Konvention für die übrigen beiden Querschnittskoordinaten X und x bzw. Y und y:

$$d\Omega\,(=d\omega) = h_D\, ds . \tag{5.25}$$

Somit gilt:

$$w = -\varphi' \Omega + w_0(z) . \tag{5.26}$$

b) Wölbspannungen

Wird die Verwölbung w in Gl. (5.6) eingesetzt, so folgt:

$$\sigma = -E\varphi'' \Omega + E w_0'(z) ,$$

und aus der ersten der drei Bedingungen (5.24) ergibt sich:

$$-E\varphi'' \int_F \Omega\, dF + E w_0'(z) \int_F dF = 0 .$$

Man erhält:

$$E w_0'(z) = E\varphi'' \frac{\int_F \Omega\, dF}{F}$$

und mit

$$\omega = \Omega - \frac{\int\limits_F \Omega \, dF}{F}, \tag{5.27}$$

$$\sigma = -E\varphi''\omega. \tag{5.28}$$

Der Schubfluß wird aus Gl. (5.1) bestimmt zu:

$$q = +E\varphi''' \int\limits_0^s \omega t \, ds + q_1(z).$$

Die Integrationskonstante verschwindet, da sie den Schubfluß am Beginn des Integrationsbereiches, somit am freien Rand, gibt. Mit der Bezeichnung

$$\tilde{S}_\omega = \int\limits_0^s \omega \, dF, \tag{5.29}$$

dem „sektoriellen statischen Moment des abgeschnittenen Querschnittsteiles", erhält man:

$$q = +E\varphi''' \tilde{S}_\omega. \tag{5.30}$$

Um schließlich den unbekannten Verdrehungswinkel zu eliminieren, wird die Gleichgewichtsbedingung (5.7d) benutzt. Wenn das auf den Drehpunkt D bezogene Drehmoment aus äußeren Kräften mit T_ω bezeichnet wird, so ist:

$$\int\limits_s q h_D \, ds = T_\omega. \tag{5.31}$$

Nach Gl. (5.25) erhält man aus der linken Seite durch partielle Integration:

$$\int\limits_s q \, d\omega = q\omega \Big|_{s=0}^{s=b} - \int\limits_s \frac{\partial q}{\partial s} \omega \, ds.$$

Da der Schubfluß an den freien Rändern verschwindet, wird mit Gl. (5.1)

$$\int\limits_s q \, d\omega = 0 + \int\limits_s \frac{\partial \sigma}{\partial z} \omega t \, ds,$$

und nach Gl. (5.28)

$$= -E\varphi''' \int\limits_s \omega\omega \, dF,$$

oder

$$= -E\varphi''' I_{\omega\omega}. \tag{5.32}$$

Somit ist

$$\varphi''' = -\frac{T_\omega}{EI_{\omega\omega}}$$

und definitionsgemäß nach Tab. 5.1

$$\varphi'' = -\frac{M_\omega}{EI_{\omega\omega}}.$$

Damit ergeben sich die Wölbspannungen aus den Gln. (5.28) und (5.30) zu:

$$\sigma = +\frac{M_\omega}{I_{\omega\omega}}\,\omega, \tag{5.33}$$

$$q = \tau t = -\frac{T_\omega}{I_{\omega\omega}}\,\tilde{S}_\omega. \tag{5.34}$$

c) Drehzentrum

Zur Berechnung der sektoriellen Querschnittsgrößen muß der Ort des Drehzentrums x_D und y_D bekannt sein. Dieser kann nicht willkürlich gewählt werden, denn nach der zweiten und dritten Voraussetzung (5.24) für den hier untersuchten Belastungsfall müssen die aus inneren Kräften resultierenden Biegemomente verschwinden. Mit Gl. (5.28) gehen diese beiden Voraussetzungen über in:

$$\int_F \omega x\, dF = 0, \qquad \int_F \omega y\, dF = 0. \tag{5.35}$$

Wenn die Tangente t eines Bogenelementes den Abstand h_C vom Ursprung der Koordinatenachsen x, y aufweist und die Tangente im positiven Drehsinn um den Winkel α gegen x verdreht ist, so ist der Abstand h_D einer Parallelen durch den Punkt x_D, y_D vom Koordinatenursprung

$$h_D = h_C - x_D \sin\alpha + y_D \cos\alpha. \tag{5.36}$$

Erweitert mit ds folgt:

$$h_D\, ds = h_C\, ds - x_D \sin\alpha\, ds + y_D \cos\alpha\, ds.$$

Aus den Gln. (5.9) und (5.25) erhält man:

$$d\omega_D = d\omega_C - x_D\, dy + y_D\, dx \tag{5.37}$$

oder über s integriert und normiert:

$$\omega_D = \omega_C - x_D y + y_D x. \tag{5.38}$$

Das Einsetzen dieser transformierten sektoriellen Koordinate ω in die Bedingungen (5.35) ergibt, unter Beachtung, daß die statischen Momente zufolge der

Koordinatennormierung (5.11) und (5.27) verschwinden:

$$\int_F \omega_C x\,dF - x_D \int_F yx\,dF + y_D \int_F xx\,dF = 0,$$

$$\int_F \omega_C y\,dF - x_D \int_F yy\,dF + y_D \int_F xy\,dF = 0.$$

Mit den in Abschn. 5.1c definierten Flächenintegralen zweiter Ordnung und der Abkürzung (5.14) ergeben sich die unbekannten Koordinaten x_D und y_D des Drehzentrums zu:

$$\begin{aligned} x_D &= \frac{1}{D}\,(I_{xx} I_{y\omega\,C} - I_{xy} I_{x\omega\,C}), \\ y_D &= -\frac{1}{D}\,(I_{yy} I_{x\omega\,C} - I_{xy} I_{y\omega\,C}). \end{aligned} \tag{5.39}$$

Sind die Koordinatenachsen x und y Hauptschwerachsen, so verschwindet I_{xy}, und die Formeln für das Drehzentrum vereinfachen sich weiter zu:

$$x_D = \frac{I_{y\omega\,C}}{I_{yy}}, \qquad y_D = -\frac{I_{x\omega\,C}}{I_{xx}}. \tag{5.40}$$

5.5 Verschiedenes

a) Eigenschaften der Querschnittsgrößen

Die drei Koordinaten x, y und ω werden nach den Gln. (5.11) und (5.27) so normiert, daß ihr Flächenintegral verschwindet. Daher ist das zugehörige statische Moment der abgeschnittenen Querschnittsfläche $\tilde{S}_x$, $\tilde{S}_y$ und $\tilde{S}_\omega$ nicht nur für $s = 0$, sondern auch für den Rand $s = b$ Null:

$$\begin{aligned} &\tilde{S}_x(0) = \tilde{S}_x(b) = 0, && \text{a)} \\ &\tilde{S}_y(0) = \tilde{S}_y(b) = 0, && \text{b)} \\ &\tilde{S}_\omega(0) = \tilde{S}_\omega(b) = 0. && \text{c)} \end{aligned} \tag{5.41}$$

Da die resultierenden Schubflüsse q aus einer Linearkombination dieser Variablen $\tilde{S}$ hervorgehen, ist damit die physikalische Bedingung, daß die Schubflüsse an den freien Rändern verschwinden müssen, auch analytisch gesichert.

Neben den sechs Variablen x, y, ω, $\tilde{S}_x$, $\tilde{S}_y$, $\tilde{S}_\omega$ treten noch sechs Konstanten auf: I_{xx}, I_{yy}, $I_{\omega\omega}$, I_{xy}, $I_{x\omega}$, $I_{y\omega}$. Sie sind die Flächenintegrale über alle möglichen Produkte zweier Koordinaten. Wegen der Dünnwandigkeit der Querschnitte ergeben sich für die Auswertung jedoch Linienintegrale und können daher partiell integriert werden, z. B.:

$$I_{xx} = \int_0^b xx\,dF = x\tilde{S}_x\Big|_0^b - \int_0^b \tilde{S}_x\,dx.$$

Dabei verschwindet wegen Gl. (5.41) der erste Summand ausnahmslos, so daß für diese Integrale folgende Anschriften gelten:

$$\left.\begin{aligned}
I_{xx} &= -\int_0^b \tilde{S}_x\,dx, && \text{a)}\\
I_{yy} &= -\int_0^b \tilde{S}_y\,dy, && \text{b)}\\
I_{\omega\omega} &= -\int_0^b \tilde{S}_\omega\,d\omega, && \text{c)}\\
I_{xy} &= -\int_0^b \tilde{S}_x\,dy = -\int_0^b \tilde{S}_y\,dx, && \text{d)}\\
I_{x\omega} &= -\int_0^b \tilde{S}_x\,d\omega = -\int_0^b \tilde{S}_\omega\,dx, && \text{e)}\\
I_{y\omega} &= -\int_0^b \tilde{S}_y\,d\omega = -\int_0^b \tilde{S}_\omega\,dy. && \text{f)}
\end{aligned}\right\} \qquad (5.42)$$

Der Bezugspunkt für die sektoriellen Größen kann dabei beliebig sein.

b) Identität vom Schubmittelpunkt und Drehzentrum

Durch Vergleich der Formeln (5.22) mit (5.39) ist ersichtlich, daß die entsprechenden Ausdrücke identisch sind, wenn

$$\int_0^b \tilde{S}_y h_C\,ds = -I_{y\omega\,C} \quad \text{und} \quad \int_0^b \tilde{S}_x h_C\,ds = -I_{x\omega\,C}$$

sind.

Da $h\,ds = d\omega$, stellen diese Gleichungen direkt die ersten Identitäten der Zeilen (5.42f) und (5.42e) dar.

Der Schubmittelpunkt ist daher auch das Drehzentrum bei reiner Verdrehung. Daher ist für beide dieselbe Bezeichnung, D, gewählt worden.

c) Die Gleichgewichtsbedingungen der Querkräfte

Von den insgesamt sechs Gleichgewichtsbedingungen (5.7) sind in den Abschnitten 5.3 und 5.4 bei der Behandlung der reinen Biegung, bzw. reinen Verdrehung, stets nur die vier Bedingungen a bis d benutzt worden; zum Teil als Voraussetzung für den Belastungszustand, zum Teil als Bestimmungsgleichungen für unbekannte, nicht vom Querschnitt abhängige Größen.

Die beiden verbleibenden Gleichgewichtsbedingungen (5.7e) und (5.7f) sind jedoch auch erfüllt, wie nachstehend gezeigt wird.

Nach Gl. (5.9) lauten die beiden restlichen Bedingungen (5.7e) und (5.7f):

$$\int_0^b q\,dx = Q_x, \qquad \int_0^b q\,dy = Q_y.$$

Wird für den Schubfluß q der erste bzw. zweite Summand von Gl. (5.19) eingesetzt, so wird nach Gl. (5.42a) und (5.42b) der Zähler gleich dem Nenner D, was die zu beweisende Identität zwischen den Resultierenden aus inneren und äußeren Kräften bei den unbenutzten Gleichgewichtsbedingungen für die Querkräfte ergibt.

Für den Fall der reinen Verdrehung muß q nach Gl. (5.34) eingesetzt werden, was mit Gl. (5.42e) und (5.42f) die sektoriellen Deviationsmomente $I_{x\omega}$ und $I_{y\omega}$ ergibt, die nach Voraussetzung (5.35) bzw. (5.24) verschwinden müssen.

6 Numerische Berechnung der Querschnittswerte

6.1 Ein Algorithmus

a) Geometrische Approximation

Der Querschnitt bestehe (oder werde approximiert) aus n beliebigen aneinandergereihten Scheiben mit stückweise konstanter Wandstärke. Die Mittelpunkte dieser Scheiben werden mit i, die Kanten mit k bezeichnet und für die ersteren die geraden, für die letzteren die ungeraden Zahlen verwendet (s. Abb. 6.1).

Da die drei Koordinaten x, y und ω linear über die einzelnen Scheiben variieren und die Scheibenstärke pro Scheibe konstant ist, verlaufen die statischen Momente der abgeschnittenen Flächen $\tilde{S}_x$, $\tilde{S}_y$ und $\tilde{S}_\omega$ parabolisch über jede Scheibe. Wenn diese Werte an den beiden Kanten k und $k+1$ sowie in Scheibenmitte i bekannt sind, ist der genaue Verlauf der Schubflüsse festgelegt. Die Normalspannungen verlaufen, wie die Koordinaten, auch linear über die Teilscheiben [s. Gln. (5.15) und (5.16)].

$$\sigma = \sigma_i + (\sigma_{k+1} - \sigma_k)u, \tag{6.1}$$

$$q = q_i + (q_{k+1} - q_k)u + (q_{k+1} - 2q_i + q_k)\,2u^2. \tag{6.2}$$

Dabei bedeutet

$$u = \frac{s - s_i}{s_{k+1} - s_k}.$$

b) Die gesuchten Werte

Zur Berechnung der Normal- und Schubspannungen eines aus n Scheiben bestehenden dünnwandigen Querschnittes unter beliebiger Querbelastung sind sechs Sätze von Veränderlichen notwendig:

$$x,\, y,\, \omega \quad \text{und} \quad \tilde{S}_x,\, \tilde{S}_y,\, \tilde{S}_\omega,$$

deren Kenntnis an $2n+1$ Punkten verlangt wird.

Dazu kommen noch sechs Querschnittswerte

$$I_{xx},\ I_{yy},\ I_{\omega\omega} \qquad \text{und} \qquad I_{xy},\ I_{x\omega\,C},\ I_{y\omega\,C}.$$

Für eine vollständige Spannungsberechnung sind somit

$$6(2n+1)+6=12(n+1)$$

numerische Angaben bereitzustellen, wobei die Vorzeichen der meisten Größen mitzubestimmen sind. (Die Querschnittsfläche F und die Koordinaten des Schwerpunktes X_C, Y_C sowie des Schubmittelpunktes x_D, y_D werden als Zwischenresultate erhalten.)

Das Ziel dieses Abschnittes ist nun, ein methodisches Rechenverfahren zu entwickeln, das mit einem Minimum an einfachen Rechenoperationen sämtliche Größen in übersichtlicher Darstellung liefert, ohne Vorzeichenentscheidungen aus der Anschauung zu benötigen. Damit wird die Programmierung für Rechengeräte ermöglicht, wobei die hier gegebene Darstellung für die Tischrechenmaschine ausgerichtet ist[1].

c) Formeln

Gegebene Größen sind die Teilflächen ΔF_i der einzelnen Scheiben und die Lage der Scheibenkantenpunkte k bezogen auf ein beliebiges Koordinatensystem; X_k, Y_k (total $3n+2$ Eingaben).

Sind an Stelle der Scheibenflächen die Scheibenstärken t_i mit den Kantenkoordinaten gegeben, so wären die Flächen bereits abgeleitete Größen:

$$\Delta F_i = t_i \sqrt{(X_{k+1}-X_k)^2+(Y_{k+1}-Y_k)^2}. \tag{6.3}$$

Um Divisionen bei der Mittelwertsbildung zweier Koordinaten zu vermeiden, wird in der Tabelle nicht der Multiplikator ΔF_i, sondern $\Delta F_i/4$ eingegeben, und zwar pro Scheibe i zweimal aufgeführt, zwischen den Punkten k und i als auch zwischen i und $k+1$.

$$\text{Eingabe:}\ \frac{\Delta F_i}{4},\quad \frac{\Delta F_i}{4}. \tag{a}$$

Differentiale, dx, dy und $d\omega$ treten nun als endliche Differenzen von der Größenordnung der Scheibenbreite auf [s. Gl. (5.9)]:

$$\Delta x_i = \Delta X_i = X_{k+1} - X_k, \tag{x 1}$$

$$\Delta y_i = \Delta Y_i = Y_{k+1} - Y_k. \tag{y 1}$$

Mit dem Abstand $h = x\sin\alpha - y\cos\alpha$, einer Geraden vom Koordinatenursprung, wobei x und y Koordinaten eines beliebigen Punktes der Geraden sind, ergibt sich nach Gl. (5.25) das Differential der auf den Schwerpunkt C bezogenen

[1] Am Rechenzentrum des Institutes für Baustatik und Massivbau der ETH in Zürich, das unter der Leitung von B. Thürlimann steht, ist durch John Wolf bereits ein Programm für die elektronische Berechnung dünnwandiger Querschnitte ausgearbeitet worden.

sektoriellen Koordinate zu:

$$d\omega_C = d\Omega_C = x \sin\alpha \, ds - y \cos\alpha \, ds .$$

Somit folgt:

$$\Delta\omega_{C\,i} = \Delta\Omega_{C\,i} = x \, \Delta y_i - y \, \Delta x_i ,$$

wobei für x und y irgendeiner der drei tabellarisch erfaßten Punkte eingesetzt werden kann. Aus Symmetriegründen wird der Scheibenmittelpunkt gewählt:

$$\Delta\omega_{C\,i} = \Delta\Omega_{C\,i} = x_i \, \Delta y_i - y_i \, \Delta x_i , \qquad (\omega_C\ 1)$$

jedoch zu *Kontrollzwecken* noch derjenige Ausdruck beigefügt, der unter Benutzung eines Kantenpunktes und den Formeln (x 1), (y 1) entsteht:

$$\Delta\omega_{C\,i} = \Delta\Omega_{C\,i} = x_k y_{k+1} - x_{k+1} y_k . \qquad (\omega_C\ 1)_{\text{alt.}}$$

(Doppelter Flächeninhalt des Dreieckes mit der Scheibe i als Grundlinie und dem Koordinatenursprung als Spitze.)

Nach Kenntnis seiner Koordinaten können die auf den Schubmittelpunkt bezogenen Differentiale $\Delta\omega$ gemäß Gl. (5.37) berechnet werden:

$$\Delta\omega_i = \Delta\Omega_i = \Delta\omega_{C\,i} - x_D \, \Delta y_i + y_D \, \Delta x_i . \qquad (\omega\ 1)$$

Die *Koordinaten* X und Y sind in den Kanten durch die Dateneingabe gegeben:

$$\text{Eingabe:} \quad X_k , \qquad (\text{x } 2)$$

$$\text{Eingabe:} \quad Y_k , \qquad (\text{y } 2)$$

oder aber aus den Differenzen, wie z. B. Ω:

$$\Omega_{k+1} = \Omega_k + \Delta\Omega_i . \qquad (\omega\ 2)$$

Dabei kann mit einer beliebigen Zahl Ω_1 begonnen werden, z. B. $\Omega_1 = 0$.

Die Normierung der Koordinaten erfordert die Bestimmung des gewogenen Mittels der auf beliebige Horizonte bezogenen Koordinaten X, Y und Ω, wobei als Gewichte die Flächenelemente auftreten oder ein dazu proportionaler Wert. Wenn das halbe Flächenelement als Gewicht eingesetzt wird, so ist der halbe Beitrag der Scheibe i zum statischen Moment bezüglich des beliebig gewählten Koordinatenursprunges:

$$\frac{1}{2} \Delta S_{X\,i} = \frac{\Delta F_i}{4} (X_k + X_{k+1}) , \qquad (\text{x } 3)$$

$$\frac{1}{2} \Delta S_{Y\,i} = \frac{\Delta F_i}{4} (Y_k + Y_{k+1}) , \qquad (\text{y } 3)$$

$$\frac{1}{2} \Delta S_{\Omega\,i} = \frac{\Delta F_i}{4} (\Omega_k + \Omega_{k+1}) , \qquad (\omega\ 3)$$

und die Größe der Koordinatentransformation ergibt sich nach den Rechenschritten (5.11) und (5.27) zu:

$$\frac{\int_F X\,dF}{\int_F dF} = \frac{\sum_i \frac{1}{2} \Delta S_{X\,i}}{\sum_i 2\,\frac{\Delta F_i}{4}} = X_0 = \frac{\Sigma\,(x3)}{\Sigma\,(a)}, \tag{X_0}$$

$$Y_0 = \frac{\Sigma\,(y3)}{\Sigma\,(a)}, \tag{Y_0}$$

$$\Omega_0 = \frac{\Sigma\,(\omega 3)}{\Sigma\,(a)}, \tag{Ω_0}$$

woraus sich die untenstehenden transformierten Koordinaten der Kantenpunkte k ergeben. Da alle drei Koordinaten linear über eine Scheibe variieren, lassen sich die Koordinaten der Scheibenmittelpunkte i durch Mittelwertbildung berechnen.

$$x_k = X_k - X_0, \qquad x_i = 0{,}5\,(x_k + x_{k+1}), \tag{x 4}$$

$$y_k = Y_k - Y_0, \qquad y_i = 0{,}5\,(y_k + y_{k+1}), \tag{y 4}$$

$$\omega_k = \Omega_k - \Omega_0, \qquad \omega_i = 0{,}5\,(\omega_k + \omega_{k+1}). \tag{ω 4}$$

Die *statischen Momente* der abgeschnittenen Flächenteile werden an allen Punkten i und k benötigt. Die Elementarbeiträge sind das Produkt aus Mittelwert der Endkoordinaten multipliziert mit dem dazwischenliegenden Flächenteil:

$$\Delta S_{x\,ik} = (x_i + x_k)\,\frac{\Delta F_i}{4}, \tag{x 5}$$

$$\Delta S_{y\,ik} = (y_i + y_k)\,\frac{\Delta F_i}{4}, \tag{y 5}$$

$$\Delta S_{\omega\,ik} = (\omega_i + \omega_k)\,\frac{\Delta F_i}{4}. \tag{ω 5}$$

Das Rechenschema lautet daher bei allen ΔS-Berechnungen, auch für diejenigen, die nur zur Normierung verwendet werden:

„Die Summe der aufeinander folgenden Koordinaten ist mit dem zwischen ihnen tabellierten Flächenelement zu multiplizieren.“ (ΔS)

Die gesuchten Variablen $\tilde{S}_x$, $\tilde{S}_y$ und $\tilde{S}_\omega$ ergeben sich durch Aufsummieren und gleichzeitiges Niederschreiben der Partialsummen.

$$\tilde{S}_{x\,i} = \tilde{S}_{x\,k} + \Delta S_{x\,ik}, \tag{x 6}$$

$$\tilde{S}_{y\,i} = \tilde{S}_{y\,k} + \Delta S_{y\,ik}, \tag{y 6}$$

$$\tilde{S}_{\omega\,i} = \tilde{S}_{\omega\,k} + \Delta S_{\omega\,ik}. \tag{ω 6}$$

An der Randstelle 1 wird mit Null begonnen, und nach Gl. (5.41) entsteht eine *Kontrolle*, indem das letzte Glied der Summe auch Null werden muß:

$$\tilde{S}_{x\,n+1} = S_x = 0, \qquad \text{K (x 6)}$$

$$\tilde{S}_{y\,n+1} = S_y = 0, \qquad \text{K (y 6)}$$

$$\tilde{S}_{\omega\,n+1} = S_\omega = 0. \qquad \text{K } (\omega\ 6)$$

Die *Flächenmomente zweiter Ordnung* I_{xx}, I_{yy}, $I_{\omega\omega}$, I_{xy} und die Hilfsgrößen $I_{x\omega C}$, $I_{y\omega C}$ zur Bestimmung des Schubmittelpunktes werden ausnahmslos nach den Formeln (5.42) bestimmt.

Da alle diese Querschnittswerte aus einer Integration über die bereits berechneten Variablen $\tilde{S}_x$, $\tilde{S}_y$, $\tilde{S}_\omega$ gewonnen werden können, diese aber parabolischen Verlauf über jede Scheibe haben (mit bekannten Werten an den Rändern und in der Mitte der Scheibe), gelingt diese Integration exakt mit der SIMPSONschen Regel. Der Algorithmus für die Berechnung lautet:

„Für jede Scheibe wird die mit den Multiplikatoren 1, 4, 1 gebildete Summe $\bar{S}$ berechnet (Kolonne 7) und anschließend mit den entsprechenden Koordinatendifferenzen multipliziert.“ (ΔI)

„Die mit $-1/6$ multiplizierten Kolonnensummen sind die Flächenmomente zweiter Ordnung.“ (I)

$$\bar{S}_{x\,i} = \tilde{S}_{x\,k} + 4\tilde{S}_{x\,i} + \tilde{S}_{x\,k+1}, \qquad \text{(x 7)}$$

$$\bar{S}_{y\,i} = \tilde{S}_{y\,k} + 4\tilde{S}_{y\,i} + \tilde{S}_{y\,k+1}, \qquad \text{(y 7)}$$

$$\bar{S}_{\omega\,i} = \tilde{S}_{\omega\,k} + 4\tilde{S}_{\omega\,i} + \tilde{S}_{\omega\,k+1}. \qquad (\omega\ 7)$$

$$I_{xx} = -\tfrac{1}{6}\sum_i \bar{S}_{x\,i}\,\Delta x_i, \qquad \text{(x 8)}$$

$$I_{xy} = -\tfrac{1}{6}\sum_i \bar{S}_{x\,i}\,\Delta y_i, \qquad \text{(x 9)}$$

$$I_{x\omega\,C} = -\tfrac{1}{6}\sum_i \bar{S}_{x\,i}\,\Delta\omega_{C\,i}, \qquad \text{(x 10)}$$

$$I_{yy} = -\tfrac{1}{6}\sum_i \bar{S}_{y\,i}\,\Delta y_i, \qquad \text{(y 8)}$$

$$I_{yx} = -\tfrac{1}{6}\sum_i \bar{S}_{y\,i}\,\Delta x_i = I_{xy}, \qquad \text{K (y 9)}$$

$$I_{y\omega\,C} = -\tfrac{1}{6}\sum_i \bar{S}_{y\,i}\,\Delta\omega_{C\,i}, \qquad \text{(y 10)}$$

$$I_{\omega\omega} = -\tfrac{1}{6}\sum_i \bar{S}_{\omega\,i}\,\Delta\omega_i, \qquad (\omega\ 8)$$

$$I_{\omega x} = -\tfrac{1}{6}\sum_i \bar{S}_{\omega\,i}\,\Delta x_i = 0, \qquad \text{K } (\omega\ 9)$$

$$I_{\omega y} = -\tfrac{1}{6}\sum_i \bar{S}_{\omega\,i}\,\Delta y_i = 0. \qquad \text{K } (\omega\ 10)$$

d) Tabellenaufbau

Anordnung. Das Resultat jeder Operationen (x 1) bis (x 10), (y 1) bis (y 10), (ω 1) bis (ω 10) wird je in einer Kolonne untergebracht. Da es dreimal dieselben Vorgänge sind, nur mit verschiedenen Koordinaten, werden die zur betreffenden Koordinate gehörenden Kolonnen zusammengefaßt und, wenn notwendig, in drei Tabellen, Tabelle x, Tabelle y und Tabelle ω, zerlegt. Siehe Tab. 6.1 x, 6.1 y, 6.1 ω.

Am *Eingang der Tabelle* steht eine Kolonne mit den ungeraden und geraden Zahlen als Lagekoordinate für die errechneten Tabellenwerte und die Kolonne (a) mit den Eingaben $\Delta F_i/4$.

Das „Flußdiagramm" für die Berechnung der Daten lautet folgendermaßen:

1. Tabelleneingang und -kopf erstellen, Eingabe (a), (x 2), (y 2).
2. Berechnung der Kolonnen (x 3) bis (x 6);
   Kontrolle K (x 6);
   (y 3) bis (y 6);
   Kontrolle K (y 6).
3. Berechnung der Kolonnen (x 1), (y 1), (ω_C 1);
   (x 7) bis (x 10);
   (y 7) bis (y 10);
   Kontrolle K (y 9).
4. Bestimmung von x_D und y_D nach Gl. (5.39).
5. Berechnung der Kolonnen (ω 1) bis (ω 10), Kontrolle K (ω 9), K (ω 10).

Die beiden Schlußkontrollen K (ω 9) und K (ω 10) sind sehr kräftig; sie erfassen alle Daten und Zwischenrechnungen mit Ausnahme von Kolonne (ω 8).

Die *Resultate* werden durch die Kolonnen 4 und 6 dargestellt (Variablen) sowie durch die mit $-1/6$ multiplizierten Summen unter den Kolonnen 8, 9 und 10 (Flächenmomente zweiter Ordnung). Diese Resultate sind in den Tab. 6.1 umrahmt.

Abkürzungen in der Anschrift sind gangbar, sofern die Rechenmaschine eine Speichermöglichkeit besitzt, indem die Kolonnen 3 und 7 unterdrückt werden; denn in Kolonne 3 ist nur die Summe von Interesse, und in Kolonne 7 werden Zwischenresultate ohne physikalische Bedeutung notiert.

6.2 Beispiel

a) Querschnittsgrößen

In Abb. 6.1 ist ein Querschnitt festgelegt, für den die in Abschn. 6.1 b besprochenen Daten zu berechnen sind.

Die Anzahl der Angaben beläuft sich für den aus drei Scheiben gebildeten Querschnitt auf $12(3 + 1) = 48$. Die in den Tab. 6.1 eingerahmten Zahlen sind die Resultate, deren Dimension am Tabellenkopf abgelesen wird. Die strichliert umrahmten Größen dienen der Kontrolle.

Aus drucktechnischen Gründen mußte die Tabelle in drei Teile zerlegt werden, weshalb der Tabelleneingang und Kolonne (a) dreimal aufgeführt wurden.

Um die Kontrolle zu erleichtern, sind die in Kolonne (ω 1) zu tabellierenden Hilfswerte $\Delta\omega_C$ nicht gelöscht und durch die aus ihnen hervorgehenden Größen $\Delta\omega$ überschrieben, sondern als separate Kolonne der Tab. 6.1y angefügt worden.

Die für die Tabellenrechnung notwendigen Zwischenrechnungen betreffend die Schwerpunkts- und Schubmittelpunktskoordinaten sind unter den Tabellen aufgeführt.

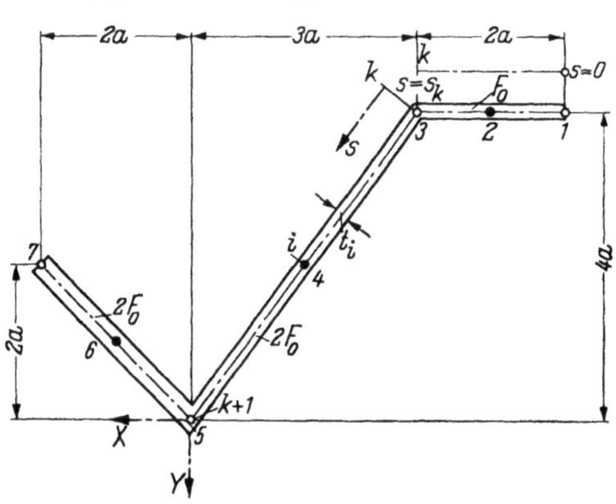

Abb. 6.1. Bezeichnungen

b) Spannungen

Mit der Annahme, daß ein Stab mit dem oben berechneten Querschnitt unter gleichmäßig verteilter, lotrechter Flächenbelastung $\bar{p}$ stehe und reine Wölbtorsion vorliege, wird die Spannungsverteilung ermittelt.

Die resultierende Linienbelastung $p = \bar{p}\,7a$ hat einen Abstand von $x_D + a/2 = 1{,}65a$ vom Schubmittelpunkt (Abb. 6.2).

Wird die Belastung auf den Schubmittelpunkt reduziert, so ergeben sich die zwei Belastungsfälle:

$$p_y = +p,$$

$$m_D = -1{,}65pa.$$

Entspricht die Lagerung des Stabes hinsichtlich Verdrehung derjenigen von Biegung (sind also die Randbedingungen für φ dieselben wie für η), so verhält sich bei reiner Wölbtorsion das Biegemoment M_y aus p_y zum Bimoment M_ω aus m_D wie die oben angegebenen Belastungskomponenten (s. Kap. 7.1):

$$M_\omega = -1{,}65aM_y.$$

Dasselbe gilt zwischen Torsionsmoment T_ω und Querkraft

$$T_\omega = -1{,}65aQ_y.$$

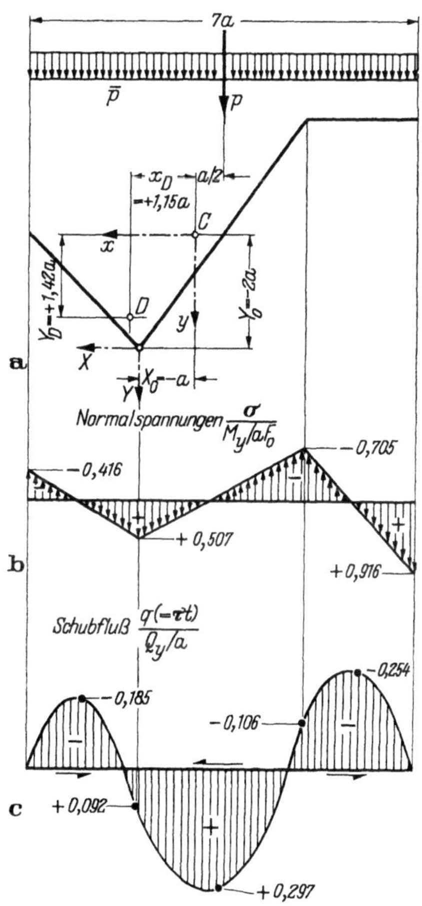

Abb. 6.2. Spannungen infolge gleichmäßig verteilter Belastung am Profil der Abb. 6.1

Tabelle 6.1. x

Gl. u. Kol. Nummer	(a)	$(x1)$	$(x2)$	$(x3)$	$(x4)$	$(x5)$	$(x6)$	$(x7)$	$(x8)$	$(x9)$	$(x10)$
Bezeichnung	$\Delta F/4$	Δx	X	$\Delta S_X/2$	x	ΔS_x	$\tilde{S}_x$	$1+4+1$	I_{xx}	I_{xy}	$I_{x\omega C}$
Dimension oder Multiplikator	F_0	a	a	$a F_0$	a	$a F_0$	$a F_0$	$a F_0$	$a^2 F_0$	$a^2 F_0$	$a^3 F_0$
1			−5,00		−4,00		0,0				
	0,25					−1,75					
2		+2,00		−2,00	−3,00		−1,75	−10,0	−20,0	+00,0	−40,0
	0,25					−1,25					
3			−3,00		−2,00		−3,00				
	0,50					−1,25					
4		+3,00		−1,50	−0,50		−4,25	−24,0	−72,0	−96,0	+48,0
	0,50					+0,25					
5			+0,00		+1,00		−4,00				
	0,50					+1,50					
6		+2,00		+1,00	+2,00		−2,50	−14,0	−28,0	+28,0	+84,0
	0,50					+2,50					
7			+2,00		+3,00		0,0				
× 2	2,50			−2,50				: (−6)	−120	−68,0	+92,0
$F =$	5,00								+20,0	+11,3	−15,3

$$\text{Gl. } (X_0):\ X_0 = \frac{\Sigma\,(x3)}{\Sigma\,(a)} = \frac{-2{,}50\,a\,F_0}{2{,}50\,F_0} = -1{,}00\,a.$$

Tabelle 6.1. y

Gl. u. Kol. Nummer	(a)	$(y1)$	$(y2)$	$(y3)$	$(y4)$	$(y5)$	$(y6)$	$(y7)$	$(y8)$	$(y9)$	$(y10)$	$(\omega_C 1)$
Bezeichnung	$\Delta F/4$	Δy	Y	$\Delta S_Y/2$	y	ΔS_y	$\tilde{S}_y$	$1+4+1$	I_{yy}	I_{yx}	$I_{y\omega C}$	$\Delta\omega_C$
Dim. oder Multiplikator	F_0	a	a	aF_0	a	aF_0	aF_0	aF_0	a^2F_0	a^2F_0	a^3F_0	a^2
1			−4,00		−2,00		0,0					
	0,25					−1,00						
2		−0,00		−2,00	−2,00		−1,00	− 6,0	+ 0,0	−12,0	−24,0	+4,00
	0,25					−1,00						
3			−4,00		−2,00		−2,00					
	0,50					−1,00						
4		+4,00		−2,00	−0,00		−3,00	−16,0	−64,0	−48,0	+32,0	−2,00
	0,50					+1,00						
5			+0,00		+2,00		−2,00					
	0,50					+1,50						
6		−2,00		−1,00	+1,00		−0,50	− 4,0	+ 8,0	− 8,0	+24,0	−6,00
	0,50					+0,50						
7			−2,00		−0,00		0,0					
×2	2,50			−5,00				:(−6)	−56,0	−68,0	+32,0	
									+ 9,33	+11,3	−5,33	

Gl. (Y_0): $Y_0 = \frac{\Sigma\,(y3)}{\Sigma\,(a)} = \frac{-5{,}00\,a F_0}{2{,}50\,F_0} = -2{,}00\,a.$

Gl. (5.14): $D = I_{xx} I_{yy} - I_{xy}^2 = +58{,}2\,a^4 F_0^2.$

Gl. (5.39): $x_D = \frac{1}{D}\,(I_{xx} I_{y\omega C} - I_{xy} I_{x\omega C}) = +1{,}15\,a.$

Gl. (5.39): $y_D = -\frac{1}{D}\,(I_{yy} I_{x\omega C} - I_{xy} I_{y\omega C}) = +1{,}42\,a.$

Tabelle 6.1. ω

Gl. u. Kol. Nummer	(a)	($\omega 1$)	($\omega 2$)	($\omega 3$)	($\omega 4$)	($\omega 5$)	($\omega 6$)	($\omega 7$)	($\omega 8$)	($\omega 9$)	($\omega 10$)
Bezeichnung	$\Delta F/4$	$\Delta\omega$	Ω	$\Delta S_\Omega/2$	ω	ΔS_ω	$\tilde{S}_\omega$	$1+4+1$	$I_{\omega\omega}$	$I_{x\omega}$	$I_{y\omega}$
Dimension oder Multiplikator	F_0	a^2	a^2	$a^2 F_0$	a^2	$a^2 F_0$	$a^2 F_0$	$a^2 F_0$	$a^4 F_0$	$a^3 F_0$	$a^3 F_0$
1			0,0		−4,57		0,0				
	0,25					−1,43					
2		+6,84		+1,71	−1,15		−1,43	−6,88	−47,1	−13,8	−0,00
	0,25					+0,28					
3			+6,84		+2,27		−1,15				
	0,50					+1,68					
4		−2,35		+5,66	+1,09		+0,52	+1,97	− 4,6	+ 5,9	+7,87
	0,50					+0,50					
5			+4,49		−0,08		+1,03				
	0,50					−0,30					
6		−0,85		+4,06	−0,51		+0,73	+3,93	− 3,4	+ 7,9	−7,87
	0,50					−0,73					
7			+3,63		−0,94		0,0				
	2,50			11,43				:(−6)	−55,1	0,0	0,00
									+9,18	0	0

$$\text{Gl. } (\Omega_0):\quad \Omega_0 = \frac{\Sigma(\omega 3)}{\Sigma(a)} = \frac{+11{,}43\,a^2 F_0}{2{,}50\,F_0} = +4{,}57\,a^2.$$

Nach den Gln. (5.15b) — unter Beachtung, daß $M_x = 0$ ist — und der Gl. (5.33) ergibt die Überlagerung der Normalspannungen aus diesen beiden Lastfällen:

$$\sigma = \left(\frac{I_{xx}}{D}\,y - \frac{I_{xy}}{D}\,x - \frac{1{,}65a}{I_{\omega\omega}}\,\omega\right) M_y,$$

$$= \left(0{,}344\,\frac{y}{a} - 0{,}195\,\frac{x}{a} - 0{,}180\,\frac{\omega}{a^2}\right)\frac{M_y}{a F_0}$$

und gemäß den Gln. (5.19) und (5.34) die Schubflüsse:

$$q = \tau t = -\left(\frac{I_{xx}}{D}\,\tilde{S}_y - \frac{I_{xy}}{D}\,\tilde{S}_x - \frac{1{,}65a}{I_{\omega\omega}}\,\tilde{S}_\omega\right) Q_y,$$

$$= -\left(0{,}344\,\frac{\tilde{S}_y}{a F_0} - 0{,}195\,\frac{\tilde{S}_x}{a F_0} - 0{,}180\,\frac{\tilde{S}_\omega}{a^2 F_0}\right)\frac{Q_y}{a}.$$

Der Verlauf von Normalspannungen und Schubfluß über den Querschnitt ist in Abb. 6.2b bzw. c als Normalprojektion gezeichnet.

Übung 6.1. *Horizontale Belastung.* Berechne die Normalspannungen am Profil der Abb. 6.1 für eine in der Scheibe *2* in negativer x-Richtung wirkenden Belastung.

Lösung:

allgemein:

$$\sigma = (-0{,}160305x + 0{,}194656y - 0{,}37267\omega)\,\frac{M_x}{a^2 F_0};$$

speziell für

Punkt 1: $+1{,}957\,\dfrac{M_x}{a F_0}$,

Punkt 3: $-0{,}913\,\dfrac{M_x}{a F_0}$,

Punkt 5: $+0{,}261\,\dfrac{M_x}{a F_0}$,

Punkt 7: $-0{,}130\,\dfrac{M_x}{a F_0}$.

Übung 6.2. *Faltwerk als Stab aufgefaßt.* Fasse das in Abb. 11.3 gezeichnete Profil als den Querschnitt eines dünnwandigen Stabes auf und berechne:

a) Das Wölbträgheitsmoment $I_{\omega\omega}$ und die Lage des Schubmittelpunktes y_D über den Traufpunkten *3* und *7*.

b) Die Normalspannungen für den angedeuteten Belastungsfall (p_8 erzeuge das Biegemoment $M_y = M_{80}$) unter der Annahme vernachlässigbarer SAINT-VENANTscher Torsion.

Lösungen:

a) $I_{\omega\omega} = \dfrac{14}{27}\,c^4 F_0$, $\quad y_D = -\dfrac{11}{8}\,c$.

b)

$$\sigma_1 = -\frac{39}{28}\frac{M_{80}}{cF_0},$$

$$\sigma_3 = +\frac{9}{7}\frac{M_{80}}{cF_0},$$

$$\sigma_5 = -\frac{3}{4}\frac{M_{80}}{cF_0},$$

$$\sigma_7 = -\frac{9}{7}\frac{M_{80}}{cF_0},$$

$$\sigma_9 = +\frac{81}{28}\frac{M_{80}}{cF_0}.$$

6.3 Zusammengesetzte, offene Querschnitte

a) Drehsinne und Vorzeichen

Bei einem offenen, dünnwandigen Querschnitt kann die Bogenkoordinate s längs der Wandmittellinie in zwei Richtungen verlaufen. Nachstehende Überlegungen zeigen, daß es für die Resultate der Berechnung gleichgültig ist, welcher Richtungssinn als positiv deklariert wird.

Umkehrung des Richtungssinnes — erkennbar gemacht durch Beginn der Numerierung vom gegenüberliegenden Ende her — bedeutet einen Vorzeichenwechsel in den Differenzen Δx und Δy und in der Bildung der Partialsummen S.

Die Koordinaten x und y ändern ihr Vorzeichen nicht, da sie aus einer Translation aus gegebenen Koordinaten X und Y hervorgehen. Dasselbe Ergebnis gilt für die sektoriellen Koordinaten Ω und ω, jedoch aus anderen Gründen. Omega wird gebildet aus Partialsummen über Summanden, deren Vorzeichen mit Δx und Δy wechseln, was nach obiger Feststellung einen zweimaligen Umschlag der Vorzeichen ergibt.

Dagegen kehrt das Vorzeichen von $\tilde{S}_x$, $\tilde{S}_y$ und $\tilde{S}_\omega$, die das Vorzeichen des Schubflusses q festlegen. Dieser ist aber als positiv bezeichnet worden, wenn er am Querschnitt mit äußerer Normalen in $+z$-Richtung in $+s$-Richtung zeigt. Da die Umkehrung des Richtungssinnes für s die Voraussetzung von einer Vorzeichenumkehrung für $\tilde{S}$ ist, so bleibt das Resultat im physikalischen Sinne unverändert.

Die Flächenmomente zweiter Ordnung sind die Summen von Produkten aus statischen Momenten und Koordinatendifferenzen, deren Vorzeichen je mit s wechseln. Daher ist das Vorzeichen der Teilsummanden unabhängig vom gewählten Richtungssinn.

b) Gabelungen

Bei offenen, dünnwandigen Querschnitten, die sich nicht durch einen einzigen Streckenzug beschreiben lassen (s. z. B. Abb. 6.3a), können die Querschnittsgrößen ebenfalls mit dem besprochenen Algorithmus berechnet werden, wenn das „Flußdiagramm" ergänzt wird: An den Verzweigungsstellen müssen die Spannungen der anstoßenden Wände einander gleich und für die Schubflüsse die Kontinuitätsgleichung erfüllt sein. Aus diesen beiden Bedingungen ergibt sich die

Ergänzung in der Berechnung der sektoriellen Koordinate ω und der elastischen Momente der abgeschnittenen Querschnittsflächen.

Die statischen Momente der abgeschnittenen Querschnittsflächen können von allen freien Enden her bis zum Punkte des *Zusammenschlusses* berechnet werden. Unmittelbar nach diesem Punkt ist die *Summe* der Anschlußwerte das statische Moment des gesamten abgeschnittenen Querschnittsteiles. Es gibt *nie Differenzen*, wenn es keine Verzweigungen in die Äste hinaus gibt, und dies ist stets der Fall, wenn die Bogenkoordinaten s von *allen* freien Enden her den Gabelungspunkten zulaufen.

Es wird daher ein beliebiger Streckenzug des zusammengesetzten offenen Querschnittes, der an einem freien Rande beginnt und an einem freien Rande endet, als Hauptzug aufgefaßt und durchnumeriert. Mit neuer (ungerader) Nummer an den freien Rändern beginnend, werden alle Nebenzüge gekennzeichnet.

Bei der Bildung der statischen Momente $\tilde{S}$ (d. h. der Kolonnen 6) werden erst alle Nebenstränge mit Null beginnend aufsummiert und der Übertrag an der betreffenden Anschlußstelle im Hauptstrang in die ΔS (Kolonne 5) eingetragen.

Die ebenfalls aus Partialsummen gebildete sektorielle Koordinate Ω entsteht durch fortlaufendes Aufsummieren der $\Delta\Omega$ des Hauptstranges, Übertragung der an den Verzweigungsstellen erhaltenen Ω-Werte in die Nebenstränge und rückschreitendes Subtrahieren jener $\Delta\Omega$-Werte bis zum freien Rande. (Kontrolle: Am freien Rande beginnend, entsteht nach Gl. (ω 2) der Ω-Wert am Verzweigungspunkt des Hauptstranges).

c) Symmetrie

Besitzt der Querschnitt eine Symmetrieachse, so läßt man eine Koordinatenachse — angenommen, es sei die y-Achse — mit ihr zusammenfallen. Die beiden übrigen Koordinaten, x und ω, verlaufen daher antimetrisch bezüglich der Symmetrieachse. Eine Normierung erübrigt sich für diese, da sie auf der Symmetrieachse den Wert Null haben müssen. (Ausgangspunkt für die ω-Berechnung aus den $\Delta\omega$.)

Die beiden Flächenintegrale I_{xy} und $I_{y\omega C}$ verschwinden, weil in ihnen eine antimetrische Koordinate nur einmal erscheint. Aus der ersten der beiden Bestimmungsgleichungen für den Schubmittelpunkt [Gl. (5.39)] folgt, daß dieser Punkt auf der Symmetrieachse liegen muß.

Die tabellarische Berechnung kann um einige Kolonnen gekürzt werden, weil die Normierung dahinfällt oder das Flächenintegral Null ist (s. Tab. 6.2). Falls man sich Rechenschaft über die Symmetrie- und Antimetrieeigenschaften der niedergeschriebenen Rechenoperationen gibt, so können auch die zur symmetrischen Querschnittshälfte gehörenden Zeilen eingespart werden.

d) Konzentrierte Flächen

Konzentrierte Flächen können als Scheiben verschwindender Breite mitgeführt werden, indem je ein Lagepunkt vor, innerhalb und nach der geballten Fläche eingeführt wird. Alle drei Punkte haben aber dieselben Koordinaten. Von Interesse ist nur der Schubfluß unmittelbar vor und nach der Fläche.

Tabelle

Gl. Nr.	(a)	$(x1)$	$(x4)$	$(x5)$	$(x5)$	$(x7)$	$(x8)$	$(x10)$
Bezeichnung	$\Delta F/4$	Δx	x	ΔS_x	$\tilde{S}_x$	$1+4+1$	I_{xx}	$I_{x\omega c}$
Multiplikator	F_0	a	a	aF_0	aF_0	aF_0	a^2F_0	a^3F_0
1			$+2$		0			
	$\frac{1}{4}$			$+1$				
2		0	$+2$		$+1$	$+6$	0	0
	$\frac{1}{4}$			$+1$				
3			$+2$		$+2$			
	$\frac{1}{4}$			$+1$				
4		0	$+2$		$+3$	$+18$	0	-72
	$\frac{1}{4}$			$+1$				
5_4			$+2$		$+4$			
				$+\frac{5}{2}$				
5_6			$+2$		$+\frac{13}{2}$			
	$\frac{3}{2}$			$+3$				
6		-4	0		$+\frac{19}{2}$	$+51$	-204	-102
	$\frac{3}{2}$			-3				
7_6			-2		$+\frac{13}{2}$			
				$-\frac{5}{2}$				
7_8			-2		$+4$			
	$\frac{1}{4}$			-1				
8		0	-2		$+3$	$+18$	0	-72
	$\frac{1}{4}$			-1				
9			-2		$+2$			
	$\frac{1}{4}$			-1				
10		0	-2		$+1$	$+6$	0	0
	$\frac{1}{4}$			-1				
11			-2		0			
13			$+3$		0			
	$\frac{1}{4}$			$+\frac{11}{8}$				
14		-1	$+\frac{5}{2}$		$+\frac{11}{8}$	$+8$	-8	-4
	$\frac{1}{4}$			$+\frac{9}{8}$				
5_{14}			$+2$		$+\frac{5}{2}$			
15			-3		0			
	$\frac{1}{4}$			$-\frac{11}{8}$				
16		$+1$	$-\frac{5}{2}$		$-\frac{11}{8}$	-8	-8	-4
	$\frac{1}{4}$			$-\frac{9}{8}$				
7_{16}			-2		$-\frac{5}{2}$			
	6					$:(-6)$	-220	-254
	$F = 12$					$=$	$+\frac{110}{3}$	$+\frac{127}{3}$

6.2

(y1)	(y4)	(y5)	(y6)	(y8)	(ωC1)	(ω1)	(ω4)	(ω5)	(ω6)	(ω8)
Δy	y	ΔS_y	$\tilde{S}_y$	I_{yy}	$\Delta_{\omega C}$	$\Delta\omega$	ω	ΔS_ω	$\tilde{S}_\omega$	$I_{\omega\omega}$
a	a	aF_0	aF_0	a^2F_0	a^2	a^2	$\frac{a^2}{110}$	$\frac{a^2F_0}{110}$	$\frac{a^2F_0}{110}$	$\frac{a^4F_0}{110}$
	$+\frac{3}{2}$		0				+296		0	
		$+\frac{3}{4}$						+148		
0	$+\frac{3}{2}$		$+\frac{3}{4}$	0	0	0	+296		+148	0
		$+\frac{3}{4}$						+148		
	$+\frac{3}{2}$		$+\frac{3}{2}$				+296		+296	
		$+\frac{1}{2}$						+ 93		
−2	$+\frac{1}{2}$		+2	−23	−4	−4	+ 76		+389	8896
		0						− 17		(−)
	$-\frac{1}{2}$		+2				−144		+372	
		$-\frac{1}{2}$						−180		
	$-\frac{1}{2}$		$+\frac{3}{2}$				−144		+192	
		$-\frac{3}{2}$						−216		
0	$-\frac{1}{2}$		0	0	−2	$+\frac{288}{110}$	− 0		− 24	$\frac{288^2}{110}$
		$-\frac{3}{2}$						+216		(+)
	$-\frac{1}{2}$		$-\frac{3}{2}$				+144		+192	
		$-\frac{1}{2}$						+180		
	$-\frac{1}{2}$		−2				+144		+372	
		0						+ 17		
+2	$+\frac{1}{2}$		−2	−23	−4	−4	− 76		+389	8896
		$+\frac{1}{2}$						− 93		(−)
	$+\frac{3}{2}$		$-\frac{3}{2}$				−296		+296	
		$+\frac{3}{4}$						−148		
0	$+\frac{3}{2}$		$-\frac{3}{4}$	0	0		−296		+148	0
		$+\frac{3}{4}$						−148		
	$+\frac{3}{2}$		0				−296		0	
	$-\frac{1}{2}$		0				−216		0	
		$-\frac{1}{4}$						− 99		
0	$-\frac{1}{2}$		$-\frac{1}{4}$	0	$-\frac{1}{2}$	$+\frac{72}{110}$	−180		− 99	$\frac{288^2}{2\cdot 110}$
		$-\frac{1}{4}$						− 81		(−)
	$-\frac{1}{2}$		$-\frac{1}{2}$				−144		−180	
	$-\frac{1}{2}$		0				+216		0	
		$-\frac{1}{4}$						+ 99		
0	$-\frac{1}{2}$		$-\frac{1}{4}$	0	$+\frac{1}{2}$	$-\frac{72}{110}$	+180		+ 99	$\frac{288^2}{2\cdot 110}$
		$-\frac{1}{4}$						+ 81		(−)
	$-\frac{1}{2}$		$-\frac{1}{2}$				+144		+180	
			:(−6)	−46					:(−6)	−17792

$$= +\frac{23}{3} \qquad\qquad = +\frac{8896}{3}$$

Übung 6.3. Berechne die Querschnittswerte für den in Abb. 11.8 skizzierten Brückenquerschnitt. Er unterscheidet sich von dem in Abb. 6.3a gezeichneten nur

Gl. Nr.	(a)	$(x1)$	$(x4)$	$(x5)$	$(x6)$	$(x7)$	$(x8)$	$(x10)$
Bezeichnung	$\Delta F/4$	Δx	x	ΔS_x	$\tilde{S}_x$	$1+4+1$	I_{xx}	$I_{x\omega}c$
Multiplikator	F_0	a	a	aF_0	aF_0	aF_0	a^2F_0	a^3F_0
1			$+2$		0			
	$\frac{1}{4}$			$+1$				
2		0	$+2$		$+1$	$+6$	0	0
	$\frac{1}{4}$			$+1$				
3			$+2$		$+2$			
	$\frac{1}{4}$			$+1$				
4		0	$+2$		$+3$	$+18$	0	-72
	$\frac{1}{4}$			$+1$				
5_4			$+2$		$+4$			
				$+\frac{10}{3}$				
5_6			$+2$		$+\frac{22}{3}$			
	$\frac{4}{3}$			$+\frac{8}{3}$				
6		-4	0		$+10$	$+\frac{164}{3}$	$-\frac{656}{3}$	$-\frac{328}{3}$
	$\frac{4}{3}$			$-\frac{8}{3}$				
7_6			-2		$+\frac{22}{3}$			
				$-\frac{10}{3}$				
7_8			-2		$+4$			
	$\frac{1}{4}$			-1				
8		0	-2		$+3$	$+18$	0	-72
	$\frac{1}{4}$			-1				
9			-2		$+2$			
	$\frac{1}{4}$			-1				
10		0	-2		$+1$	$+6$	0	0
	$\frac{1}{4}$			-1				
11			-2		0			
13			$+3$		0			
	$\frac{1}{3}$			$+\frac{11}{6}$				
14		-1	$+\frac{5}{2}$		$+\frac{11}{6}$	$+\frac{32}{3}$	$-\frac{32}{3}$	$-\frac{16}{3}$
	$\frac{1}{3}$			$+3$				
5_{14}			$+2$		$+\frac{10}{3}$			
15			-3		0			
	$\frac{1}{3}$			$-\frac{11}{6}$				
16		$+1$	$-\frac{5}{2}$		$-\frac{11}{6}$	$-\frac{32}{3}$	$-\frac{32}{3}$	$-\frac{16}{3}$
	$\frac{1}{3}$			-3				
7_{16}			-2		$-\frac{10}{3}$			
	6					$:(-6)$	-240	-264

$F = 12F_0$ $\quad = \quad \underline{+40} \quad \underline{+44}$

dadurch, daß die gesamte Fahrbahntafel eine konstante Stärke aufweist ($t = 8\,F_0/6\,a$).

Das *Resultat* ist der nachstehenden Tabelle zu entnehmen; $y_D = -11\,a/10$.

(y1) Δy a	(y4) y a	(y5) ΔS_y $a F_0$	(y6) $\tilde{S}_y$ $a F_0$	(y8) I_{yy} $a^2 F_0$	(ω_C1) $\Delta \omega_C$ a^2	(ω1) $\Delta \omega$ a^2	(ω4) ω a^2	(ω5) ΔS_ω $a^2 F_0$	(ω6) $\tilde{S}_\omega$ $a^2 F_0$	(ω8) $I_{\omega\omega}$ $a^4 F_0$
	$+\frac{3}{2}$		0				$+\frac{14}{5}$		0	
		$+\frac{3}{4}$						$+\frac{7}{5}$		
0	$+\frac{3}{2}$		$+\frac{3}{4}$	0	0	0	$+\frac{14}{5}$		$+\frac{7}{5}$	0
		$+\frac{3}{4}$						$+\frac{7}{5}$		
	$+\frac{3}{2}$		$+\frac{3}{2}$				$+\frac{14}{5}$		$+\frac{14}{5}$	
		$+\frac{1}{2}$						$+\frac{9}{10}$		
-2	$+\frac{1}{2}$		$+2$	-23	-4	-4	$+\frac{4}{5}$		$+\frac{37}{10}$	$-\frac{424}{5}$
		0						$-\frac{1}{10}$		
	$-\frac{1}{2}$		$+2$				$-\frac{6}{5}$		$+\frac{18}{5}$	
		$-\frac{2}{3}$						-2		
	$-\frac{1}{2}$		$+\frac{4}{3}$				$-\frac{6}{5}$		$+\frac{8}{5}$	
		$-\frac{4}{3}$						$-\frac{8}{5}$		
0	$-\frac{1}{2}$		-0	0	-2	$+\frac{12}{5}$	0		0	$+\frac{192}{25}$
		$-\frac{4}{3}$						$+\frac{8}{5}$		
	$-\frac{1}{2}$		$-\frac{4}{3}$				$+\frac{6}{5}$		$+\frac{8}{5}$	
		$-\frac{2}{3}$						$+2$		
	$-\frac{1}{2}$		-2				$+\frac{6}{5}$		$+\frac{18}{5}$	
		0						$+\frac{1}{10}$		
$+2$	$+\frac{1}{2}$		-2	-23	-4	-4	$-\frac{4}{5}$		$+\frac{37}{10}$	$-\frac{424}{5}$
		$+\frac{1}{2}$						$-\frac{9}{10}$		
	$+\frac{3}{2}$		$-\frac{3}{2}$				$-\frac{14}{5}$		$+\frac{14}{5}$	
		$+\frac{3}{4}$						$-\frac{7}{5}$		
0	$+\frac{3}{2}$		$-\frac{3}{4}$	0	0	0	$-\frac{14}{5}$		$+\frac{7}{5}$	
		$+\frac{3}{4}$						$-\frac{7}{5}$		0
	$+\frac{3}{2}$		0				$-\frac{14}{5}$		0	
	$-\frac{1}{2}$		0				$-\frac{9}{5}$		0	
		$-\frac{1}{3}$						$-\frac{11}{10}$		
0	$-\frac{1}{2}$		$-\frac{1}{3}$	0	$-\frac{1}{2}$	$+\frac{3}{5}$	$-\frac{15}{10}$		$-\frac{11}{10}$	$-\frac{96}{25}$
		$-\frac{1}{3}$						$-\frac{9}{10}$		
	$-\frac{1}{2}$		$-\frac{2}{3}$				$-\frac{6}{5}$		-2	
	$-\frac{1}{2}$		0				$+\frac{9}{5}$		0	
		$-\frac{1}{3}$		0				$+\frac{11}{10}$		
0	$-\frac{1}{2}$		$-\frac{1}{3}$		$+\frac{1}{2}$	$-\frac{3}{5}$	$+\frac{15}{10}$		$+\frac{11}{10}$	$-\frac{96}{25}$
		$-\frac{1}{3}$						$+\frac{9}{10}$		
	$-\frac{1}{2}$		$-\frac{2}{3}$				$+\frac{6}{5}$		$+2$	
			:(−6)	-46					:(−6)	$-\frac{848}{5}$
				$+\frac{23}{3}$					=	$+\frac{424}{15}$

e) Verbundquerschnitte

Wie bei der Biegungslehre von Stäben, die aus Materialien verschiedener Elastizitätsmoduli bestehen, kann auch hier ein Bezugsmaterial (E_0) festgelegt und die Berechnung der Querschnittswerte durch Einführen der n-wertigen ($n = E/E_0$) Flächenelemente ($\Delta F_i^* = n\,\Delta F_i$) auf homogene Querschnitte, bestehend aus Materialien mit dem Bezugsmodul E_0, zurückgeführt werden. Die effektiven Spannungen ergeben sich aus den am scheinbar homogenen Stab berechneten durch Multiplikation mit dem n-Wert des lokal vorhandenen Materials.

f) Beispiel

Ein Beispiel zur Berechnung eines zusammengesetzten, symmetrischen Querschnittes mit konzentrierten Flächen ist der in Abb. 6.3 dargestellte Brückenquerschnitt.

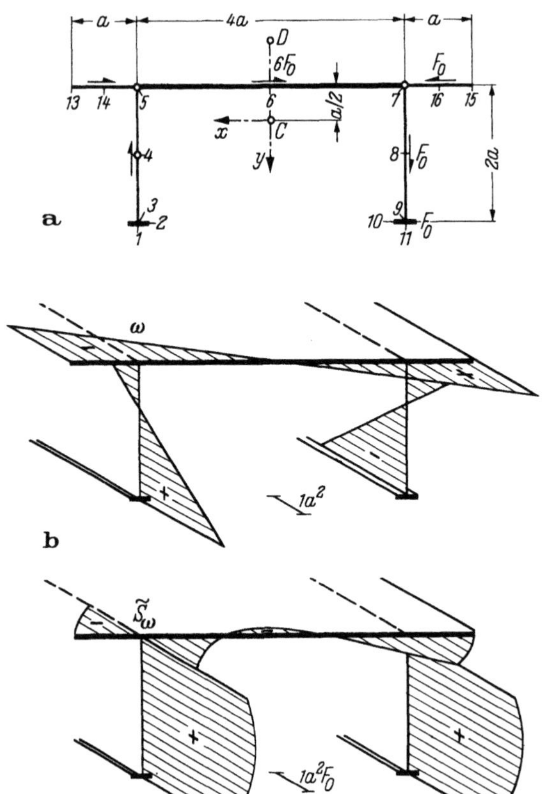

Abb. 6.3. Beispiel eines zusammengesetzten, offenen Querschnittes
a) Abmessungen; b) Verlauf der sektoriellen Koordinate ω;
c) Verlauf des sektoriellen statischen Momentes $\tilde{S}_\omega$

Für die getroffenen Annahmen über die Abmessungen und (bereits n-wertigen) Flächen der Teilscheiben — die Längeneinheit a kann z. B. 1 m sein, die Flächeneinheit $F_0 = 200\,\text{cm}^2$ — liegt der Schwerpunkt C im Abstand $a/2$ unter der Fahrbahnplatte.

Mit der im Abschn. 6.3c besprochenen Vereinfachung bei Symmetrie ergibt sich die in Tab. 6.2 aufgeführte Berechnung. Die Zwischenrechnung für die y-Koordinate des Schubmittelpunktes lautet:

$$y_D = -\frac{I_{x\omega C}}{I_{xx}} = -\frac{127}{110}\,a \cong -1{,}15a.$$

Die zur Normal- und Schubspannungsberechnung benötigten Variablen x, y, ω und $\tilde{S}_x$, $\tilde{S}_y$, $\tilde{S}_\omega$ sind unter den eingerahmten Tabellenköpfen zu finden, wobei die dimensionslosen Kolonnenwerte mit dem über der Kolonne aufgeführten Multiplikator zu multiplizieren sind. Der Verlauf der Variablen ω und $\tilde{S}_\omega$ geht aus Abb. 6.3b und c hervor.

Die Flächenmomente zweiter Ordnung lauten:

$$I_{xx} = \frac{110}{3} a^2 F_0 \cong 36{,}7 a^2 F_0,$$

$$I_{yy} = \frac{23}{3} a^2 F_0 \cong 7{,}7 a^2 F_0,$$

$$I_{\omega\omega} = \frac{8896}{3 \cdot 110} a^4 F_0 \cong 27{,}0 a^4 F_0.$$

7 Statik der Wölbtorsion

7.1 Einführung

a) Begriffe

Die Kap. 5 und 6 befaßten sich mit der Verteilung der Spannungen über den Querschnitt eines dünnwandigen, offenen Stabes. Dieses Kap. 7 wird den Verlauf der Wölbspannungen in Stablängsrichtung unter der Voraussetzung behandeln, daß das SAINT-VENANTsche Torsionsmoment T_s vernachlässigbar klein sei.

Die vollkommene Analogie der Wölbtorsion zur Biegung, die in Tab. 5.1 zum Ausdruck kommt, wird dieses neue Problem besonders einfach machen.

Der Stabdurchbiegung η entspricht die Stabverdrehung φ, der Neigung der Biegelinie θ_y die spezifische Verdrehung θ_ω, dem Biegemoment M_y das Bimoment M_ω, der Querkraft Q_y das Torsionsmomten T_ω und der gleichmäßig verteilten Belastung p_y das gleichmäßig verteilt angreifende Drehmoment m_D.

Die geometrischen Größen φ und φ' kann man sich noch einigermaßen vorstellen; ebenso das angreifende Drehmoment m_D und das Torsionsmoment T_ω. Letzteres wird dargestellt durch die streckenweise aufsummierten Schubflüsse, multipliziert mit ihren Hebelarmen bezüglich eines Querschnittspunktes. Dagegen muß das Bimoment, das keine Gesamtresultierende hat, zunächst als Definition jener Größe hingenommen werden, welche dem Biegemoment entsprechend die Normalspannungen aus Verwölbung liefert. Bei einem symmetrischen Profil aus drei Scheiben kann man sich dasselbe als zwei einander entgegengesetzt drehende Biegemomente vorstellen, wie dies in der später zu besprechenden Abb. 11.7c zum Ausdruck kommt.

b) Die üblichen Lagerungsarten

Da die Differentialgleichungen für Biegung in einer Hauptebene und für Wölbtorsion bis und mit Vorzeichen übereinstimmen (s. Tab. 5.1), sind die Lösungen bei Torsionsbeanspruchung dann jenen aus Biegung vollkommen analog, wenn auch noch die Randbedingungen die entsprechenden sind.

In den Abb. 7.1 bis 7.3 sind die wesentlichsten Lagerungsarten dargestellt, und der Verlauf der Schnittkräfte aus Torsion ist ebenfalls eingetragen. Dabei ist im ersten und dritten Falle (Abb. 7.1 u. 7.3) ein gleichmäßig verteilt angreifendes Drehmoment m_D angenommen worden; im zweiten (Abb. 7.2) ein konzentriert angreifendes Drehmoment M_D.

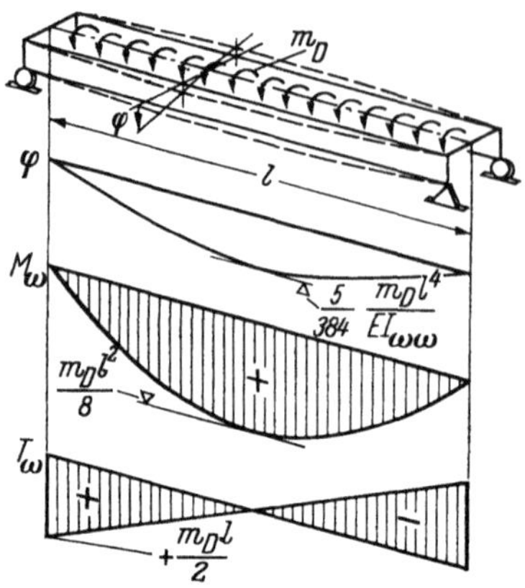

Abb. 7.1. Dem einfach gelagerten Stab entspricht der an den Enden gegen Verdrehung gehaltene, frei verwölbbare Stab

Die analytische Formulierung der Randbedingungen für die drei Lagerungsbeispiele lautet:

Einfach gelagerter Stab (Abb. 7.1):

$$\begin{aligned} \varphi(z=0) &= 0, & \varphi(z=l) &= 0, \\ M_\omega(z=0) &= 0, & M_\omega(z=l) &= 0. \end{aligned} \tag{7.1}$$

Beidseitig eingespannter Stab (Abb. 7.2):

$$\begin{aligned} \varphi(z=0) &= 0, & \varphi(z=l) &= 0, \\ \varphi'(z=0) &= 0, & \varphi'(z=l) &= 0. \end{aligned} \tag{7.2}$$

Kontinuitätsbedingung über Stütze (Abb. 7.3):

$$\begin{aligned} \varphi'_{\text{links}} &= \varphi'_{\text{rechts}}, \\ \varphi &= 0, \end{aligned} \tag{7.3}$$

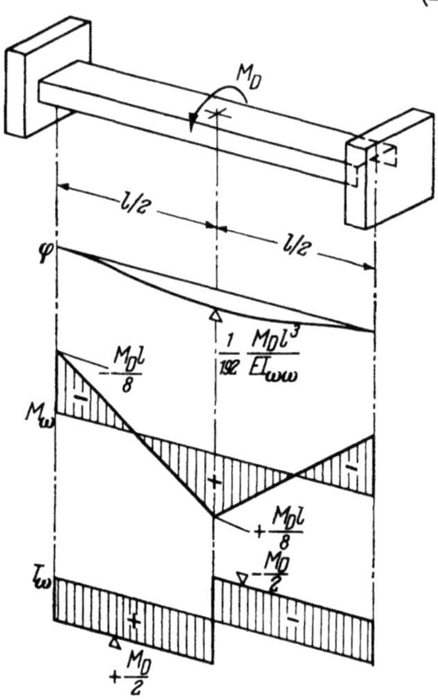

Abb. 7.2. Der wölbbehinderte, gegen Verdrehung gehaltene Stab entspricht dem beidseitig eingespannten Balken

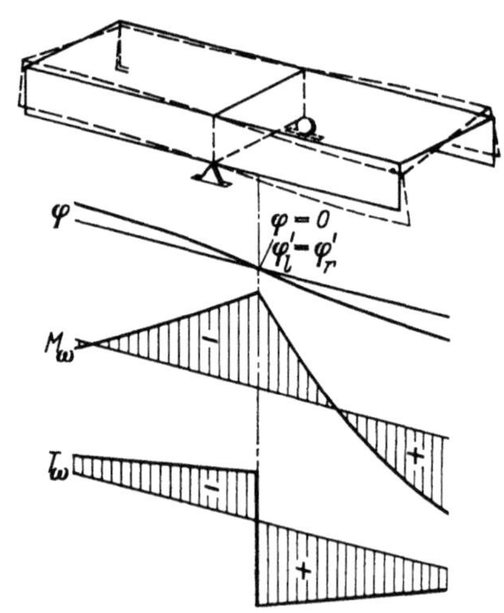

Abb. 7.3. Die Übergangsbedingungen (keine Verdrehung beim Auflager, gleiche Verwölbung links und rechts des Auflagers) entsprechen dem Durchlaufträger

c) Einflußlinien

Beim durchlaufenden Stab mit vernachlässigbarer SAINT-VENANTscher Torsion können daher die Einflußlinien für die Biegemomente ebenfalls für die Auswertung des Bimomentes M_ω verwendet werden, wie auch diejenigen der Querkraft für das Torsionsmoment T_ω, oder die Einflußlinie des Auflagerdruckes für die Auflagerbeanspruchung aus dem angreifenden Drehmoment.

Die Einflußlinie der Biegemomente hat die Dimension einer Länge, diejenige der Querkraft und der Auflagerdrücke ist dimensionslos. An Stelle der wandernden Einzellast P [Kraft] steht nun das konzentrierte Drehmoment M_D [Kraft × Länge]. Die Auswertung der Biegemomenteneinflußlinie hinsichtlich Wölbtorsion ergibt somit eine Größe der Dimension [Kraft × Länge^2], was der Dimension des Bimomentes entspricht.

7.2 Quereinflußlinien

a) Begriff und Bedeutung

Dank dem affinen Verlauf der Bimomente mit den Biegemomenten und der Torsionsmomente mit der Querkraft lassen sich die Spannungsüberlagerungen aus Biegung und Verdrehung infolge einer Wanderlast $P = 1$ gleichzeitig für alle Schnitte eines prismatischen Trägers angeben. Faßt man einen bestimmten Punkt s des Querschnittes ins Auge — z. B. den Untergurt eines Randträgers —, so kann der Faktor, um den sich jene Normalspannung gegenüber einer Lastverschiebung aus der Schubmittelpunktsachse vergrößert oder verkleinert, unter jeder Laststellung aufgetragen werden. Die Gesamtheit aller so bestimmten Punkte bilden eine Einflußlinie (s. Abb. 7.4).

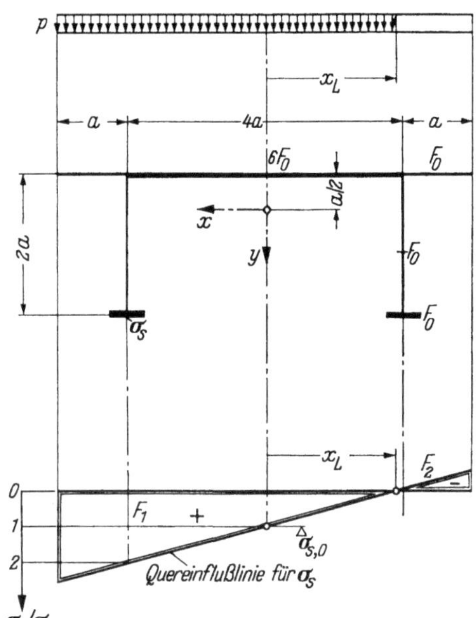

Abb. 7.4. Quereinflußlinie für die Normalspannung im linken Untergurt

Eine solche Quereinflußlinie, die bei reiner Wölbtorsion für alle Querschnitte eines prismatischen Überbaues Gültigkeit hat, auch wenn der Überbau durchlaufend über mehrere Felder ist, birgt einen großen Inhalt von Informationen:

Bezeichnet man die Normalspannung aus zentrischer Belastung im Untergurt der Brücke nach Abb. 7.4 mit σ_{s0}, so kann aus der Quereinflußlinie dieser Abbildung abgelesen werden, daß die Untergurtspannung durch Verschiebung der Belastung

1. über den linken Hauptträger auf den 2,02fachen Wert von σ_{s0} gesteigert wird
2. auf den linken Konsolrand hinaus eine Spannungsvergrößerung von 2,53 gegenüber gleicher zentrischer Belastung bewirkt, oder
3. auf dem anderen Konsolrand eine Verminderung auf —0,53 erzeugt, d. h. Spannungen von $-0{,}53\,\sigma_{s0}$.

Über der mit x_L markierten Stelle ergibt eine Belastung keine Normalspannung im Schwerpunkt des linken Untergurtes. Belastung rechts dieser Lastscheide x_L bewirkt stets eine Entlastung des Untergurtes; links davon eine Belastung. Daher läßt sich die Frage nach der Aufstellung von gleichmäßig verteilter Belastung, um die größtmöglichen Untergurtspannungen zu erhalten, eindeutig beantworten: sie darf sich nur bis zur Lastscheide x_L hin erstrecken, wie dies in Abb. 7.4 gezeichnet ist.

Gleichzeitig erkennt man die Größe des Fehlers in der Spannungsberechnung, wenn zentrische Vollast an Stelle dieser Teilbelastung genommen wird.

Da die gleichmäßig verteilte Belastung durch Integration des belasteten Einflußlinienbereiches und anschließende Multiplikation mit der Lastintensität ausgewertet wird, stellt die Fläche $F_1 - F_2$ die Spannung bei Totalbelastung dar, σ_{s0}; und F_1 diejenige für maximale Normalspannung, $\sigma_{s\max}$.

Der Fehler, definiert als $(\sigma_{s0} - \sigma_{s\max})/\sigma_{s\max}$, ist somit $(F_1 - F_2 - F_1)/F_1 = -F_2/F_1$. Das bedeutet, daß er gleich dem Verhältnis der beiden Flächen ist.

Im Beispiel der Abb. 7.4 beträgt dieser Wert $-0{,}043$, d. h. die Untergurtspannungen aus gleichmäßig verteilter Totalbelastung sind nur 4,3% tiefer als diejenigen aus Teilbelastung über den Bereich $x = +3a$ bis $x = -1{,}96a$.

b) Berechnung der Quereinflußlinien

Greift eine lotrechte Wanderlast P im Abstand x vom Schubmittelpunkt an, so erzeugt sie, neben reiner Biegung infolge P, auch ein konzentriertes Drehmoment $M_D = Px$. Für einen bestimmten Querschnittspunkt s an gegebener Stabstelle ist die Normalspannung gemäß den Gln. (5.16) und (5.33)

$$\sigma_s = \frac{M_y}{I_{yy}} y_s + \frac{M_\omega}{I_{\omega\omega}} \omega_s \tag{7.4a}$$

$$= \sigma_{s0}\left(1 + \frac{M_\omega}{M_y} \frac{I_{yy}}{I_{\omega\omega}} \frac{\omega_s}{y_s}\right). \tag{7.4b}$$

Darin bedeutet σ_{s0} die Spannung im Querschnittspunkt s aus gleicher, aber zentrisch angeordneter Belastung durch den Schubmittelpunkt, oder mit anderen Worten den Biegeanteil der Spannung nach Gl. (7.4a).

Wegen dem affinen Verlauf von Bimoment M_ω zum Biegemoment M_y ist der Quotient M_ω/M_y gleich den Belastungen $M_D/P = Px/P = x$. Somit lautet die Gleichung der Quereinflußlinie:

$$\frac{\sigma_s}{\sigma_{s0}} = 1 + \frac{\omega_s}{y_s} \frac{I_{yy}}{I_{\omega\omega}} x. \tag{7.5}$$

Die Quereinflußlinie ist daher eine Gerade! In dieser normierten Form hat sie die Ordinate $+1$ unter dem Schubmittelpunkt. Sie kann daher gezeichnet werden, wenn noch die Lage der Lastscheide, d. h. x_L, bekannt ist. Diese ist charakterisiert durch $\sigma_s = 0$, was aus Gl. (7.5) folgende Abszisse ergibt:

$$x_L = -\frac{y_s}{\omega_s} \frac{I_{\omega\omega}}{I_{yy}}. \tag{7.6}$$

Die erforderlichen Querschnittswerte y, ω, $I_{\omega\omega}$ und I_{yy} sind für den abgebildeten Querschnitt in Tab. 6.2 berechnet worden. Das Verhältnis $I_{\omega\omega}/I_{yy}$ beträgt:

$$\frac{I_{\omega\omega}}{I_{yy}} = \frac{\frac{8896}{3\cdot 110}a^4 F_0}{\frac{23}{3}a^2 F_0} = \frac{4448}{1265}a^2. \tag{7.7}$$

Für die Normalspannung im Untergurt ergibt dies mit $y_1 = +3a/2$ und $\omega_1 = 296a^2/110$ [s. Tab. 6.2 erste Zeile, Kolonne ($y4$) und ($\omega 4$)]:

$$x_{L1} = -\frac{1668}{851}a \cong -1{,}96a. \tag{7.8a}$$

Die Quereinflußlinie mit dieser Lastscheide ist in Abb. 7.4 aufgezeichnet.

Die Lastscheide irgendeines anderen Querschnittspunktes kann nun leicht berechnet werden. So ist zum Beispiel die Lastscheide $x_{L\,13}$ für den Konsolrandpunkt 13 mit den Koordinaten $y_{13} = -a/2$, $\omega_{13} = -216a^2/110$:

$$x_{L13} = -\frac{556}{621}a \cong -0{,}895a. \tag{7.8b}$$

Die Quereinflußlinie dieses Gehwegrandpunktes erscheint in Abb. 7.5b. Sie ist wesentlich steiler als diejenige für den Untergurt. Das durch die Lastscheide bestimmte Flächenverhältnis ist nahezu $-0{,}3$, d. h., man unterschätzt die Randspannungen an der Gehwegkonsole um ca. 30%, wenn diese unter Vollbelastung statt unter Teilbelastung bestimmt werden.

Wieviel dieser Fehler im ungünstigsten Punkte des Querschnittes betragen kann, läßt sich am Verhältnis von y/ω ablesen. Für den Punkt in $^3/_4$ Höhe des Steges ist $y = 0$ und $\omega \neq 0$, somit die Lastscheide $x_L = 0$ und die Quereinflußlinie vertikal (Abb. 7.5c). Das würde einem Fehler von 100% entsprechen.

Der andere Extremfall entsteht für eine Stabfaser, die nicht weit von dieser entfernt liegt. Bei $y = +17a/110$ ist die sektorielle Koordinate $\omega = 0$ und daher $x_L = \infty$.

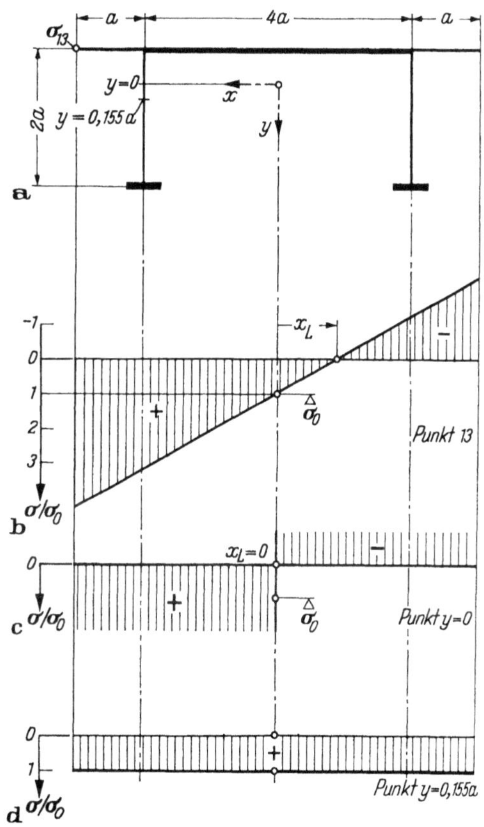

Abb. 7.5. Quereinflußlinien für Normalspannungen

Diese Quereinflußlinie verläuft horizontal (Abb. 7.5d). Eine Verschiebung der Last in Brückenquerrichtung kann daher die Normalspannung in diesem Punkte nicht beeinflussen.

Aus dieser Darlegung ist ersichtlich, daß es nicht richtig ist, wenn die Belastung nach dem Hebelprinzip auf die Stege der beiden Hauptträger verteilt wird und die Spannungen an jeder Querschnittshälfte für sich bestimmt werden.

Auch läßt sich keine allgemeingültige Angabe für die Belastungsbreite von gleichmäßig verteilter Belastung geben; diese hängt von der Stabfaser ab, für welche die Spannung extremal gemacht werden soll.

Die Quereinflußlinien für die Schubspannungen τ (bzw. für die Schubflüsse $q = \tau t$, wobei t die Scheibenstärke bedeutet) lassen sich genau gleich herleiten wie für die Normalspannungen. Nach den Gln. (5.20) und (5.34) sind die Schubflüsse an der Querschnittsstelle s:

$$q_s = -\frac{Q_y}{I_{yy}}\tilde{S}_y(s) - \frac{T_\omega}{I_{\omega\omega}}\tilde{S}_\omega(s) \quad (7.9\text{a})$$

$$= q_{s0}\left(1 + \frac{T_\omega}{Q_y}\frac{I_{yy}}{I_{\omega\omega}}\frac{\tilde{S}_\omega(s)}{\tilde{S}_y(s)}\right). \quad (7.9\text{b})$$

Hier bedeutet q_{s0} den Schubfluß aus reiner Biegebeanspruchung. Das Verhältnis T_ω/Q_y ist wiederum gleich $M_D/P = Px/P = x$. Somit lautet auch diese Schar von Quereinflußlinien (der Scharparameter ist s):

$$\frac{q_s}{q_{s0}} = 1 + \frac{\tilde{S}_\omega(s)}{\tilde{S}_y(s)}\frac{I_{\omega\omega}}{I_{yy}}x, \quad (7.10)$$

bzw. die Lastscheide x_L

$$x_L = -\frac{\tilde{S}_y(s)}{\tilde{S}_\omega(s)}\frac{I_{\omega\omega}}{I_{yy}}. \quad (7.11)$$

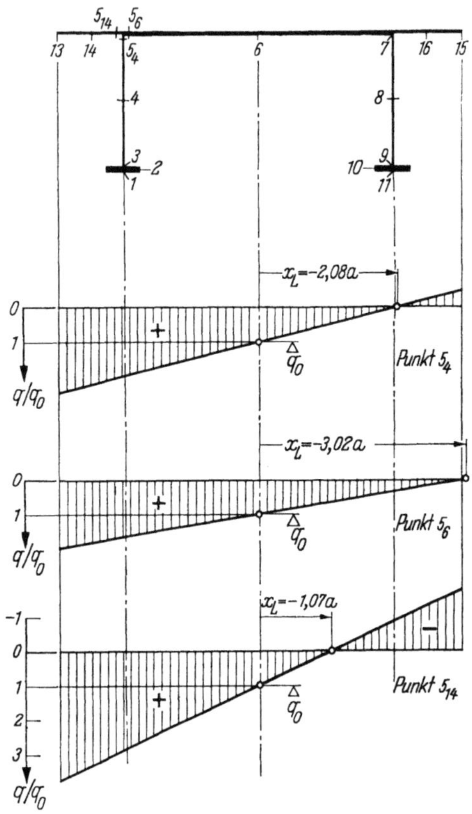

Abb. 7.6. Quereinflußlinien für die Schubflüsse im Gabelungspunkt 5

Dieser Ausdruck für die Bestimmung der Quereinflußlinie für die Schubflüsse unterscheidet sich von demjenigen für die Normalspannungen [Gl. (7.6)] nur durch Ersetzen des Koordinatenverhältnisses y/ω mit $\tilde{S}_y/\tilde{S}_\omega$.

Für den bereits betrachteten Brückenquerschnitt ist nach Gl. (7.7) und den zugehörigen Tabellenwerten zum Beispiel die Lastscheide für den Schubfluß:

in der Halsnaht, Punkt 5_4:

$$x_L = -\frac{4448}{2139}a \cong -2{,}08a, \quad (7.12\text{a})$$

in der Fahrbahntafel beim Stegansatz, Punkt 5_6:

$$x_L = -\frac{139}{46}a \cong -3{,}02a, \quad (7.12\text{b})$$

im Konsolansatz, Punkt 5_{14}:

$$x_L = -\frac{1112}{1035}\,a \cong -1{,}07\,a. \tag{7.12c}$$

Die Quereinflußlinien für die Schubflüsse in diesen drei Querschnittspunkten sind in Abb. 7.6 dargestellt.

7.3 Der durchlaufende, prismatische Stab

Obwohl die Berechnung eines durchlaufenden Stabes mit vernachlässigbarem SAINT-VENANTschem Torsionswiderstand aus den Ergebnissen des entsprechenden Biegeträgers direkt angeschrieben werden kann, sollen hier doch die Elemente zur Dreibimomentengleichung einzeln dargestellt werden, um die nachfolgende Berechnung bei gemischter Torsion zu erleichtern.

a). Stabverwölbung

Den Auflagerdrehwinkeln des einfach gelagerten Balkens

$$\begin{aligned} \alpha &= y'(\zeta=0),\\ \beta &= -y'(\zeta=1) \end{aligned} \tag{7.13a}$$

entspricht die Verwölbungsintensität φ' an den Enden des einfach gelagerten Stabes. In Analogie zu α und β sollen diese Größen mit a bzw. b bezeichnet werden:

$$\begin{aligned} a &= \varphi'(\zeta=0),\\ b &= -\varphi'(\zeta=1). \end{aligned} \tag{7.13b}$$

In Tab. 7.1 sind einige Stabverwölbungsgrößen zusammengestellt. Sie werden aus den entsprechenden Ausdrücken für die Auflagerdrehwinkel erhalten, indem EI_{yy} durch $EI_{\omega\omega}$ ersetzt wird, sowie P und p durch M_D bzw. m_D. Die rückläufige Koordinate (vom rechten Auflager zum linken) ist mit z' bzw. $\zeta' = z'/l$ eingeführt. Das linke Auflager wird mit k, das rechte mit $k+1$ bezeichnet und der dazwischen liegende Stab mit i.

Tabelle 7.1. *Verschiebungsgrößen und Belastungsglieder am einfach gelagerten Stab des Feldes i unter Vernachlässigung des SAINT-VENANTschen Torsionsanteiles*

Verschiebungsgröße:

a_{ik}:	$\dfrac{l_i}{3EI_{\omega\omega}}$
$a_{i\,k+1} = b_{ik}$:	$\dfrac{l_i}{6EI_{\omega\omega}}$
$b_{i\,k+1}$:	$\dfrac{l_i}{3EI_{\omega\omega}}$

Belastungsglied für konzentriertes Drehmoment M_D:

a_{i0}: $$\frac{M_D l_i^2}{6 E I_{\omega\omega}} (\zeta_i' - \zeta_i'^3),$$

b_{i0}: $$\frac{M_D l_i^2}{6 E I_{\omega\omega}} (\zeta_i - \zeta_i^3)$$

Belastungsglied für verteiltes Drehmoment m_D:

a_{i0}: $$\frac{m_D l_i^3}{24 E I_{\omega\omega}}$$

b_{i0}: $$\frac{m_D l_i^3}{24 E I_{\omega\omega}}$$

Daß es sich bei diesen Größen a_i und b_i effektiv um Angaben über die Verwölbungsgröße der Stabenden handelt, kann man aus der Verschiebung w der Querschnittspunkte in Stablängsrichtung erkennen. In Gl. (5.26) ist die Längsverschiebung w einer Stabfaser gegeben, $w = -\varphi' \Omega + w_0(z)$, wobei direkt anschließend $w_0'(z)$ bestimmt wird zu:

$$w_0'(z) = \varphi'' \frac{\int_F \Omega \, dF}{F}.$$

Unter Berücksichtigung des Ausdruckes (5.27) erhält man somit für die erste Ableitung von w den Ausdruck $w' = -\varphi'' \omega$, oder

$$w = -\varphi' \omega \tag{7.14}$$

plus eine Integrationskonstante, die hier null gesetzt werden kann, weil sie eine Gesamtverschiebung des Stabes in seiner Längsrichtung bedeutet.

In Abb. 7.7 ist diese Verwölbung der Stabenden beim Auflager k eines durchlaufenden Stabes für die beiden aufeinanderstoßenden Abschnitte des Grundsystems skizziert, unter der Annahme, daß der Stab einen U-Querschnitt mit oben liegendem Steg aufweise.

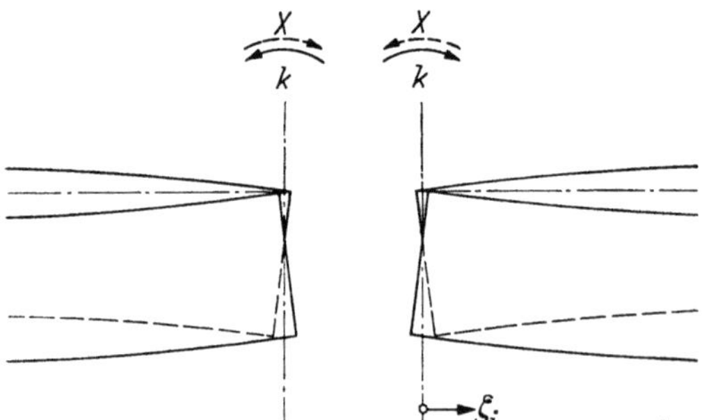

Abb. 7.7. Verwölbung der Stabenden beim Lager k für ein ⊓-Profil unter Drehbeanspruchung. Die überzählige Größe ist das Stützbimoment X

Daraus kann man die Verwölbung eines Stabendes unter Verdrehung des Stabes erkennen. Die Koordinate ω beschreibt den Verlauf der Längsverschiebung über den dünnwandigen Querschnitt; φ' gibt die Intensität dieser Stabverwölbung an, welche von z abhängig ist und daher von Stabquerschnitt zu Stabquerschnitt verschieden sein kann.

Da bei einem prismatischen durchlaufenden Stab die Form der Verwölbung für jeden Querschnitt dieselbe bleibt, braucht man zur Erfüllung der Verträglichkeitsbedingung von einer Kette von drehbeanspruchten Stäben mit einfacher Lagerung nur noch die Intensitäten φ' der Verwölbung zweier zusammenstoßenden Stabenden als Verträglichkeitsbedingung zu formulieren:

$$\varphi'(\zeta_{i-1}=1) = \varphi'(\zeta_i=0) \tag{7.15a}$$

oder mit den in Gl. (7.13b) definierten Stabverwölbungsgrößen:

$$-b_{i-1} \qquad = a_i$$

bzw.

$$b_{i-1} + a_i = 0. \tag{7.15b}$$

Gl. (7.15a) ist identisch mit der zweiten, in Gl. (7.3) angeschriebenen Bedingung, welche direkt aus der Analogie mit der Biegung des Durchlaufträgers gewonnen worden ist. Die erste Bedingung von Gl. (7.3) ist bereits durch das Grundsystem erfüllt.

b) Schnittkräfte

Die Schnittkräfte am Grundsystem des einfach gelagerten Stabes werden, wie üblich, mit dem Fußzeiger „Null" gekennzeichnet.

Für ein *gleichmäßig verteilt* angreifendes Drehmoment m_D lauten die Ausdrücke für das Bimoment $M_{\omega 0}$ und das Torsionsmoment $T_{\omega 0}$:

$$\begin{aligned} M_{\omega 0} &= \frac{m_D l^2}{2}\,\zeta(1-\zeta), \\ T_{\omega 0} &= \frac{m_D l}{2}\,(1-2\zeta). \end{aligned} \tag{7.16}$$

Bei einem an der Stabstelle $z = c$ *konzentriert* angreifenden Drehmoment M_D lauten die entsprechenden Ausdrücke:

$$\begin{array}{lll} & \zeta < \dfrac{c}{l} & \zeta > \dfrac{c}{l} \\ M_{\omega 0}: & (l-c)\,M_D\zeta & c M_D(1-\zeta), \\ T_{\omega 0}: & \left(1-\dfrac{c}{l}\right) M_D & -\dfrac{c}{l} M_D. \end{array} \tag{7.17}$$

Zu den Schnittgrößen des Grundsystems kommen noch die Einflüsse der überzähligen Größen hinzu. Letztere sind die Bimomente X_k an den Lagerstellen $k = 1, 3, 5, \ldots$ Die Stäbe werden mit $i = 2, 4, 6, \ldots$ bezeichnet, und das Auflager links des Stabes i sei k, rechts $k+1$.

$$\begin{aligned} M_{\omega i} &= {}_{\omega}M_{i0} + X_k(1-\zeta_i) + X_{k+1}\zeta_i, \\ T_{\omega i} &= {}_{\omega}T_{i0} + \frac{X_{k+1}-X_k}{l_i}, \end{aligned} \tag{7.18}$$

Das gesamte, auf ein Auflager k abgegebene Torsionsmoment ist:

$$\begin{aligned} T_k &= T_{\omega i}(\zeta_i = 0) - T_{\omega\, i-1}(\zeta_{i-1} = 1), \\ &= T_{ki} - T_{k\, i-1}. \end{aligned} \tag{7.19}$$

c) Die Dreibimomentengleichungen

Aus dem durchlaufenden Stab wird ein Grundsystem von einfach gelagerten, über je ein Feld gespannten Stäben i gebildet. Über jedem Auflager k ist schon beim Grundsystem der gleiche Stabdrehwinkel vorhanden (nämlich $\varphi_k = 0$). Lediglich in ihrer Verwölbung passen die Stabenden noch nicht aufeinander (Abb. 7.7), was zur Verträglichkeitsbedingung (7.15b) führt.

Mit den Bimomenten X_k bei den Auflagern als überzählige Größen lauten die Verwölbungsintensitäten b_{i-1} und a_i:

$$\begin{aligned} b_{i-1} &= b_{i-1\,0} + b_{i-1\,k-1} X_{k-1} + b_{i-1\,k} X_k, \\ a_i &= a_{i0} + a_{ik} X_k + a_{i\,k+1} X_{k+1}. \end{aligned} \tag{7.20}$$

In die Verträglichkeitsbedingung (7.15b) eingesetzt und geordnet, ergibt dies die Dreibimomentengleichungen:

$$X_{k-1} b_{i-1\,k-1} + X_k (b_{i-1\,k} + a_{ik}) + X_{k+1} a_{i\,k+1} = -(b_{i-1\,0} + a_{i0}). \tag{7.21}$$

$$\begin{pmatrix} k = 1, & 3, & 5, & \ldots \\ i = & 2, & 4, & 6, \ldots \end{pmatrix}.$$

Mit den in Tab. 7.1 zusammengestellten Ausdrücken erhält man aus dem Gleichungssystem (7.21):

$$X_{k-1} l_{i-1} + 2 X_k (l_{i-1} + l_i) + X_{k+1} l_i = -6 E I_{\omega\omega} (b_{i-1\,0} + a_{i0}). \tag{7.22}$$

$$\begin{pmatrix} k = 1, & 3, & 5, & \ldots \\ i = & 2, & 4, & 6, \ldots \end{pmatrix}.$$

Diese Dreibimomentengleichungen entsprechen genau den Dreimomentengleichungen des Durchlaufträgers.

d) Einflußflächen

Da die Lage einer Wanderlast $P = 1$ durch zwei Koordinaten beschrieben werden muß, entsteht eine Einflußfläche für eine Schnittgröße. Die eine Koordinate, z_i, fixiert die Lage der Last in Stablängsrichtung, die andere, x, beschreibt die Laststellung in Stabquerrichtung.

Im allgemeinen ist der Einfluß eines Bimomentes oder Torsionsmomentes allein nicht von Interesse, da die Normal- bzw. Schubspannungen zu denen aus Biegung und Querkraft addiert werden müssen. Daher werden am besten Einflußflächen direkt für die betreffende Spannung bestimmt.

Wenn die Einflußfläche einer Spannung σ_s mit $\eta(\sigma_s)$ bezeichnet wird und η_M die Biegemomenteneinflußlinie bedeutet, so ist nach Gl. (7.5):

$$\eta(\sigma_s) = \frac{\eta_M y_s}{I_{yy}} \left(1 + \frac{\omega_s}{y_s} \frac{I_{yy}}{I_{\omega\omega}} x\right). \tag{7.23}$$

Der Klammerausdruck ist die Quereinflußlinie. Bis auf den Zahlenfaktor y_s/I_{yy}, welcher als reziproker Wert des Widerstandsmomentes aufgefaßt werden kann, ist die rechte Seite das Produkt aus der Biegemomenteneinflußlinie und der Quereinflußlinie. Die Einflußfläche ist daher eine Regelfläche. Eine Leitlinie ist die Lastscheide, eine zweite die y_s/I_{yy}-fache Biegemomentenlinie.

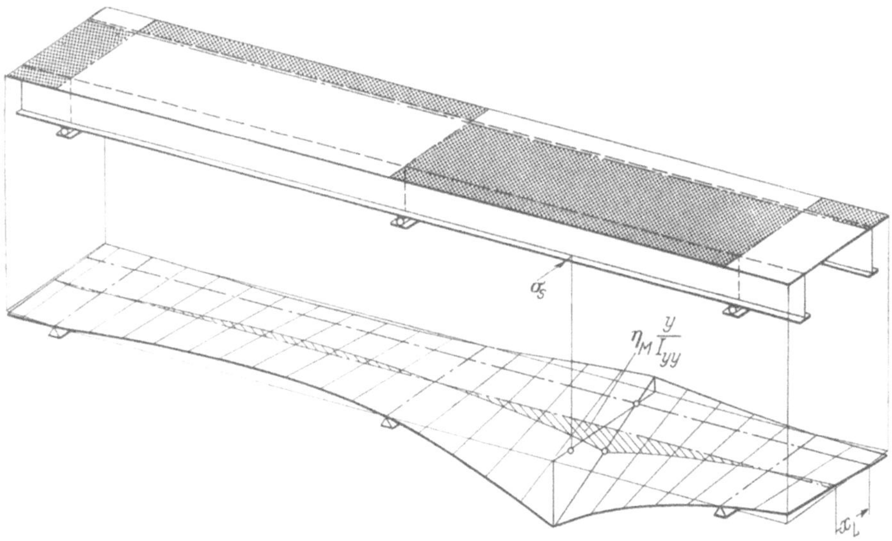

Abb. 7.8. Einflußfläche für die Normalspannung σ_s im Untergurt eines über mehrere Felder durchlaufenden Stabes. Die dunkel angelegten Fahrbahnflächen stellen die positiven Einflußbereiche für diese Spannung dar

In Abb. 7.8 ist eine solche Einflußfläche für die Untergurtspannung σ_s des in Abb. 7.4 festgelegten Brückenquerschnittes gegeben. Die Darstellung ist für den Einfluß in Mitte des Innenfeldes eines über mehrere Felder durchlaufenden Stabes gleicher Spannweiten gezeichnet. Die dunkel angelegten Stellen der Fahrbahntafel ergeben positive Einflußwerte, die hellen negative.

Für die Schubspannungen ist die Darstellung analog. Aus Gl. (7.10) folgt für den Schubfluß q:

$$\eta(q_s) = -\frac{\tilde{S}_y(s)}{I_{yy}} \eta_Q \left(1 + \frac{\tilde{S}_\omega(s)}{\tilde{S}_y(s)} \frac{I_{yy}}{I_{\omega\omega}} x\right). \tag{7.24}$$

Bis auf den konstanten Faktor $-\tilde{S}_y(s)/I_{yy}$ ist dies wieder das Produkt aus Querkrafteinflußlinie η_Q und der Quereinflußlinie (Klammerausdruck).

Auch diese Fläche ist eine Regelfläche, und die Extremwerte aus gleichmäßig verteilter Belastung werden durch schachbrettartige Belastungsanordnung erreicht.

7.4 Normalkräfte

a) Formeln

Bis anhin ist nur der Einfluß von Querbelastung auf einen Stab berücksichtigt worden. Zur Berechnung wird die Querbelastung auf die Schubmittelpunktlinie reduziert. Die Biegebeanspruchung und die Torsion aus dem angreifenden Drehmoment werden für sich berechnet. Anschließend werden die Spannungen aus diesen beiden Beanspruchungsarten addiert.

So lautet zum Beispiel die Spannungsformel für die Normalspannungen, falls x und y die mit den Hauptschwerachsen des Querschnittes zusammenfallenden Koordinaten sind und ω ebenfalls die normierte sektorielle Koordinate darstellt:

$$\sigma = \frac{M_x}{I_{xx}}\, x + \frac{M_y}{I_{yy}}\, y + \frac{M_\omega}{I_{\omega\omega}}\, \omega\,. \tag{7.25}$$

Besteht die Beanspruchung aus reiner Verdrehung, so bleibt nur der letzte Summand in dieser Formel stehen. Die Normalspannungen werden dann auch als Wölbspannungen bezeichnet. Die sektorielle Koordinate ω beschreibt ihren Verlauf über den Querschnitt. Die Normalspannungen sind, wie aus Gl. (7.14) hervorgeht, auch proportional der Längsverschiebung w, welche die Stabquerschnitte infolge Verdrehung erfahren. Nach dem MAXWELL-MOHRschen Gesetz von der Gegenseitigkeit der Verschiebungen muß eine Längskraft, welche an einer Stelle der Querschnittskontur angreift, an der die Längsverschiebung w nicht verschwindet, auch eine Stabverdrehung mit entsprechenden Wölbspannungen verursachen[1].

Werden die Koordinaten des Angriffspunktes der Längskraft P mit $x(P)$, $y(P)$ und $\omega(P)$ bezeichnet, so lautet die Anschrift der Spannungen infolge einer Längskraft P (die als Zugkraft eine positive und als Druckkraft eine negative Größe ist), wiederum bezogen auf Hauptschwerachsen und Schubmittelpunkt:

$$\sigma = \frac{P}{F} + \frac{P\, x(P)}{I_{xx}}\, x + \frac{P\, y(P)}{I_{yy}}\, y + \frac{P\, \omega(P)}{I_{\omega\omega}}\, \omega\,. \tag{7.26}$$

Da hier der SAINT-VENANTsche Torsionsanteil als vernachlässigbar klein vorausgesetzt wird, sind bei einem, an den Enden durch P beanspruchten prismatischen Stab mit dünnwandigem Querschnitt die Quotienten aller vier Summanden konstante Größen.

Wäre gemischte Torsion vorhanden, so müßte die Aufteilung in SAINT-VENANTsche und Wölbtorsion infolge eines an den beiden Stabenden angreifenden Bimomentes $P\,\omega(P)$ erst gelöst werden. Die Wölbspannungen, ausgedrückt durch den letzten Summanden in Gl. (7.26), würden dann über die Stablänge hin entsprechend dem Bimomentenverlauf variieren, wie dies aus der später zu besprechenden Abb. 10.4 hervorgeht.

[1] Unseres Wissens hat W. S. WLASSOW als erster darauf hingewiesen, daß man eine Längskraft nicht auf die Stabachse reduzieren darf, ohne das durch sie verursachte Bimoment $P\omega(P)$ mitzuberücksichtigen.

Wenn die Koordinaten x und y nicht mit den Hauptschwerachsen des Querschnittes zusammen fallen, sondern beliebige, zueinander senkrechte Schwerachsen des Querschnittes darstellen, so ist der zweite und dritte Summand obiger Spannungsformel nach Gl. (5.15) zu benutzen. Die Normalspannungsformel für eine Längskraft P lautet dann:

$$\sigma = \frac{P}{F} + P\,\frac{[x(P)\,I_{yy} - y(P)\,I_{xy}]\,x + [y(P)\,I_{xx} - x(P)\,I_{xy}]\,y}{I_{xx}\,I_{yy} - I_{xy}^2} + \frac{P\,\omega(P)}{I_{\omega\omega}}\,\omega\,. \tag{7.27}$$

b) Beispiel

Für den in Abb. 7.9 skizzierten, offenen, dünnwandigen Querschnitt sollen die Normalspannungen infolge einer an den beiden Stabenden beim Querschnittspunkt 1 eingeleiteten Längskraft P bestimmt werden. Der Stab ist einfach gelagert.

Die erforderlichen Querschnittswerte sind im Abschn. 6.2a bereits bestimmt worden. Die hier benötigten Größen lauten:

$$F = 5\,F_0,$$

$$I_{xx} = 20\,a^2\,F_0,$$

$$I_{xy} = +\,\frac{34}{3}\,a^2\,F_0,$$

$$I_{yy} = \frac{28}{3}\,a^2\,F_0,$$

$$D = I_{xx}\,I_{yy} - I_{xy}^2 = +\,58{,}2\,a^4\,F_0^2,$$

$$I_{\omega\omega} = 9{,}18\,a^4\,F_0.$$

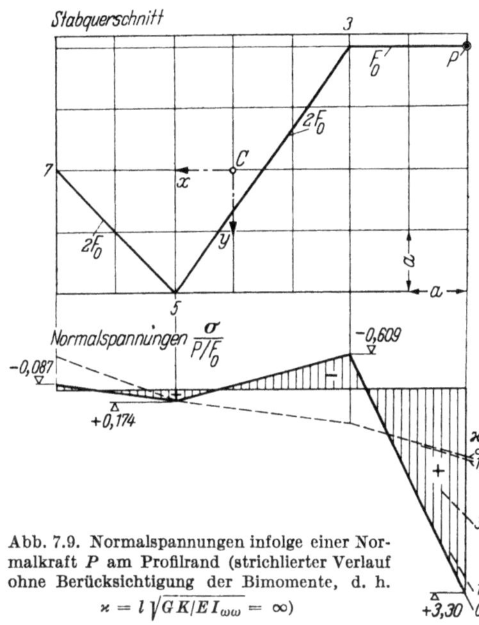

Abb. 7.9. Normalspannungen infolge einer Normalkraft P am Profilrand (strichlierter Verlauf ohne Berücksichtigung der Bimomente, d. h. $\varkappa = l\sqrt{GK/EI_{\omega\omega}} = \infty$)

Die Koordinaten des Lastangriffspunktes sind

$$x(P) = -4a, \qquad y(P) = -2a, \qquad \omega(P) = -4{,}57\,a^2.$$

Diese Werte in obige Formel (7.27) eingesetzt ergeben:

$$\frac{\sigma}{P/F_0} = +0{,}200 - 0{,}252\,\frac{x}{a} + 0{,}0916\,\frac{y}{a} - 0{,}498\,\frac{\omega}{a^2}\,. \tag{7.28}$$

Dieser angeschriebene Normalspannungsverlauf ist in Abb. 7.9 ebenfalls eingetragen. Die Spannungen aus den ersten drei Summanden sind darin durch eine strichlierte Linie festgehalten.

8 Schief gelagerte Stäbe bei Wölbtorsion

8.1 Einführung

a) Voraussetzungen

Der schief gelagerte Stab mit überwiegender SAINT-VENANTscher Torsion wurde im Kap. 4 behandelt. Nun soll der Stab mit zur Stabachse schief gestellten Lagerkörpern unter der Voraussetzung analysiert werden, daß die SAINT-VENANTsche Torsionssteifigkeit gegenüger der Wölbsteifigkeit vernachlässigbar klein sei. — Die Behandlung schiefer Stäbe im Zwischenbereich der gemischten Torsion wird im Kap. 10 besprochen.

Bei allen diesen Abhandlungen über schief gelagerte Stäbe wird vorausgesetzt, daß die gegenseitige Lagerkörperverschiebung e_k klein sei gegenüber der Spannweite l_i, so daß man den Durchlaufträger noch eindeutig in Felder zerlegen kann und die Integrale für die Verschiebungsgrößen über diese Stablängen genommen werden dürfen. Das Gegenstück zu dieser Voraussetzung wäre der Durchlaufträger mit exzentrisch angeordneten Stützen, der dann eines mehr als doppelt so viele Felder haben würde wie der hier besprochene Fall.

Zur Vereinfachung der Anschrift werden prismatische Stäbe mit einfach symmetrischem Querschnitt vorausgesetzt, und die Stablagerung zunächst aus zwei Lagerkörpern bestehend angenommen.

b) Bezeichnungen und Abkürzungen

Hinsichtlich der Felder und Auflagerbezeichnung wird die im Kap. 4 eingeführte und im vorangehenden Kapitel verwendete Regelung übernommen, wonach Stäbe mit i (= 2, 4, 6, ...) und Auflager mit k (= 1, 3, 5, ...) bezeichnet werden. Die Bedeutung der Verschiebungsgrößen a und b ist in Tab. 7.1 gegeben.

Das Maß der Lagerschiefe wird durch den Winkel δ_k ausgedrückt, der im Grundriß die Abweichung der Auflagerlinie vom rechten Winkel zur Stabachse festhält. Die positive Richtung des Winkels ist in Abb. 8.1b gegeben.

Als neue Bezeichnungen werden die Abkürzungen

$$e_{ki} = \frac{e_k}{2l_i} \qquad \left(= \frac{d}{2l_i} \operatorname{tg} \delta_k\right)$$

bzw.
$$e_{k+1\,i} = \frac{e_{k+1}}{2l_i} \qquad \left(= \frac{d}{2l_i} \operatorname{tg} \delta_{k+1}\right) \tag{8.1}$$

eingeführt, welche die Längsverschiebung eines jeden Lagerkörpers aus der Normallagerung, gemessen mit der Spannweite l_i, festhalten.

Wie der Winkel δ_k, so haben auch diese Ausdrücke für die Lagerschiefe ein Vorzeichen. In Abb. 8.1b ist die positiv definierte Längsverschiebung eingetragen.

Bei Einflußkoeffizienten gibt der erste Index den Ort des Einflusses, der zweite die Ursache an. Doppelindizes werden aber auch für jene Schnittgrößen über den

Auflagern verwendet, bei welchen durch eine Präzisierung festzuhalten ist, ob sie sich auf der Stabseite $i-1$ oder i befinden.

Der Fußzeiger ω wird, falls er nicht weggelassen werden kann, in diesen Fällen vor das Symbol für die Schnittgröße gestellt, um Trippelindizes zu vermeiden (z. B. ${}_{\omega}M_{ki}$). Schnittgrößen am Grundsystem des einfachen und normal gelagerten Stabes tragen den Fußzeiger 0, der wiederum dann als Kopfzeiger geschrieben wird, wenn schon zwei Fußzeiger zur Lagebestimmung benötigt werden (z. B. $Q_{ki}^{(0)}$). In Anlehnung an die Bezeichnungsweise des Abschn. 3.2b wird für das Einspanntorsionsmoment aus äußerer Belastung am beidseits gegen Verdrehung festgehaltenen Stab die Bezeichnung $T_{ki}^{(f)}$ und $T_{k+1\,i}^{(f)}$ gewählt.

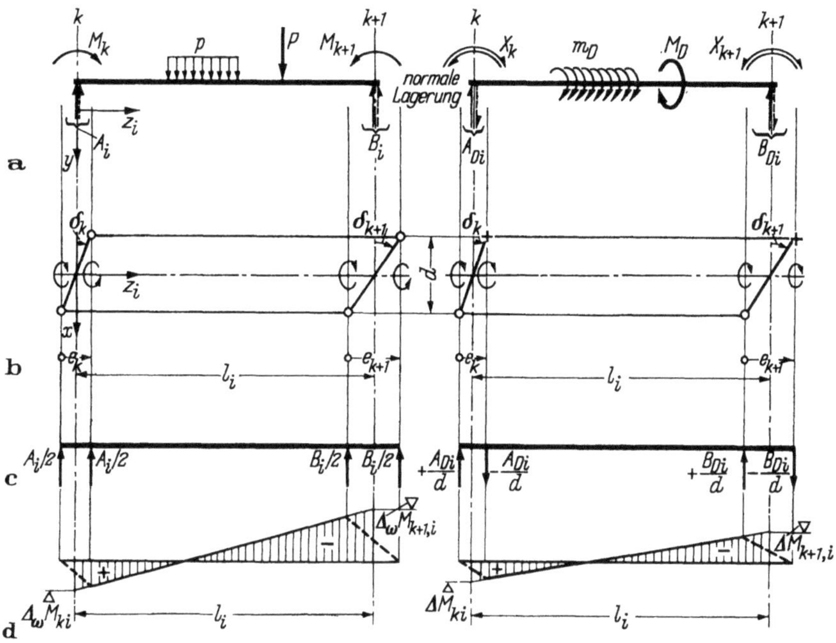

Abb. 8.1. Bezeichnungen am Grundsystem des Stabfeldes i, links die Beanspruchung aus Querbelastung und rechts diejenige aus Verdrehung

8.2 Theorie

a) Grundsystem

Als Grundsystem wird wieder eine Kette von einfach, aber bereits schief gelagerten Stäben benutzt. Die überzähligen Größen sind die bei jedem Zwischenlager k auftretenden Übertragungsmomente M_k, sowie die dort vorhandenen Bimomente X_k, die in Abb. 8.1a links bzw. rechts eingetragen sind. Als Elastizitätsbedingung benötigt man die übliche Kontinuitätsbedingung für die Biegelinie der Durchlaufträger und dazu eine entsprechende für passende Verwölbung, siehe Gl. (7.15).

$$\beta_{i-1} + \alpha_i = 0, \tag{8.2a}$$

$$b_{i-1} + a_i = 0. \tag{8.2b}$$

Wäre der Stab normal gelagert, so würden diese Drehwinkel und Verwölbungsgrößen folgendermaßen aus dem Superpositionsgesetz erhalten:

$$\begin{aligned} \alpha_i &= M_k \alpha_{ik} + M_{k+1} \alpha_{i\,k+1} + \alpha_{i0}, \\ \beta_i &= M_k \beta_{ik} + M_{k+1} \beta_{i\,k+1} + \beta_{i0}. \end{aligned} \tag{8.3a}$$

$$\begin{aligned} a_i &= X_k a_{ik} + X_{k+1} a_{i\,k+1} + a_{i0}, \\ b_i &= X_k b_{ik} + X_{k+1} b_{i\,k+1} + b_{i0}. \end{aligned} \tag{8.3b}$$

$(k = 1, \quad 3, \quad 5, \ldots)$
$(i = \quad 2, \quad 4, \quad 6, \ldots)$.

Die Schnittgrößen wären wiederum durch Überlagerungen der Einzeleinflüsse anzuschreiben, wie dies für die Bimomente und die Torsionsmomente aus den Gln. (7.18) zum Ausdruck kommt.

Die Auflagerreaktionen sind

aus Biegung:

$$\begin{aligned} A_i &= +Q_i(\zeta_i = 0) = +Q_{ki} = Q_{ki}^{(0)} + \frac{M_{k+1} - M_k}{l_i} \\ B_i &= -Q_i(\zeta_i = 1) = -Q_{k+1\,i} = -Q_{k+1\,i}^{(0)} - \frac{M_{k+1} - M_k}{l_i} \end{aligned} \tag{8.4}$$

aus Verdrehung:

$$\begin{aligned} A_{Di} &= +T_i(\zeta_i = 0) = +T_{ki} = T_{ki}^{(f)} + \frac{X_{k+1} - X_k}{l_i} \\ B_{Di} &= -T_i(\zeta_i = 1) = -T_{k+1\,i} = -T_{k+1\,i}^{(f)} - \frac{X_{k+1} - X_k}{l_i}. \end{aligned} \tag{8.5}$$

Man kann sich diese Auflagerreaktionen durch je zwei Lagerkörper pro Stabseite ausgeübt denken. Aus der Querbelastung erhält dann jeder die Hälfte des beim Stabende abgegebenen Gesamtdruckes. Infolge Verdrehung werden die vorne liegenden Lagerkörper (genauer ausgedrückt, diejenigen mit der Koordinate $x = +\frac{d}{2}$) mit dem positiven und die hinten liegenden mit dem negativen Wert von A_{Di}/d bzw. B_{Di}/d belastet.

Wenn nun die Linie, auf der die beiden Lagerkörper eines Stabendes sitzen, gegenüber der ursprünglich senkrechten Lage zur Stabachse um den Winkel δ_k bzw. δ_{k+1} verdreht wird, so äußert sich dies in einer Verwindung des Stabes um den Winkel φ_i, der aber, zufolge verschwindender SAINT-VENANTscher Torsionssteifigkeit GK kein Widerstand entgegengebracht wird.

Dennoch verursachen die um das Maß e_k bzw. e_{k+1} versetzten Lagerkörper eine Beeinflussung der Schnittgrößen im Stabfeld i, wie dies aus Abb. 8.1b–d hervorgeht. Wird die Stabansicht betrachtet (Abb. 8.1c), so erkennt man links, daß die Zerlegung des Auflagerdruckes A_i in zwei zur Wirkungslinie k parallele Kräfte von je $A_i/2$ keine Änderung der Biegemomente über den Auflagerbereich hinaus verursacht. Rechts entsteht dagegen aus dem Kräftepaar eine über den ganzen

Stab i sich erstreckende Momentenfläche gemäß Abb. 8.1d, rechts. Die Korrekturen an den Stützmomenten sind, unter Beachtung von Gl. (8.5):

$$\begin{aligned} \Delta M_{ki} &= \frac{A_{Di}}{d}\, e_k = +\, T_{ki} \operatorname{tg} \delta_k, \\ \Delta M_{k+1\, i} &= -\frac{B_{Di}}{d}\, e_{k+1} = +\, T_{k+1\, i} \operatorname{tg} \delta_{k+1}. \end{aligned} \tag{8.6}$$

Da die Projektion der beiden Auflagerkomponenten auf die Stabachse deren gegenseitige Versetzung um das Maß e_k bzw. e_{k+1} ergibt, s. Abb. 8.1b, links, entstehen angreifende Drehmomente M_D der Größe $-A_i d/4$, $+A_i d/4$ bzw. $-B_i d/4$, $+B_i d/4$.

Die daraus resultierende Bimomentenfläche muß den gleichen Verlauf haben (Abb. 8.1d, links) wie die Momentenfläche der analogen konzentrierten Lasten. Diese ist rechts unten in der Abb. 8.1 bestimmt worden.

Die Bimomentenkorrekturen bei den Auflagern lauten unter Berücksichtigung der Gln. (8.4):

$$\begin{aligned} \Delta_\omega M_{ki} &= \frac{A_i d}{4}\, e_k = +\, Q_{ki} \left(\frac{d}{2}\right)^2 \operatorname{tg} \delta_k, \\ \Delta_\omega M_{k+1\, i} &= -\frac{B_i d}{4}\, e_{k+1} = +\, Q_{k+1\, i} \left(\frac{d}{2}\right)^2 \operatorname{tg} \delta_{k+1}. \end{aligned} \tag{8.7}$$

Wird diese Überlegung sinngemäß für die in Abb. 8.1c rechts dargestellten Auflagerdrücke durchgeführt, so entsteht pro Auflagerseite ein gleichdrehendes Paar von Drehmomenten, die zusammen die Auflagerreaktion ergeben. Voraussetzungsgemäß werden Einflüsse auf die Verschiebungsgrößen, welche sich nur über den Auflagerbereich erstrecken, nicht mitberücksichtigt, so daß aus den in Abb. 8.1c rechts abgebildeten Auflagerkräften keine Stabbimomente zu berücksichtigen sind.

Für die Anschrift der Verschiebungsgrößen beim schief gelagerten Stab werden noch die Stabverwölbungsgrößen aus Auflagerverdrehung benötigt. Die Stabdrehwinkel eines einfach gelagerten Stabes mit vernachlässigbar kleiner SAINT-VENANTscher Torsionssteifigkeit unter einer Auflagerverdrehung

$$\varphi(\zeta_i = 0) = \alpha_i \operatorname{tg} \delta_k \quad \text{und} \quad \varphi(\zeta_i = 1) = -\beta_i \operatorname{tg} \delta_{k+1}$$

ist:

$$\varphi(\zeta_i) = \alpha_i \operatorname{tg} \delta_k (1 - \zeta_i) - \beta_i \operatorname{tg} \delta_{k+1} \zeta_i, \tag{8.8}$$

somit

$$\varphi'(\zeta_i) = -\frac{1}{l_i}\, \alpha_i \operatorname{tg} \delta_k - \frac{1}{l_i}\, \beta_i \operatorname{tg} \delta_{k+1}.$$

Die zusätzlichen Größen für die Stabverwölbungen sind gemäß den Definitionen (7.13b):

$$\begin{aligned} \Delta a_i &= -\frac{\alpha_i \operatorname{tg} \delta_k + \beta_i \operatorname{tg} \delta_{k+1}}{l_i}, \\ \Delta b_i &= +\frac{\alpha_i \operatorname{tg} \delta_k + \beta_i \operatorname{tg} \delta_{k+1}}{l_i}. \end{aligned} \tag{8.9}$$

b) Elastizitätsgleichungen

Bei schiefer Lagerung sind nun die Ausdrücke für die Stabdrehwinkel, Gl. (8.3a), durch die Einflüsse der ΔM zu ergänzen und die Stabverwölbungsgrößen (8.3b) durch jene aus den ΔM_ω und Δa_i, bzw. Δb_i. Mit den Ausdrücken (8.6), (8.7) und (8.9) ergibt dies die in Tab. 8.1 zusammengestellten Stabend-Verschiebungsgrößen.

Tabelle 8.1. *Auflagerdrehwinkel und Stabverwölbungsgrößen bei schiefer Lagerung,* $G K l^2 \ll E I_{\omega\omega}$

Lagerschiefe verschieden, $\delta_k \neq \delta_{k+1}$

$$\alpha_i = M_k \alpha_{ik} + M_{k+1} \alpha_{i\,k+1} + \alpha_{i0} + T_{ki} \alpha_{ik} \operatorname{tg} \delta_k + T_{k+1\,i} \alpha_{i\,k+1} \operatorname{tg} \delta_{k+1}$$

$$\beta_i = M_k \beta_{ik} + M_{k+1} \beta_{i\,k+1} + \beta_{i0} + T_{ki} \beta_{ik} \operatorname{tg} \delta_k + T_{k+1\,i} \beta_{i\,k+1} \operatorname{tg} \delta_{k+1}$$

$$a_i = X_k a_{ik} + X_{k+1} a_{i\,k+1} + a_{i0} + \left(\frac{d}{2}\right)^2 (Q_{ki} a_{ik} \operatorname{tg} \delta_k + Q_{k+1\,i} a_{i\,k+1} \operatorname{tg} \delta_{k+1}) - \frac{1}{l_i} (\alpha_i \operatorname{tg} \delta_k + \beta_i \operatorname{tg} \delta_{k+1})$$

$$b_i = X_k b_{ik} + X_{k+1} b_{i\,k+1} + b_{i0} + \left(\frac{d}{2}\right)^2 (Q_{ki} b_{ik} \operatorname{tg} \delta_k +_{k+1\,i} b_{i\,k+1} \,\mathrm{t}Q\mathrm{g}\, \delta_{k+1}) + \frac{1}{l_i} (\alpha_i \operatorname{tg} \delta_k + \beta_i \operatorname{tg} \delta_{k+1}) .$$

Für gleiche Lagerschiefe, $\delta_k = \delta_{k+1} = \delta$

$$\alpha_i = \frac{l_i}{6 E I_{yy}} (2 M_k + M_{k+1}) + \alpha_{i0} + \frac{l_i \operatorname{tg} \delta}{6 E I_{yy}} (2 T_{ki} + T_{k+1\,i})$$

$$\beta_i = \frac{l_i}{6 E I_{yy}} (M_k + 2 M_{k+1}) + \beta_{i0} + \frac{l_i \operatorname{tg} \delta}{6 E I_{yy}} (T_{ki} + 2 T_{k+1\,i})$$

$$a_i = \frac{l_i}{6 E I_{\omega\omega}} (2 X_k + X_{k+1}) + a_{i0} + \frac{d^2 l_i \operatorname{tg} \delta}{24 E I_{\omega\omega}} (2 Q_{ki} + Q_{k+1\,i}) - \frac{\operatorname{tg} \delta}{l_i} (\alpha_i + \beta_i)$$

$$b_i = \underbrace{\frac{l_i}{6 E I_{\omega\omega}} (X_k + 2 X_{k+1}) + b_{i0}}_{\text{Teil I}} + \underbrace{\frac{d^2 l_i \operatorname{tg} \delta}{24 E I_{\omega\omega}} (Q_{ki} + 2 Q_{k+1\,i}) + \frac{\operatorname{tg} \delta}{l_i} (\alpha_i + \beta_i)}_{\text{Teil II}}$$

Teil I	Teil II
führt zu den gewöhnlichen Dreimomenten- bzw. Dreibimomentengleichungen.	Einfluß der Lagerschiefe, aufzufassen als Korrekturen $\bar{\alpha}_{i0}, \bar{\beta}_{i0}, \bar{a}_{i0}, \bar{b}_{i0}$ in den Belastungsgliedern.

Daraus geht hervor, daß die gewöhnlichen Dreimomentengleichungen für die Unbekannten M_k und die Dreibimomentengleichungen (7.21) dann entstehen, wenn die als Teil II bezeichneten Glieder (Tab. 8.1) zu den Belastungsgliedern aus äußerer Belastung (α_{i0}, β_{i0}, a_{i0}, b_{i0}) geschlagen werden. Eine Entkoppelung der beiden Systeme kann nicht erreicht werden, da z. B. T_{ki} von X_k und X_{k+1} abhängt, aber auch Q_{ki} von M_k und M_{k+1}.

Die Lösungen können aber auf iterativem Wege gefunden werden. Man vernachlässigt in einem ersten Rechenschritt die Lagerschiefe und erhält die genäherten Werte der unbekannten Größen M_k und X_k.

Daraus werden die Schnittkräfte (s. u.) in erster Näherung bestimmt und aus ihnen die ersten Korrekturen an den Belastungsgliedern $\bar{\alpha}_{i0}$, $\bar{\beta}_{i0}$, $\bar{a}_{i0}$, $\bar{b}_{i0}$ wie sie in Teil II der Tab. 8.1 angeschrieben sind.

c) Schnittgrößen

Die Stützmomente links und rechts des Feldes i sind die Summe aus Übertragungsmoment und Korrektur ΔM, womit das Biegemoment an jeder anderen Stelle des Stabes angeschrieben werden kann (s. Tab. 8.2).

Tabelle 8.2. *Zusammenstellung der Schnittgrößen am schief gelagertem Stab mit* $GKl^2 \ll EI_{\omega\omega}$

Biegung	Verdrehung
Stützmomente:	Stützbimomente:
$M_{ki} = M_k + T_{ki}\,\mathrm{tg}\,\delta_k$	${}_\omega M_{ki} = X_k + Q_{ki}\left(\frac{d}{2}\right)^2 \mathrm{tg}\,\delta_k$
$M_{k+1\,i} = M_{k+1} + T_{k+1\,i}\,\mathrm{tg}\,\delta_{k+1}$	${}_\omega M_{k+1\,i} = X_{k+1} + Q_{k+1\,i}\left(\frac{d}{2}\right)^2 \mathrm{tg}\,\delta_{k+1}$
Biegemomente:	Bimomente:
$M_i = M_{i0} + M_{ki}(1-\zeta_i) + M_{k+1\,i}\zeta_i$	$M_{\omega i} = {}_\omega M_{i0} + {}_\omega M_{ki}(1-\zeta_i) + {}_\omega M_{k+1\,i}\zeta_i$
Querkräfte:	Torsionsmomente:
$Q_i = Q_{i0} + (M_{k+1\,i} - M_{ki})/l_i$	$T_{\omega i} = T_i^{(f)} + ({}_\omega M_{k+1\,i} - {}_\omega M_{ki})/l_i$
Auflagerkraft:	Auflagerdrehmoment:
$F_k = Q_{ki} - Q_{k\,i-1}$	$T_k = T_{ki} - T_{k\,i-1}$

Lagerkörperbeanspruchung:

$$F_k^{\pm} = \frac{F_k}{2} \pm \frac{T_k}{d}.$$

Die Bimomente werden entsprechend erhalten. Aus den Biege- und Bimomenten erhält man durch Ableitung nach z_i die Querkräfte bzw. die Torsionsmomente. Ihre Differenz beim Auflager ergibt wiederum die Auflagerreaktionen. Alle diese Ausdrücke sind in Tab. 8.2 zusammengefaßt.

Wären die Torsionsmomente bei den Stabenden, T_{ki} und $T_{k+1\,i}$, bekannt, so könnten nach vorausgegangener Bestimmung der Übertragungsgrößen M_k und X_k alle Schnittgrößen so berechnet werden, daß in der linken oberen Ecke der Tab. 8.2 mit den Stützmomenten begonnen würde. Daraus ergäben sich sukzessive die Querkräfte, Stützbimomente und Torsionsmomente.

Zur Bestimmung dieser beiden unbekannten Eingangsgrößen T_{ki} und $T_{k+1\,i}$ wird diese sukzessive Reduktion einmal in allgemeinen Ausdrücken durchgerechnet. Gelangt man bei den Torsionsmomenten an, so liegen zwei Bestimmungsgleichungen für die beiden Unbekannten vor. Ihre Auflösung ergibt mit

$$T_i = \frac{X_{k+1} - X_k}{l_i} + \frac{d}{2}\left(Q_{k+1\,i}^{(0)}\,\varepsilon_{k+1\,i} - Q_{ki}^{(0)}\varepsilon_{ki}\right) + \frac{d}{2l_i}\left(M_{k+1} - M_k\right)\left(\varepsilon_{k+1\,i} - \varepsilon_{ki}\right) \tag{8.10a}$$

folgende Werte:

$$T_{ki} = \frac{T_{ki}^{(f)} + T_i - \varepsilon_{k+1\,i}(\varepsilon_{k+1\,i} - \varepsilon_{ki})\,\Sigma M_{Di}}{1 - (\varepsilon_{k+1\,i} - \varepsilon_{ki})^2}, \tag{8.10b}$$

$$T_{k+1\,i} = \frac{T_{k+1\,i}^{(f)} + T_i - \varepsilon_{ki}(\varepsilon_{k+1\,i} - \varepsilon_{ki})\,\Sigma M_{Di}}{1 - (\varepsilon_{k+1\,i} - \varepsilon_{ki})^2}. \tag{8.10c}$$

d) Spezialfall gleicher Lagerschiefe

Bei durchgehend gleicher Lagerschiefe δ ist $\varepsilon_{ki} = \varepsilon_{k+1\,i} = \varepsilon_i$. Aus den Gln. (8.10) folgt das Stabtorsionsmoment:

$$T_{\omega i} = T_i^{(l)} + \frac{X_{k+1} - X_k}{l_i} - \frac{d}{2}\,\varepsilon_i \Sigma P_i \tag{8.11}$$

und damit die Stützmomente:

$$\begin{aligned} M_{ki} &= M_k + T_{ki}^{(l)} \operatorname{tg}\delta + \frac{X_{k+1} - X_k}{l_i} \operatorname{tg}\delta - \varepsilon_i^2 l_i \Sigma P_i\,, \\ M_{k+1\,i} &= M_{k+1} + T_{k+1\,i}^{(l)} \operatorname{tg}\delta + \frac{X_{k+1} - X_k}{l_i} \operatorname{tg}\delta - \varepsilon_i^2 l_i \Sigma P_i \end{aligned} \tag{8.12}$$

und die Stützmomente:

$$\begin{aligned} {}_\omega M_{ki} &= X_k + Q_{ki}^{(0)} \left(\frac{d}{2}\right)^2 \operatorname{tg}\delta + (M_{k+1} - M_k)\,\varepsilon_i \frac{d}{2} - \varepsilon_i^2 l_i \Sigma M_{Di}\,, \\ {}_\omega M_{k+1\,i} &= X_{k+1} + Q_{k+1\,i}^{(0)} \left(\frac{d}{2}\right)^2 \operatorname{tg}\delta + (M_{k+1} - M_k)\,\varepsilon_i \frac{d}{2} - \varepsilon_i^2 l_i \Sigma M_{Di}\,. \end{aligned} \tag{8.13}$$

In diese Randwerte der Biege- und Bimomente werden die M_{i0}- bzw. ${}_\omega M_{i0}$-Flächen eingehängt, um ein vollständiges Bild des Verlaufes dieser beiden Schnittgrößen zu haben.

Die Torsionsmomentenfläche ist oben bereits angeschrieben. Der analytische Ausdruck für die Querkraftfläche lautet:

$$Q_i = Q_{i0} + \frac{M_{k+1} - M_k}{l_i} - \frac{\Sigma M_{Di}}{l_i} \operatorname{tg}\delta\,. \tag{8.14}$$

8.3 Beispiele

a) Einfeldträger mit gleicher Lagerschiefe

Bei einem Stab mit vernachlässigbar kleiner Saint-Venantscher Torsionssteifigkeit, der sich nur über eine Spannweite erstreckt und beiderseits gleich schief gelagert ist, liegen mit den Formeln (8.11) bis (8.14) die Resultate bereits vor; denn es müssen keine überzählige Größen berechnet werden ($M_k = M_{k+1} = X_k = X_{k+1} = 0$).

Nachstehend werden die Schnittgrößen noch einmal angeschrieben. Dabei wird die Bezeichnung vereinfacht, weil der Feldindex i nicht mehr mitgeführt werden muß — es liegt nur ein Feld vor. Das linke Auflager (k) wird mit A und das rechte ($k + 1$) mit B bezeichnet. M_0 und Q_0 stehen für die Biege- und Querkraftflächen am einfach gelagerten Balken und $M_{\omega 0}$ und $T_\omega^{(l)}$ sind die entsprechenden Bimomenten- bzw. Torsionsmomentenflächen, wofür mit den Gln. (7.16) und (7.17) Beispiele gegeben sind.

Die Lagerschiefe wird durch den Lagerkörperabstand in Stablängsrichtung (e) und in Querrichtung (d) festgelegt. Es ist zu beachten, daß e ein Vorzeichen besitzt. In Abb. 8.2 ist e als positive Größe eingezeichnet.

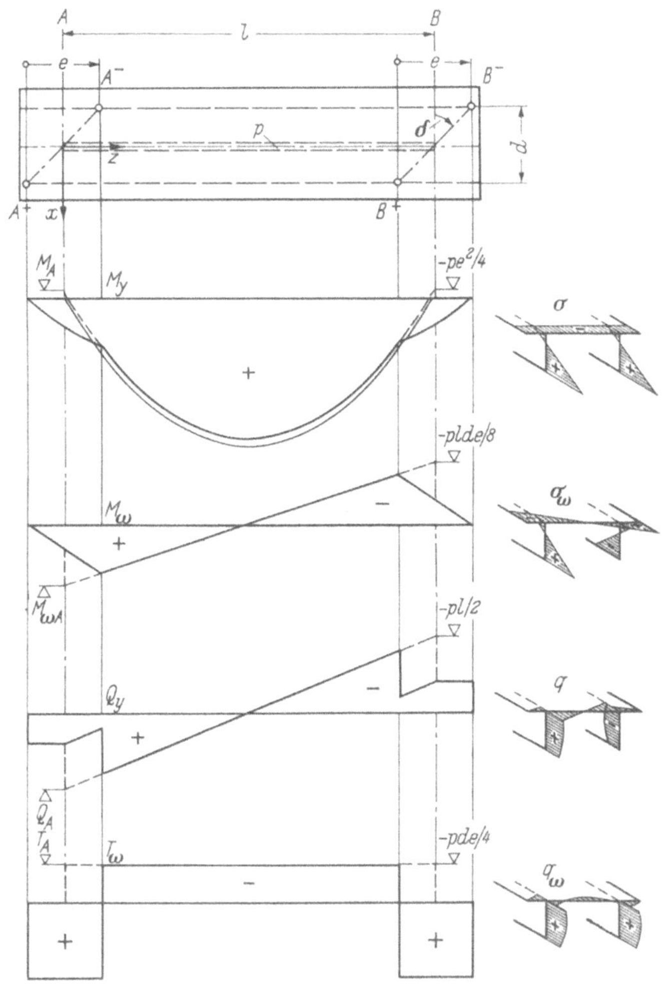

Abb. 8.2. Schnittgrößen am schief gelagerten Einfeldträger unter gleichmäßig verteilter Belastung, $GKl^2 \ll EI_{\omega\omega}$

Nach den Gln. (8.12) sind die theoretischen Werte der Biegemomente bei den Auflagern:

$$M_A = T_A^{(f)} \frac{e}{d} - \frac{e^2}{4l} \sum_A^B P,$$
$$M_B = T_B^{(f)} \frac{e}{d} - \frac{e^2}{4l} \sum_A^B P. \tag{8.15}$$

und die entsprechenden Bimomente [s. Gln. (8.13)]:

$$M_{\omega A} = Q_{A0} \frac{de}{4} - \frac{e^2}{4l} \sum_A^B M_D ,$$
$$M_{\omega B} = Q_{B0} \frac{de}{4} - \frac{e^2}{4l} \sum_A^B M_D . \tag{8.16}$$

In diese Randwerte müssen die M_0- bzw. $M_{\omega 0}$-Flächen eingehängt werden. Die Querkräfte und Torsionsmomente lauten gemäß den Ausdrücken (8.14) und (8.11):

$$Q = Q_0 - \frac{e}{ld} \sum_A^B M_D , \tag{8.17}$$

$$T_\omega = T_{\omega 0} - \frac{de}{4l} \sum_A^B P . \tag{8.18}$$

Für den Fall von gleichmäßig verteilter, zentrischer Belastung p ist $M_{\omega 0} = 0$ und damit auch $T_{A0} = T_{B0} = 0$; $Q_{A0} = -Q_{B0} = pl/2$. Damit lauten die Schnittgrößen für zentrische Belastung eines schief gelagerten Stabes mit vernachlässigbarer SAINT-VENANTscher Torsion:

$$M = \frac{pl^2}{8} \left[4\zeta(1-\zeta) - 2\left(\frac{e}{l}\right)^2 \right],$$
$$Q = \frac{pl}{2} (1 - 2\zeta),$$
$$M_\omega = \frac{pl^3}{8} \frac{d}{l} \frac{e}{l} (1 - 2\zeta), \tag{8.19}$$
$$T_\omega = -\frac{pl^2}{4} \frac{d}{l} \frac{e}{l} .$$

In Abb. 8.2 sind diese Schnittgrößen für die Annahmen $e/l = d/l = 1:5$ aufgezeichnet. Die Biegemomente werden durch die Lagerschiefe im Falle abwesender Torsion wenig beeinflußt, das Feldmoment wird auf den Wert $1 - 2(e/l)^2 = 23/25$ verkleinert. Die Querkraft bleibt bei gleicher Lagerschiefe unverändert.

Die Auflagerkräfte für jeden Lagerkörper, mit A^+, A^- und B^+, B^- bezeichnet, je nachdem, ob sie sich auf der positiven oder negativen x-Koordinate befinden, sind nach der untersten Formel der Zusammenstellung in Tab. 8.2:

$$A^- = \frac{pl}{4}\left(1 + \frac{e}{l}\right), \qquad B^- = \frac{pl}{4}\left(1 - \frac{e}{l}\right),$$
$$A^+ = \frac{pl}{4}\left(1 - \frac{e}{l}\right), \qquad B^+ = \frac{pl}{4}\left(1 + \frac{e}{l}\right). \tag{8.20}$$

In Abb. 8.2 sind die vier Schnittgrößen infolge p, das Biegemoment M_y, das Bimoment M_ω, die Querkraft Q_y und das Wölbtorsionsmoment T_ω samt der dazugehörigen Normalspannungs- bzw. Schubflußverteilung dargestellt (s. Tab. 6.2).

Die Korrekturen am Verlauf der Schnittgrößen über dem Auflagerbereich entstehen durch Aufteilen der Auflagerreaktionen F und T in die beiden Lagerkörperkräfte. Selbstverständlich haben die dargestellten Korrekturen samt den theoretischen Werten M_A, $M_{\omega A}$, Q_A, T_A auch nur ihre Gültigkeit innerhalb der Annahmen für die Stabstatik.

Der größte Wert des Bimomentes tritt bei $\zeta = e/2l$ auf und beträgt:

$$_{\max}M_\omega = \frac{pl^3}{8}\frac{d}{l}\frac{e}{l}\left(1 - \frac{e}{l}\right) = \frac{pl^3}{250}.$$

Ob dieses Bimoment von Bedeutung ist, kann erst über die Normalspannungen beurteilt werden. Daher werden nun die größten Untergurtspannungen aus diesem maximalen Bimomentenwert mit jener aus dem größten Biegemoment verglichen.

$$\frac{\max \sigma_\omega}{\max \sigma} = \frac{\dfrac{pl^3}{8}\dfrac{d}{l}\dfrac{e}{l}\left(1 - \dfrac{e}{l}\right)\dfrac{\omega}{I_{\omega\omega}}}{\dfrac{pl^2}{8}\left[1 - 2\left(\dfrac{e}{l}\right)^2\right]\dfrac{y}{I_{yy}}} = \frac{\dfrac{e}{l} - \left(\dfrac{e}{l}\right)^2}{1 - 2\left(\dfrac{e}{l}\right)^2} d\frac{\omega}{y}\frac{I_{yy}}{I_{\omega\omega}}.$$

Der Quotient $yI_{\omega\omega}/\omega I_{yy}$ stellt nach Gl. (7.6) die Verschiebung x_L der Lastscheide aus der Symmetrieachse dar. Wie aus Abb. 7.4 ersichtlich ist, darf für die Untergurtspannung $x_L \simeq d/2$ gesetzt werden. Da $(e/l)^2$ klein gegenüber eins ist, erhält man daher für diesen Vergleich der extremalen Untergurtspannung aus Verwölbung mit jener aus Biegung:

$$\frac{\max \sigma_\omega}{\max \sigma} = \frac{e}{l}\frac{d}{x_L} \simeq 2\frac{e}{l}. \tag{8.21}$$

Für dieses Beispiel würde die Wölbspannung somit nahezu 40% der Biegespannung betragen. Diese beiden Untergurtspannungen sind aber nicht zu addieren, da die eine über dem inneren Auflagerkörper und die andere in Feldmitte auftritt. Bei den Schubspannungen tritt jedoch eine Überlagerung der beiden Größtwerte auf.

b) Zweifeldträger

Um die Verhältnisse über einem schiefen Lager beim Durchlaufträger zu illustrieren, wird der in Abb. 8.3 dargestellte, über zwei gleich lange Felder durchlaufende Stab mit ungleicher Lagerschiefe ($\delta_1 = 0$, $\delta_3 = \delta$, $\delta_5 = 0$) unter gleichmäßig verteilter, zentrischer Belastung p berechnet.

Mit $T_{20} = T_{40} = 0$, $Q_{12}^{(0)} = -Q_{32}^{(0)} = Q_{34}^{(0)} = -Q_{54}^{(0)} = pl/2$, $\varepsilon_{12} = \varepsilon_{54} = 0$, $\varepsilon_{32} = \varepsilon_{34} = \varepsilon = e/2l$ und $M_1 = M_5 = X_1 = X_5 = 0$ erhält man aus den Gln. (8.10):

$$T_{12} = T_{32} = \frac{\dfrac{X_3}{l} - \dfrac{d}{2}\dfrac{pl}{2}\dfrac{e}{2l} + \dfrac{d}{2l}\dfrac{e}{2l}M_3}{1 - \varepsilon^2}. \tag{8.22a}$$

$$T_{34} = T_{54} = \frac{-\dfrac{X_3}{l} - \dfrac{d}{2}\dfrac{pl}{2}\dfrac{e}{2l} + \dfrac{d}{2l}\dfrac{e}{2l}M_3}{1 - \varepsilon^2}. \tag{8.22b}$$

In den beiden Bestimmungsgleichungen für die überzähligen Größen M_3 und X_3,

$$2(l_2 + l_4) M_3 = -6 E I_{yy} (\beta_{20} + \alpha_{40} + \bar{\beta}_{20} + \bar{\alpha}_{40}),$$

$$2(l_2 + l_4) X_3 = -6 E I_{\omega\omega} (\bar{b}_{20} + \bar{a}_{40}),$$

ist zufolge Antimetrie in der Querkraft und Symmetrie in den Auflagerdrehwinkeln ($\beta_2 = \alpha_4$) die Summe $\bar{b}_{20} + \bar{a}_{20} = 0$, woraus $X_3 = 0$ folgt (s. Tab. 8.1).

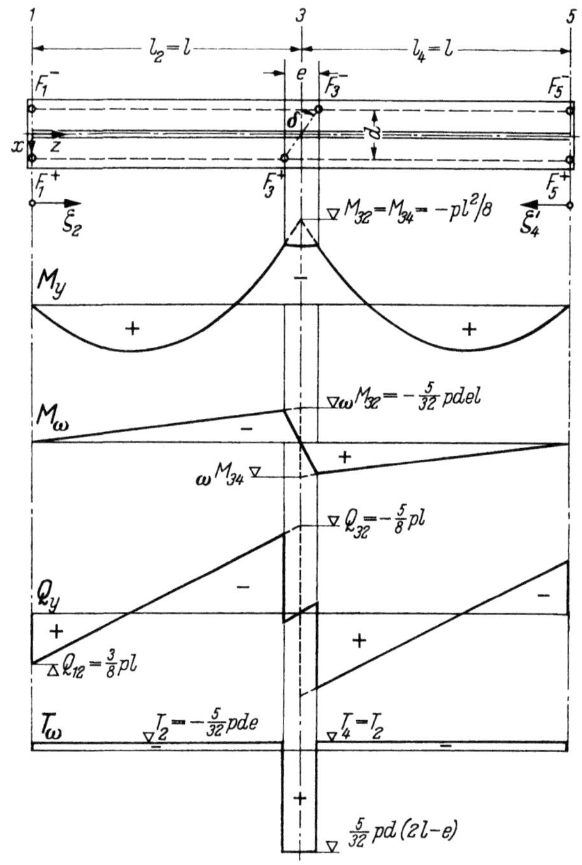

Abb. 8.3. Schnittgrößen am Zweifeldträger mit schiefer Lagerung in der Mitte, bei gleichmäßig verteilter, lotrechter Belastung, $E I_{\omega\omega} \gg G K l^2$

Somit unterscheiden sich die Torsionsmomente (8.22a) und (8.22b) in den beiden Feldern nicht mehr. Gemäß Tab. 8.1 ist nun:

$$\bar{\beta}_{20} = \bar{\alpha}_{40} = \frac{l e^2}{3 E I_{yy}} \frac{-\frac{p}{8} + \frac{M_3}{4 l^2}}{1 - \varepsilon^2},$$

was sich aus der ersten Bestimmungsgleichung

$$4lM_3 = -6EI_{yy}\left(2\frac{pl^3}{24EI_{yy}} + 2\frac{le^2}{24EI_{yy}}\frac{-p+2\frac{M_3}{l^2}}{1-\varepsilon^2}\right)$$

ergibt. Daraus folgt:

$$M_3 = -\frac{pl^2}{8}(1-5\varepsilon^2) \tag{8.23}$$

und

$$T_2 = T_4 = -\frac{5}{32}p\,d\,e.$$

Nun können alle Schnittgrößen nach Tab. 8.2 angeschrieben werden. Diese lauten:

$$M_2 = \frac{pl^2}{8}(3\zeta_2 - 4\zeta_2^2), \tag{8.24a}$$

$$Q_2 = pl\left(\frac{3}{8} - \zeta_2\right), \tag{8.24b}$$

$$M_{\omega 2} = -\frac{5}{32}ple\,d\zeta_2, \tag{8.24c}$$

$$T_2 = -\frac{5}{32}p\,d\,e. \tag{8.24d}$$

Der Verlauf dieser Schnittgrößen ist im Feld 4 symmetrisch und antimetrisch bezüglich der Auflagerlinie $k = 3$, wie aus Abb. 8.3 hervorgeht. Die Auflagerkräfte sind:

$$\begin{aligned} F_1^- &= F_5^+ = \frac{3}{16}pl\left(1+\frac{5}{6}\frac{e}{l}\right),\\ F_1^+ &= F_5^- = \frac{3}{16}pl\left(1-\frac{5}{6}\frac{e}{l}\right),\\ F_3^+ &= F_3^- = \frac{5}{8}pl. \end{aligned} \tag{8.25}$$

Die lokalen Korrekturen, die an den Schnittgrößen im Auflagerbereich vorgenommen werden dürfen, falls die Gültigkeit der Stabstatik vorausgesetzt werden kann, sind in Abb. 8.3 ebenfalls eingetragen. Die Auflagerkraft F_3 wird in die beiden ihr gleichwertigen Komponenten F_3^+ und F_3^- zerlegt, und diese Komponenten werden an den Lagerpunkten auf den Stab einwirkend angenommen.

Da die Bimomente ebenfalls Normalspannungen erzeugen, ist ihre Verkleinerung durch den Abbau der Biegemomente infolge Lagerschiefstellung bei Stäben mit nur Wölbtorsion teilweise kompensiert durch die hervorgerufenen Wölbspannungen.

III. Gemischte Torsion.

9 Schnittgrößen

9.1 Grundlagen zur Berechnung

a) Differentialgleichung

Gemischte Torsion ist dann zu berücksichtigen, wenn von den beiden Torsionsanteilen SAINT-VENANTsche Torsion (T_s) und Wölbtorsion (T_ω) nicht einer gegenüber dem anderen vernachlässigt werden kann.

Beide Torsionsanteile zusammen ergeben das Torsionsmoment T an der Schnittstelle z eines Stabes zu:

$$T = T_s + T_\omega. \tag{9.1}$$

Der SAINT-VENANTsche Torsionsanteil verläuft proportional der ersten Ableitung der Verdrehung φ des Stabes, s. Gl. (1.1)

$$T_s = GK\varphi', \tag{9.2}$$

während der Wölbtorsionsanteil proportional der ersten Ableitung des Bimomentes M_ω ist, wie aus Tab. 5.1 hervorgeht. Das Bimoment ist definiert als

$$M_\omega = -EI_{\omega\omega}\varphi''. \tag{9.3}$$

Somit ist

$$T_\omega = -(EI_{\omega\omega}\varphi'')'. \tag{9.4}$$

Bezüglich der Vorzeichen der Torsionsmomente gilt die Regelung, daß am Stabquerschnitt mit positiver äußerer Normalen ein positives Torsionsmoment in positivem Drehsinn ($+\varphi$-Richtung) dreht, ein negatives in $-\varphi$-Richtung. Am Querschnitt mit einer äußeren Normalen in negativer z-Koordinatenrichtung muß ein Torsionsmoment in negativer φ-Richtung drehen, um positiv zu gelten.

Mit m_D wird das äußere, am Stab angreifende Drehmoment pro Längeneinheit bezeichnet, das dann als positive Größe einzuführen ist, wenn es in positivem Sinne dreht.

Die Gleichgewichtsbedingung am Stabelement der Länge dz lautet mit dieser Vorzeichenregel:

$$-T + m_D\,dz + \left(T + \frac{dT}{dz}\,dz\right) = 0,$$

somit

$$\frac{dT}{dz} - m_D.$$

Wird für T die Summe der beiden Torsionsanteile nach Gl. (9.1) eingesetzt und die Komponenten T_s und T_ω entsprechend den Ausdrücken (9.2) und (9.4) ersetzt, so entsteht die Differentialgleichung für gemischte Torsion

$$(EI_{\omega\omega}\varphi'')'' - (GK\varphi')' = m_D . \tag{9.5}$$

Da wir es mit einem prismatischen Stab zu tun haben, wird aus obiger linearer, inhomogener Differentialgleichung vierter Ordnung eine solche mit konstanten Koeffizienten

$$EI_{\omega\omega}\varphi'''' - GK\varphi'' = m_D . \tag{9.6}$$

b) Lösung für den unendlich langen Stab

Die allgemeine Lösung der homogenen Differentialgleichung (9.6) lautet

$$\varphi = C_1 + C_2 \frac{z}{d} + C_3 e^{-z/d} + C_4 e^{+z/d}$$

mit (9.7)

$$d = \sqrt{\frac{EI_{\omega\omega}}{GK}} .$$

Darin sind C_1 bis C_4 die Integrationskonstanten.

Die allgemeine Lösung kann aber auch in Hyperbelfunktionen angeschrieben werden. Die hier gegebene Form eignet sich für die Darstellung von Abklingeffekten. Die Koordinate in Stablängsrichtung wird dabei durch eine nur vom Stabquerschnitt abhängige charakteristische Länge d normiert. Bei Stäben von endlicher Länge wird z wieder durch die Stablänge l als Einheit normiert sein.

Als Beispiel möge der am Koordinatenursprung fest eingespannte, sehr lange Stab dienen, an dessen fernem Stabende ein Torsionsmoment M_D angreift. Die Randbedingungen lauten:

$$\begin{aligned}
\varphi\left(\frac{z}{d} = 0\right) &= 0, && \text{(a)}\\
\varphi'\left(\frac{z}{d} = 0\right) &= 0, && \text{(b)}\\
\varphi'\left(\frac{z}{d} = \infty\right) &= \text{endlich}, && \text{(c)}\\
T\left(\frac{z}{d} = \infty\right) &= M_D . && \text{(d)}
\end{aligned} \tag{9.8}$$

Aus der Bedingung (c), die verlangt, daß die Zunahme des Drehwinkels für beliebig große Argumente z/d endlich bleiben muß, folgt $C_4 = 0$.

Daraus geht hervor, daß der Stabdrehwinkel nach Gl. (9.7) für $z/d \gg 1$ die lineare Form

$$\varphi\left(\frac{z}{d} \gg 1\right) = C_1 + C_2 \frac{z}{d} \tag{9.9}$$

haben wird. Die zweite und dritte Ableitung verschwindet und mit ihnen das Bimoment M_ω und das Wölbtorsionsmoment T_ω. Das SAINT-VENANTsche Torsionsmoment $T_s = GK\varphi'$ ist daher gleich dem gesamten Torsionsmoment T.

Damit ist bereits bewiesen, daß sich gemischte Torsion entkoppelt und in reine SAINT-VENANTsche übergeht, sobald über eine Stabstrecke, die wesentlich größer als d ist, keine Veränderung am Gesamtdrehmoment vorgenommen wird.

Um das begonnene Beispiel zu Ende zu führen, wird auch die Randbedingung (d) erfüllt, $GKC_2/d = M_D$, woraus C_2 folgt. Die Randbedingungen (a) und (b) ergeben $C_1 = -C_3$ bzw. $C_2 = C_3$. Damit lauten die endgültigen Lösungen:

$$\varphi = \frac{M_D d}{GK}\left(-1 + \frac{z}{d} + e^{-z/d}\right),$$

$$\begin{aligned} T_s &= GK\ \varphi' = M_D(1 - e^{-z/d}), \\ M_\omega &= -EI_{\omega\omega}\varphi'' = -M_D\, d e^{-z/d}, \\ T_\omega &= -EI_{\omega\omega}\varphi''' = +M_D e^{-z/d}. \end{aligned} \tag{9.10}$$

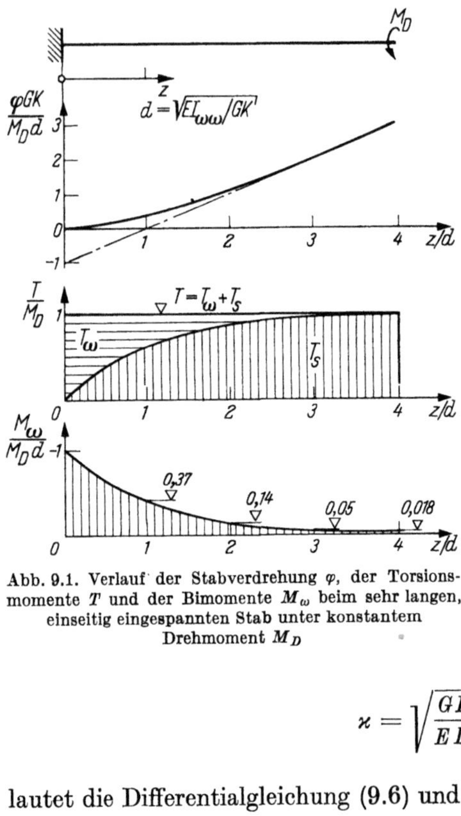

Abb. 9.1. Verlauf der Stabverdrehung φ, der Torsionsmomente T und der Bimomente M_ω beim sehr langen, einseitig eingespannten Stab unter konstantem Drehmoment M_D

Der Verlauf dieser Lösungen geht aus Abb. 9.1 hervor. Daraus ist auch ersichtlich, daß das gesamte Torsionsmoment über jene Stabbereiche, in denen keine äußeren Drehmomente angreifen, konstant bleibt.

c) Lösung für den Stab der Länge l

An Stelle der Exponentialfunktionen werden nun vorteilhaft Hyperbelfunktionen als linear unabhängige Integrale benutzt und als Normierungslänge für die z-Koordinate die Stablänge l.

Mit $\bar{\varphi}$ als Bezeichnung für die partikuläre Lösung der normierten Koordinate

$$\zeta = \frac{z}{l}$$

und der Abkürzung

$$\varkappa = \sqrt{\frac{GKl^2}{EI_{\omega\omega}}} = \frac{l}{d} \tag{9.11}$$

lautet die Differentialgleichung (9.6) und ihre Lösung

$$\begin{aligned} \varphi'''' - \frac{\varkappa^2}{l^2}\varphi'' &= \frac{m_D}{EI_{\omega\omega}}, \\ \varphi &= C_1 + C_2\zeta + C_3 \operatorname{Sin}\varkappa\zeta + C_4 \operatorname{Cos}\varkappa\zeta + \bar{\varphi}. \end{aligned} \tag{9.12}$$

Dabei sind C_1, C_2, C_3 und C_4 die Integrationskonstanten, die aus den vier vorzuschreibenden Randbedingungen des Stabes bestimmt werden.

Die Striche bedeuten Ableitungen nach z. Es ist daher

$$d\zeta/dz = 1/l.$$

Die Stabverformungs- und Schnittgrößen sind in dieser allgemeinen Form nachstehend zusammengefaßt.

Der Stabdrehwinkel φ:

$$\varphi = C_1 + C_2\zeta + C_3 \operatorname{Sin} \varkappa\zeta + C_4 \operatorname{Cos} \varkappa\zeta + \overline{\varphi}. \tag{9.13}$$

Die spezifische Stabverdrehung φ':

$$\varphi' = C_2 \frac{1}{l} + C_3 \frac{\varkappa}{l} \operatorname{Cos} \varkappa\zeta + C_4 \frac{\varkappa}{l} \operatorname{Sin} \varkappa\zeta + \overline{\varphi}'. \tag{9.14}$$

Das Bimoment $M_\omega = -EI_{\omega\omega}\varphi''$:

$$M_\omega = -GK(C_3 \operatorname{Sin} \varkappa\zeta + C_4 \operatorname{Cos} \varkappa\zeta) - EI_{\omega\omega}\overline{\varphi}''. \tag{9.15}$$

Das Torsionsmoment $T = GK\varphi' - EI_{\omega\omega}\varphi'''$:

$$T = GK\left(\frac{C_2}{l} + \overline{\varphi}'\right) - EI_{\omega\omega}\overline{\varphi}'''. \tag{9.16}$$

Aus der letzten Gl. (9.16) erkennt man auch wieder, daß über Stabbereiche mit fehlendem, angreifendem Drehmoment das gesamte Torsionsmoment T konstant bleibt, da in solchen Fällen die partikuläre Lösung φ verschwindet.

d) Partikuläre Lösungen

Nachstehend wird eine Auswahl von partikulären Lösungen $\overline{\varphi}$ gegeben.

Die partikulären Integrale (9.17a bis d) können aus Ansätzen bestimmt werden, die gleichen Aufbau wie die Störfunktion haben.

Einen Ansatz für die partikuläre Lösung (9.17e) findet man durch Bildung eines Sprunges um den Betrag $|M_D|$ im Ausdruck für die Wölbtorsion, wobei als Funktionen nur allgemeine Lösungen der homogenen Differentialgleichung (9.12) in Frage kommen. Für ein positiv drehendes Moment M_D muß der Zuwachs negativ eingeführt werden.

$$-EI_{\omega\omega}\overline{\varphi}'''(\zeta<\alpha) = 0,$$
$$-EI_{\omega\omega}\overline{\varphi}'''(\zeta>\alpha)' = -M_D \operatorname{Cos} \varkappa(\zeta-\alpha).$$

Im Bereich $\zeta < \alpha$ kann die partikuläre Lösung $\overline{\varphi}$ als null angenommen werden. Im Bereich $\zeta > \alpha$ ergibt sie sich aus obigem Ansatz für die dritte Ableitung unter Beachtung der Übergangsbedingungen an der Stelle α. Diese lauten, daß das Bimoment, somit $\overline{\varphi}''$, als auch $\overline{\varphi}'$ und $\overline{\varphi}$ rechts der Sprungstelle α gleich den Werten unmittelbar links davon sein müssen — also gleich null, da dort mit $\overline{\varphi}$ auch alle Ableitungen null sind.

1. Gleichmäßig verteilt angreifendes Drehmoment:

$$m_D = m \qquad \rightarrow \bar{\varphi} = -\frac{m}{2}\frac{l^2}{GK}\zeta^2. \tag{9.17a}$$

2. Linear verteilt angreifendes Drehmoment:

$$m_D = m\zeta \qquad \rightarrow \bar{\varphi} = -\frac{m}{6}\frac{l^2}{GK}\zeta^3. \tag{9.17b}$$

3. Parabolisch verteilt angreifendes Drehmoment:

$$m_D = m\zeta^2 \qquad \rightarrow \bar{\varphi} = -\frac{m}{12}\frac{l^2}{GK}\zeta^4 - m\frac{EI_{\omega\omega}}{(GK)^2}\zeta^2. \tag{9.17c}$$

4. Sinusförmig verteilt angreifendes Drehmoment:

$$m_D = m\sin\alpha\zeta \qquad \rightarrow \bar{\varphi} = m\frac{l^4}{EI_{\omega\omega}}\frac{\sin\alpha\xi}{\alpha^2(\alpha^2+\varkappa^2)}. \tag{9.17d}$$

5. An der Stelle $\zeta = \alpha = a/l$ konzentriert angreifendes Drehmoment M_D (s. Abb. 9.4):

$$\begin{aligned} \bar{\varphi}(\zeta<\alpha) &= 0, \\ \bar{\varphi}(\zeta>\alpha) &= \frac{M_D l}{GK}\left[\frac{1}{\varkappa}\operatorname{Sin}\varkappa(\zeta-\alpha) - (\zeta-\alpha)\right]. \end{aligned} \tag{9.17e}$$

e) Randbedingungen

Für jedes Stabende müssen zwei Randbedingungen bekannt sein. Aus den insgesamt vier Randbedingungen eines Stabes lassen sich die vier offenen Integrationskonstanten C_1, C_2, C_3 und C_4 bestimmen. Die Stabverformungen und Schnittgrößen sind dann mit den Gln. (9.13) bis (9.16) bestimmt. Beispiele zweier Sätze von Randbedingungen sind mit den Gln. (7.1) und (7.2) gegeben. Im Kap. 7 sind sie zwar nur unter der Voraussetzung vernachlässigbar kleiner SAINT-VENANTscher Torsion angeschrieben worden. Aber für die geometrischen Randbedingungen (d. h. für solche, die sich nur auf φ und φ' beziehen) spielt die Vereinfachung keine Rolle, und von den statischen Randbedingungen (die etwas über M_ω und T aussagen) bleibt diejenige für M_ω in Gl. (7.1) auch unverändert.

Hätte man zum Beispiel ein freies Stabende bei $z = l$, so müßten die beiden Bedingungen wie folgt lauten:

$$\begin{aligned} M_\omega(z=l) &= 0, \\ T(z=l) &= 0. \end{aligned} \tag{9.18}$$

Dabei ist für T das gesamte Torsionsmoment nach Gl. (9.16) einzusetzen.

Für den häufig vorkommenden Fall, daß der Stab bei $\zeta = 0$ einfach gelagert sei, werden nachstehend die um zwei Integrationskonstanten vereinfachten Lösungen (9.13) bis (9.16) angeschrieben.

Die Randbedingungen lauten:

$$\varphi(\zeta=0) = 0 \qquad \text{und} \qquad M_\omega(\zeta=0) = 0,$$

und die partikuläre Lösung verschwindet an dieser Stabstelle ebenfalls, $\overline{\varphi}(\zeta=0) = 0$. Damit folgt aus den Gln. (9.13) und (9.15)

$$C_1 = -C_4, \qquad C_4 = -\frac{l^2}{\varkappa^2}\,\overline{\varphi}''(\zeta=0),$$

und die nur noch zwei Integrationskonstanten enthaltenden, allgemeinen Lösungen lauten:

$$\begin{aligned}
\varphi &= \frac{l^2}{\varkappa^2}(1 - \operatorname{Cos}\varkappa\zeta)\overline{\varphi}''(\zeta=0) + C_2\zeta + C_3 \operatorname{Sin}\varkappa\zeta + \overline{\varphi},\\
\varphi' &= -\frac{l}{\varkappa}\operatorname{Sin}\varkappa\zeta\overline{\varphi}''(\zeta=0) + \frac{C_2}{l} + C_3\frac{\varkappa}{l}\operatorname{Cos}\varkappa\zeta + \overline{\varphi}',\\
M_\omega &= EI_{\omega\omega}\operatorname{Cos}\varkappa\zeta\overline{\varphi}''(\zeta=0) - C_3 GK \operatorname{Sin}\varkappa\zeta - EI_{\omega\omega}\overline{\varphi}'',\\
T &= GK\left(\frac{C_2}{l} + \overline{\varphi}'\right) - EI_{\omega\omega}\overline{\varphi}'''.
\end{aligned} \tag{9.19}$$

Ist neben gelenkiger Lagerung am Stabanfang auch die partikuläre Lösung $\overline{\varphi}(\zeta) = 0$, was bei Stäben, die nur an den Enden drehbeansprucht werden, der Fall ist, so lauten die allgemeinen Lösungen noch einfacher:

$$\begin{aligned}
\varphi &= C_2\zeta + C_3 \operatorname{Sin}\varkappa\zeta,\\
\varphi' &= \frac{C_2}{l} + C_3\frac{\varkappa}{l}\operatorname{Cos}\varkappa\zeta,\\
M_\omega &= -GKC_3 \operatorname{Sin}\varkappa\zeta,\\
T &= C_2\frac{GK}{l}.
\end{aligned} \tag{9.20}$$

Für die Spannungsberechnung ist nicht das jeweils angeschriebene gesamte Torsionsmoment T von Interesse, sondern die beiden Komponenten T_s und T_ω. Da aber nach Gl. (9.2) φ' bis auf die Konstante GK das Saint-Venantsche Torsionsmoment T_s darstellt, läßt es sich aus dieser Lösungsgruppe stets anschreiben. Das Wölbtorsionsmoment T_ω wird dann aus $T - T_s$ erhalten, oder durch direkte Ableitung des Bimomentes M_ω nach der Stabkoordinate z.

9.2 Beispiele am einfach gelagerten Stab

a) Bimoment am Stabende angreifend

Am Stabende bei $z = l$ wird ein Bimoment der Größe X eingeleitet. Der Stab ist wölbfrei gelagert und an beiden Auflagern gegenüber Verdrehung gehalten. Die Randbedingungen sind:

$$\begin{aligned} \varphi(\zeta=0) &= 0, & \varphi(\zeta=1) &= 0, \\ M_\omega(\zeta=0) &= 0, & M_\omega(\zeta=1) &= X. \end{aligned} \tag{9.21}$$

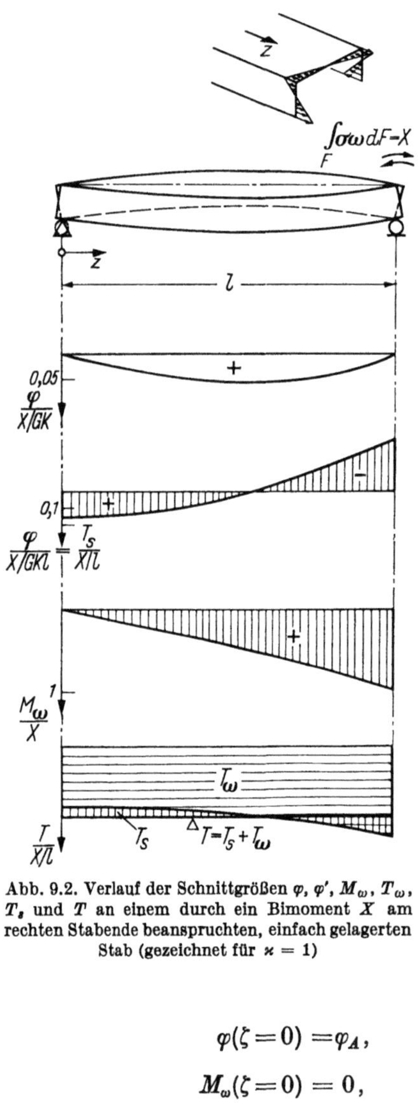

Abb. 9.2. Verlauf der Schnittgrößen φ, φ', M_ω, T_ω, T_s und T an einem durch ein Bimoment X am rechten Stabende beanspruchten, einfach gelagerten Stab (gezeichnet für $\varkappa = 1$)

Da die partikuläre Lösung $\overline{\varphi}$ null ist, folgt aus den beiden Randbedingungen am linken Stabende $C_1 = C_4 = 0$, d. h., die allgemeinen Lösungen (9.13) bis (9.16) reduzieren sich auf (9.20).

Aus der zweiten Bedingung am rechten Auflager ergibt sich $C_3 = -X/GK \operatorname{Sin} \varkappa$, und somit aus der Verbleibenden $C_2 = +X/GK$. Daher lautet die Lösung dieses Problems:

$$\begin{aligned} \varphi &= \frac{X}{GK}\left(\zeta - \frac{\operatorname{Sin} \varkappa\zeta}{\operatorname{Sin} \varkappa}\right), \\ \varphi' &= \frac{X}{GKl}\left(1 - \varkappa\frac{\operatorname{Cos} \varkappa\zeta}{\operatorname{Sin} \varkappa}\right), \\ M_\omega &= X\frac{\operatorname{Sin} \varkappa\zeta}{\operatorname{Sin} \varkappa}, \\ T &= \frac{X}{l}. \end{aligned} \tag{9.22}$$

Der Verlauf dieser Schnittgrößen ist in Abb. 9.2 für $\varkappa = 1$ skizziert.

b) Verdrehung der Auflager

Am unbelasteten Stab mit frei verwölbbaren Enden werden die Auflager verdreht. Die partikuläre Lösung ist null, und die Randbedingungen lauten:

$$\begin{aligned} \varphi(\zeta=0) &= \varphi_A, & \varphi(\zeta=1) &= \varphi_B, \\ M_\omega(\zeta=0) &= 0, & M_\omega(\zeta=1) &= 0. \end{aligned} \tag{9.23}$$

Wird Gl. (9.15) zur Bestimmung der Integrationskonstanten C_3 und C_4 für die beiden statischen Randbedingungen benutzt, so erhält man $C_3 = C_4 = 0$ und damit ein verschwindendes Bimoment. Aus den verbleibenden Randbedingungen folgt $C_1 = \varphi_A$ und $C_2 = \varphi_B - \varphi_A$. Das ergibt folgende Lösung:

$$\begin{aligned} \varphi &= \varphi_A + (\varphi_B - \varphi_A)\zeta, \\ \varphi' &= \frac{\varphi_B - \varphi_A}{l}, \\ M_\omega &= 0, \\ T &= \frac{GK}{l}(\varphi_B - \varphi_A). \end{aligned} \tag{9.24}$$

Mit verschwindendem Bimoment M_ω ist auch kein Torsionsmoment aus Verwölbung T_ω vorhanden. Daraus ist ersichtlich, daß Stäbe, die ungehindert verwölben können und unter einem konstanten Torsionsmoment stehen, dieses Torsionsmoment nur durch ihren SAINT-VENANTschen Torsionswiderstand aufnehmen können.

c) Gleichmäßig verteilt angreifendes Drehmoment

Für den einfach gelagerten Stab der Länge l ergeben sich die Randbedingungen nach Gl. (7.1). Da Symmetrie bezüglich Feldmitte vorhanden ist, lohnt sich eine Verlegung des Koordinatenursprunges in die Feldmitte, was durch die Substitution

$$\bar{\zeta} = \zeta - \tfrac{1}{2} \tag{9.25}$$

geschieht.

Zufolge der Symmetrie dürfen jene Integrationskonstanten, die im Ausdruck für den Stabdrehwinkel, Gl. (9.13), vor ungeraden Funktionen stehen, zu Null eingesetzt werden: $C_2 = C_3 = 0$.

Die noch benötigten Randbedingungen sind

$$\begin{aligned} \varphi(\bar{\zeta} = \tfrac{1}{2}) &= 0, \\ M_\omega(\bar{\zeta} = \tfrac{1}{2}) &= 0. \end{aligned} \tag{9.26}$$

Das partikuläre Integral lautet nach Gl. (9.17a)

$$\bar{\varphi} = -\frac{m_D}{2}\frac{l^2}{GK}\bar{\zeta}^2.$$

Somit

$$\bar{\varphi}' = -m_D\frac{l}{GK}\bar{\zeta}$$

und

$$\bar{\varphi}'' = -\frac{m_D}{GK},$$

$$\bar{\varphi}''' = 0.$$

Durch Einsetzen der Gln. (9.13) und (9.15) in die beiden Randbedingungen (9.26) erhält man:

$$C_1 + C_4 \operatorname{Cos} \frac{\varkappa}{2} - \frac{m_D l^2}{8GK} = 0,$$

$$C_4 \operatorname{Cos} \frac{\varkappa}{2} - \frac{EI_{\omega\omega}}{(GK)^2} m_D = 0.$$

Daraus folgt:

$$C_4 = + \frac{EI_{\omega\omega}}{(GK)^2 \operatorname{Cos} \frac{\varkappa}{2}} m_D = + \frac{m_D l^2}{GK} \frac{1}{\varkappa^2 \operatorname{Cos} \frac{\varkappa}{2}},$$

$$C_1 = \frac{m_D l^2}{GK} \left(\frac{1}{8} - \frac{1}{\varkappa^2} \right).$$

Eingesetzt in die Gln. (9.13) bis (9.16) ergibt dies folgende Schnittgrößen:

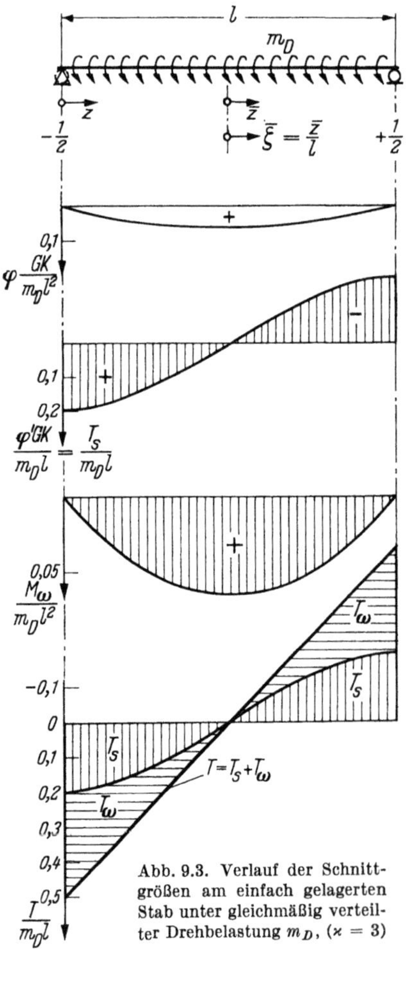

Abb. 9.3. Verlauf der Schnittgrößen am einfach gelagerten Stab unter gleichmäßig verteilter Drehbelastung m_D, ($\varkappa = 3$)

$$\left.\begin{aligned}
\varphi &= \frac{m_D l^2}{GK} \left[\left(\frac{1}{8} - \frac{1}{\varkappa^2} \right) - \frac{1}{2} \bar{\zeta}^2 + \frac{\operatorname{Cos} \varkappa \bar{\zeta}}{\varkappa^2 \operatorname{Cos} \frac{\varkappa}{2}} \right], \\
\varphi' &= - \frac{m_D l}{GK} \left(\bar{\zeta} - \frac{\operatorname{Sin} \varkappa \bar{\zeta}}{\varkappa \operatorname{Cos} \frac{\varkappa}{2}} \right), \\
M_\omega &= \frac{m_D l^2}{\varkappa^2} \left(1 - \frac{\operatorname{Cos} \varkappa \bar{\zeta}}{\operatorname{Cos} \frac{\varkappa}{2}} \right), \\
T &= - m_D l \bar{\zeta}.
\end{aligned}\right\} \qquad (9.27)$$

Der Verlauf dieser Lösungen geht aus Abb. 9.3 hervor, die für die Annahme $\varkappa = 3$ maßstäblich gezeichnet ist.

Vom gesamten Torsionsmoment T entfallen auf den SAINT-VENANTschen Anteil

$$T_s = GK\varphi' = - m_D l \left(\bar{\zeta} - \frac{\operatorname{Sin} \varkappa \bar{\zeta}}{\varkappa \operatorname{Cos} \frac{\varkappa}{2}} \right) \qquad (9.28\text{a})$$

und somit auf den Wölbanteil

$$T_\omega = - m_D l \frac{\operatorname{Sin} \varkappa \bar{\zeta}}{\varkappa \operatorname{Cos} \frac{\varkappa}{2}}; \qquad (9.28\text{b})$$

Der größte Stabdrehwinkel φ in Feldmitte, d. h. für $\bar{\zeta} = 0$, beträgt

$$_{\max}\varphi = \frac{m_D l^2}{8\,GK}\left(1 - \frac{\left(\frac{4}{\varkappa}\right)^2}{1 + \mathrm{Ctg}^2 \frac{\varkappa}{4}}\right). \tag{9.29}$$

Die erste Ableitung φ' und damit das SAINT-VENANTsche Torsionsmoment T_s wird an den Stabenden extremal:

$$_{\max}T_s = GK\varphi'\left(\bar{\zeta} = \pm\frac{1}{2}\right) = \pm\frac{m_D l}{2}\left(1 - \frac{2}{\varkappa}\,\mathrm{Tg}\,\frac{\varkappa}{2}\right) \tag{9.30a}$$

ebenso das Wölbtorsionsmoment für $\bar{\zeta} = \pm 1/2$

$$_{\max}T_\omega = \pm\frac{m_D l}{2}\,\frac{2}{\varkappa}\,\mathrm{Tg}\,\frac{\varkappa}{2}, \tag{9.30b}$$

während das größte Bimoment in Feldmitte auftritt:

$$_{\max}M_\omega = \frac{m_D l^2}{\varkappa^2}\left(1 - \frac{1}{\mathrm{Cos}\,\frac{\varkappa}{2}}\right). \tag{9.31}$$

d) Konzentriert angreifendes Drehmoment

Für die Bezeichnungen wird auf Abb. 9.4 verwiesen. Eine partikuläre Lösung ist in Gl. (9.17e) festgehalten, wobei $\overline{\varphi}''(\zeta = 0) = 0$ ist. Für gelenkige Lagerung beider Stabenden lassen sich aus den Gln. (9.19) die verbleibenden zwei Integrationskonstanten wie folgt bestimmen $(\beta = b/l = 1 - \alpha)$:

$$\varphi(\zeta = 1) = 0$$

$$C_2 + C_3\,\mathrm{Sin}\,\varkappa + \frac{M_D l}{GK}\left(\frac{1}{\varkappa}\;\mathrm{Sin}\,\varkappa\beta - \beta\right) = 0,$$

$$M_\omega(\zeta = 1) = 0$$

$$-C_3 GK\,\mathrm{Sin}\,\varkappa - EI_{\omega\omega}\frac{M_D\varkappa}{GKl}\,\mathrm{Sin}\,\varkappa\beta = 0.$$

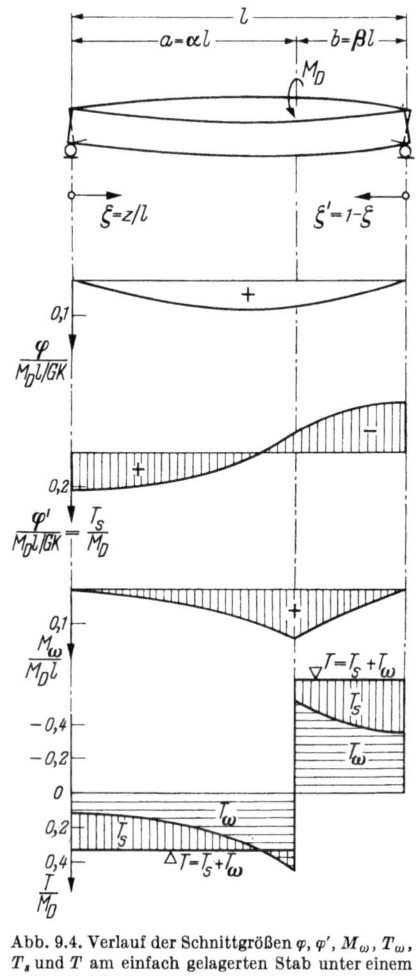

Abb. 9.4. Verlauf der Schnittgrößen φ, φ', M_ω, T_ω, T_s und T am einfach gelagerten Stab unter einem konzentriert angreifenden Drehmoment M_D, $(\varkappa = 3,\ \alpha = 2/3)$

Aus der zweiten Gleichung folgt

$$C_3 = -\frac{M_D l}{GK}\,\frac{\mathrm{Sin}\,\varkappa\beta}{\varkappa\,\mathrm{Sin}\,\varkappa}$$

und damit aus der ersten

$$C_2 = \beta\,\frac{M_D l}{GK}.$$

Für den Bereich $\zeta < \alpha$, in dem $\overline{\varphi} = 0$ ist, ergibt dies die Lösung:

$$\left.\begin{aligned} \varphi &= \frac{M_D l}{GK}\left(\beta\zeta - \frac{\operatorname{Sin}\varkappa\beta}{\varkappa \operatorname{Sin}\varkappa}\operatorname{Sin}\varkappa\zeta\right), \\ \varphi' &= \frac{M_D}{GK}\left(\beta - \frac{\operatorname{Sin}\varkappa\beta}{\operatorname{Sin}\varkappa}\operatorname{Cos}\varkappa\zeta\right), \\ M_\omega &= M_D l\,\frac{\operatorname{Sin}\varkappa\beta}{\varkappa \operatorname{Sin}\varkappa}\operatorname{Sin}\varkappa\zeta, \\ T &= \beta M_D. \end{aligned}\right\} \quad 0 \leqq \zeta < \alpha \qquad (9.32\text{a})$$

Im anschließenden Bereich $\alpha < \zeta \leqq 1$ lautet die Lösung für den Drehwinkel φ, gemäß der ersten Gl. (9.19) und der zweiten von (9.17e):

$$\varphi = \frac{M_D l}{GK}\left[\beta\zeta - \frac{\operatorname{Sin}\varkappa\beta}{\varkappa \operatorname{Sin}\varkappa}\operatorname{Sin}\varkappa\zeta + \frac{1}{\varkappa}\operatorname{Sin}\varkappa(\zeta - \alpha) - (\zeta - \alpha)\right],$$

was unter Beachtung der Umformung $\beta = 1 - \alpha$ und

$$\operatorname{Sin}\varkappa(1 - \alpha)\operatorname{Sin}\varkappa\zeta = \operatorname{Sin}\varkappa \operatorname{Sin}\varkappa(\zeta - \alpha) + \operatorname{Sin}\varkappa\alpha \operatorname{Sin}\varkappa(1 - \zeta)$$

die Lösung

$$\varphi = \frac{M_D l}{GK}\left[\alpha(1 - \zeta) - \frac{\operatorname{Sin}\varkappa\alpha}{\varkappa \operatorname{Sin}\varkappa}\operatorname{Sin}\varkappa(1 - \zeta)\right]$$

ergibt. Wird noch durch die Substitution

$$\zeta' = 1 - \zeta$$

die gegenläufige Koordinate eingeführt, so gelten im Bereiche $0 \leqq \zeta' < \beta$ die nachstehenden Formeln (9.32b):

$$\left.\begin{aligned} \varphi &= \frac{M_D l}{GK}\left(\alpha\zeta' - \frac{\operatorname{Sin}\varkappa\alpha}{\varkappa \operatorname{Sin}\varkappa}\operatorname{Sin}\varkappa\zeta'\right), \\ \varphi' &= \frac{M_D}{GK}\left(-\alpha + \frac{\operatorname{Sin}\varkappa\alpha}{\operatorname{Sin}\varkappa}\operatorname{Cos}\varkappa\zeta'\right), \\ M_\omega &= M_D l\,\frac{\operatorname{Sin}\varkappa\alpha}{\varkappa \operatorname{Sin}\varkappa}\operatorname{Sin}\varkappa\zeta', \\ T &= -\alpha M_D. \end{aligned}\right\} \quad 0 \leqq \zeta' < \beta \qquad (9.32\text{b})$$

Die Lösungen (9.32) sind für die Annahmen $\varkappa = 3$, $\alpha = 2/3$, $\beta = 1/3$ in Abb. 9.4 maßstäblich aufgezeichnet. Für die Spannungsberechnung wie auch für das Skizzieren der Lösungskurven sind die unten stehenden besonderen Werte von Interesse.

Der *Drehwinkel* φ an der Angriffsstelle des Drehmomentes beträgt

$$\varphi(\zeta = \alpha) = \frac{M_D l}{GK}\left(\alpha\beta - \frac{\operatorname{Sin}\varkappa\alpha \operatorname{Sin}\varkappa\beta}{\varkappa \operatorname{Sin}\varkappa}\right). \qquad (9.33)$$

Er verschwindet voraussetzungsgemäß an den beiden Auflagern. Die Tangentenneigungen bei diesen drei Punkten können den nachstehenden Formeln (9.34) entnommen werden.

Die *erste Ableitung* φ', multipliziert mit GK, ergibt das SAINT-VENANTsche Torsionsmoment. Seine größten Werte entstehen an den Stabenden, während an der Lastangriffsstelle stets ein kleinerer Wert auftritt:

$$\begin{aligned} T_s(\zeta=0) &= GK\varphi'(\zeta=0) = M_D\left(\beta - \frac{\operatorname{Sin}\varkappa\beta}{\operatorname{Sin}\varkappa}\right), \\ T_s(\zeta'=0) &= GK\varphi'(\zeta'=0) = M_D\left(-\alpha + \frac{\operatorname{Sin}\varkappa\alpha}{\operatorname{Sin}\varkappa}\right), \\ T_s(\zeta=\alpha) &= \frac{M_D}{2}\left(\beta - \alpha - \frac{\operatorname{Sin}\varkappa(\beta-\alpha)}{\operatorname{Sin}\varkappa}\right). \end{aligned} \tag{9.34}$$

Hier sind die Tangentenneigungen an den beiden Stabenden Null und an der Lastangriffsstelle gleich dem $-1/EI_{\omega\omega}$-fachen, nachfolgenden Wert (9.35).

Die *Bimomente* wachsen von beiden Stabenden bis zum Angriffspunkt des Drehmomentes monoton von Null bis zum Höchstwert

$$M_\omega(\zeta=\alpha) = M_D l\,\frac{\operatorname{Sin}\varkappa\beta\,\operatorname{Sin}\varkappa\alpha}{\varkappa\,\operatorname{Sin}\varkappa}. \tag{9.35}$$

Ihre Tangentenneigungen sind direkt den folgenden Formeln für die *Wölbtorsionsmomente* T_ω zu entnehmen:

$$\begin{aligned} T_\omega(\zeta=0) &= M_D\,\frac{\operatorname{Sin}\varkappa\beta}{\operatorname{Sin}\varkappa}, \\ T_\omega(\zeta=\alpha) &= M_D\,\frac{\operatorname{Sin}\varkappa\beta\,\operatorname{Cos}\varkappa\alpha}{\operatorname{Sin}\varkappa}, \\ T_\omega(\zeta'=\beta) &= -M_D\,\frac{\operatorname{Sin}\varkappa\alpha\,\operatorname{Cos}\varkappa\beta}{\operatorname{Sin}\varkappa}, \\ T_\omega(\zeta'=0) &= -M_D\,\frac{\operatorname{Sin}\varkappa\alpha}{\operatorname{Sin}\varkappa}. \end{aligned} \tag{9.36}$$

Am Lastangriffspunkt tritt hier ein Sprung um den Betrag M_D ein. Alle diese im Abschn. 9.2d hergeleiteten Ausdrücke stellen dann Einflußlinien η_s für die betreffenden Schnittgrößen S dar, wenn α (und damit $\beta = 1 - \alpha$) als variabel aufgefaßt werden und ζ (bzw. $\zeta' = 1 - \zeta$) festgehalten sind. M_D ist dabei gleich Eins zu setzen; die Schnittgröße S kann φ, φ', M_ω, T oder eine der beiden Komponenten T_s und T_ω sein.

Ihre analytische Auswertung für eine beliebig veränderliche Drehbelastung $m_D = m(\alpha)$ [bzw. $m_D = m(\beta)$] geschieht durch Integration über das Produkt von Einflußordinate η und $m(\alpha)\,da = lm(\alpha)\,d\alpha$ [bzw. $m(\beta)\,db = lm(\beta)\,d\beta$].

Bei den Einflußlinien (9.32) ist auf den Gültigkeitsbereich zu achten. Wird die zu bestimmende Schnittgröße mit S bezeichnet und die mit $M_D = 1$ angeschriebenen Einflußlinien (9.32a) mit $\eta_s(\beta, \zeta)$ und jene nach Gl. (9.32b) mit $\eta_s(\alpha, \zeta')$, wobei abschließend ζ durch $1-\zeta$ ersetzt werden muß, falls nicht S als $S(\zeta, \zeta')$ erscheinen soll, so gilt:

$$S(\zeta) = l\int_0^{\zeta} \eta_s(\alpha, \zeta')\, m(\alpha)\, d\alpha + l\int_0^{\zeta'} \eta_s(\beta, \zeta)\, m(\beta)\, d\beta. \tag{9.37}$$

Eine große Zahl solcher Einflußlinien ist von C. F. KOLLBRUNNER und N. HAJDIN berechnet und in Tabellen zusammengestellt worden[1].

9.3 Durchlaufende Stäbe

a) Dreibimomentengleichungen

Als Grundsystem für die Berechnung durchlaufender, drehbeanspruchter Stäbe wird wiederum eine Kette einfach gelagerter Stäbe, definiert in Gl. (7.1), benutzt. Die überzähligen Größen sind die Bimomente X_k über den Zwischenlagern k. Als Verträglichkeitsbedingung wird das Aufeinanderpassen der Stabenden verlangt (s. Abb. 7.7), was bei prismatischen Stäben Gleichheit der spezifischen Verdrehungen bedeutet, wie im Abschn. 7.3a festgestellt worden ist.

Da sowohl Grundsystem, überzählige Größen als auch die Elastizitätsbedingungen dieselben sind wie für die im Abschn. 7.3 behandelten Durchlaufträger mit vernachlässigbar kleinem SAINT-VENANTschem Torsionsanteil, bleiben auch die resultierenden Dreibimomentengleichungen (7.21) in der dort gegebenen Anschrift erhalten.

Was ändert, sind die numerischen Werte für die symbolisch angegebenen Verschiebungsgrößen a_{ik} und b_{ik} sowie die Belastungsglieder a_{i0} und b_{i0}, das heißt die in Tab. 7.1 gegebenen Werte.

Die neuen Werte für prismatische Stäbe gemischter Torsion sind in Tab. 9.1 enthalten.

Nach der Definition der beiden Verschiebungsgrößen a und b in Gl. (7.13b) werden die ersten beiden Formeln der Tab. 9.1 aus dem zweiten Ausdruck der Lösungen (9.22) durch Einsetzen von $\zeta = 0$ bzw. $\zeta = 1$ erhalten. Die häufig benötigte Summe dieser beiden Ausdrücke ist in der dritten Zeile angegeben.

Die Belastungsglieder können aus den Formeln für φ' der Lösungen (9.27) bzw. (9.32) entnommen werden. Wird in den letzten beiden Ausdrücken $M_D = 1$ gesetzt und die Lastangriffsstellen β_i und α_i als Variable aufgefaßt, so werden diese zu Einflußfunktionen für die beiden Belastungsglieder a_{i0} und b_{i0}. Mit ihnen können die Belastungsglieder jeder beliebigen Drehbelastung berechnet werden [s. Gl. (9.37)].

[1] KOLLBRUNNER, C. F., u. N. HAJDIN: Wölbkrafttorsion dünnwandiger Stäbe mit offenem Profil, Teil 1, Mitt. T.K. Heft 29, Zürich: Verlag Schweizer Stahlbau-Vereinigung, Oktober 1964.

Tabelle 9.1

Verschiebungsgrößen und Belastungsglieder am prismatischen, einfach gelagerten Stab des Feldes i bei gemischter Torsion, $\varkappa_i = \sqrt{G K_i l_i^2 / E I_{\omega\omega\, i}}$

Verschiebungsgröße

$$a_{ik} = b_{i\,k+1} = \frac{1}{G K_i l_i} (\varkappa_i \operatorname{Ctg} \varkappa_i - 1),$$

$$a_{i\,k+1} = b_{ik} = \frac{1}{G K_i l_i} \left(1 - \frac{\varkappa_i}{\operatorname{Sin} \varkappa_i}\right),$$

$$a_{ik} + a_{i\,k+1} = \frac{\varkappa_i}{G K_i l_i} \operatorname{Tg} \frac{\varkappa_i}{2}.$$

Belastungsglied für gleichmäßig verteiltes Drehmoment m_D

$$a_{i0} = b_{i0} = \frac{m_D l_i}{2 G K_i} \left(1 - \frac{2}{\varkappa_i} \operatorname{Tg} \frac{\varkappa_i}{2}\right).$$

Belastungsglied für konzentriert angreifendes Drehmoment an der Stelle $\alpha_i = a_i/l_i$, bzw. $\beta_i = b_i/l_i$, $(\alpha_i + \beta_i = 1)$.

$$a_{i0} = \frac{M_D}{G K_i} \left(\beta_i - \frac{\operatorname{Sin} \varkappa_i \beta_i}{\operatorname{Sin} \varkappa_i}\right),$$

$$b_{i0} = \frac{M_D}{G K_i} \left(\alpha_i - \frac{\operatorname{Sin} \varkappa_i \alpha_i}{\operatorname{Sin} \varkappa_i}\right).$$

b) Schnittgrößen

Alle Größen, φ, φ', M_ω, T, sowie die beiden Komponenten der letzteren, T_s und T_ω, werden aus der Überlagerung der Einflüsse am Grundsystem erhalten. Beispiele für Schnittgrößen am Grundsystem sind mit den Lösungen (9.27) und (9.32) gegeben.

Der Einfluß einer überzähligen X_{k+1} am rechten Stabende auf die Schnittgrößen des ganzen Stabes ist in den Ausdrücken (9.22) angeschrieben. Durch Ersetzen von ζ mit $\zeta' = 1 - \zeta$ wird auch der Einfluß der links am Stabende angreifenden überzähligen Größe X_k erfaßt.

Nachstehend ist die Anschrift der Schnittgrößen im Stabfeld i, zwischen den Lagern k und $k+1$ gelegen, zusammengestellt:

$$\begin{aligned}
\varphi_i &= \varphi_{i0} + \frac{X_k}{G K_i} \left(\zeta_i' - \frac{\operatorname{Sin} \varkappa_i \zeta_i'}{\operatorname{Sin} \varkappa_i}\right) + \frac{X_{k+1}}{G K_i} \left(\zeta_i - \frac{\operatorname{Sin} \varkappa_i \zeta_i}{\operatorname{Sin} \varkappa_i}\right), \\
\varphi_i' &= \varphi_{i0}' - \frac{X_k}{G K_i l_i} \left(1 - \varkappa_i \frac{\operatorname{Cos} \varkappa_i \zeta_i'}{\operatorname{Sin} \varkappa_i}\right) + \frac{X_{k+1}}{G K_i l_i} \left(1 - \varkappa_i \frac{\operatorname{Cos} \varkappa_i \zeta_i}{\operatorname{Sin} \varkappa_i}\right), \\
M_{\omega i} &= {}_\omega M_{i0} + X_k \frac{\operatorname{Sin} \varkappa_i \zeta_i'}{\operatorname{Sin} \varkappa_i} + X_{k+1} \frac{\operatorname{Sin} \varkappa_i \zeta_i}{\operatorname{Sin} \varkappa_i}, \\
T_i &= T_{i0} + \frac{X_{k+1} - X_k}{l_i}.
\end{aligned} \tag{9.38}$$

Der SAINT-VENANTsche Torsionsanteil T_s ist gleich dem GK_i-fachen Wert von φ_i', der Wölbtorsionsanteil T_ω die Ergänzung auf T_i, oder die erste Ableitung von $M_{\omega i}$.

Eine umfangreiche Zusammenstellung von geschlossenen Lösungen ist von F. W. BORNSCHEUER gegeben worden[1].

Diese erstaunlich einfache Berechnung so komplizierter Systeme ist dank der Wahl des einfach gelagerten Stabes als Grundsystem möglich. Das Grundsystem ist an sich schon statisch unbestimmt, denn erstens ist es äußerlich bereits einfach statisch unbestimmt gelagert. Es würde zum Beispiel genügen, den Stab nur am einen Ende gegen Verdrehung zu halten. Das gesamte Torsionsmoment T könnte dann aus einer Gleichgewichtsbetrachtung allein angeschrieben werden; T wäre die Summe der vom freien Stabende bis zur Schnittstelle aufsummierten äußeren Drehbelastung.

Zweitens ist eine innere hochgradige statische Unbestimmtheit vorhanden, indem an jeder Stabstelle die Aufteilung des gesamten Torsionsmomentes T in die beiden Komponenten, SAINT-VENANTsches Torsionsmoment T_s und Wölbtorsionsmoment T_ω, nur unter Berücksichtigung des Stabdrehwinkels φ bzw. seiner Ableitungen nach z möglich ist.

Daß ferner nur noch so viele überzählige Größen zu bestimmen sind, wie ein durchlaufender Stab Zwischenlagerungen hat, ist darauf zurückzuführen, daß das Grundsystem die wichtigste geometrische Bedingung bereits erfüllt. Die Stabenddrehwinkel φ passen aufeinander: sie sind bei den Lagern Null. Die zweite geometrische Randbedingung (passende φ') wird durch die Elastizitätsbedingung erzwungen.

Dadurch lassen sich aber auch die statischen Bedingungen erfüllen. Die Bimomente M_ω, und damit die Normalspannungen aus Verwölbung, sind mit den überzähligen Größen X_k voraussetzungsgemäß gleich groß bei zwei zusammenstoßenden Stabenden. Da die SAINT-VENANTschen Torsionsschubspannungen proportional φ' sind, wird auch dieser Spannungszustand nicht unterbrochen, wohl aber die Wölbschubspannungen, deren Resultierende gleich dem gesamten Torsionsmomentensprung am Auflager ist.

c) Beispiele

α) Symmetrischer Dreifeldträger. Als Beispiel wird ein über drei Felder durchlaufender, symmetrisch gelagerter und symmetrisch drehbelasteter, prismatischer Stab gewählt, der an allen vier Auflagern gegen Verdrehung gehalten ist. Die Bezeichnungen sind in Abb. 9.5 zuoberst definiert.

Mit

$$\varkappa_4 = \varkappa = \sqrt{\frac{l^2 GK}{EI_{\omega\omega}}}$$

und

$$\varkappa_2 = \sqrt{\frac{l_2^2 GK}{EI_{\omega\omega}}} = \lambda\varkappa$$

---

[1] BORNSCHEUER, F. W.: Beispiel und Formelsammlung zur Spannungsberechnung dünnwandiger Stäbe mit wölbbehindertem Querschnitt. Der Stahlbau, Vol. 22, 1953, 35—41.

lautet die einzige erforderliche Dreibimomentengleichung (7.21) (denn es ist $X_1 = X_7 = 0$ und $X_3 = X_5$) folgendermaßen:

$$X_3(b_{23} + a_{43}) + X_3 a_{45} = -(b_{20} + a_{40}).$$

Daraus folgt

$$X_3 = X = -\frac{b_{20} + a_{40}}{b_{23} + a_{43} + a_{45}}.$$

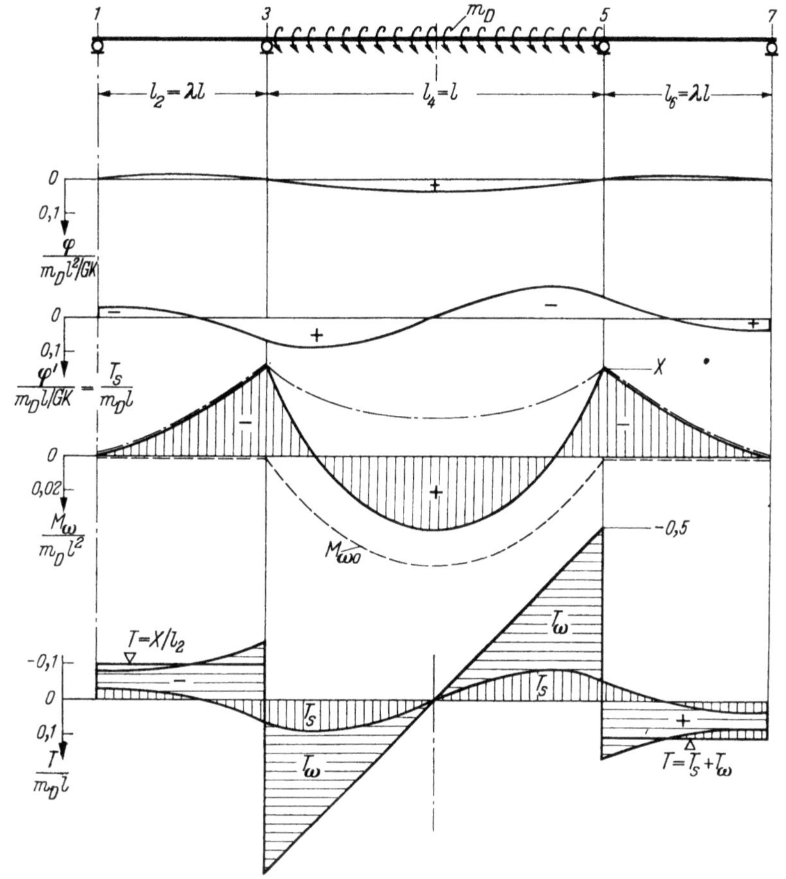

Abb. 9.5. Durchlaufender, prismatischer Stab. Drehbelastung m_D im Mittelfeld ($\varkappa = 3$, $\lambda = 1/2$)

Werden die in Tab. 9.1 angeschriebenen Belastungsglieder für gleichmäßig verteilte Drehbelastung und die Verschiebungsgrößen eingesetzt, so folgt:

$$X = -\frac{m_{D2} l^2 \left(\frac{\lambda}{2} - \frac{1}{\varkappa} \operatorname{Tg} \frac{\lambda\varkappa}{2}\right) + m_{D4} l^2 \left(\frac{1}{2} - \frac{1}{\varkappa} \operatorname{Tg} \frac{\varkappa}{2}\right)}{\varkappa \operatorname{Ctg} \lambda\varkappa - \frac{1}{\lambda} + \varkappa \operatorname{Tg} \frac{\varkappa}{2}}. \quad (9.39)$$

Wird $m_{D2} = m_{D4}$ gesetzt, so erhält man das überzählige Bimoment für Totalbelastung, mit $m_{D4} = 0$ für Endfeldbelastung und mit $m_{D2} = 0$, $m_{D4} = m_D$ für Mittelfeldbelastung, welche anschließend weiter verfolgt werden soll.

In diesem Falle ist

$$X = -m_D l^2 \frac{\frac{1}{2} - \frac{1}{\varkappa} \operatorname{Tg} \frac{\varkappa}{2}}{\varkappa \operatorname{Ctg} \lambda\varkappa - \frac{1}{\lambda} + \varkappa \operatorname{Tg} \frac{\varkappa}{2}}. \tag{9.40}$$

So wird zum Beispiel für $\varkappa = 3$ (welches der gleiche Wert ist, der zur Aufzeichnung des gleich belasteten einfeldigen Stabes in Abb. 9.3 benutzt worden ist) und $\lambda = 1/2$

$$X = -0{,}0492 m_D l^2. \tag{9.41}$$

Mit diesem Wert für die überzählige Größe und den Lösungen am Grundsystem des einfach gelagerten Stabes — die alle Null sind in den Endfeldern und für das Mittelfeld mit den Ausdrücken (9.27) vorliegen — können nach der Formelzusammenstellung (9.38) sämtliche Schnittgrößen an jeder Stabstelle angeschrieben werden. Für symmetrische Belastung ist es allerdings vorteilhafter, an Stelle der Koordinaten ζ und $\zeta' = 1 - \zeta$ die von der Stabmitte ausgehende Koordinate $\bar{\zeta} = \zeta - \frac{1}{2}$ zu verwenden. Wenn die gleich großen Stützbimomente X_k und X_{k+1} mit X bezeichnet werden und der Feldindex i weggelassen wird, so können die Gln. (9.38) auch folgendermaßen angeschrieben werden:

$$\begin{aligned}
\varphi &= \varphi_0 + \frac{X}{GK}\left(1 - \frac{\operatorname{Cos} \varkappa\bar{\zeta}}{\operatorname{Cos} \frac{\varkappa}{2}}\right), \\
\varphi' &= \varphi_0' - \frac{X}{GKl} \frac{\varkappa \operatorname{Sin} \varkappa\bar{\zeta}}{\operatorname{Cos} \frac{\varkappa}{2}}, \\
M_\omega &= M_{\omega 0} + X \frac{\operatorname{Cos} \varkappa\bar{\zeta}}{\operatorname{Cos} \frac{\varkappa}{2}}, \\
T &= T_0.
\end{aligned} \tag{9.42}$$

In Abb. 9.5 sind die für $\varkappa = 3$ und $\lambda = 1/2$ numerisch berechneten Werte der Schnittgrößen aufgezeichnet. Zuerst erscheint der Verlauf des Stabdrehwinkels φ, dann jener von φ', der proportional dem Saint-Venantschen Torsionsmoment T_s ist. Anschließend folgt die Bimomentenfläche M_ω, für die auch die $M_{\omega 0}$-Werte am Grundsystem gestrichelt und die M_ω-Werte aus den überzähligen Größen X strichpunktiert eingetragen sind. Ihre algebraische Summe ergibt, nach dem Superpositionsgesetz, das wegen der linearen Differentialgleichung hier Gültigkeit hat, die schraffiert eingetragene Lösung. Durch Ergänzung des Saint-Venantschen Torsionsmomentes T_s auf das vollständige Stabtorsionsmoment T wird der Wölbtorsionsanteil T_ω erhalten.

Der Einspanngrad des Mittelfeldes hängt nicht nur von der Stabkonstanten $\varkappa$ ab, sondern auch von der Länge des anschließenden Feldes. Von besonderem Interesse sind daher noch die beiden Grenzfälle des sehr kurzen und extrem langen Endfeldes auf das Stützbimoment X.

Für den Grenzfall der unendlich kleinen λ-Werte entsteht die Lösung des beidseitig eingespannten Stabes der Länge l unter gleichmäßig verteilter Drehbelastung m_D.

Da in Gl. (9.40) die Differenz der ersten beiden Nennersummanden im Grenzfall verschwindet, wird somit das Einspannbimoment

$$X = -\frac{m_D l^2}{\varkappa^2}\left(\frac{\varkappa}{2}\operatorname{Ctg}\frac{\varkappa}{2} - 1\right). \tag{9.43}$$

Im anderen Grenzfall, $\lambda \to \infty$, entsteht

$$X = -\frac{m_D l^2}{\varkappa^2}\,\frac{\dfrac{\varkappa}{2} - \operatorname{Tg}\dfrac{\varkappa}{2}}{1 + \operatorname{Tg}\dfrac{\varkappa}{2}}. \tag{9.44}$$

Daß dieser Ausdruck nicht verschwindet, solange $\varkappa$ nicht Null ist, zeigt, wie durch bloßes Verlängern der Stabenden über die Auflagerstelle hinaus bei gemischter Torsion eine Einspannung hinsichtlich Torsion entsteht. Das rührt daher, daß die Wölbung am Auflager nicht frei ist, sondern durch den anschließenden Stab behindert wird.

β) Total eingespannter, gleichmäßig drehbelasteter Stab. Der beidseitig eingespannte Stab mit den Randbedingungen (7.2) ist für gleichmäßig verteilte Drehbeanspruchung ebenfalls gelöst. Das überzählige Einspannbimoment ist im Ausdruck (9.43) gegeben, die Schnittgrößen am Grundsystem in (9.27) und die Superposition in (9.42).

Durch Zusammenziehen dieser Ausdrücke entsteht daraus folgende allgemeine Anschrift der Schnittgrößen:

$$\begin{aligned}
\varphi &= \frac{m_D l^2}{8GK}\left(1 - 4\bar{\zeta}^2 - 4\,\frac{\operatorname{Cos}\dfrac{\varkappa}{2} - \operatorname{Cos}\varkappa\bar{\zeta}}{\varkappa\operatorname{Sin}\dfrac{\varkappa}{2}}\right),\\
\varphi' &= \frac{m_D l}{GK}\left(-\bar{\zeta} + \frac{1}{2}\,\frac{\operatorname{Sin}\varkappa\bar{\zeta}}{\operatorname{Sin}\dfrac{\varkappa}{2}}\right),\\
M_\omega &= \frac{m_D l^2}{\varkappa^2}\left(1 - \frac{\varkappa}{2}\,\frac{\operatorname{Cos}\varkappa\bar{\zeta}}{\operatorname{Sin}\dfrac{\varkappa}{2}}\right),\\
T &= -m_D l\bar{\zeta}.
\end{aligned} \tag{9.45}$$

In Stabmitte ist der Drehwinkel

$$\varphi_{\max} = \frac{m_D l^2}{8GK}\left(1 - \frac{4}{\varkappa}\operatorname{Tg}\frac{\varkappa}{4}\right) \tag{9.46}$$

und das Bimoment

$$M_\omega = \frac{m_D l^2}{\varkappa^2}\left(1 - \frac{\frac{\varkappa}{2}}{\operatorname{Sin}\frac{\varkappa}{2}}\right). \tag{9.47}$$

Zwischen diesem größten positiven Wert des Bimomentes in Feldmitte und dem größten negativen an der Einspannstelle [Gl. (9.43)], verschwindet es bei

$$\bar{\zeta} = \pm\frac{1}{\varkappa}\operatorname{Ar Cos}\frac{2}{\varkappa}\operatorname{Sin}\frac{\varkappa}{2}. \tag{9.48}$$

An dieser Stelle ist das SAINT-VENANTsche Torsionsmoment extremal. Da dieses mit φ' nicht nur in Feldmitte, sondern auch an den Einspannstellen verschwindet, ist das Wölbtorsionsmoment T_ω bei den Einspannstellen gleich dem gesamten Torsionsmoment T:

$$|T_\omega|_{\max} = \frac{m_D l}{2}. \tag{9.49}$$

10 Verschiedenes

10.1 Spannungsberechnung (Beispiel: Walzprofile)

a) Allgemeines

Die Aufgabe des 9. Kapitels war die Bestimmung der Schnittgrößen bei gemischter Torsion, was zum Problemkreis der Stabstatik gehört. Die Lösung ist an keine Voraussetzung hinsichtlich der Querschnittsform des Stabes gebunden. Alle querschnittsabhängigen Eigenschaften lassen sich in einem Parameter $\varkappa$ ausdrücken, der bis auf die zur Normierung benötigten Stablänge l das Verhältnis von SAINT-VENANTscher Torsionssteifigkeit GK zur Wölbtorsionssteifigkeit $EI_{\omega\omega}$ darstellt, s. Gl. (9.11).

Wie mit den aus der statischen Berechnung anfallenden Bimomenten M_ω und Wölbtorsionsmomenten T_ω die Wölbnormal- und Schubspannungen berechnet werden, ist aus den Kap. 5 und 6 ersichtlich. Die Schubspannungsberechnung aus SAINT-VENANTscher Torsion ist in den Kap. 1 und 2 besprochen worden.

Obwohl die Spannungsberechnung bei gemischter Torsion keine neuen Probleme mehr aufwirft, sollen in diesem Abschnitt doch einige Beispiele gegeben werden. Dafür eignen sich die Walzprofile I, [und ⅂ vorzüglich. Sie sind dickwandig genug, um bei nicht zu kurzen Stablängen Torsionsanteile T_s und T_ω von gleicher Größenordnung zu erzeugen. Zudem liegt mit dem ersten, dem I-Profil, ein Vertreter mit doppelt symmetrischem Querschnitt vor, beim zweiten ein Profil mit einer und beim dritten mit keiner Symmetrieachse.

Nachstehend wird die Berechnung für alle parallelflanschigen I-, [- und ⅂-Profile allgemein gelöst. Aus den Tabellen sind solche Profile durch die Flanschbreite b, die Flanschstärke t, die Profilhöhe h und die Stegstärke d festgelegt.

Für die nachstehende allgemeine Berechnung wird der Steg in Abhängigkeit des Flansches erfaßt, und zwar so, daß γ das Verhältnis von Steghöhe zur Flanschbreite und ϱ das Verhältnis von Stegfläche zur Flanschfläche beschreibt. Somit sind γ und ϱ offene, dimensionslose Parameter, während die Flanschbreiten und -flächen die Bezugslängen und Flächeneinheiten darstellen.

Für alle drei Walzprofiltypen nach den Abb. 10.1, 10.2 und 10.3 gelten daher die folgenden Bezeichnungen:

$$\begin{aligned}
c &= \text{Flanschbreite} \begin{cases} = b & \text{bei I-Profilen,} \\ = b - \dfrac{d}{2} & \text{bei [- und ⅂-Profilen} \end{cases} \\
F_f &= \text{Fläche eines Flansches} = ct, \\
\gamma &= \frac{\text{Steghöhe}}{\text{Flanschbreite}} = \frac{h-t}{c}, \\
\varrho &= \frac{\text{Stegfläche}}{\text{Flanschfläche}} = \frac{(h-t)d}{ct} = \gamma\frac{d}{t}.
\end{aligned} \tag{10.1}$$

Bei dieser Bezeichnungsweise ist die Steghöhe stets als von Flanschmitte zu Flanschmitte reichend angenommen. Dadurch wird bei den I-Profilen in allen Kehlen eine kleine Fläche (Stegstärke mal halbe Flanschstärke) doppelt verwendet, indem sie sowohl zum Flansch wie auch zum Steg gezählt wird. Da aber die Ausrundungen in den Kehlen nirgends eingeführt werden, entsteht bei diesem Profil eine teilweise Kompensation für den nicht erfaßten Materialquerschnitt in der Steg-Flanschausrundung. Im allgemeinen ergeben die mit den Definitionen (10.1) errechneten Querschnittswerte kleinere Abweichungen von den effektiven, als durch die Walztoleranzen garantiert wird.

Mit den Bezeichnungen (10.1) beträgt die Torsionskonstante nach Gl. (1.16)

$$K = \frac{\eta}{3}\left[2c\left(\frac{F_f}{c}\right)^3 + \gamma c\left(\frac{\varrho F_f}{\gamma c}\right)^3\right] = \frac{\eta}{3}\frac{F_f^3}{c^2}\left(2 + \frac{\varrho^3}{\gamma^2}\right), \tag{10.2}$$

wobei η für Walzprofile einen Wert zwischen 1 und 1,3 annehmen kann.

Abseits der Flanschspitze und der Steg-Flanschverschmelzung verlaufen die Schubspannungen aus SAINT-VENANTscher Torsion linear über die Wandstärke t, gemäß Abb. 1.3, wobei die maximale SAINT-VENANTsche Schubspannung ${}_{\max}\tau_s$ folgenden Wert annimmt:

$${}_{\max}\tau_s = \frac{T_s}{K}t. \tag{10.3}$$

Das ergibt folgenden Ausdruck für die größte SAINT-VENANTsche Schubspannung im ungestörten Bereich der Flanschen aller I-, [- und ⅂-Profile:

$${}_{\max}\tau_s = \frac{3\gamma^2}{\eta(2\gamma^2 + \varrho^3)}\,\frac{T_s c}{F_f^2}. \tag{10.4}$$

Im Steg sind diese Schubspannungen im Verhältnis der Wandstärken (das gleich ϱ/γ ist) kleiner als im Flansch.

b) I -Profile

Zufolge der doppelten Symmetrie ist der Schubmittelpunkt D identisch mit dem Schwerpunkt C. Die normierte sektorielle Koordinate ω kann aus ihrer Definition und den Symmetrieeigenschaften des Profils direkt angeschrieben werden. Da die Hauptschwerachsen x und y mit den Symmetrieachsen des Profils zusammenfallen und die Veränderung von ω über eine Scheibe gleich dem Produkt von Scheibenbreite mal Scheibenabstand bezüglich D ist, entsteht mit der Profilorientierung gemäß Abb. 10.1

$$\omega = xy. \tag{10.5}$$

Nach der Bezeichnung (10.1) ist das Wölbträgheitsmoment definitionsgemäß:

$$I_{\omega\omega} = \int_{\text{Profil}} \omega^2 \, dF = \frac{\gamma^2}{24} c^4 F_f. \tag{10.6}$$

Da die sektoriellen Koordinaten auf einer Symmetrieachse verschwinden, rühren die Beiträge zum Wölbträgheitsmoment nur von den Flanschen her und nicht vom Steg. Die x-Koordinate ist für jedes Wandelement der Flanschen konstant und kann vor das Integral gebracht werden, so daß dieses, bis auf das vernachlässigbar kleine Eigenträgheitsmoment der Stegplatte, gleich dem Flächenträgheitsmoment I_{yy} des Profils gesetzt werden kann.

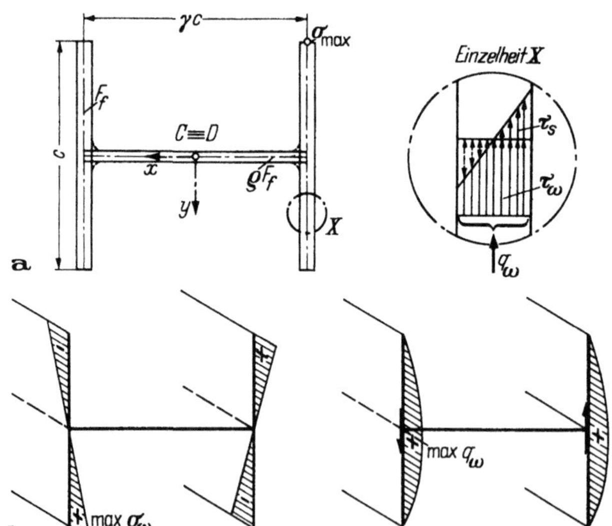

Abb. 10.1. a) Bezeichnungen; b) Normalspannungsverlauf σ_ω und c) Schubflußverlauf q_ω infolge Torsion am I -Profil

Das sektorielle Trägheitsmoment $I_{\omega\omega}$ des I -Querschnittes kann daher aus den Profiltabellen gewonnen werden. Es ist das Produkt des tabellierten Flächenträgheitsmomentes um die schwächere Achse (Stegachse) multipliziert mit dem Quadrat des Flanschschwerpunktabstandes von der Profilmitte.

Das sektorielle statische Moment $\tilde{S}_\omega$ des abgeschnittenen Querschnittsteiles variiert parabolisch über die Flanschen (s. Abb. 10.1 c) und hat als Höchstwert

$$_{\max}\tilde{S}_\omega = \int\limits_{c/2}^{0} \omega\, dF = -\frac{\gamma}{16} c^2 F_f. \tag{10.7}$$

Die Wölbnormalspannung σ_ω variiert proportional der sektoriellen Koordinate ω, und der Schubfluß $q_\omega = \tau_\omega t$ aus dem Wölbtorsionsmoment T_ω ist proportional dem sektoriellen statischen Moment $\tilde{S}_\omega$. In Abb. 10.1 b und c ist der Verlauf dieser Wölbspannungen längs der Flanschmittellinie skizziert.

Aus der Kenntnis der Größtwerte von σ_ω und des Schubflusses q_ω kann daher der Wölbspannungszustand über den ganzen Querschnitt des I-Profiles überblickt werden.

Nach den Gln. (5.33) und (5.34) ist

$$\sigma_\omega = \frac{M_\omega}{I_{\omega\omega}}\,\omega, \qquad q_\omega = -\frac{T_\omega}{I_{\omega\omega}}\,\tilde{S}_\omega,$$

somit folgt

$$_{\max}\sigma_\omega = \frac{6}{\gamma}\,\frac{M_\omega}{c^2 F_f}, \qquad _{\max}\tau_\omega = \frac{3}{2\gamma}\,\frac{T_\omega}{c^2}. \tag{10.8a, b}$$

Diesen Schubspannungen τ_ω aus Wölbtorsion müssen jene aus SAINT-VENANTscher Torsion, deren Größtwert aus Formel (10.4) hervorgeht, überlagert werden (s. Detail in Abb. 10.1 a).

c) [-Profile

Da nur noch eine Symmetrieebene vorhanden ist, braucht es bedeutend mehr Angaben zur Beschreibung des Spannungszustandes über den gesamten Querschnitt.

Die nachstehende Berechnung kann auch als Wegleitung für die Spannungsberechnung an symmetrischen Brücken, bestehend aus zwei Hauptträgern und im Verbund angeschlossener Fahrbahntafel, angesehen werden.

Eine beliebige Querbelastung wird auf den Schubmittelpunkt reduziert und in die drei Komponenten p_x, p_y, m_D bei gleichmäßig verteilter Belastung bzw. P_x, P_y, M_D aus konzentrierten Lasten zerlegt (s. Abb. 5.2). Jede Belastungskomponente ist positiv, wenn sie in gleicher Richtung wie die zugehörige Koordinate x, y bzw. φ wirkt. Aus der Biegebeanspruchung in x- und y-Richtung werden die resultierenden Biegemomente M_x bzw. M_y und die Querkräfte Q_x bzw. Q_y bestimmt. Aus der Drehbeanspruchung werden die Bimomente M_ω, die Wölbtorsionsmomente T_ω und die SAINT-VENANTschen Torsionsmomente T_s ermittelt, wofür im Abschn. 9.2 und 9.3 Lösungen vorliegen.

Nach den Gln. (5.16), (5.20) und (5.33), (5.34) lauten die Spannungsformeln für die parallel bzw. senkrecht zum Steg gerichteten Hauptschwerachsen x und y:

$$\sigma = +\frac{M_x}{I_{xx}}\,x + \frac{M_y}{I_{yy}}\,y + \frac{M_\omega}{I_{\omega\omega}}\,\omega, \tag{10.9a}$$

$$\tau t = q = -\frac{Q_x}{I_{xx}}\,\tilde{S}_x - \frac{Q_y}{I_{yy}}\,\tilde{S}_y - \frac{T_\omega}{I_{\omega\omega}}\,\tilde{S}_\omega. \tag{10.9b}$$

Tabelle 10.1.

Gl. Nr.	(a)	$(x1)$	$(x4)$	$(x5)$	$(x6)$	$(x7)$	$(x8)$	$(x10)$
Bez.	$\Delta F/4$	Δx	$\boxed{x}$	ΔS_x	$\boxed{\tilde{S}_x}$	$1+4+1$	I_{xx}	$I_{x\omega C}$
Multipl.	F_f	c	c	cF_f	cF_f	cF_f	c^2F_f	c^3F_f
1			$\frac{\gamma}{2}$		0			
	$\frac{1}{4}$			$\frac{\gamma}{4}$				
2		0	$\frac{\gamma}{2}$		$\frac{\gamma}{4}$	$\frac{3\gamma}{2}$	0	$-\frac{3\gamma^2}{4}$
	$\frac{1}{4}$			$\frac{\gamma}{4}$				
3			$\frac{\gamma}{2}$		$\frac{\gamma}{2}$			
	$\frac{\varrho}{4}$			$\frac{\varrho\gamma}{8}$				
4		$-\gamma$	0		$\frac{\gamma(4+\varrho)}{8}$	$\frac{\gamma(6+\varrho)}{2}$	$-\frac{\gamma^2(6+\varrho)}{2}$	$-\frac{\gamma^2(6+\varrho)}{2(2+\varrho)}$
	$\frac{\varrho}{4}$			$-\frac{\varrho\gamma}{8}$				
5			$-\frac{\gamma}{2}$		$\frac{\gamma}{2}$			
	$\frac{1}{4}$			$-\frac{\gamma}{4}$				
6		0	$-\frac{\gamma}{2}$		$\frac{\gamma}{4}$	$\frac{3\gamma}{2}$	0	$-\frac{3\gamma^2}{4}$
	$\frac{1}{4}$			$-\frac{\gamma}{4}$				
7			$-\frac{\gamma}{2}$		0			
	$1+\frac{\varrho}{2}$						$-\frac{\gamma^2(6+\varrho)}{2}$	$-\frac{2\gamma^2(3+\varrho)}{2+\varrho}$
	$F = \underline{2+\varrho}$						$+\underline{\frac{\gamma^2(6+\varrho)}{12}}$	$+\underline{\frac{\gamma^2(3+\varrho)}{3(2+\varrho)}}$

$$y_D = -\frac{I_{x\omega C}}{I_{xx}} = -\frac{\gamma^2(3+\varrho)12}{3(2+\varrho)\gamma^2(6+\varrho)}c = -4\frac{3+\varrho}{(2+\varrho)(6+\varrho)}c$$

Berechnung der [-Profile

(y1)	(y4)	(y5)	(y6)	(y8)	(ω_c1)	(ω1)	(ω4)	(ω5)	(ω6)	(ω8)
Δy	y	ΔS_y	$\tilde{S}_y$	I_{yy}	$\Delta\omega_C$	$\Delta\omega$	ω	ΔS_ω	$\tilde{S}_\omega$	$I_{\omega\omega}$
c	c	$\frac{cF_f}{8(2+\varrho)}$	cF_f	c^2F_f	c^2	c^2	c^2	$\frac{\gamma c^2F_f}{16(6+\varrho)}$	c^2F_f	c^4F_f
	$\frac{1+\varrho}{2+\varrho}$		0				$\frac{\gamma(3+\varrho)}{2(6+\varrho)}$		0	
		$2+3\varrho$						$+3(2+\varrho)$		
-1	$\frac{\varrho}{2(2+\varrho)}$		$\frac{2+3\varrho}{8(2+\varrho)}$	$-\frac{1+2\varrho}{2+\varrho}$	$-\frac{\gamma}{2}$	$-\frac{\gamma}{2}$	$\frac{\gamma\varrho}{4(6+\varrho)}$		$\frac{3\gamma(2+\varrho)}{16(6+\varrho)}$	$-\frac{\gamma^2(3+2\varrho)}{4(6+\varrho)}$
		$-2+\varrho$						$-(6-\varrho)$		
	$-\frac{1}{2+\varrho}$		$\frac{\varrho}{2(2+\varrho)}$				$-\frac{3\gamma}{2(6+\varrho)}$		$\frac{\gamma\varrho}{4(6+\varrho)}$	
		-4ϱ						-6ϱ		
0	$-\frac{1}{2+\varrho}$		0	0	$-\frac{\gamma}{2+\varrho}$	$\frac{3\gamma}{6+\varrho}$	0		$-\frac{\gamma\varrho}{8(6+\varrho)}$	0
		-4ϱ						$+6\varrho$		
	$-\frac{1}{2+\varrho}$		$-\frac{\varrho}{2(2+\varrho)}$				$\frac{3\gamma}{2(6+\varrho)}$		$\frac{\gamma\varrho}{4(6+\varrho)}$	
		$-2+\varrho$						$+(6-\varrho)$		
$+1$	$\frac{\varrho}{2(2+\varrho)}$		$-\frac{2+3\varrho}{8(2+\varrho)}$	$-\frac{1+2\varrho}{2+\varrho}$	$-\frac{\gamma}{2}$	$-\frac{\gamma}{2}$	$-\frac{\gamma\varrho}{4(6+\varrho)}$		$\frac{3\gamma(2+\varrho)}{16(6+\varrho)}$	$-\frac{\gamma^2(3+2\varrho)}{4(6+\varrho)}$
		$2+3\varrho$						$-3(2+\varrho)$		
	$\frac{1+\varrho}{2+\varrho}$		0				$-\frac{\gamma(3+\varrho)}{2(6+\varrho)}$		0	
				$-\frac{2(1+2\varrho)}{2+\varrho}$						$-\frac{\gamma^2(3+2\varrho)}{2(6+\varrho)}$
				$+\frac{1+2\varrho}{6+3\varrho}$						$+\frac{\gamma^2(3+2\varrho)}{12(6+\varrho)}$

Eine übersichtliche, vorzeichensichere Berechnung der Flächenträgheitsmomente I_{xx}, I_{yy}, $I_{\omega\omega}$, Koordinaten x, y, ω und statischen Momente $\tilde{S}_x$, $\tilde{S}_y$, $\tilde{S}_\omega$ ist im Kap. 6 hergeleitet worden. Für das [-Profil ist diese Berechnung mit den Bezeichnungen (10.1) in Tab. 10.1 durchgeführt. Die Kolonnen (x4), (y4) und (ω4) enthalten die gewöhnlichen und sektoriellen Koordinaten der in Abb. 10.2 bezeichneten Scheibenrand- und Mittelpunkte. Die drei Sätze der statischen Momente gehen aus den Kolonnen (x6), (y6) und (ω6) hervor, und die Flächenträgheitsmomente erscheinen am Fuß der Tabelle; ebenso die Koordinate des Schubmittelpunktes y_D. So entnimmt man dieser Tabelle folgenden Wert für das sektorielle Trägheitsmoment:

$$I_{\omega\omega} = \frac{\gamma^2(3+2\varrho)}{12(6+\varrho)}\,c^4 F_f. \tag{10.10}$$

Die y-Koordinate des Schubmittelpunktes D ist

$$y_D = -\frac{4(3+\varrho)}{(2+\varrho)(6+\varrho)}\,c. \tag{10.11 a}$$

Dieser Punkt liegt in der Symmetrieachse um das Maß

$$e = \frac{3}{6+\varrho}\,c \tag{10.11 b}$$

über der Stegmittellinie.

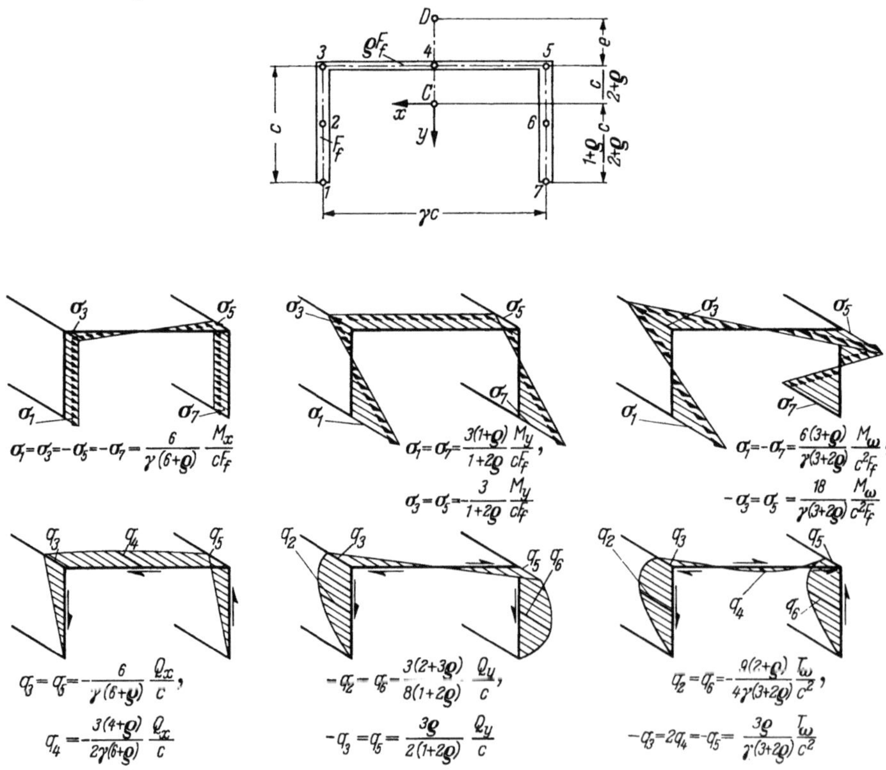

Abb. 10.2. Biege- und Wölbspannungen am [-Profil

Aus Abb. 10.2 geht der Normalspannungsverlauf und der Schubflußverlauf infolge der drei Beanspruchungsarten (Biegung aus Querbelastung in x-Richtung, Biegung aus Querbelastung in y-Richtung und Verdrehung im $+\varphi$-Drehsinne) hervor. Die Anordnung der sechs Figuren entspricht den sechs Summanden der Spannungsformeln (10.9).

Die Normalspannungen σ verlaufen proportional den Koordinaten x, y und ω; der Schubfluß q proportional den statischen Momenten $\tilde{S}_x$, $\tilde{S}_y$ und $\tilde{S}_\omega$. Die eingetragenen Werte ersetzen die sechs Summanden der Formeln (10.9). Sie geben die Normalspannungen in Flansch- und Stegmitte, nicht an den extremsten Fasern. Die Schubspannungen τ sind wie die Schubflüsse q gerichtet. Man erhält sie aus Division des Schubflusses durch die vorhandene Scheibenstärke. Diese Schubspannungen sind, im Gegensatz zu jenen aus SAINT-VENANTscher Torsion (s. Detail in Abb. 10.1a), konstant über die Scheibenstärke.

Den in Abb. 10.2 dargestellten Spannungen sind noch diejenigen aus SAINT-VENANTscher Torsion, gemäß Gl. (10.4), zu überlagern.

d) ⅂-Profile

Da diese Querschnitte keine Symmetrieachse haben, ist auch die Richtung der Hauptschwerachsen zunächst unbekannt. Immerhin liegt Punktsymmetrie

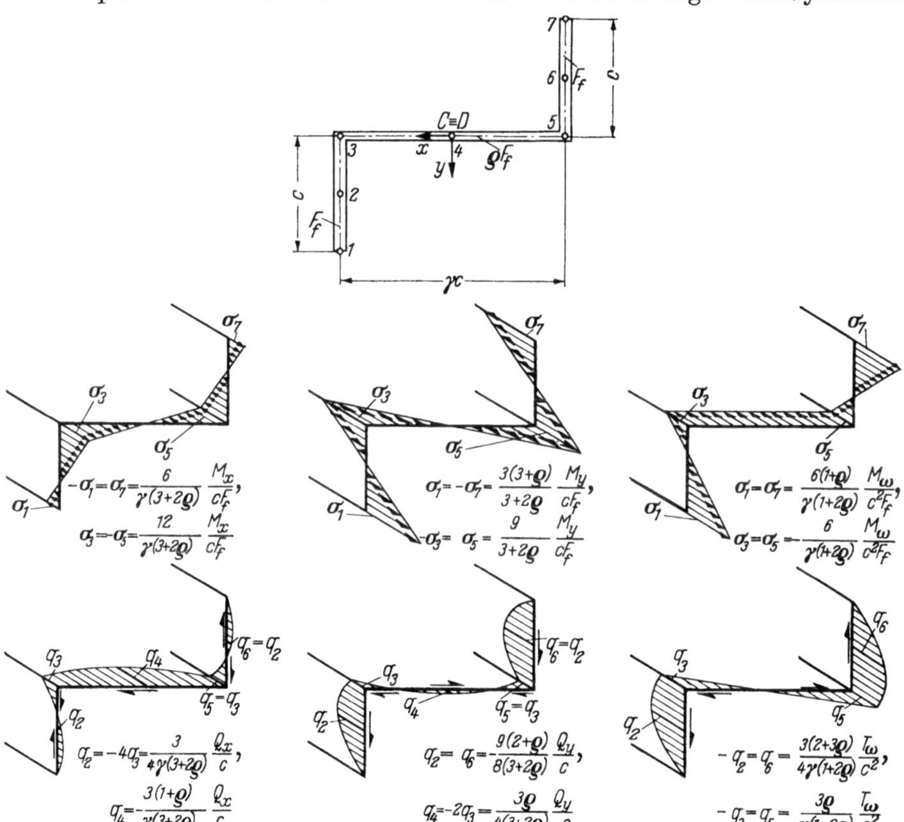

Abb. 10.3. Biege- und Wölbspannungen am ⅂-Profil

Tabelle 10.2.

Gl. Nr.	(a)	(x1)	(x4)	(x5)	(x6)	(x8)	(y1)	(y4)	(y5)	(y6)
Bez.	$\Delta F/4$	Δx	$\boxed{x}$	ΔS_x	$\boxed{\tilde{S}_x}$	I_{xx}	Δy	$\boxed{y}$	ΔS_y	$\boxed{\tilde{S}_y}$
Multipl.	F_f	c	c	$c F_f$	$c F_f$	$c^2 F_f$	c	c	$c F_f$	$c F_f$
1			$\frac{\gamma}{2}$		0			1		0
	$\frac{1}{4}$			$\frac{\gamma}{4}$					$\frac{3}{8}$	
2		0	$\frac{\gamma}{2}$		$\frac{\gamma}{4}$	0	-1	$\frac{1}{2}$		$\frac{3}{8}$
	$\frac{1}{4}$			$\frac{\gamma}{4}$					$\frac{1}{8}$	
3			$\frac{\gamma}{2}$		$\frac{\gamma}{2}$			0		$\frac{1}{2}$
	$\frac{\varrho}{4}$			$\frac{\gamma\varrho}{8}$					0	
4		$-\gamma$	0		$\frac{\gamma(4+\varrho)}{8}$	$-\frac{\gamma^2(6+\varrho)}{2}$	0	0		$\frac{1}{2}$
	$\frac{\varrho}{4}$			$-\frac{\gamma\varrho}{8}$					0	
5			$-\frac{\gamma}{2}$		$\frac{\gamma}{2}$			0		$\frac{1}{2}$
	$\frac{1}{4}$			$-\frac{\gamma}{4}$					$-\frac{1}{8}$	
6		0	$-\frac{\gamma}{2}$		$\frac{\gamma}{4}$	0	-1	$-\frac{1}{2}$		$\frac{3}{8}$
	$\frac{1}{4}$			$-\frac{\gamma}{4}$					$-\frac{3}{8}$	
7			$-\frac{\gamma}{2}$		0			-1		0
	$1+\frac{\varrho}{2}$					$-\frac{\gamma^2(6+\varrho)}{2}$				
	$F = \underline{2+\varrho}$					$\underline{\frac{\gamma^2(6+\varrho)}{12}}$				

$$D = I_{xx} I_{yy} - I_{xy}^2 = \frac{\gamma^2(3+2\varrho)}{36} c^4 F_f^2$$

Berechnung der Z-Profile

(y8)	(y9)	(ω_c1)	(ω2)	(ω3)	(ω4)	(ω5)	(ω6)	(ω8)
I_{yy}	I_{yz}	$\Delta\omega_c = \Delta\omega$	Ω	$\Delta S_\Omega/2$	ω	ΔS_ω	$\tilde{S}_\omega$	$I_{\omega\omega}$
c^2F_f	c^2F_f	c^2	c^2	c^2F_f	c^2	$\frac{\gamma c^2 F_f}{16(2+\varrho)}$	c^2F_f	c^4F_f
			0		$+\frac{\gamma(1+\varrho)}{2(2+\varrho)}$		0	
						$2+3\varrho$		
-2	0	$-\frac{\gamma}{2}$		$-\frac{\gamma}{8}$	$+\frac{\gamma\varrho}{4(2+\varrho)}$		$+\frac{\gamma(2+3\varrho)}{16(2+\varrho)}$	$-\frac{\gamma^2(1+2\varrho)}{4(2+\varrho)}$
						$-2+\varrho$		
			$-\frac{\gamma}{2}$		$-\frac{\gamma}{2(2+\varrho)}$		$+\frac{\gamma\varrho}{4(2+\varrho)}$	
						-4ϱ		
0	-3γ	0		$-\frac{\gamma\varrho}{4}$	$-\frac{\gamma}{2(2+\varrho)}$		0	0
						-4ϱ		
			$-\frac{\gamma}{2}$		$-\frac{\gamma}{2(2+\varrho)}$		$-\frac{\gamma\varrho}{4(2+\varrho)}$	
						$-2+\varrho$		
-2	0	$+\frac{\gamma}{2}$		$-\frac{\gamma}{8}$	$+\frac{\gamma\varrho}{4(2+\varrho)}$		$-\frac{\gamma(2+3\varrho)}{16(2+\varrho)}$	$-\frac{\gamma^2(1+2\varrho)}{4(2+\varrho)}$
						$2+3\varrho$		
			0		$+\frac{\gamma(1+\varrho)}{2(2+\varrho)}$		0	
-4	-3γ			$-\frac{\gamma(1+\varrho)}{4}$				$-\frac{\gamma^2(1+2\varrho)}{2(2+\varrho)}$
$+\frac{2}{3}$	$+\frac{\gamma}{2}$							$+\frac{\gamma^2(1+2\varrho)}{12(2+\varrho)}$

$$\text{Gl. }(\Omega_0)\colon\ \Omega_0 = \frac{\Sigma(\omega 3)}{\Sigma(a)} = -\frac{\gamma(1+\varrho)c^2F_f 2}{4(2+\varrho)F_f} = -\frac{\gamma(1+\varrho)}{2(2+\varrho)}c^2$$

vor, so daß die Lage des Schwerpunktes C und des damit zusammenfallenden Schubmittelpunktes bekannt ist.

Die Berechnung der Querschnittswerte erfolgt wiederum nach dem im Kap. 6 hergeleiteten Verfahren und ist in Tab. 10.2 gegeben. Die x und y bezogenen Werte können nach dem abgekürzten Verfahren gemäß Tab. 6.2 ermittelt werden, die sektoriellen Größen nach Tab. 6.1 ω.

Gemäß den Formeln (5.15b), (5.33) und (5.19), (5.34) lautet nun die gesamte Anschrift der Spannungen aus schiefer Biegung mit Torsion:

$$\sigma = \frac{I_{yy}x - I_{xy}y}{D} M_x + \frac{I_{xx}y - I_{xy}x}{D} M_y + \frac{\omega}{I_{\omega\omega}} M_\omega, \tag{10.12a}$$

$$\tau t = q = -\frac{I_{yy}\tilde{S}_x - I_{xy}\tilde{S}_y}{D} Q_x - \frac{I_{xx}\tilde{S}_y - I_{xy}\tilde{S}_x}{D} Q_y - \frac{\tilde{S}_\omega}{I_{\omega\omega}} T_\omega \tag{10.12b}$$

mit

$$D = I_{xx} I_{yy} - I_{xy}^2 .$$

In Abb. 10.3 sind diese sechs Summanden wiederum einzeln dargestellt. Die Normalspannungswerte gelten für die Wandmitte. Zu den Schubspannungen nach Gl. (10.12b) sind noch jene aus SAINT-VENANTscher Torsion zu addieren; s. Gln. (10.3) und (10.4).

10.2 Näherungslösungen

a) Der $\varkappa$-Wert als Maß des Torsionsverhaltens

Gemäß der Definition (9.11) ist $\varkappa$ das Verhältnis von Stablänge l zu einer charakteristischen, nur vom Stabquerschnitt abhängigen Strecke d. Das Quadrat dieser Längeneinheit d ist gleich dem Quotienten aus Wölbtorsionssteifigkeit $EI_{\omega\omega}$ zu SAINT-VENANTscher Torsionssteifigkeit GK, s. Gl. (9.7). Es ist daher zu erwarten, daß $\varkappa$ einen Hinweis darüber gibt, ob vorwiegend SAINT-VENANTsche Torsion, überwiegend Wölbtorsion oder im wesentlichen gemischte Torsion vorliegt:

$$\varkappa^2 = \frac{l^2 GK}{EI_{\omega\omega}} .$$

Ist der Zähler sehr groß gegenüber dem Nenner, so muß SAINT-VENANTsche Torsion vorherrschen. Je kleiner aber dieser Quotient ausfällt, um so näher wird die strenge Lösung aus gemischter Torsion derjenigen bei reiner Wölbtorsion kommen.

Um zunächst eine Vorstellung von der Größe der $\varkappa$-Werte und der sie beeinflussenden Stababmessungen zu erhalten, wird ein Stab mit dem in Abb. 7.9 gezeichneten Profil verwendet.

Für diesen Querschnitt sind die sektoriellen Querschnittsgrößen im Abschn. 6.2 berechnet worden; die SAINT-VENANTsche Torsionskonstante ist, s. Gl. (1.16), mit $t_6 = t$, $t_4 = t\,2\sqrt{2}/5$ und $t_2 = t/\sqrt{2}$:

$$K = \frac{1}{3} \sum_{i=2,4,6} b_i t_i^3 = \frac{157}{150} F_0 t^2 = 1{,}05 F_0 t^2 . \tag{10.13}$$

Mit $E/G = 2{,}6$ wird somit

$$\varkappa = l\sqrt{\frac{GK}{EI_{\omega\omega}}} = 0{,}21\,\frac{l}{a}\,\frac{t}{a}. \tag{10.14}$$

Die Größe des numerischen Beiwertes hängt von der Form des Querschnittes und von der als Längeneinheit a deklarierten Querschnittsabmessung ab. Da sich aber bei offenen dünnwandigen Querschnitten jeder $\varkappa$-Wert in diese Form bringen läßt, erkennt man, daß bei festem Querschnitt $\varkappa$ direkt proportional dem *Produkt aus Stablänge und Wandstärke* ist.

In kurzen Stäben mit offenem Profil wird daher Wölbtorsion vorherrschen, lange ergeben größere SAINT-VENANTsche Torsionsanteile.

Hält man neben der Form des Querschnittes auch das Verhältnis von Stablänge zu Querschnittsabmessung konstant, z. B. $l/a = 30$, somit $\varkappa = 6{,}3\,t/a$, so verbleibt als Hinweis für die Größe von $\varkappa$ das Verhältnis von t/a. Stellt man sich unter dem Profil der Abb. 7.9 die einfachste Approximation eines Schalensheds vor mit Wandstärken $t_2 = 10$ cm, $t_4 = 8$ cm, $t_6 = t = 14$ cm und der Längeneinheit $a = 1$ m, so wird $\varkappa \cong 1$.

Dünnere Wandstärken im Verhältnis zu a treten bei kaltgeformten Profilen auf, die im Bereiche $t/a < 0{,}1$ liegen, somit $\varkappa < 0{,}6$. Sie haben meist noch gebördelte Profilränder, was die Wölbsteifigkeit gegenüber der SAINT-VENANTschen Torsionssteifigkeit noch vergrößert. Walzprofile, z. B. das ⅂ 20, haben Verhältnisse $t/a \cong 1:3$, was $\varkappa$-Werte in der Größenordnung 2—3 gibt.

b) Schubverformung

Geschlossene, dünnwandige Profile weisen einen SAINT-VENANTschen Torsionswiderstand auf, der eine oder zwei Zehnerpotenzen höher ist als beim entsprechenden offenen Profil. Hinsichtlich Torsion verhalten sie sich ähnlich wie die Vollquerschnitte, welche DE SAINT-VENANT seiner Torsionstheorie zugrunde gelegt hat.

Wie nachstehend gezeigt wird, treten bei hohen $\varkappa$-Werten so große Wölbtorsionsmomente bei den Krafteinleitungsstellen auf, daß der Schubspannungseinfluß auf die Verformung nicht mehr vernachlässigt werden darf. Bei dünnwandigen geschlossenen Profilen ist zur Abklärung solcher Lokaleinflüsse die Scheibenstatik notwendig, die über die hier verwendete Stabstatik hinausgeht.

Das SAINT-VENANTsche Prinzip hilft über diese Schwierigkeit hinweg, indem die Resultate einer Formel erst in einer angenommenen Distanz von der Krafteinleitungsstelle weg als zutreffend angesehen werden.

Der im Abschn. 7.4b berechnete Fall eines längsvorgespannten Profiles wird nun für gemischte Torsion berechnet. Die Axialkraft und die Biegemomente aus Exzentrizität bleiben über die ganze Stablänge konstant. Daher bleiben die beiden ersten Summanden (Normalkraft- und Biegeanteil) in der Spannungsformel (7.27) erhalten. Das aus der Spannkraft P an der sektoriellen Koordinate $\omega(P)$ erzeugte Stabendbimoment

$$X = P\,\omega(P)$$

ändert hingegen seine Größe über den Stab, falls nicht, wie im Abschn. 7.4b vorausgesetzt, reine Wölbtorsion vorliegt. Mit einem Normalspannungsgefälle entstehen auch Schubspannungen, deren Veränderung in z-Richtung durch die Torsionsmomente T_s und T_ω beschrieben wird.

Nach Gl. (9.42) ist

$$M_\omega = X \frac{\operatorname{Cos} \varkappa \bar{\zeta}}{\operatorname{Cos} \frac{\varkappa}{2}}, \tag{10.15a}$$

$$T_\omega = -T_s = \frac{X}{l} \varkappa \frac{\operatorname{Sin} \varkappa \bar{\zeta}}{\operatorname{Cos} \frac{\varkappa}{2}}. \tag{10.15b}$$

Der Verlauf dieser Schnittgrößen geht aus Abb. 10.4 hervor. Die beiden Torsionsmomente steigen bei den Krafteinleitungsstellen mit zunehmendem $\varkappa$ an. Ihr asymptotisches Verhalten wird an den Stabenden durch $\varkappa X/l$ beschrieben.

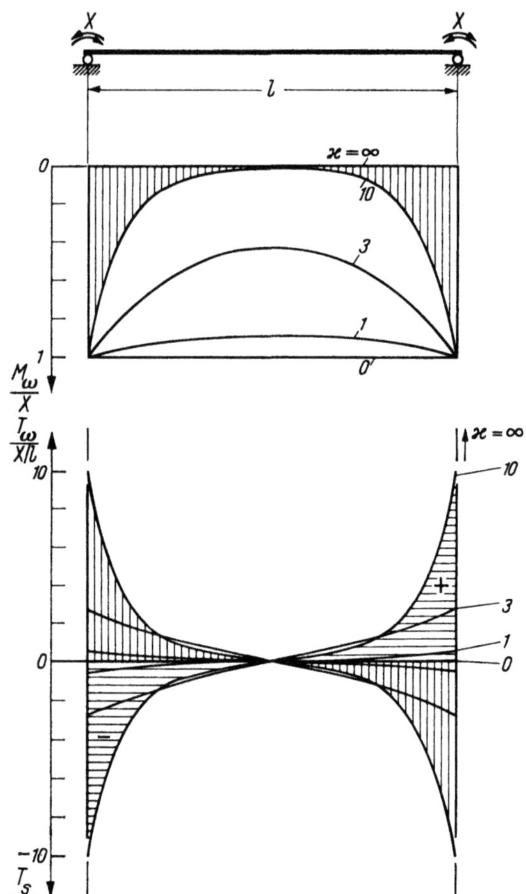

Abb. 10.4. Verlauf des Bimomentes M_ω und der beiden Torsionskomponenten T_ω und T_s unter Stabendbimomenten X

Abgesehen von diesen Stabenden, für welche nach dem Prinzip von Saint-Venant die Stabstatik keine Angaben liefern soll, ist aber auch ersichtlich, daß bei großen $\varkappa$-Werten (etwa $\varkappa > 10$) die Wölbspannungen über den ganzen Stab verschwinden. Es herrscht dann Saint-Venantsche Torsion vor. In solchen Fällen, und nur in solchen, ist es gestattet, bei offenen dünnwandigen Profilen Längskräfte auf die Stabschwerachse zu reduzieren und die Normalspannungen mit den herkömmlichen Formeln der Baustatik allein zu ermitteln.

In Abb. 7.9 sind für Feldmitte die beiden Grenzlagen der Normalspannungen eingetragen. Bei $\varkappa = 0$ liegt reine Wölbtorsion vor, bei $\varkappa = \infty$ reine Saint-Venantsche Torsion. Obwohl es diese beiden Grenzfälle für einen solchen Belastungsfall nie gibt, zeigen doch die dazwischen angedeuteten Spannungsverläufe für $\varkappa = 1$, 3 und 10, daß die größten Bereiche des Intervalles $0 < \varkappa < \infty$ mit einem der beiden Grenzfälle approximiert werden können.

Der von der gemischten Torsion zu erfassende Bereich kann noch weiter eingeschränkt werden, indem die Übergänge zu den beiden Grenzfällen approximiert werden. In den nächsten beiden Abschnitten werden die beiden zu erwartenden Grenzfälle aus den Lösungen für gemischte Torsion verifiziert und für den Fall kleiner $\varkappa$-Werte Näherungslösungen aus Reihenentwicklungen angegeben. Bei den Fällen großer $\varkappa$-Werte ist das asymptotische Verhalten wenigstens für die Normalspannungen erzeugenden Bimomente von Interesse.

Als willkürliche Auswahl von Beispielen dienen der mit m_D gleichmäßig verteilt drehbeanspruchte Stab und der durch ein konzentriert angreifendes Drehmoment M_D belastete Stab. Wird auch noch der Einfluß von am Stabende angreifenden Bimomenten berücksichtigt, so liegen wiederum die Elemente zur Berechnung durchlaufender Stäbe vor. Die ersten beiden Fälle geben dann Beispiele für Schnittgrößen am Grundsystem, der letzte für Schnittgrößen infolge der überzähligen Größen X.

c) Große $\varkappa$-Werte, Grenzfall und Näherung für ${}_{\max}M_\omega$

Aus den Lösungen (9.27) für den einfach gelagerten *Stab mit gleichmäßig verteilt angreifendem Drehmoment* m_D entsteht für den Grenzfall der sehr großen $\varkappa$-Werte

$$\begin{aligned} \varphi &= \frac{m_D l^2}{8GK}(1-4\bar{\zeta}^2), \\ GK\varphi' &= -m_D l\bar{\zeta} = T_s = T, \\ M_\omega &= T_\omega = 0, \end{aligned} \tag{10.16}$$

was mit den für SAINT-VENANTsche Torsion direkt bestimmten Lösungen im Abschn. 3.2 übereinstimmt!

Wünscht man, wie erwähnt, für das Bimoment eine Näherung bei großen $\varkappa$-Werten, so liest man aus der dritten Zeile der Lösungen (9.27)

$$M_\omega = \frac{m_D l^2}{\varkappa^2} = m_D \frac{EI_{\omega\omega}}{GK} \tag{10.17a}$$

ab, was nach Gl. (5.33) die Wölbspannung

$$\sigma_\omega = \frac{E}{G}\frac{m_D\omega}{K} \tag{10.17b}$$

ergibt.

Für den durch M_D *konzentriert belasteten Stab* mit einfacher Lagerung sind die Schnittgrößen für gemischte Torsion mit den Ausdrücken (9.32) gegeben. Für sehr große Werte von $\varkappa$ entstehen aus diesen Lösungen ebenfalls diejenigen für reine SAINT-VENANTsche Torsion, die in Tab. 3.2a zusammengestellt sind.

Für die größten Bimomente an den Krafteinleitungsstellen ergeben sich aus dieser Stabtheorie folgende Werte: Bei vollständiger Wölbbehinderung, wie beim Stabende des eingespannten Stabes, ist nach der dritten Zeile der Lösungen (9.10)

$${}_{\max}M_\omega = -T^{(f)}d, \tag{10.18}$$

wobei $T^{(I)}$ das gesamte Torsionsmoment an der Einspannstelle bedeutet und d die charakteristische Länge, definiert mit Gl. (9.7). Wird das konzentrierte Drehmoment entfernt vom Auflager eingeleitet, so kann sich der Wölbzwang auf beide Seiten des Stabes ausgleichen, so daß dafür gilt

$$_{\max}M_\omega = \frac{M_D}{2} d, \tag{10.19a}$$

$$= \frac{M_D l}{2\varkappa}. \tag{10.19b}$$

Wie das Bimoment, so klingen die daraus berechneten Wölbspannungen von den Störstellen aus nach dem Gesetz $e^{-z/d}$ ab [s. Abb. 9.1 unten, d. h. 3. Zeile der Lösungen (9.10)]. Dasselbe gilt auch für *ein am Stabende aufgebrachtes Bimoment* X; es verkleinert sich bei hohen $\varkappa$-Werten mit zunehmendem Abstand z vom Stabende wie folgt:

$$M_\omega = X e^{-z/d}. \tag{10.20}$$

Bei allen diesen Angaben (10.18) bis (10.20) ist jedoch der im vorangegangenen Abschnitt angebrachte Vorbehalt der Schubverformung gültig. Für d kleiner als eine Scheibenbreite werden auch diese Werte problematisch. Sie sind dann allerdings schon klein, so daß ein grober Fehler an einer kleinen Wölbspannung begangen wird.

d) Kleine $\varkappa$-Werte, Grenzfall und Näherung

Der Bimomentenverlauf über einen Stab infolge eines am rechten Stabende angreifenden Bimomentes X ist nach Gl. (9.22)

$$M_\omega = X \frac{\operatorname{Sin} \varkappa\zeta}{\operatorname{Sin} \varkappa}$$

oder nach der TAYLORschen Darstellung von Zähler und Nenner

$$M_\omega = X \frac{\varkappa\zeta + \frac{1}{3!}(\varkappa\zeta)^3 + \frac{1}{5!}(\varkappa\zeta)^5 + \cdots}{\varkappa + \frac{1}{3!}\varkappa^3 + \frac{1}{5!}\varkappa^5 + \cdots},$$

$$= X \frac{\zeta + \frac{\varkappa^2}{6}\zeta^3 + \frac{\varkappa^4}{120}\zeta^5 + \cdots}{1 + \frac{\varkappa^2}{6} + \frac{\varkappa^4}{120} + \cdots}. \tag{10.21}$$

Für unendlich kleine $\varkappa$ entsteht die Lösung $M_\omega = X\zeta$, die man nach Kap. 7, Statik der reinen Wölbtorsion, auch direkt aus der Analogie zur Biegung hätte herleiten können.

Zu diesen Grenzwerten für unendlich kleine $\varkappa$-Werte, die stets identisch mit jenen aus reiner Wölbtorsion sind, können Näherungslösungen in Form von Potenzreihen mit beliebigem Genauigkeitsgrad erhalten werden, indem die

TAYLOR-Darstellung der Hyperbelfunktionen früher oder später abgebrochen wird.

Die nur bis zur zweiten Potenz von $\varkappa$ angeschriebenen Näherungslösungen werden nachstehend für alle Belastungsfälle des Abschn. 9.2 gegeben. Aus diesen Formeln (10.21) bis (10.28) erkennt man stets den Grenzübergang zur reinen Wölbtorsion, indem $\varkappa^2$ gleich Null gesetzt wird. Darüber hinaus stellen sie Näherungslösungen für gemischte Torsion dar, sofern $\varkappa$ nicht zu große Werte annimmt (etwa $\varkappa < 2$). — An Stelle des gesamten Torsionsmomentes T, das unverändert bleibt, wird nun T_ω angeschrieben.

Bimoment am Stabende angreifend [Entwicklung der Lösungen (9.22) für kleine $\varkappa$-Werte]:

$$
\begin{aligned}
\varphi &= \frac{X l^2}{E I_{\omega\omega}} \, \frac{\zeta(1-\zeta^2) + \dfrac{\varkappa^2}{20}\zeta(1-\zeta^4)}{6+\varkappa^2}, \\
\varphi' &= \frac{X l}{6 E I_{\omega\omega}} \, \frac{1 - 3\zeta^2 + \dfrac{\varkappa^2}{20}(1-5\zeta^4)}{1+\dfrac{\varkappa^2}{6}}, \\
M_\omega &= X \, \frac{\zeta + \dfrac{\varkappa^2}{6}\zeta^3}{1+\dfrac{\varkappa^2}{6}}, \\
T_\omega &= \frac{X}{l} \, \frac{1+\dfrac{\varkappa^2}{2}\zeta^2}{1+\dfrac{\varkappa^2}{6}}.
\end{aligned}
\tag{10.22}
$$

Gleichmäßig verteilt angreifendes Drehmoment [Entwicklung der Lösungen (9.27) für kleine $\varkappa$-Werte]:

$$
\begin{aligned}
\varphi &= \frac{5}{384} \, \frac{m_D l^4}{E I_{\omega\omega}} \, \frac{1 - \dfrac{8}{5}\bar{\zeta}^2(3-2\bar{\zeta}^2) + \dfrac{\varkappa^2}{300}(7 - 30\bar{\zeta}^2 + 32\bar{\zeta}^6)}{1+\dfrac{\varkappa^2}{8}}, \\
\varphi' &= -\frac{m_D l^3}{24 E I_{\omega\omega}} \, \frac{\bar{\zeta}(3-4\bar{\zeta}^2) + \dfrac{\varkappa^2}{80}\bar{\zeta}(5-16\bar{\zeta}^4)}{1+\dfrac{\varkappa^2}{8}}, \\
M_\omega &= \frac{m_D l^2}{8} \, \frac{1 - 4\bar{\zeta}^2 + \dfrac{\varkappa^2}{48}(1-16\bar{\zeta}^4)}{1+\dfrac{\varkappa^2}{8}}, \\
T_\omega &= -m_D l \bar{\zeta} \, \frac{1+\dfrac{\varkappa^2}{6}\bar{\zeta}^2}{1+\dfrac{\varkappa^2}{8}}.
\end{aligned}
\tag{10.23}
$$

Konzentriert angreifendes Drehmoment [Entwicklung der Lösungen (9.32) für kleine $\varkappa$-Werte]:

$$\left.\begin{aligned}
\varphi &= \frac{M_D l^3}{6EI_{\omega\omega}} \frac{\beta\zeta}{1+\frac{\varkappa^2}{6}} \left[1-\beta^2-\zeta^2+\frac{\varkappa^2}{20}\left(1-\beta^4-\zeta^4-\frac{10}{3}\beta^2\zeta^2\right)\right],\\
\varphi' &= \frac{M_D l^2}{6EI_{\omega\omega}} \frac{\beta}{1+\frac{\varkappa^2}{6}} \left[1-\beta^2-3\zeta^2+\frac{\varkappa^2}{20}(1-\beta^4-10\beta^2\zeta^2-5\zeta^4)\right],\\
M_\omega &= M_D l \frac{\beta\zeta}{1+\frac{\varkappa^2}{6}} \left[1+\frac{\varkappa^2}{6}(\beta^2+\zeta^2)\right],\\
T_\omega &= M_D \frac{\beta}{1+\frac{\varkappa^2}{6}} \left[1+\frac{\varkappa^2}{6}(\beta^2+3\zeta^2)\right].
\end{aligned}\right\} \begin{matrix} 0 \leqq \zeta < \alpha \\ (10.24) \end{matrix}$$

Die Lösungen im zweiten Stabbereich, $0 \leqq \zeta' < \beta$, erhält man aus obigen Formeln durch Vertauschen von β mit α, ζ mit ζ' und Vorzeichenwechsel bei den ungeraden Funktionen φ' und T_ω.

Gemäß der Definition der Stabverwölbungsgrößen, Gl. (7.13b), erhält man aus den zweiten Zeilen dieser Näherungslösungen auch die in Tab. 9.1 allgemein angeschriebenen Verschiebungsgrößen, wenn $\bar{\zeta} = \pm 1/2$ bzw. $\zeta = 0$ und 1 gesetzt wird:

Verschiebungsgröße (ohne Feldindex angeschrieben, kleine $\varkappa$-Werte):

$$\begin{aligned}
a_{ik} = b_{i\,k+1} &= \frac{l}{3EI_{\omega\omega}} \frac{1+\frac{\varkappa^2}{10}}{1+\frac{\varkappa^2}{6}},\\
a_{i\,k+1} = b_{ik} &= \frac{l}{6EI_{\omega\omega}} \frac{1+\frac{\varkappa^2}{20}}{1+\frac{\varkappa^2}{6}}.
\end{aligned} \qquad (10.25)$$

Entsprechende Belastungsglieder infolge m_D:

$$a_0 = b_0 = \frac{m_D l^3}{24EI_{\omega\omega}} \frac{1+\frac{\varkappa^2}{40}}{1+\frac{\varkappa^2}{8}}, \qquad (10.26)$$

infolge M_D:

$$\begin{aligned}
a_0 &= \frac{M_D l^2}{6EI_{\omega\omega}} \beta \frac{1-\beta^2+\frac{\varkappa^2}{20}(1-\beta^4)}{1+\frac{\varkappa^2}{6}},\\
b_0 &= \frac{M_D l^2}{6EI_{\omega\omega}} \alpha \frac{1-\alpha^2+\frac{\varkappa^2}{20}(1-\alpha^4)}{1+\frac{\varkappa^2}{6}}.
\end{aligned} \qquad (10.27)$$

Damit können die Dreibimomentengleichungen auch im Bereich der vorherrschenden Wölbtorison angeschrieben werden.

Die Anschrift der Schnittgrößen entsprechend den Ausdrücken (9.38) kann mit den Näherungslösungen (10.22) für ein am Stabende angreifendes Bimoment geschehen.

Greift an beiden Stabenden ein gleich großes Bimoment X an, so lauten die Schnittgrößen aus Superposition folgendermaßen [Entwicklung der Gln. (9.42) für kleine $\varkappa$):

$$\begin{aligned}
\varphi &= \varphi_0 + \frac{X l^2}{8 E I_{\omega\omega}} \frac{1 - 4\bar{\zeta}^2 + \frac{\varkappa^2}{48}(1 - 16\bar{\zeta}^4)}{1 + \frac{\varkappa^2}{8}}, \\
T_s &= G K \varphi' = T_{s0} - \varkappa^2 \frac{X}{l} \frac{\bar{\zeta} + \frac{\varkappa^2}{6}\bar{\zeta}^3}{1 + \frac{\varkappa^2}{8}}, \\
M_\omega &= M_{\omega 0} + X \frac{1 + \frac{\varkappa^2}{2}\bar{\zeta}^2}{1 + \frac{\varkappa^2}{8}}, \\
T_\omega &= T_{\omega 0} + \varkappa^2 \frac{X}{l} \frac{\bar{\zeta} + \frac{\varkappa^2}{6}\bar{\zeta}^3}{1 + \frac{\varkappa^2}{8}}.
\end{aligned} \tag{10.28}$$

e) Genauigkeit der Näherungslösungen

An Hand der Bimomente bei den drei herausgegriffenen Beispielen — gleichmäßig verteilte Drehbelastung m_D, konzentrierte Belastung M_D und Bimomente X an den beiden Stabenden — soll nachstehend die Güte der Approximation durch die Näherungslösungen verglichen werden. Die Vergleichsstelle sei die Stabmitte, wo auch das konzentrierte Drehmoment angreifen möge.

Um eine normierte Darstellung zu erhalten, werden die Bimomente $M_\omega(\varkappa)$ mit dem Wert $M_\omega(\varkappa = 0)$ verglichen, also mit dem größtmöglichen Bimoment, das nur bei reiner Wölbtorsion vorkommt. Diese Bezugswerte sind im Kap. 7 besprochen worden und in der ersten Zeile der Tab. 10.3 zusammengestellt. Die Näherungen für kleine $\varkappa$-Werte gehen aus den dritten Zeilen der Lösungen (10.23), (10.24) und (10.28) hervor, die genauen aus den dritten Zeilen der Lösungen (9.27), (9.32) und (9.42), indem $\bar{\zeta} = 0$ bzw. $\zeta = 1/2$ gesetzt wird.

Die Näherungen für große $\varkappa$-Werte sind für diese drei Fälle mit den Gln. (10.17a), (10.19b) und (10.20) gegeben, wobei in der letzteren $z = l/2$ zu setzen und der Einfluß von beiden Stabenden zu berücksichtigen ist.

Alle diese Formeln sind in Tab. 10.3 zusammengestellt und in Abb. 10.5 als Funktion von $\varkappa$ logarithmisch aufgetragen. Die Asymptote $M_\omega(\varkappa)/M_\omega(\varkappa = 0) = 1$ bedeutet reine Wölbtorsion, während die untere, bei der M_ω verschwindet, reine SAINT-VENANTsche Torsion darstellt.

Tabelle 10.3. *Vergleich der Lösungen* (Kurvenverlauf s. Abb. 10.5)

		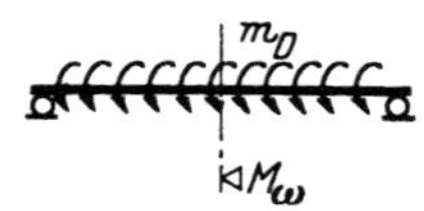	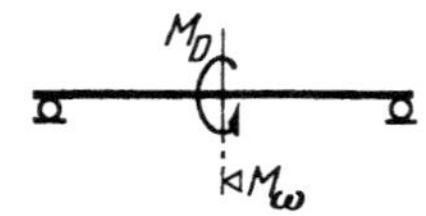	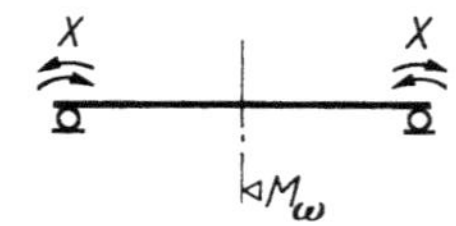
Reine Wölbtorsion ($\varkappa = 0$)	$M_\omega(\varkappa = 0)$:	$\frac{m_D l^2}{8}$	$\frac{M_D l}{4}$	X
Wölbtorsion mit Korr. ($\varkappa \gtrsim 2$)	$\frac{M_\omega(\varkappa)}{M_\omega(\varkappa = 0)}$:	$\frac{48 + \varkappa^2}{48 + 6\varkappa^2}$	$\frac{12 + \varkappa^2}{12 + 2\varkappa^2}$	$\frac{8}{8 + \varkappa^2}$
Gemischte Torsion ($0 \geqq \varkappa < \infty$)	$\frac{M_\omega(\varkappa)}{M_\omega(\varkappa = 0)}$:	$\frac{8}{\varkappa^2}\left(1 - \frac{1}{\operatorname{Cos}\frac{\varkappa}{2}}\right)$	$\frac{2}{\varkappa} \operatorname{Tg} \frac{\varkappa}{2}$	$\frac{1}{\operatorname{Cos}\frac{\varkappa}{2}}$
SAINT-VENANTsche Torsion mit Korr. ($\varkappa \gtrsim 5$)	$\frac{M_\omega(\varkappa)}{M_\omega(\varkappa = 0)}$:	$\frac{8}{\varkappa^2}$	$\frac{2}{\varkappa}$	$2 e^{-\varkappa/2}$
Reine SAINT-VENANTsche Torsion ($\varkappa = \infty$)	$\frac{M_\omega(\varkappa)}{M_\omega(\varkappa = 0)}$:	0	0	0

Für die eingetragenen drei Lastfälle gibt es diese Grenzfälle nie, da $\varkappa$ bei keiner Konstruktion Null oder unendlich sein kann. Aber man sieht aus der Dar-

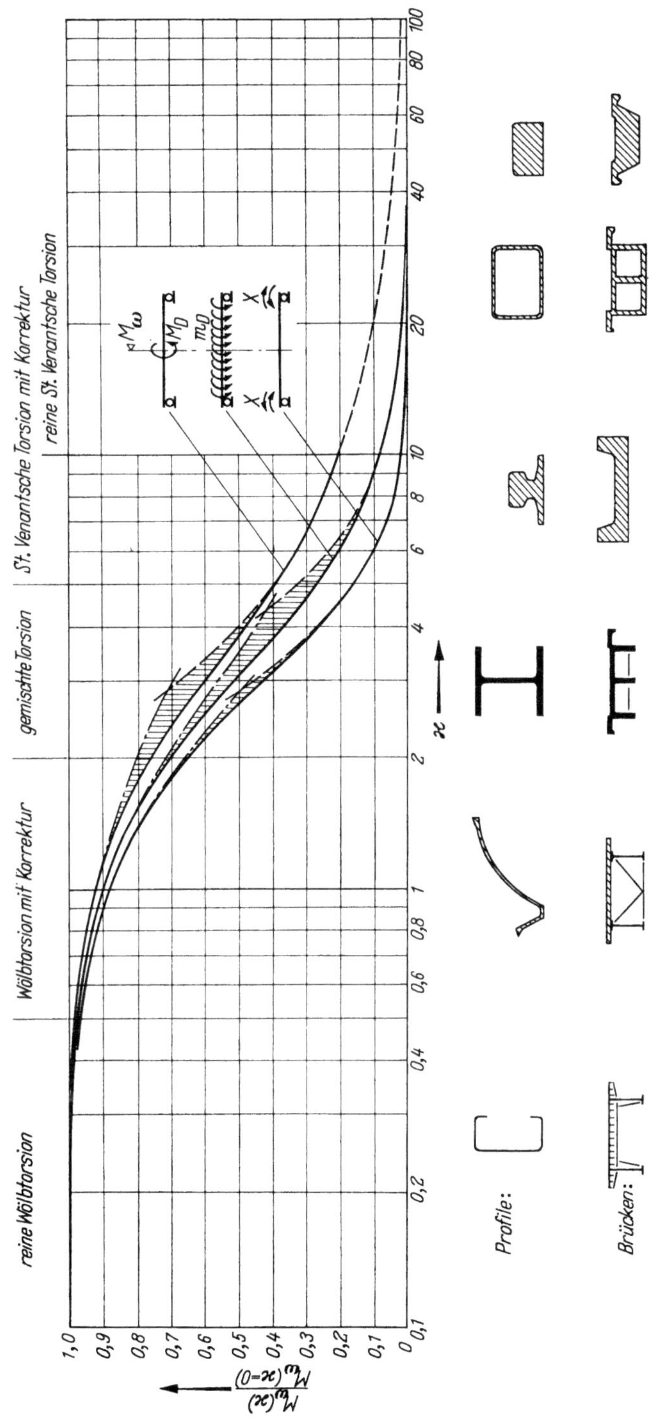

Abb. 10.5. Bimomente M_ω als Funktion von $\varkappa = l\sqrt{GK/EI_{\omega\omega}}$ für drei verschiedene Belastungsfälle

stellung, daß für kleine oder große $\varkappa$-Werte praktisch genügend genaue Resultate erhalten werden, indem der eine Torsionsanteil gegenüber dem andern von vornherein vernachlässigt wird — was eine enorme Vereinfachung für die Behandlung von Torsionsproblemen bedeutet, s. Kap. 7 oder 4.

Für große $\varkappa$-Werte (etwa $\varkappa > 10$) sind die Wölbspannungen unter 10% der größtmöglichen Werte. Eine Ausnahme bilden die konzentriert angreifenden Drehmomente. Hier ist aber zu bedenken, daß die rechnerische Spannung unter der Lastangriffsstelle auftritt.

Nach den Feststellungen des Abschn. 10.2 entsteht bei hohen $\varkappa$-Werten ein so großes Normalspannungsgefälle und damit Schubspannungen und Schubverformungen, daß der Wölbzwang kleiner wird, als hier nach der Stabstatik unter Ausschluß von Schubverformungen berechnet worden ist. Aus diesem Grunde ist dieser Ast der Kurve im Bereich der hohen $\varkappa$-Werte nur noch gestrichelt gezeichnet. Man überschätzt dort die Bimomente.

Die Näherungslösungen für kleine und große $\varkappa$-Werte sind strichpunktiert bzw. gestrichelt eingetragen. Ihre Abweichung von dem genauen Kurvenbild nach gemischter Torsion ist durch Schraffur hervorgehoben. Diese beiden Näherungen von der Wölbtorsion und der SAINT-VENANTschen Torsion her sind so gut, daß sie allein den ganzen Bereich der $\varkappa$-Werte ($0 < \varkappa < \infty$) ziemlich zutreffend zu erfassen vermöchten.

Es ließen sich auch Näherungen geben, die in erster Linie den Übergangsbereich, und nicht das asymptotische Verhalten, möglichst genau approximieren würden. So kann zum Beispiel das größte Bimoment am gleichmäßig verteilt belasteten Stab (d. h. bis auf die Normierung die mittlere der drei stark ausgezogenen Kurven der Abb. 10.5) wie folgt approximiert werden:

$$ {}_{\max}M_\omega = \frac{m_D l^2}{8 + \frac{5}{6}\varkappa^2} = \frac{m_D l^2}{8 + \frac{5}{6}\frac{l^2 GK}{EI_{\omega\omega}}}. \tag{10.29} $$

Am Fuße der Abb. 10.5 sind einige Profile und Brückenquerschnitte im zugehörigen Bereich der $\varkappa$-Skala aufgetragen.

1a) Reine Wölbtorsion: Kaltgeformte Profile (abgekantete oder aus Bandstahl erstellte Leichtbauteile) dürfen meist nach reiner Wölbtorsion analysiert werden. Viele Schweißkonstruktionen mit offenem Querschnitt gehören zu dieser Gruppe. Typische Vertreter sind die Brücken mit orthotropen Stahlblechfahrbahnen, welche offene Längsrippen haben.

1b) Wölbtorsion mit Korrektur: Verbundbrücken haben zufolge der dickwandigen Fahrbahnscheibe verhältnismäßig größere SAINT-VENANTsche Torsionskonstanten, so daß dort eventuell eine Korrektur angezeigt ist. Schlanke Stahlbetonkonstruktionen, vor allem die zylindrischen Schalen, gehören zu dieser Gruppe.

2) Gemischte Torsion: Typische Vertreter dafür sind die Walzprofile und im Brückenbau die Plattenbalken aus Eisenbeton. Es gibt vorgespannte Brücken dieses Typs, die eher in die Gruppe 1b) gehören.

3a) SAINT-VENANTsche Torsion mit Korrektur scheint angezeigt bei allen Stäben mit „zusammengesetzten Voll- und Hohlquerschnitten“.

3b) Reine SAINT-VENANTsche Torsion darf bei den gedrungeneren Voll- und Hohlquerschnitten angenommen werden. Konzentrierte Krafteinleitungen sind gesondert zu betrachten, wofür die hier behandelte Stabstatik ungeeignet ist.

Selbstverständlich dient diese Aufstellung nur als Richtlinie. Wie im Abschnitt 10.2a festgestellt worden ist, bestimmt nicht der Querschnitt allein die Größe von $\varkappa$, sondern auch die Stablänge. Aber auch die Art der Belastung spielt eine Rolle. So ist zum Beispiel bei *jedem* Stab nur SAINT-VENANTsche Torsion vorhanden, wenn lediglich seine beiden Stabenden gegeneinander verdreht werden (s. Abschn. 9.2b).

Gelegentlich wird man aber auch bewußt den einen Torsionsanteil gegenüber dem anderen vernachlässigen, nämlich in all jenen Fällen, bei denen es genügt, einen zulässigen unteren Grenzwert hinsichtlich der Tragkapazität zu konstruieren: Wenn zwei Komponenten (Wölb- und SAINT-VENANTsche Torsion) zur Aufnahme von Torsion vorhanden sind, die gesamte Beanspruchung aber der einen zugewiesen wird und die zulässige Spannung dabei nicht überschritten wird, so ist, im Sinne der Plastizitätstheorie, ein statisch zulässiger Spannungszustand konstruiert worden.

Damit bei offenen dünnwandigen Querschnitten SAINT-VENANTsche Torsion wirksam wird, muß der Querschnitt streng erhalten bleiben, denn es müssen alle Scheiben um denselben Winkel φ gedreht werden. Bei einem aus drei Scheiben bestehenden Querschnitt (z. B. jenen nach Abb. 7.9, dem Vollwandträger oder den Verbundbrücken mit zwei Hauptträgern) geht aber die Wirkungsweise nach der Wölbtheorie nicht verloren, wenn die Querschnittserhaltung nicht im strengen Sinne garantiert ist. Daher ist es auch aus solchen Überlegungen oft sinnvoll, nur den einen der beiden Torsionsanteile, hier die Wölbtorsion, zu berücksichtigen.

10.3 Der schief gelagerte Stab bei gemischter Torsion

a) Voraussetzungen

Die Bezeichnungen sind dieselben, wie sie für die beiden Sonderfälle der SAINT-VENANTschen und der Wölbtorsion im Kap. 4 bzw. 8 verwendet worden sind. Es ist zu beachten, daß die Strecke d in diesem Zusammenhang den senkrecht zur Brückenachse gemessenen Lagerkörperabstand bedeutet und nicht die im Ausdruck (9.7) definierte charakteristische Länge.

Die im Abschn. 10.2b geäußerten Vorbehalte über die Spannungsberechnung nach der Stabstatik im unmittelbaren Bereich der Auflager sind zu beachten. Dies nicht nur wegen ungenauer Einschätzung der Wölbspannungen infolge unberücksichtigter Schubdeformationen, sondern auch deshalb, weil man beim Einführen konzentrierter, exzentrischer Kräfte in einen Stab an der Einleitungsstelle den Spannungszustand nicht genau angeben kann ohne Berücksichtigung der zwei- oder dreidimensionalen Elastizitätstheorie. — Was noch zutreffend zu erfassen ist, sind die Resultierenden aller Spannungen über einen Querschnitt, die man als Schnittgrößen bezeichnet (M, Q, T).

b) Grundsystem und Elastizitätsgleichungen

Das Grundsystem, bestehend aus einer Kette einfacher, aber schief gelagerter Stäbe wird beibehalten. Damit sind die Kontinuitätsbedingungen dieselben, wie sie für Wölbtorsion festgehalten worden sind; s. Gl. (8.2).

Auch die Elastizitätsbedingung für das statisch unbestimmt gelagerte Einzelfeld bleibt unverändert, da die geometrischen Bedingungen nicht davon abhängen, ob reine SAINT-VENANTsche Torsion, reine Wölbtorsion oder gemischte Torsion vorliegt. Somit gilt die Bedingung (4.1) hier ebenfalls. Gemäß den Lösungen (9.24) besteht das gesamte Torsionsmoment T_i infolge dieser Stabendverdrehung aus SAINT-VENANTscher Torsion, so daß Gl. (4.2) auch bei gemischter Torsion erhalten bleibt. Ferner ist aus den Lösungen (9.24) ersichtlich, daß die an den Stabenden aufgebrachte Verdrehung bei gemischter Torsion dieselben Verwölbungsintensitäten Δa_i und Δb_i erzeugt, wie sie für reine Wölbtorsion mit den Gln. (8.9) festgestellt worden sind.

Die durch Lagerschiefstellung erzeugte Veränderung der Stützmomente und Stützbimomente nach den Ausdrücken (8.6) und (8.7) muß wie im Kap. 8 bei der Anschrift der Verschiebungsgrößen mitberücksichtigt werden. Aus diesen Betrachtungen geht hervor, daß die in Tab. 8.1 angeschriebenen allgemeinen Ausdrücke für α_i, β_i; a_i und b_i erhalten bleiben und nur die ersten beiden durch den Einfluß von T_i nach Gl. (4.2) zu ergänzen sind.

Die Ausdrücke T_{ki} und $T_{k+1\,i}$, die in den ersten beiden Zeilen der Tab. 8.1 einzusetzen wären, sind durch die Gln. (8.10a—c) bestimmt, denn das gesamte Torsionsmoment T nimmt dieselbe Form an wie das Wölbtorsionsmoment nach Tab. 8.2, trotzdem der Ausdruck für das Bimoment ändert, s. Gl. (9.38). Man erkennt daraus, wie verwickelt das Problem bei gemischter Torsion wird, denn α_i und β_i sind, wegen dem Einfluß von T_i nach Gl. (4.2), noch nicht einmal explizite angeschrieben.

Zur Vereinfachung der ersten beiden Bestimmungsgleichungen für die Auflagerdrehwinkel α_i und β_i wird der senkrecht und parallel zur Stabachse gemessene Lagerkörperabstand d bzw. e_k als vernachlässigbar klein gegenüber der Spannweite l_i angenommen. Das vereinfacht die Ausdrücke (8.10a—c) wesentlich und ergibt nun, unter Beachtung des Einflusses von T_i nach Gl. (4.2), folgende implizite Anschrift der Auflagerdrehwinkel:

$$\begin{aligned}
\alpha_i &= M_k \alpha_{ik} + M_{k+1} \alpha_{i\,k+1} + \alpha_{i0} \\
&\quad + T_{ki}^{(f)} \alpha_{ik} \operatorname{tg} \delta_k + T_{k+1\,i}^{(f)} \alpha_{i\,k+1} \operatorname{tg} \delta_{k+1} \\
&\quad + (\alpha_{ik} \operatorname{tg} \delta_k + \alpha_{i\,k+1} \operatorname{tg} \delta_{k+1})\,(X_{k+1} - X_k)/l_i \\
&\quad - (\alpha_{ik} \operatorname{tg} \delta_k + \alpha_{i\,k+1} \operatorname{tg} \delta_{k+1})\,(\alpha_i \operatorname{tg} \delta_k + \beta_i \operatorname{tg} \delta_{k+1})/\gamma_i . \\
\beta_i &= M_k \beta_{ik} + M_{k+1} \beta_{i\,k+1} + \beta_{i0} \\
&\quad + T_{ki}^{(f)} \beta_{ik} \operatorname{tg} \delta_k + T_{k+1\,i}^{(f)} \beta_{i\,k+1} \operatorname{tg} \delta_{k+1} \\
&\quad + (\beta_{ik} \operatorname{tg} \delta_k + \beta_{i\,k+1} \operatorname{tg} \delta_{k+1})\,(X_{k+1} - X_k)/l_i \\
&\quad - (\beta_{ik} \operatorname{tg} \delta_k + \beta_{i\,k+1} \operatorname{tg} \delta_{k+1})\,(\alpha_i \operatorname{tg} \delta_k + \beta_i \operatorname{tg} \delta_{k+1})/\gamma_i .
\end{aligned} \tag{10.30}$$

Bei normaler Lagerung ($\operatorname{tg} \delta_k = \operatorname{tg} \delta_{k+1} = 0$) verbleiben nur die ersten Zeilen dieser beiden Gleichungen, was zu den normalen CLAPEYRONschen Dreimomentengleichungen führt. Die zweiten Zeilen stellen die Belastungsglieder α_{iD} bzw. β_{iD} nach Gl. (4.37) für Drehbeanspruchung dar. Entsprechend können nun die dritten Zeilen als die Einflüsse der Bimomente aufgefaßt werden:

$$\begin{aligned} \alpha_{iX} &= (\alpha_{ik} \operatorname{tg} \delta_k + \alpha_{i\,k+1} \operatorname{tg} \delta_{k+1}) \frac{X_{k+1} - X_k}{l_i} \\ \beta_{iX} &= (\beta_{ik} \operatorname{tg} \delta_k + \beta_{i\,k+1} \operatorname{tg} \delta_{k+1}) \frac{X_{k+1} - X_k}{l_i}. \end{aligned} \tag{10.31}$$

Die vierten Zeilen sind, mit den Stabkonstanten nach Tab. 4.2, die Ausdrücke $-(\alpha_i C_{i\alpha k} + \beta_i C_{i\alpha\,k+1})$ bzw. $-(\alpha_i C_{i\beta k} + \beta_i C_{i\beta\,k+1})$, die auf die linke Seite der beiden Gleichungen geschlagen werden können. — Somit wird aus obigen beiden Gln. (10.30) folgendes Gleichungspaar zur Bestimmung der Auflagerdrehwinkel α_i und β_i am statisch unbestimmtem Grundsystem erhalten:

$$\begin{aligned} \alpha_i(1 + C_{i\alpha k}) + \beta_i C_{i\alpha\,k+1} &= \alpha_{i0} + \alpha_{iD} + \alpha_{iX} + M_k \alpha_{ik} + M_{k+1} \alpha_{i\,k+1}, \\ \alpha_i C_{i\beta k} + \beta_i(1 + C_{i\beta\,k+1}) &= \beta_{i0} + \beta_{iD} + \beta_{iX} + M_k \beta_{ik} + M_{k+1} \beta_{i\,k+1}. \end{aligned} \tag{10.32}$$

Dieses System von Bestimmungsgleichungen unterscheidet sich vom System (4.6) nur durch die zusätzlichen Belastungsglieder α_{iD} und α_{iX}, bzw. β_{iD} und β_{iX}, wovon α_{iD} und β_{iD} bereits im Kap. 4 eingeführt worden sind. — Die Belastungsglieder α_{i0} und β_{i0} stehen allein, wenn nur zentrische Belastung vorhanden ist bei einem Stab mit vernachlässigbar kleiner Wölbtorsion; $\alpha_{i0} + \alpha_{iX}$ bzw. $\beta_{i0} + \beta_{iX}$, wenn gemischte Torsion anzunehmen ist. — Besteht die Beanspruchung aus Verdrehung, so verbleiben α_{iD} und β_{iD} als einzige Belastungsglieder bei reiner SAINT-VENANTscher Torsion, und $a_{iD} + \alpha_{iX}$ mit $\beta_{iD} + \beta_{iX}$ bei gemischter Torsion.

Darf schließlich reine Wölbtorsion vorausgesetzt werden, so verändern sich nicht die rechten Seiten der Gln. (10.32), sondern die linken, indem die vier Stabkonstanten $C_{i\alpha k}$ bis $C_{i\beta\,k+1}$ alle Null werden.

Daraus ist ersichtlich, daß zur Bestimmung der Übertragungsmomente M_k bei gemischter Torsion die in Kap. 4 besprochenen Verfahren und Lösungen gültig sind, wenn die Belastungsglieder um den Einfluß der Bimomente, ausgedrückt in Gl. (10.31), erweitert werden.

Die Bimomente X_k sind allerdings noch unbekannt. Zu ihrer Bestimmung dient die Elastizitätsbedingung (8.2b), was nach Abschn. 7.3 zu den Dreibimomentengleichungen (7.21) führt, mit Koeffizienten a_{ik} und Belastungsgliedern a_{i0} nach Tab. 9.1. Die letzteren sind zu erweitern gemäß dem in Tab. 8.1, Teil II, angegebenen Einfluß der Lagerschiefe.

Man kann nun ein Verfahren der Iteration einschlagen, indem die Übertragungsmomente M_k aus den Dreimomentengleichungen des Kap. 4 bestimmt werden mit zu Null angenommenen Bimomenten, d. h. $\alpha_{iX} = \beta_{iX} = 0$. Die so ermittelten M_k-, α_i- und β_i-Werte werden dann als erste Näherung für die Belastungsglieder der Dreibimomentengleichungen angenommen.

Aus diesen Gleichungen werden die Bimomente X_k bestimmt für den zweiten Zyklus der Iteration, wofür nun α_{iX}- und β_{iX}-Glieder erster Näherung vorliegen.

Bei Durchlaufträgern über wenige Felder gelingt es, auch die beiden gekoppelten Dreimomenten- bzw. Bimomentensysteme geschlossen zu lösen.

c) Schnittgrößen

Wenn die Verschiebung der Schlußlinie im Torsionsmomentendiagramm infolge der Auflagerdrehwinkel am Grundsystem des normal gelagerten Stabes und der Übertragungsmomente mit

$$\begin{aligned} T_{ii} = -\frac{1}{\gamma_i D_i} & [(\alpha_{i0} + \alpha_{iD} + \alpha_{iX}) \operatorname{tg} \delta_k + (\beta_{i0} + \beta_{iD} + \beta_{iX}) \operatorname{tg} \delta_{k+1} \\ & + M_k(\alpha_{ik} \operatorname{tg} \delta_k + \beta_{ik} \operatorname{tg} \delta_{k+1}) + M_{k+1}(\alpha_{i\,k+1} \operatorname{tg} \delta_k + \beta_{i\,k+1} \operatorname{tg} \delta_{k+1})] \end{aligned} \tag{10.33}$$

bezeichnet wird [s. Gl. (4.40)], so sind mit den Stützbimomenten ${}_\omega M_{ki}$ und ${}_\omega M_{k+1\,i}$ nach Tab. 8.2 das gesamte Torsionsmoment T_i, das SAINT-VENANTsche Torsionsmoment T_{si} und das Wölbtorsionsmoment $T_{\omega i}$ im Stabfeld i entsprechend den Ausdrücken (9.38):

$$\left.\begin{aligned} T_i &= T_{i0} + \frac{{}_\omega M_{k+1\,i} - {}_\omega M_{ki}}{l_i} + T_{ii}, \\ T_{si} &= {}_sT_{i0} - \frac{{}_\omega M_{ki}}{GK_i l_i}\left(1 - \varkappa_i \frac{\operatorname{Cos} \varkappa_i \zeta_i'}{\operatorname{Sin} \varkappa_i}\right) + \frac{{}_\omega M_{k+1\,i}}{GK_i l_i}\left(1 - \varkappa_i \frac{\operatorname{Cos} \varkappa_i \zeta_i}{\operatorname{Sin} \varkappa_i}\right) + T_{ii}, \\ T_{\omega i} &= {}_\omega T_{i0} - \frac{{}_\omega M_{ki}}{l_i} \varkappa_i \frac{\operatorname{Cos} \varkappa_i \zeta_i'}{\operatorname{Sin} \varkappa_i} + \frac{{}_\omega M_{k+1\,i}}{l_i} \varkappa_i \frac{\operatorname{Cos} \varkappa_i \zeta_i}{\operatorname{Sin} \varkappa_i}. \end{aligned}\right\} \tag{10.34}$$

Die daraus bestimmten gesamten Torsionsmomente an den Stabenden, die mit T_{ki} und $T_{k+1\,i}$ bezeichnet werden, ergeben mit den Übertragungsmomenten M_k und M_{k+1} die Stützmomente, wie sie in der Tab. 8.2 links oben angeschrieben sind. Die in dieser Tabelle aufgeführten Ausdrücke für die Biegemomente und Querkräfte, die Auflagerkraft, das Auflagerdrehmoment und die Lagerkörperbeanspruchung, bleiben damit erhalten. Lediglich für den Bimomentenverlauf ist nun der Ausdruck $M_{\omega i}$ nach Gl. (9.38) einzusetzen.

Wie bei der reinen Wölbtorsion sind die Stabendwerte T_{ki} und $T_{k+1\,i}$ nicht als Eingangsgrößen bekannt.

Die gleichen Betrachtungen, die dort zu den Gln. (8.10) geführt haben, zeigen, daß die Ausdrücke (8.10b) und (8.10c) für T_{ki} bzw. $T_{k+1\,i}$ auch Gültigkeit haben, wenn Gl. (8.10a) für T_i noch durch T_{ii} nach Gl. (10.33) ergänzt wird.

Für Lagerkörperverschiebungen d und e_k, die gegenüber der Spannweite l_i vernachlässigbar klein sind, wird ${}_\omega M_{ki} = X_k$ und ${}_\omega M_{k+1\,i} = X_{k+1}$.

IV. Faltwerke

Einführung

Bei der Berechnung aller dünnwandigen Stäbe nach der Biege- und Wölbtheorie wird die Erhaltung des Querschnittes unter Belastung vorausgesetzt und durch den Einbau von Querschotten auch garantiert. Was geschieht eigentlich, wenn letztere fehlen?

Ein aus mehreren Scheiben zusammengesetzter Querschnitt hat dennoch die Möglichkeit, einen Spannungszustand aufzubauen, der den äußeren Kräften Gleichgewicht hält.

Hier wird daher der Extremfall behandelt, bei dem die einzelnen Scheiben eines prismatischen Stabes vollkommen gelenkig miteinander verbunden sind und bei dem auf einen eventuellen Beitrag SAINT-VENANTscher Torsionssteifigkeit infolge Scheibenverdrehung verzichtet wird. Solche Tragwerke werden hier als Faltwerke bezeichnet.

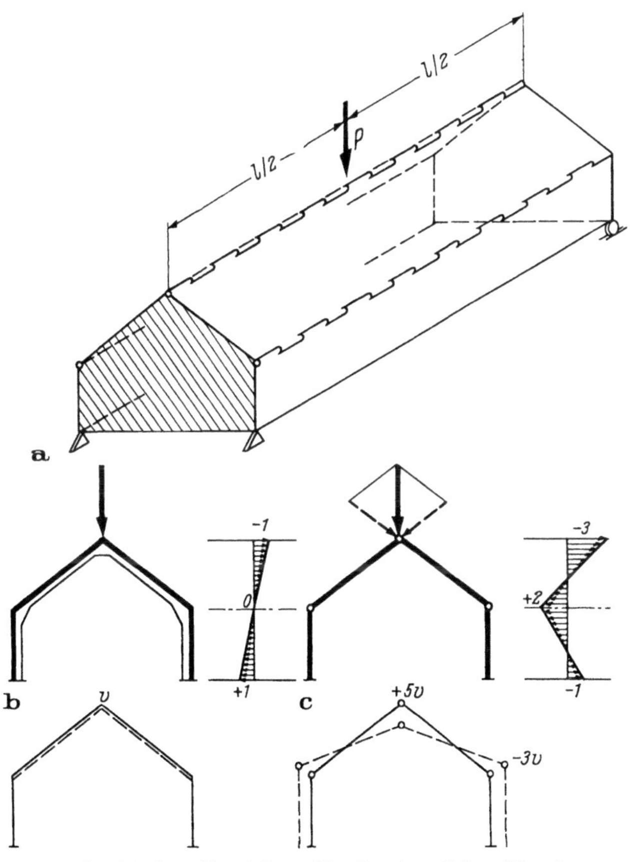

Abb. 11.1. Gegenüberstellung: Biegetheorie – Faltwerktheorie

Um zunächst eine Gegenüberstellung dieser Grenztragarten — der Biegetheorie gegenüber der Faltwerktheorie — zu erkennen, ist Abb. 11.1 angefertigt worden. Das aus vier Längsscheiben bestehende Tragwerk mit einer Endscheibe auf jeder Stirnseite wird links als Fall der klassischen Biegungslehre und rechts als reines Faltwerk gezeigt.

Im ersten Falle wird vorausgesetzt, daß sich unter der Last ein Rahmen befinde, der steif genug sei, um wie ein Querschott die Form des Stabquerschnittes zu gewährleisten. Die Normalspannungen verlaufen daher linear über den gesamten Querschnitt, und jeder Punkt des Querschnittes senkt sich um denselben Betrag lotrecht ein (Abb. 11.1b).

Im zweiten Fall werden die Scheiben nicht zum Einhalten der Querschnittsform gezwungen, sondern nur gelenkig aneinandergefügt. In der Perspektive der Abb. 11.1a ist diese Verbindung wie ein Klavierband skizziert. Der stabile Tragzustand, der sich dabei einstellen wird, ist aus Abb. 11.1c ersichtlich. Die Normalspannungen haben nur noch einen linearen Verlauf über die einzelnen Scheiben, nicht mehr über den gesamten Querschnitt. Dennoch sind die Spannungen in den einzelnen Scheiben nicht unabhängig voneinander. Sie müssen an den Gelenkstellen gleich groß sein. Wie aus der zugehörigen Deformationsskizze ersichtlich ist, bleibt die Querschnittsform nicht mehr erhalten, denn die einzelnen Punkte senken sich verschieden tief ein; die Randscheiben heben sich sogar.

In Wirklichkeit sind keine Gelenke vorhanden, aber die einzelnen Scheiben oft so biegsam, daß sie ohne Queraussteifungen den Querschnitt nicht formtreu erhalten können. Die beiden hier gezeigten Arbeitsweisen stellen somit Grenzwerte dar, innerhalb denen sich am Tragwerk ein Gleichgewichtszustand einstellen wird.

Eine der ältesten Publikationen, die sich mit Faltwerken befaßt, ist die Dissertation von H. Schwyzer[1], während die jüngste große Arbeit[2] von einem Komitee in den Vereinigten Staaten zusammengestellt worden ist. Dieser Bericht enthält über hundert Literaturangaben, auf die hier verwiesen wird.

11 Analytische Berechnung

11.1 Gleichungssysteme

a) Dreischübegleichungen

Um eine analytische Lösung zu erhalten, werden erst die Scheiben voneinander getrennt betrachtet, und anschließend wird die Gleichheit der Kantendehnungen formuliert.

Die Teilansicht einer losgelösten Scheibe i von konstanter Stärke t_i und der Breite c_i ist in Abb. 11.2 skizziert. Das dargestellte Scheibenstück erstreckt sich

[1] Schwyzer, H: Statische Untersuchung der aus ebenen Tragflächen zusammengesetzten räumlichen Tragwerke. Diss., E.T.H., Zürich, 1920.

[2] Committee on Masonry and Reinforced Concrete: Phase I Report on Folded Plate Construction. ASCE, ST6, Dec. 1963, p. 365—406.

vom Auflager A bis zur Schnittstelle z, wo auch die Schnittkräfte M_i und N_i eingeführt werden.

Von den Nachbarscheiben $i-1$ und $i+1$ wirken Schubspannungen τ bzw. Schubflüsse $q = \tau t$ auf die beiden Scheibenkanten k und $k+1$. Diese werden zu einer Kantenkraft $R_k(z)$ zusammengefaßt, die definiert ist als die Resultierende der Schubspannungen längs der Kante k vom Auflager bis zum Schnitt z:

$$R_k = \int_0^z \tau t \, dz = \int_0^z q_k \, dz. \tag{11.1}$$

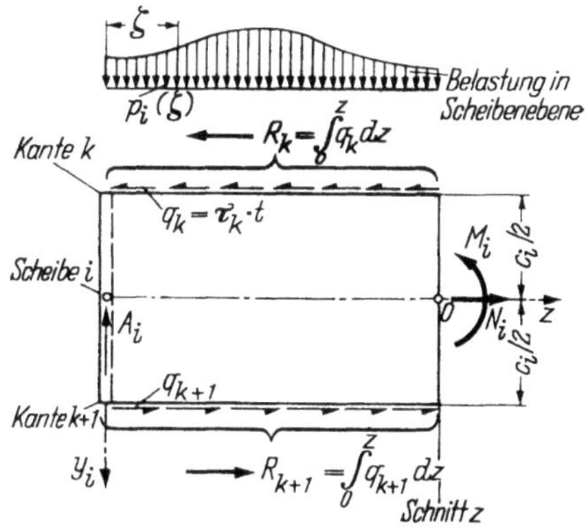

Abb. 11.2. Positiv definierte Kräfte am Abschnitt der i-ten Scheibe eines Faltwerkes (mit den Scheiben $i = 2, 4, 6, \ldots, n$ und den Kanten $k = 1, 3, 5, \ldots, n+1$)

Die beiden Schnittkräfte $M(z)$ und $N(z)$ werden nun durch die übrigen Kräfte ausgedrückt. Das Momentengleichgewicht bezüglich dem Punkt 0 ergibt:

$$\underbrace{A_i z - \int_0^z p_i(\zeta)(z-\zeta)\, d\zeta}_{M_{i0}} - R_k \frac{c_i}{2} - R_{k+1} \frac{c_i}{2} - M_i = 0.$$

Die ersten beiden Ausdrücke stellen zusammen das Biegemoment aus äußerer Belastung in der Scheibenebene i dar, das sich nach der Balkenstatik ermitteln läßt und mit M_{i0} bezeichnet wird. Somit ist:

$$M_i = M_{i0} - \frac{c_i}{2}(R_k + R_{k+1}). \tag{11.2}$$

Das Gleichgewicht in z-Richtung formuliert, liefert

$$N_i = R_k - R_{k+1}. \tag{11.3}$$

Biegemoment und Normalkraft bewirken unter der Annahme einer ebenen Spannungsverteilung in jeder Scheibe folgende Randspannungen σ_k und σ_{k+1}:

$$\begin{aligned} \sigma_k &= -\frac{M_i}{W_i} + \frac{N_i}{F_i}, \\ \sigma_{k+1} &= +\frac{M_i}{W_i} + \frac{N_i}{F_i}, \end{aligned} \tag{11.4}$$

wobei W_i das Widerstandsmoment und F_i die Querschnittsfläche der Rechteckscheibe i bedeuten, für die folgender Zusammenhang besteht:

$$W_i = \frac{c_i^2 t_i}{6} = F_i \frac{c_i}{6}. \tag{11.5}$$

Damit lassen sich die Einflüsse für die Kantenspannungen σ_k und σ_{k+1} folgendermaßen zusammenfassen:

$$\left.\begin{aligned} \sigma_k &= -\frac{M_{i0}}{W_i} + 4\,\frac{R_k}{F_i} + 2\,\frac{R_{k+1}}{F_i}\,, \\ \sigma_{k+1} &= +\frac{M_{i0}}{W_i} - 2\,\frac{R_k}{F_i} - 4\,\frac{R_{k+1}}{F_i}\,. \end{aligned}\right\} \tag{11.6}$$

Um den Zusammenhang zwischen den einzelnen Scheiben zu wahren, müssen die Spannungen längs den Kanten einander gleich sein. Diese Bedingung für die Kante k angeschrieben, lautet:

$$+\frac{M_{i-1\,0}}{W_{i-1}} - 2\,\frac{R_{k-1}}{F_{i-1}} - 4\,\frac{R_k}{F_{i-1}} = -\frac{M_{i0}}{W_i} + 4\,\frac{R_k}{F_i} + 2\,\frac{R_{k+1}}{F_i}$$

oder geordnet:

$$R_{k-1}\,\frac{1}{F_{i-1}} + R_k\,2\left(\frac{1}{F_{i-1}} + \frac{1}{F_i}\right) + R_{k+1}\frac{1}{F_i} = \frac{1}{2}\left(\frac{M_{i-1\,0}}{W_{i-1}} + \frac{M_{i0}}{W_i}\right) \tag{11.7}$$

$$\begin{pmatrix} k: & 1 & & 3 & & 5 & \ldots \text{Kanten} \\ i: & & 2 & & 4 & & 6 \ldots \text{Scheiben.} \end{pmatrix}$$

Diese Verträglichkeitsbedingung ist für jede Kante anzuschreiben. Es entsteht dadurch ein dreigliedriges Gleichungssystem mit soviel Gleichungen wie unbekannte Kantenkräfte R auftreten. Werden die Lösungen in die Gleichungen (11.6) eingesetzt, so erhält man die Randspannungen für alle Scheiben des Faltwerkes.

b) Dreispannungsgleichungen

An Stelle der Kantenkräfte R als Unbekannte des Gleichungssystems können auch die Randspannungen σ verwendet werden, indem die beiden Gleichungen (11.6) nach R_k und R_{k+1} aufgelöst werden:

$$\left.\begin{aligned} R_k &= \frac{F_i}{6}\left(\frac{M_{i0}}{W_i} + 2\sigma_k + \sigma_{k+1}\right) \\ R_{k+1} &= \frac{F_i}{6}\left(\frac{M_{i0}}{W_i} - \sigma_k - 2\sigma_{k+1}\right) \end{aligned}\right\} \tag{11.8}$$

und Gleichheit dieser Kantenkräfte an ein und derselben Kante gefordert wird.

Für die Kante k angeschrieben, ergibt dies:

$$\frac{F_{i-1}}{6}\left(\frac{M_{i-1\,0}}{W_{i-1}} - \sigma_{k-1} - 2\sigma_k\right) = \frac{F_i}{6}\left(\frac{M_{i0}}{W_i} + 2\sigma_k + \sigma_{k+1}\right)$$

oder, geordnet und gekürzt:

$$\sigma_{k-1}F_{i-1} + \sigma_k\,2\,(F_{i-1} + F_i) + \sigma_{k+1}F_i = \frac{M_{i-1\,0}}{W_{i-1}}\,F_{i-1} - \frac{M_{i0}}{W_i}\,F_i\,. \tag{11.9}$$

$$\begin{pmatrix} k: & 1 & & 3 & & 5 & \ldots \text{Kanten} \\ i: & & 2 & & 4 & & 6 \ldots \text{Scheiben.} \end{pmatrix}$$

Man hat die Wahl, das Gleichungssystem für die Kantenkräfte nach System (11.7) oder aber für die Normalspannungen nach Gl. (11.9) anzuschreiben. Im ersteren Falle können die Normalspannungen σ aus den Kantenkräften R gemäß Gl. (11.6) bestimmt werden, im zweiten die Kräfte R aus den Spannungen σ nach Gl. (11.8).

Bei offenen Querschnitten wird das Gleichungssystem (11.9), das direkt die Normalspannungen liefert, immer zwei Unbekannte mehr umfassen als das System (11.7) für die Kantenkräfte, denn an den beiden freien Längsrändern sind die Kantenkräfte Null. Ist der Querschnitt in sich geschlossen, so erstrecken sich beide Systeme über die gleiche Zahl von Unbekannten, nämlich soviele, wie Scheiben vorhanden sind.

c) Beispiel

Als Beispiel für die beiden analytischen Methoden wird das in Abb. 11.3 gezeichnete Faltwerk berechnet.

Das Gleichungssystem (11.7), für die Kanten 3, 5 und 7 angeschrieben, lautet:

$$R_3\, 2\left(\frac{1}{F_2}+\frac{1}{F_4}\right)+R_5\frac{1}{F_4} = 0,$$

$$R_3\frac{1}{F_4} + R_5\, 2\left(\frac{1}{F_4}+\frac{1}{F_6}\right)+R_7\frac{1}{F_6} = 0,$$

$$R_5\frac{1}{F_6} + R_7\, 2\left(\frac{1}{F_6}+\frac{1}{F_8}\right) = \frac{1}{2}\frac{M_{80}}{W_8}.$$

Mit den Querschnittswerten

$$F_2 = F_8 = ct = F_0,$$

$$F_4 = F_6 = \frac{5}{3}c\,\frac{3}{5}t = F_0,$$

$$W_8 = \frac{tc^2}{6} = \frac{F_0 c}{6}$$

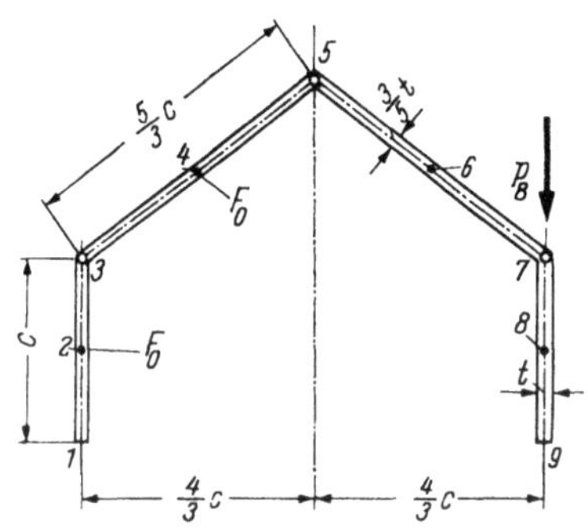

Abb. 11.3. Faltwerkquerschnitt für das Rechenbeispiel

ergibt dies folgende Lösungen:

$$R_3 = +\frac{1}{112}\frac{F_0}{W_8}M_{80} = +\frac{3}{56}\frac{M_{80}}{c},$$

$$R_5 = -\frac{4}{112}\frac{F_0}{W_8}M_{80} = -\frac{3}{14}\frac{M_{80}}{c}, \qquad (11.10)$$

$$R_7 = +\frac{15}{112}\frac{F_0}{W_8}M_{80} = +\frac{45}{56}\frac{M_{80}}{c}.$$

Daraus folgen die Normalspannungen nach den Gln. (11.6) zu:

$$
\begin{aligned}
\sigma_1 &= +\frac{1}{56}\frac{M_{80}}{W} = +\frac{3}{28}\frac{M_{80}}{cF_0}, \\
\sigma_3 &= -\frac{1}{28}\frac{M_{80}}{W} = -\frac{3}{14}\frac{M_{80}}{cF_0}, \\
\sigma_5 &= +\frac{1}{8}\frac{M_{80}}{W} = +\frac{3}{4}\frac{M_{80}}{cF_0}, \\
\sigma_7 &= -\frac{13}{28}\frac{M_{80}}{W} = -\frac{39}{14}\frac{M_{80}}{cF_0}, \\
\sigma_9 &= +\frac{41}{56}\frac{M_{80}}{W} = +\frac{123}{28}\frac{M_{80}}{cF_0}.
\end{aligned}
\qquad (11.11)
$$

Diese Werte für die Normalspannungen in den Scheibenkanten 1 bis 9 können auch direkt erhalten werden aus dem Gleichungssystem (11.9), das für dieses Beispiel lautet:

$$
\begin{aligned}
&\sigma_1 2F_2 + \sigma_3 F_2 = 0, \\
&\sigma_1 F_1 + \sigma_3 2(F_2 + F_4) + \sigma_5 F_4 = 0, \\
&\sigma_3 F_4 + \sigma_5 2(F_4 + F_6) + \sigma_7 F_6 = 0, \\
&\sigma_5 F_6 + \sigma_7 2(F_6 + F_8) + \sigma_9 F_8 = -\frac{F_8}{W_8} M_{80}, \\
&\sigma_7 F_8 + \sigma_9 2F_8 = +\frac{F_8}{W_8} M_{80},
\end{aligned}
$$

wobei die Querschnittswerte F_8 und W_8 oben deklariert sind.

Um daraus auch die Kantenkräfte zu erhalten, können die Lösungen dieses Systems in Gl. (11.8) eingesetzt werden, was auch wieder die Resultate (11.10) ergibt.

11.2 Belastungsanordnung

a) Scheibenkomponenten

Für die eigentliche Faltwerkberechnung müssen alle äußeren Kräfte in den Kanten eingeführt werden. Ist dies nicht schon in Wirklichkeit der Fall, so müssen die anfallenden Lasten durch Plattenwirkung der einzelnen Scheiben auf die Kanten übertragen werden. Man hat also zunächst die Auflagerkräfte der Platten zu ermitteln und diese als äußere Kräfte in den Kanten anzunehmen. Praktisch genügt es meistens, die Belastung direkt in Knotenlasten über den Kanten aufzuteilen.

In einem zweiten Schritt sind diese Knotenlasten in Scheibenkomponenten zu zerlegen. Aus dieser Scheibenbelastung können die Biegemomente der einzelnen Scheiben bestimmt werden.

Wird z. B. die Form des Faltwerkes und die Numerierung aus Abb. 11.3 entnommen, so lauten für den in Abb. 11.1a dargestellten Belastungsfall (P in halber

Spannweite l) die einzuführenden Scheibenmomente für eine Spannungsberechnung in Feldmitte:

$$\begin{aligned} M_{20} &= 0, \\ M_{40} &= -\frac{5}{6} P \frac{l}{4}, \\ M_{60} &= +\frac{5}{6} P \frac{l}{4}, \\ M_{80} &= 0. \end{aligned} \tag{11.12}$$

b) Produktdarstellung der Resultate

Die Spannungen können in jedem dünnwandigen, prismatischen Gebilde als Funktion zweier Lagekoordinaten s und z angegeben werden, wobei s die Bogenkoordinate im Querschnitt ist und z die Lage des Querschnittes in Stablängsrichtung festhält.

Beim Beispiel c), zu dem Abb. 11.3 gehört, ist über die Variation der Belastung p in Längsrichtung des Faltwerkes noch keine Annahme getroffen worden. Eine allgemeine Belastungsanordnung für dieses Beispiel ist in Abb. 11.4 gezeichnet, wobei angenommen wurde, daß das Faltwerk durchlaufend sei und die Darstellung nur ein Endfeld umfasse. Die der Belastung entsprechende Momentenfläche M_{80} und die Querkraftfläche Q_{80} sind ebenfalls skizziert.

Daraus ist ersichtlich, daß zur Berechnung der Spannungsverteilung über den Querschnitt eines prismatischen Faltwerkes die z-abhängigen Größen nicht bekannt sein müssen. Die Resultate lassen sich in *Produktform* der beiden Koordinaten s und z darstellen:

$$\text{Res} = f_1(s) \cdot f_2(z).$$

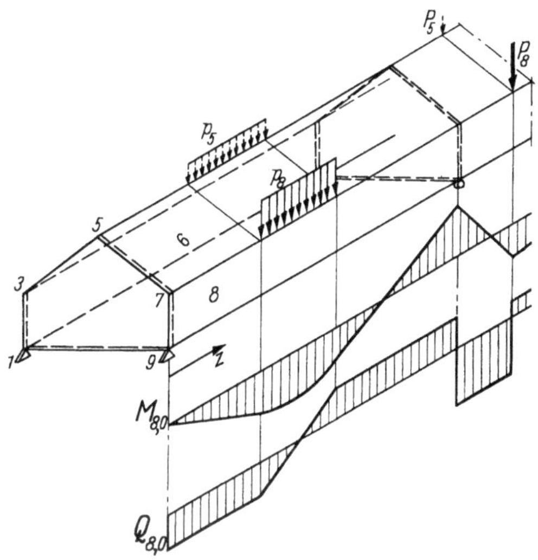

Abb. 11.4. Affine Belastung

Für das oben beschriebene Beispiel sind die beiden Funktionen $f_1(s)$ und $f_2(z)$ in Abb. 11.5 für die Normalspannungen und in Abb. 11.6 für den Schubfluß und die Schubspannungen dargestellt.

c) Affine Belastungen

Wie aus den Gleichungssystemen (11.7) und (11.9) ersichtlich ist, können bei allen Scheiben gleichzeitig äußere Momente M_{i0} eingeführt werden.

Das ist aber nur dann sinnvoll, wenn die Momente aller Scheiben denselben Verlauf in Stablängsrichtung haben, was verlangt, daß die Kantenbelastungen auch affin zueinander verlaufen müssen. In Abb. 11.4 ist als Beispiel die strichlierte Belastung affin zur ausgezogenen gezeichnet.

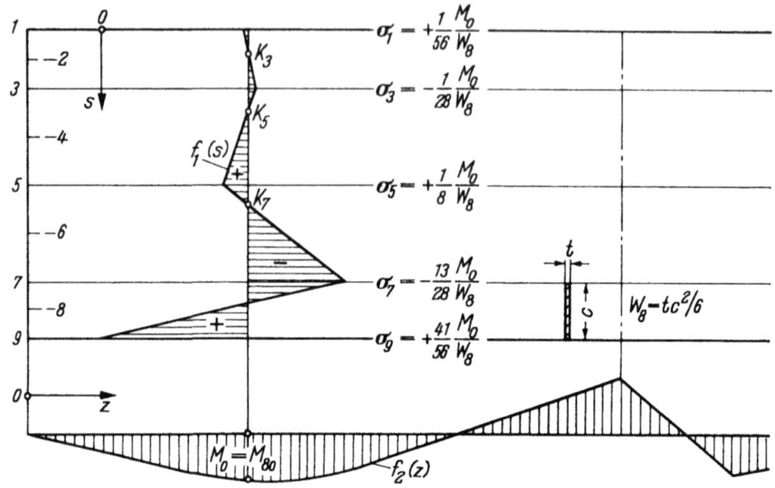

Abb. 11.5. Normalspannungsverlauf in Längs- und Querrichtung, dargestellt am abgewickelten Faltwerk der Abb. 11.3 und 11.4

Wenn aber Affinität unter den Belastungen und damit unter den äußeren Scheibenmomenten M_{i0} bestehen muß, so lassen sich diese durch eine gemeinsame Momentenfunktion M_0 ausdrücken und einen Beiwert μ_i, der die Größe des Momentes M_{i0} im Verhältnis zum Bezugsmoment M_0 festlegt:

$$M_{i0} = \mu_i M_0. \tag{11.13}$$

Entsprechend lassen sich auch die Lösungen des Gleichungssystems mit M_0 als gemeinsamer Faktor ausschreiben.

Um zugleich die Gleichungssysteme und ihre Lösungen dimensionslos ausdrücken zu können, wird auch eine der Scheiben als Bezugsgröße deklariert und deren Breite mit c, Stärke mit t und Fläche mit F bezeichnet. Es gilt:

$$\begin{aligned} F &= ct, \\ W &= \frac{cF}{6}. \end{aligned} \tag{11.14}$$

Die Kantenkräfte R_k und Normalspannungen σ_k lassen sich in der folgenden Form anschreiben:

$$R_k = \varkappa_k \frac{M_0}{c}, \tag{11.15}$$

$$\sigma_k = \lambda_k \frac{M_0}{W} = \lambda_k \frac{6 M_0}{cF}, \tag{11.16}$$

wobei $\varkappa_k$ und λ_k nun dimensionslose Größen sind.

Ist keine affine Belastung vorhanden, so sind die Lösungen des Gleichungssystems für jeden einzelnen Lastfall separat zu bestimmen und die Spannungsveränderung in Stablängsrichtung anzuschreiben, bevor die Spannungen superponiert werden können. Würde z. B. in der Abb. 11.4 von den Lasten p_5, p_8,

P_5 und P_8 die letztere fehlen oder nicht in gleichem Verhältnis zu P_5 stehen, wie p_8 sich zu p_5 verhält, so müßten zwei Lastfälle vorgesehen werden; entweder (p_5, p_8) und (P_5, P_8) oder auch (p_5, P_5) und (p_8, P_8).

Schließlich sei noch darauf hingewiesen, daß sämtliche Scheiben gleiche Lagerung aufweisen müssen. Im Beispiel der Abb. 11.4 ist dies durch die Diaphragmen, die auch nur steife Rahmen sein könnten, gewährleistet. Bei $z = 0$ ist jede Scheibe gegenüber Verschiebung gehalten, aber sonst frei drehbar; bei der nächsten Zwischenwand gehalten und kontinuierlich. Ungleiche Lagerung würde dann auftreten, wenn z. B. in der Wirkungslinie von P_8 der Abb. 11.4 eine Stütze stehen würde. In einem solchen Fall müßte die Stützkraft als überzählige Größe auf das Faltwerk eingeführt werden.

11.3 Schubspannungen

a) Formeln

Es wird vorausgesetzt, daß die Kantenkräfte und Normalspannungen bereits in der Form der Gln. (11.15) bzw. (11.16) vorliegen, d. h. die $\varkappa$- und λ-Werte bestimmt seien.

Nach Gl. (11.1) ist der Schubfluß längs der Kante k definiert als

$$q_k = \frac{dR_k}{dz}, \tag{11.17}$$

so daß nach der Bezeichnungsweise von Gl. (11.15) die $\varkappa_k$-Werte auch schon die Größe der Schubflüsse q_k bestimmen:

$$\frac{dR_k}{dz} = \varkappa_k \frac{Q_0}{c},$$

daher:

$$q_k (= \tau t) = \varkappa_k \frac{Q_0}{c}. \tag{11.18}$$

Die Schubflüsse längs den Kanten verlaufen somit proportional der Querkraftfläche Q_0 der als Bezugsgröße gewählten Belastung.

Der Schubfluß im Abstand s' vom Rande k der i-ten Scheibe ist gleich dem Schubfluß an diesem Rande, q_k, vermindert um die Resultierende, welche aus Normalspannungsänderung entsteht [s. Gl. (5.17)].

$$q(s', z) = q_k(z) - \int_0^{s'} \frac{\partial \sigma}{\partial z} t \, ds'. \tag{11.19}$$

Da die Normalspannung linear über die Scheibenbreite variiert,

$$\sigma_i(s', z) = \left[\lambda_k + (\lambda_{k+1} - \lambda_k) \frac{s'}{c_i}\right] \frac{M_0(z)}{W} \tag{11.20}$$

liefert die Integration über diese Variable einen Ausdruck zweiter Ordnung in s'. Daraus ist ersichtlich, daß der Schubfluß parabolischen Verlauf über jede Scheibe konstanter Stärke hat, mit dem Anfangswert q_k für $s' = 0$ und dem Endwert q_{k+1} bei $s' = c_i$.

Es genügt daher, seinen Wert noch in Scheibenmitte zu kennen, um ein vollständiges Bild der Schubspannungen zu erhalten. Das Einsetzen von Gl. (11.19) in Gl. (11.20) und die Integration von $s' = 0$ bis $s' = \frac{c_i}{2}$ liefert für die Scheibenmitte:

$$q_i = q_k - F_i \frac{3\lambda_k + \lambda_{k+1}}{8} \frac{Q_0}{W}. \tag{11.21 a}$$

Wird q_k nach Gl. (11.18) eingesetzt und die Umformung (11.14) beachtet, so kann Gl. (11.21 a) auch in folgender Form geschrieben werden:

$$q_i = \left[\varkappa_k - (3\lambda_k + \lambda_{k+1}) \frac{3}{4} \frac{F_i}{F}\right] \frac{Q_0}{c_i}. \tag{11.21 b}$$

Wenn die Dreischübegleichungen nicht zur Lösung des Faltwerkproblems verwendet werden, so sind im allgemeinen die Kantenkräfte nicht von Interesse, wohl aber ihre ersten Ableitungen, die Schubflüsse.

Werden die Gln. (11.8) nach z differenziert, so entsteht, unter Zuzug von Gl. (11.21 b) und den Bezeichnungsweisen (11.13) bis (11.16), folgender Formelsatz für die direkte Bestimmung des Schubflusses aus den Normalspannungen:

$$\begin{aligned} q_k &= \left[\mu_i + (2\lambda_k + \lambda_{k+1}) \frac{F_i}{F}\right] \frac{Q_0}{c}, \\ q_i &= \left[\mu_i + \frac{1}{4}(-\lambda_k + \lambda_{k+1}) \frac{F_i}{F}\right] \frac{Q_0}{c}, \\ q_{k+1} &= \left[\mu_i - (\lambda_k + 2\lambda_{k+1}) \frac{F_i}{F}\right] \frac{Q_0}{c}. \end{aligned} \tag{11.22}$$

Darin bedeuten:

μ_i	das Verhältnis der Belastung in der Scheibe i zur Bezugsbelastung
λ_k, λ_{k+1}	die nach Gl. (11.16) dimensionslos angeschriebenen Normalspannungen
F_i	die Fläche der Scheibe i
F, c	die Fläche und Scheibenbreite der Bezugsfläche
Q_0	die Querkraft infolge der Bezugsbelastung

Übung 11.1. Verifiziere mit der Simpsonschen Formel, daß der über eine Scheibe aufsummierte Schubfluß nach den Ausdrücken (11.22) den Wert $\mu_i \frac{Q_0}{c}$ ergibt.

b) Beispiel

Für das in Abschn. 11.1 c berechnete Beispiel soll nun auch die Schubspannung bestimmt werden. Mit Scheibe 8 als Bezugsscheibe können die $\varkappa$-Werte aus den Lösungen (11.10) und die λ-Werte aus den Resultaten (11.11) abgelesen werden. Sie sind in der zweiten und dritten Kolonne der Tab. 11.1 noch einmal aufgeführt.

In allen Scheibenkanten k wird nun der Schubfluß nach Gl. (11.18) angeschrieben, für alle Scheibenmitten i nach Gl. (11.22) berechnet. Diese Schubflußverteilung ist in Abb. 11.6 aufgezeichnet.

Die Schubspannung ist gleich dem durch die Scheibenstärke t_i dividierten Schubfluß. (Letzte Kolonne in Tab. 11.1 und Abb. 11.6.)

Tabelle 11.1. *Schubfluß und Schubspannungen für das Beispiel der Abb. 11.3*

Siehe:	Abb. 11.3		Gl. (11.10)	Gl. (11.11)	Gl. (11.18) Gl. (11.22)	$\tau = q/t$	
Bezeichnung	c_i	t_i	$\varkappa_k$	λ_k	q	$\tau_{k\,i}$, τ_i, $\tau_{k+1\,i}$	
Dim. oder Multipl.	c	t			$\frac{Q_0}{c}$	$\frac{Q_0}{ct}$	
1				$+\frac{1}{56}$	0	0	
2	1	1			$-\frac{3}{224}$	$-\frac{3}{224}$	
3			$+\frac{3}{56}$	$-\frac{1}{28}$	$+\frac{3}{56}$	$+\frac{3}{56}$	$+\frac{5}{56}$
4	$\frac{5}{3}$	$\frac{3}{5}$			$+\frac{9}{224}$		$+\frac{15}{224}$
5			$-\frac{3}{14}$	$+\frac{1}{8}$	$-\frac{3}{16}$	$-\frac{5}{16}$	$-\frac{5}{16}$
6	$\frac{5}{3}$	$\frac{3}{5}$			$-\frac{33}{224}$	$-\frac{55}{224}$	
7			$+\frac{45}{56}$	$-\frac{13}{28}$	$+\frac{45}{56}$	$+\frac{75}{56}$	$+\frac{45}{56}$
8	1	1			$+\frac{291}{224}$		$+\frac{291}{224}$
9				$+\frac{41}{56}$	0		0
				dargestellt in	Abb. 11.6a	Abb. 11.6b	

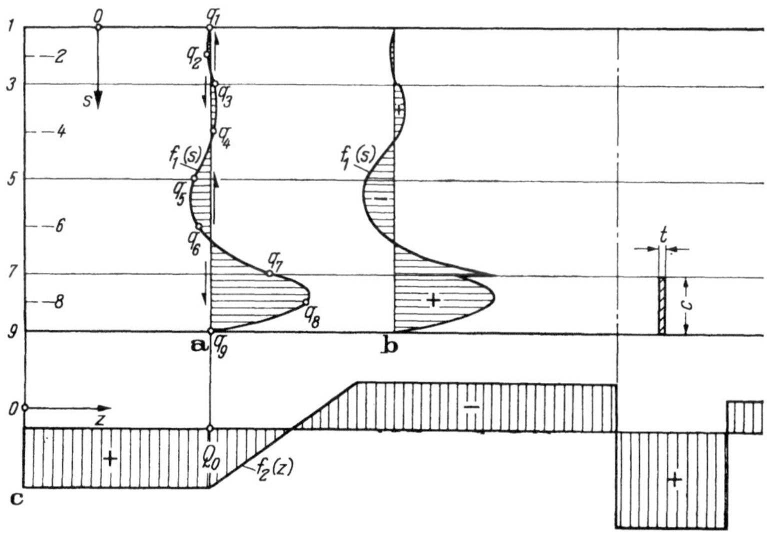

Abb. 11.6. Verlauf des Schubflusses a) und der Schubspannungen b) in Querrichtung und c) in Längsrichtung, dargestellt am abgewickelten Faltwerk der Abb. 11.3 und 11.4

11.4 Allgemeine Formulierung

a) Variable Scheibenstärke und Auskragungen

Die im Abschn. 11.1 gegebene Formulierung der Dreischübe- und Dreispannungsgleichungen setzt voraus, daß alle Scheiben des Faltwerkes einen rechteckigen Querschnitt haben und daß sie an den Scheibenrändern zusammengefügt sind.

Diese beiden Voraussetzungen werden nun fallengelassen. Wie in Abb. 11.7 veranschaulicht ist, kann eine Scheibe i beliebig variable Stärke haben und über die Nahtstellen hinauskragen.

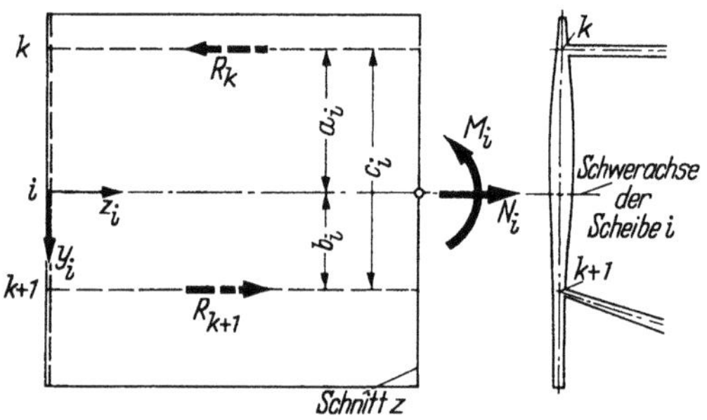

Abb. 11.7. Allgemeine Scheibenform

Die Gedankenschritte, wie sie für das spezielle Problem der randverbundenen Rechteckscheiben durchgeführt worden sind, bleiben auch hier erhalten. Lediglich die Anschrift der einzelnen Summanden wird etwas komplizierter, da die Angabe von nur zwei Daten pro Scheibe (Querschnittsfläche F_i und Widerstandsmoment W_i) nicht mehr ausreichend ist für die analytische Darstellung der Gleichungssysteme und Lösungen. Als die vier benötigten unabhängigen Angaben jeder Scheibe i werden hier folgende gewählt:

I_i das Trägheitsmoment der Scheibe i,
F_i die Querschnittsfläche der Scheibe i,
a_i der Gelenkabstand der vorangehenden Scheibe von der Schwerachse der Scheibe i,
b_i der Gelenkabstand der nachfolgenden Scheibe von der Schwerachse der Scheibe i.

Falls keine Scheibe vorangeht oder folgt, so kann a_i bzw. b_i der Abstand des Scheibenrandes von der Neutralachse sein oder von einem beliebigen anderen Punkt der Scheibe, für den die Spannung von besonderem Interesse ist.

Für die Distanz der Nahtabstände wird gelegentlich c_i verwendet, $c_i = a_i + b_i$.

b) Normalkräfte

Als weitere Verallgemeinerung werden Normalkräfte aus äußerer Belastung N_{i0} mit beliebiger Exzentrizität e_i eingeschlossen. Eine positive Normalkraft ist eine Zugkraft, und die Exzentrizität hat dasselbe Vorzeichen wie die y_i-Koordinate, welche die Lage der Normalkraft in der i-ten Scheibe beschreibt. Sowohl N_{i0} wie e_i dürfen mit z variabel sein.

Für die Spannungsberechnung wird die Normalkraft auf die Neutralachse der Scheibe i reduziert, was zu einem Biegemoment $e_i N_{i0}$ und einer Normalkraft N_{i0} führt. Im Falle der Vorspannung durch Spannkabel ist die einzuführende Normalkraft stets negativ. Wenn daher mit V_i die Absolutwerte der Vorspannkraft bezeichnet werden, so sind die Belastungsglieder aus Vorspannung

$$\begin{aligned} M_{i0} &= -V_i e_i\,, \\ N_{i0} &= -V_i\,, \end{aligned} \tag{11.23}$$

wobei die Exzentrizität e_i dann als positiv einzusetzen ist, wenn die Kabellage auf der Seite der höheren Kantennummer liegt.

c) Anschrift der Normal- und Schubspannungen

Die Definition der Kantenkraft R_k nach Gl. (11.1) und des Biegemomentes M_{i0} aus äußerer Belastung in der Scheibenebene i wird durch die Verallgemeinerung nicht berührt. Dagegen lautet die in den Gln. (11.2) und (11.3) gegebene Anschrift der Schnittgrößen in der i-ten Scheibe nun wie folgt:

$$\begin{aligned} M_i &= M_{i0} - a_i R_k - b_i R_{k+1}\,, \\ N_i &= N_{i0} + R_k - R_{k+1}\,. \end{aligned} \tag{11.24}$$

Somit sind die *Normalspannungen* in der Scheibe i

$$\sigma_i(y_i, z) = \frac{M_{i0} - a_i R_k - b_i R_{k+1}}{I_i}\, y_i + \frac{N_{i0} + R_k - R_{k+1}}{F_i}. \tag{11.25}$$

Bei prismatischen Scheiben ist die Veränderung der Normalspannung in Stablängsrichtung:

$$\frac{\partial \sigma_i}{\partial z} = \frac{\dfrac{dM_{i0}}{dz} - a_i q_k - b_i q_{k+1}}{I_i}\, y_i + \frac{\dfrac{dN_{i0}}{dz} + q_k - q_{k+1}}{F_i}$$

Für reine Querbelastung ist $dM_{i0}/dz = +Q_{i0}$, d.h. die Querkraft aus dieser Belastung. Im Lastfall „Vorspannung" ist in erster Näherung — wenn die Vorspannkraft als konstant über die Scheibenlänge angenommen wird und man somit von den Reibungsverlusten absieht —

$$\begin{aligned} Q_{i0} &= \frac{dM_{i0}}{dz} \cong -V_i \sin\alpha \\ &\frac{dN_i}{dz} \cong 0, \end{aligned} \tag{11.26}$$

wobei α der Neigungswinkel der Kabelachse gegenüber der Neutralachse ist; (α ist positiv bei Vergrößerung und negativ bei Verkleinerung der Exzentrizität, wenn in $+z$-Richtung fortgeschritten wird).

Für die Anschrift der Schubspannungen wird N_{i0} als konstante Größe vorausgesetzt.

Wird mit $\tilde{S}_i$ das statische Moment der abgeschnittenen Scheibenfläche bezüglich ihrer Neutralachse bezeichnet, wobei sich die Scheibenfläche $\tilde{F}_i$ vom negativen Scheibenrand y_{-r} bis zur Schnittstelle y erstreckt

$$\tilde{S}_i = \int_{y_{-r}}^{y_i} y_i dF_i, \qquad \tilde{F}_i = \int_{y_{-r}}^{y_i} dF_i, \qquad (11.27\text{a und b})$$

so ist der Schubfluß in der Scheibe i laut Gl. (11.19)

in der Auskragung außerhalb des Gelenkes (d. h. für $y_i < -a_i$)

$$q(y_i, z) = \bar{q}_i \qquad (11.28\text{a})$$

zwischen den Kanten k und $k+1$ (d. h. für $-a_i < y_i < +b_i$)

$$q(y_i, z) = \bar{q}_i + q_k \qquad (11.28\text{b})$$

in der Auskragung außerhalb des Gelenkes $k+1$ (d. h. für $y_i > +b_i$)

$$q(y, z) = \bar{q}_i + q_k - q_{k-1} \qquad (11.28\text{c})$$

mit

$$\bar{q}_i = -\frac{Q_{i0} - a_i q_k - b_i q_{k+1}}{I_i} \tilde{S}_i - \frac{q_k - q_{k+1}}{F_i} \tilde{F}_i . \qquad (11.28\text{d})$$

Am Scheibenrand y_{+r} ist der Schubfluß wieder null, wie am Rand y_{-r}, denn dafür ist $\tilde{S}_i = 0$ und $\tilde{F}_i = F_i$. Dies wird bestätigt, wenn diese Werte in Gl. (11.28d) und dann in Gl. (11.28c) eingesetzt werden.

Die *Schubspannungen* sind die durch die Scheibenstärke t dividierten Schubflüsse.

d) Dreischübe- und Dreispannungsgleichungen

Wird in Gl. (11.25) als Abstand y_i von der Schwerachse $-a_i$ bzw. $+b_i$ eingesetzt, so ergibt dies folgende, den Gln. (11.6) entsprechende Anschrift der Normalspannungen in den Kanten k und $k+1$:

$$\left\{\begin{aligned} \sigma_k &= -M_{i0}\frac{a_i}{I_i} + R_k\left(\frac{a_i^2}{I_i} + \frac{1}{F_i}\right) + R_{k+1}\left(\frac{a_i b_i}{I_i} - \frac{1}{F_i}\right) \\ \sigma_{k+1} &= +M_{i0}\frac{b_i}{I_i} - R_k\left(\frac{a_i b_i}{I_i} - \frac{1}{F_i}\right) - R_{k+1}\left(\frac{b_i^2}{I_i} + \frac{1}{F_i}\right) \end{aligned}\right\} \qquad (11.29)$$

Aus der Bedingung gleicher Normalspannungen zweier Scheiben in ihrer gemeinsamen Nahtstelle folgt das nachstehende dreigliedrige Gleichungssystem für die Kantenkräfte:

$$R_{k-1}\left(\frac{a_{i-1}b_{i-1}}{I_{i-1}}-\frac{1}{F_{i-1}}\right)+R_k\left(\frac{b_{i-1}^2}{I_{i-1}}+\frac{a_i^2}{I_i}+\frac{1}{F_{i-1}}+\frac{1}{F_i}\right)+R_{k+1}\left(\frac{a_ib_i}{I_i}-\frac{1}{F_i}\right)$$

$$=+M_{i-1\,0}\frac{b_{i-1}}{I_{i-1}}+M_{i0}\frac{a_i}{I_i} \tag{11.30}$$

$$\begin{pmatrix} k=1,\ 3,\ 5,\ \ldots \\ i=\ \ 2,\ 4,\ 6,\ldots \end{pmatrix}.$$

Für Faltwerke aus randverbundenen Rechteckscheiben reduzieren sich diese Dreischübegleichungen auf die Gln. (11.7).

Zur Anschrift der Dreispannungsgleichungen müssen erst die Kantenkräfte als Funktion der Spannungen ausgedrückt werden, was durch Auflösen der beiden Gln. (11.29) nach R_k und R_{k+1} geschieht.

$$\left\{\begin{aligned} R_k &= \frac{M_{i0}}{a_i+b_i}+\sigma_k\frac{b_i^2F_i+I_i}{(a_i+b_i)^2}+\sigma_{k+1}\frac{a_ib_iF_i-I_i}{(a_i+b_i)^2} \\ R_{k+1} &= \frac{M_{i0}}{a_i+b_i}-\sigma_k\frac{a_ib_iF_i-I_i}{(a_i+b_i)^2}-\sigma_{k+1}\frac{a_i^2F_i+I_i}{(a_i+b_i)^2} \end{aligned}\right\} \tag{11.31}$$

Anschließend werden diese Kräfte bei jeder Nahtstelle einander gleichgesetzt. Dies ergibt die neuen Dreispannungsgleichungen:

$$\sigma_{k-1}\frac{a_{i-1}b_{i-1}F_{i-1}-I_{i-1}}{(a_{i-1}+b_{i-1})^2}+\sigma_k\left(\frac{a_{i-1}^2F_{i-1}+I_{i-1}}{(a_{i-1}+b_{i-1})^2}+\frac{b_i^2F_i+I_i}{(a_i+b_i)^2}\right)+\sigma_{k+1}\frac{a_ib_iF_i-I_i}{(a_i+b_i)^2}$$

$$=+\frac{M_{i-1\,0}}{a_{i-1}+b_{i-1}}-\frac{M_{i0}}{a_i+b_i} \tag{11.32}$$

$$\begin{pmatrix} k=1,\ 3,\ 5,\ \ldots \\ i=\ \ 2,\ 4,\ 6,\ldots \end{pmatrix}.$$

e) Beispiel

In Abb. 11.8 ist ein Brückenquerschnitt mit Belastung über dem rechten Hauptträger skizziert. Die Abmessungen des symmetrischen Querschnittes sind auf der rechten Hälfte zusammengestellt.

Hinsichtlich der Faltwerktheorie besteht der Querschnitt aus nur drei Scheiben — 2, 4 und 6 —, wobei die erste und letzte variable Stärke aufweisen und die mittlere auch über die Nahtstellen auskragt.

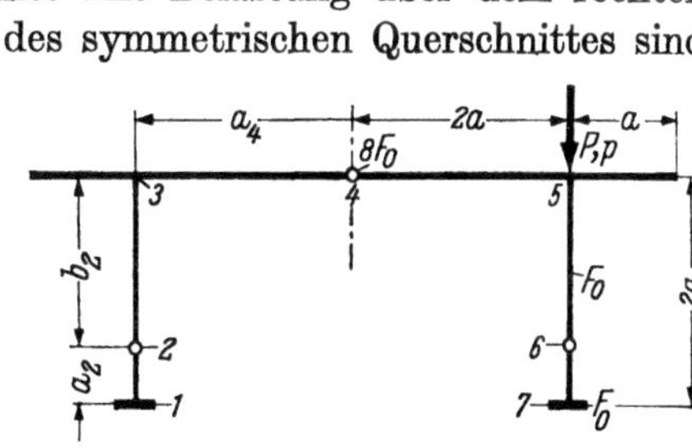

Abb. 11.8. Brückenquerschnitt

Die Scheibenkenngrößen lauten:

$$\left.\begin{aligned}
&\text{Scheibe 2:}\\
&\qquad a_2 = \frac{1}{2}\,a, \qquad b_2 = \frac{3}{2}\,a,\\
&\qquad F_2 = 2F_0,\\
&\qquad I_2 = \frac{5}{6}\,a^2F_0.\\
&\text{Scheibe 4:}\\
&\qquad a_4 = 2a, \qquad b_4 = 2a,\\
&\qquad F_4 = 8F_0,\\
&\qquad I_4 = 24a^2F_0.\\
&\text{Scheibe 6:}\\
&\qquad a_6 = \frac{3}{2}\,a, \qquad b_6 = \frac{1}{2}\,a,\\
&\qquad F_6 = 2F_0,\\
&\qquad I_6 = \frac{5}{6}\,a^2F_0.
\end{aligned}\right\} \tag{11.33}$$

Wenn die Biegemomente des Brückenüberbaues aus der im Querschnitt eingetragenen Belastung mit M_0 bezeichnet werden, so lauten die Scheibenmomente aus äußerer Belastung:

$$\begin{aligned} M_{20} &= M_{40} = 0,\\ M_{60} &= +M_0. \end{aligned} \tag{11.34}$$

Da nur zwei Kantenkräfte zu bestimmen sind (R_3 und R_5), reduziert sich das dreigliederige Gleichungssystem (11.30) auf zwei Gleichungen mit zwei Unbekannten:

$$R_3\left(\frac{b_2^2}{I_2} + \frac{a_4^2}{I_4} + \frac{1}{F_2} + \frac{1}{F_4}\right) + R_5\left(\frac{a_4 b_4}{I_4} - \frac{1}{F_4}\right) = M_{20}\,\frac{b_2}{I_2} + M_{40}\,\frac{a_4}{I_4},$$

$$R_3\left(\frac{a_4 b_4}{I_4} - \frac{1}{F_4}\right) + R_5\left(\frac{b_4^2}{I_4} + \frac{a_6^2}{I_6} + \frac{1}{F_4} + \frac{1}{F_6}\right) = M_{40}\,\frac{b_4}{I_4} + M_{60}\,\frac{a_6}{I_6}.$$

Werden die oben angeschriebenen Scheibenkenngrößen eingesetzt und wird das Gleichungssystem für den in den Gln. (11.34) angeschriebenen Belastungsfall gelöst, so ergibt dies:

$$\begin{aligned} R_3 &= -\frac{15}{2\cdot 23\cdot 53}\,\frac{M_0}{a},\\ R_5 &= +\frac{3\cdot 419}{2\cdot 23\cdot 53}\,\frac{M_0}{a}. \end{aligned} \tag{11.35}$$

Die Normalspannungen in den Kanten 1, 3, 5, 7 werden nach Gl. (11.29) bestimmt zu:

$$\left.\begin{aligned}\sigma_1 &= -\frac{3}{23\cdot 53}\,\frac{M_0}{a F_0},\\ \sigma_3 &= +\frac{24}{23\cdot 53}\,\frac{M_0}{a F_0},\\ \sigma_5 &= -\frac{183}{23\cdot 53}\,\frac{M_0}{a F_0},\\ \sigma_7 &= +\frac{480}{23\cdot 53}\,\frac{M_0}{a F_0}.\end{aligned}\right\} \tag{11.36}$$

Zur Kontrolle werden nachstehend die Normalspannungen direkt aus den Dreispannungsgleichungen (11.32) bestimmt. Mit den eingangs festgehaltenen Scheibenkenngrößen lauten die Elemente der Matrixkoeffizienten und damit die Gleichungen wie folgt:

	$\frac{a_i b_i F_i - I_i}{(a_i + b_i)^2}$	$\frac{a_i^2 F_i}{(a_i + b_i)^2}$	$\frac{b_i^2 F_i + I_i}{(a_i + b_i)^2}$
Scheibe 2 ($i=2$):	$\frac{1}{6} F_0$	$\frac{1}{3} F_0$	$\frac{4}{3} F_0$
Scheibe 4 ($i=4$):	$\frac{1}{2} F_0$	$\frac{7}{2} F_0$	$\frac{7}{2} F_0$
Scheibe 6 ($i=6$):	$\frac{1}{6} F_0$	$\frac{4}{3} F_0$	$\frac{1}{3} F_0$

$$\left.\begin{array}{ccccc}\sigma_1 & \sigma_3 & \sigma_5 & \sigma_7 & \\ \frac{4}{3}F_0 & \frac{1}{6}F_0 & & & = 0\\ \frac{1}{6}F_0 & \left(\frac{1}{3}+\frac{7}{2}\right)F_0 & \frac{1}{2}F_0 & & = 0\\ & \frac{1}{2}F_0 & \left(\frac{7}{2}+\frac{1}{3}\right)F_0 & \frac{1}{6}F_0 & = -\frac{M_0}{2a}\\ & & \frac{1}{6}F_0 & \frac{4}{3}F_0 & = +\frac{M_0}{2a}\end{array}\right\} \tag{11.37a}$$

erweitert mit $6/F_0$ folgt:

$$\left.\begin{array}{ccccc}\sigma_1 & \sigma_3 & \sigma_5 & \sigma_7 & \\ 8 & 1 & & & = 0\\ 1 & 23 & 3 & & = 0\\ & 3 & 23 & 1 & = -3\,\frac{M_0}{a F_0}\\ & & 1 & 8 & = +3\,\frac{M_0}{a F_0}\end{array}\right\} \tag{11.37b}$$

Die Lösungen (11.36) erfüllen in der Tat diese Gleichungen.

f) Durchbiegungen

Aus den Normalspannungen läßt sich die Krümmung v_i'' jeder Scheibe i bestimmen. Sie ist gleich der Differenz der Kantendehnungen, $\varepsilon_{k+1} - \varepsilon_k$, dividiert durch ihren Abstand, $a_i + b_i = c_i$

$$v_i'' = -\frac{\sigma_{k+1} - \sigma_k}{E c_i}. \tag{11.38}$$

Durch zweimaliges Integrieren und Anpassen der Lösung an die geometrischen Randbedingungen würde die Biegelinie jeder Scheibe erhalten.

Die vorhandenen Durchbiegungsformeln für Stäbe verschiedenster Lagerung und Belastung können aber leicht zugezogen werden.

Da

$$v_i'' = -\frac{M_i}{E I_i}$$

wird nach Gl. (11.38)

$$\frac{M_i}{I_i} = -\frac{\sigma_{k+1} - \sigma_k}{c_i}. \tag{11.39}$$

Wenn daher in den Durchbiegungsformeln der Faktor M/I herausgezogen wird, so können die einzelnen Scheibendurchbiegungen direkt angeschrieben werden durch Ersetzen dieses Faktors mit $\Delta\sigma_i/c_i$.

Ist eine Scheibendurchbiegung bekannt, so können die Durchbiegungen der anderen Scheiben aus dieser bestimmt werden. Zufolge des Postulates der affinen Belastung und Lagerung ist das Verhältnis zweier Scheibendurchbiegungen gleich dem Verhältnis ihrer Krümmungen

$$\frac{v_i}{v_{i+1}} = \frac{\sigma_{k+1} - \sigma_k}{\sigma_{k+2} - \sigma_{k+1}} \cdot \frac{c_{i+1}}{c_i}. \tag{11.40}$$

Liegt zum Beispiel ein einfeldiges Faltwerk vor, dessen Lagerung derjenigen des einfachen Balkens entspricht, so ist für die Belastungsformen:

1. Gleichmäßig verteilte Belastung p über die ganze Spannweite l:

$$\text{max. Durchbiegung} = \frac{5}{384} \frac{p l^4}{E I} = \frac{p l^2}{8 I} \cdot \frac{5 l^2}{48 E}$$

somit

$$_{\max} v_i = \frac{\sigma_{k+1} - \sigma_k}{c_i} \frac{5 l^2}{48 E} \tag{11.41}$$

2. Konzentrierte Belastung an der Stelle

$$\zeta = \frac{z}{l} \quad \text{bzw.} \quad \zeta' = \frac{z'}{l}:$$

Durchbiegung v an der Stelle $\alpha = \frac{a}{l}$ bzw. $\beta' = \frac{b}{l}$

$$v = \begin{cases} \frac{P a z'}{l I} \cdot \frac{l^2}{6E}(1 - \alpha^2 - \zeta'^2) & \text{für} \quad \alpha \leq \zeta, \\ \frac{P z b}{l I} \cdot \frac{l^2}{6E}(1 - \beta^2 - \zeta^2) & \text{für} \quad \alpha \geq \zeta, \end{cases}$$

somit

$$v_i = \begin{cases} \frac{\Delta\sigma_i}{c_i} \cdot \frac{l^2}{6E}(1 - \alpha^2 - \zeta'^2) & \text{für} \quad \alpha \leq \zeta, \\ \frac{\Delta\sigma_i}{c_i} \cdot \frac{l^2}{6E}(1 - \beta^2 - \zeta^2) & \text{für} \quad \alpha \geq \zeta, \end{cases} \tag{11.42}$$

Durchbiegung unter der Last, $\zeta = \alpha$, $\zeta' = \beta$:

$$v_i = \frac{\sigma_{k+1} - \sigma_k}{c_i} \cdot \frac{l^2}{3E} \alpha\beta, \tag{11.43a}$$

und falls die Last noch in Feldmitte steht ($\alpha = \beta = {}^1/_2$)

$$v_i = \frac{\sigma_{k+1} - \sigma_k}{c_i} \frac{l^2}{12E}. \tag{11.43b}$$

Angenommen, die Durchbiegung der Scheibe 8 des in Abb. 11.3 festgelegten Faltwerkes sei an der Stelle z bestimmt und betrage v_8. Die übrigen Scheibendurchbiegungen an der gleichen Stelle erhält man dann aus den Resultaten (11.11) durch Einsetzen in Gl. (11.40):

$$\frac{v_6}{v_8} = \frac{-\frac{39}{14} - \frac{3}{4}}{\frac{123}{28} + \frac{39}{14}} \cdot \frac{c}{\frac{5}{3}c} = -\frac{99}{335}$$

$$\frac{v_4}{v_8} = \frac{\frac{3}{4} + \frac{3}{14}}{\frac{123}{28} + \frac{39}{14}} \cdot \frac{c}{\frac{5}{3}c} = +\frac{27}{335}$$

$$\frac{v_2}{v_8} = \frac{-\frac{3}{14} - \frac{3}{28}}{\frac{123}{28} + \frac{39}{14}} \cdot \frac{c}{c} = -\frac{15}{335}$$

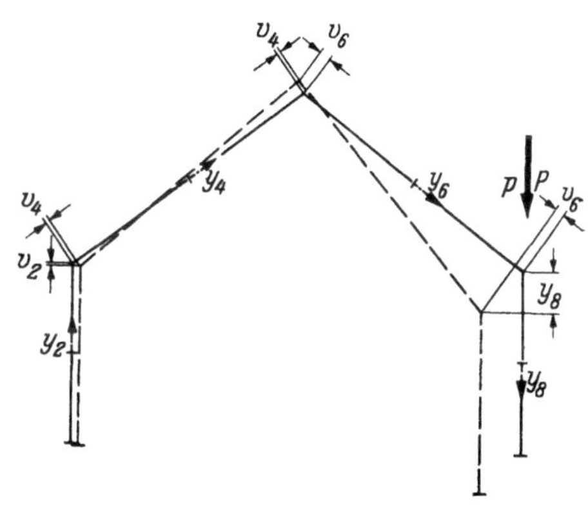

Abb. 11.9. Verformung des Faltwerks nach Abb. 11.3

Eine Durchbiegung v ist positiv, wenn sie in Richtung der Scheibenkoordinate y geht, und diese zeigt in jeder Scheibe zur höheren Kantennummer. Abb. 11.9 hält die Verformung des berechneten Beispieles fest.

12 Kernpunktmethode

12.1 Einführung

a) Verschiedene Lösungswege

Die dreigliederigen Gleichungssysteme, die zur Lösung von Faltwerkproblemen dienen, erinnern stark an die CLAPEYRONschen Dreimomentengleichungen des durchlaufenden Balkens. Soviele Methoden, die es zur Lösung von Durchlaufträgern gibt, so manche sind daher auch für die Faltwerke denkbar. So gibt es z. B. ein der CROSSschen Momentenverteilungsmethode entsprechendes Spannungsverteilungsverfahren[1].

In diesem Kapitel soll nun ein von K. BASLER im Kurse von Prof. B. THÜRLIMANN[2] an der Lehigh University, USA, entwickeltes halbgraphisches Verfahren beschrieben werden, das seine Analogie bei den Balkenproblemen in der Festpunktmethode von M. RITTER[3] findet.

Den beiden *Festpunkten* in jedem Feld eines durchlaufenden Balkens entsprechen hier die beiden *Kernpunkte* jeder Faltwerkscheibe. So wie die Biegemomente über die unbelasteten Felder durch Festpunkte weitergeleitet werden bis zum Abklingen, werden hier die Normalspannungen über Kernpunkte weitergeleitet, bis sie verschwinden. Bei der Festpunktmethode muß vorausgesetzt werden, daß für jeden Berechnungsschritt nur ein Feld eines durchlaufenden Balkens belastet ist; dasselbe gilt auch hier für die Scheiben. Bei beiden Methoden liegt der Vorteil in der Anschaulichkeit und im raschen Abschätzen der Biegemomente bzw. Normalspannungen.

b) Einführendes Beispiel

Als einführendes Beispiel soll das in Abb. 11.3 festgelegte Faltwerk mit Belastung in Scheibe 8 dienen.

Man denke sich nun die Scheibe 2 losgetrennt von der angrenzenden Scheibe 4 (s. Abb. 12.1a).

Die einzige Beanspruchung der Scheibe 2 rührt von der Kantenkraft R_3 her, deren Resultierende eine am Scheibenrand liegende Normalkraft ist.

Die Normalspannungsverteilung ist daher eindeutig festgelegt, die Spannung verschwindet im zum Rande 3 gehörenden Kernpunkt K_3. Für Rechteckscheiben der Breite c ist dieser Punkt ein Sechstel außerhalb der Scheibenmitte, weshalb $\sigma_1/\sigma_3 = -{}^1/_2$ sein muß (s. Abb. 12.1a).

---

[1] WINTER, G., u. M. PEI: Hipped Plate Construction. Journal American Concrete Institute, Vol. 43, January 1947.

[2] THÜRLIMANN, B.: Selected Topics in Concrete Structures. Lecture Notes, Course C.E. 411, Lehigh University, Bethlehem, Pa., 1958.

[3] Siehe z. B. Repetitorium der Vorlesung Massivbau von Prof. Dr. M. RITTER, E.T.H. Zürich, AIV-Verlag.

Die resultierende Normalkraft R_3 ist gleich dem Flächenintegral über die Normalspannungen — oder gleich der Scheibenfläche F_2 multipliziert mit der Schwerpunktsspannung — und beträgt $\sigma_3 F_0/4$.

Damit ist auch der von Scheibe *2* auf Scheibe *4* ausgeübte Einfluß festgelegt, denn aus Gleichgewichtsgründen ist R_3, die resultierende Normalkraft, auch die

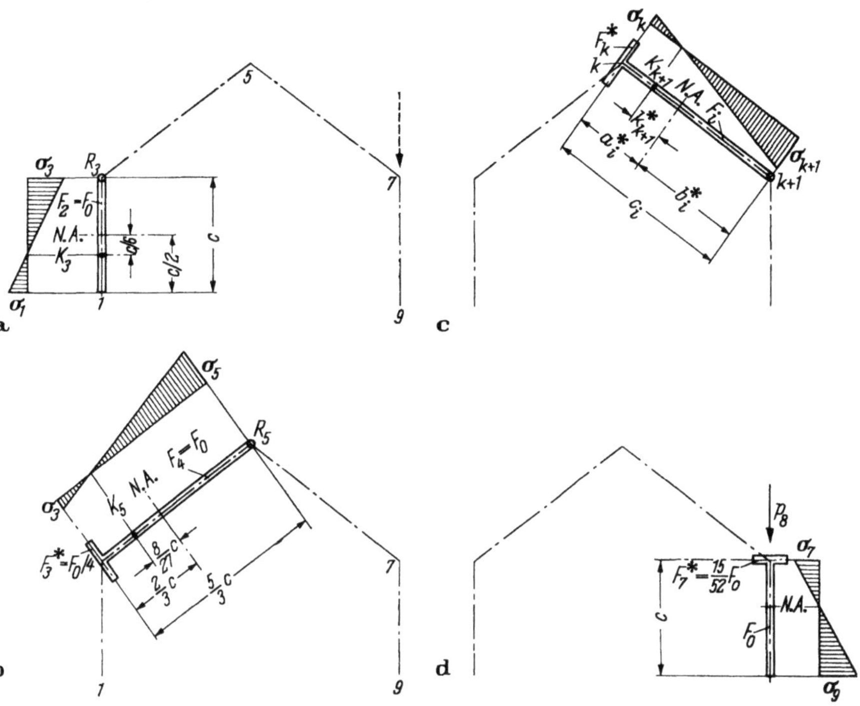

Abb. 12.1. Beispiel zur Kernpunktmethode

Kantenkraft am Rande *3* der Scheibe *4*. Diese Kraft kann aufgefaßt werden als die in Kante *3* herrschende Spannung σ_3, multipliziert mit einer stellvertretenden Fläche F_3^*, die hier $F_0/4$ beträgt.

Nun wird Scheibe *4* am Rande *5* losgetrennt, Abb. 12.1b. Wiederum rühren die Normalspannungen aus der einzigen Scheibenbelastung durch die Kantenkraft R_5 her. Die Lage des Kernpunktes K_5 läßt sich aus der Geometrie des neuen Scheibenquerschnittes ermitteln, und damit kann nicht nur das Verhältnis der Randspannungen σ_3/σ_5 $(= -{}^2/_7)$, sondern auch die stellvertretende Scheibenfläche für die Normalkraft bestimmt werden $(F_5^* = 2F_0/7)$.

Diese Rekursion wird weitergeführt, bis am Schluß nur noch ein so einfaches Stück des Faltwerkes übrig bleibt, daß sich an ihm die Spannungen nach der Balkenstatik ermitteln lassen (Abb. 12.1d). Nach Kenntnis der absoluten Größen dieser Scheibenspannungen können mit den oben bestimmten Randspannungsverhältnissen alle Kantenspannungen ermittelt werden. Graphisch läßt sich diese Operation auch darstellen wie das Weiterleiten der Biegemomente über durchlaufende Träger, nachdem einmal die Stützmomente der belasteten Felder ermittelt sind. In Abb. 11.5 ist dieser „Schlußlinienzug" für die Normalspannungen vom Rand *7* bis *1* in der Abwicklung des Faltwerkes gezeichnet.

12.2. Randverbundene Rechteckscheiben

a) Formulierung

Die routinemäßige Berechnung kann gegenüber der oben beschriebenen in zwei Richtungen vereinfacht werden. Es genügt, nur das Verhältnis der Randspannungen und die stellvertretenden Scheiben zu kennen und von der Bestimmung der Neutralachse und des Kernpunktes abzusehen. Zudem ist der Rechenschritt für jede Scheibe derselbe. Daher genügt die Kenntnis zweier Ausdrücke für die gesamte Berechnung; einer Formel für das Verhältnis der Randspannungen und einer Rekursionsformel für die stellvertretenden Scheiben.

Mit der in Abb. 12.1c festgehaltenen Bezeichnungsweise lautet das Problem folgendermaßen:

Gegeben ist eine Scheibe i durch ihre Fläche F_i und ihre Breite c_i, sowie die stellvertretende Fläche F_k^* aus dem vorangegangenen Rekursionsschnitt. Gesucht werden das Randspannungsverhältnis σ_{k+1}/σ_k und die nächste stellvertretende Scheibe F_{k+1}^*.

Wie im Abschn. 12.4 gezeigt wird, sind die beiden benötigten Ausdrücke unabhängig von der Scheibenbreite und daher denkbar einfach:

$$\frac{\sigma_k}{\sigma_{k+1}} = -\frac{1}{2 + 6\dfrac{F_k^*}{F_i}}, \tag{12.1}$$

$$F_k^* = \frac{F_i}{4}\,\frac{F_i + 4F_k^*}{F_i + 3F_k^*}. \tag{12.2}$$

b) Berechnung

Somit ergibt dies folgende numerische Berechnung für das Faltwerk der Abb. 11.3 ($F_0 = ct$):

$$\left.\begin{array}{ll}
\text{Gl. (12.1)} & \text{Gl. (12.2)} \\
 & F_1^* = 0 \\
\dfrac{\sigma_1}{\sigma_3} = -\dfrac{1}{2}, & F_3^* = \dfrac{1}{4}F_0, \\
\dfrac{\sigma_3}{\sigma_5} = -\dfrac{2}{7}, & F_5^* = \dfrac{2}{7}F_0, \\
\dfrac{\sigma_5}{\sigma_7} = -\dfrac{7}{26}, & F_7^* = \dfrac{15}{52}F_0.
\end{array}\right\} \tag{12.3}$$

Mit F_7^* ist das Restprofil des Faltwerkes bestimmt, s. Abb. 12.1d. Die Querschnittswerte können daran direkt berechnet werden, oder auch über die in Tab. 8.1 (Abschn. 12.4) zusammengestellten Formeln. Es hat das Trägheitsmoment

$$I_8^* = \frac{28}{201}c^2F_0 \tag{12.4a}$$

und die Widerstandsmomente

$$W_7^* = \frac{14}{39} c F_0, \tag{12.4b}$$

$$W_9^* = \frac{28}{123} c F_0, \tag{12.4c}$$

was die Normalspannungen

$$\sigma_7 = -\frac{M_{80}}{W_7^*} = -\frac{39}{14} \frac{M_{80}}{c F_0},$$

$$\sigma_9 = +\frac{M_{80}}{W_9^*} = +\frac{123}{28} \frac{M_{80}}{c F_0}$$

ergibt.

Aus den soeben berechneten Randspannungsverhältnissen der Gln. (12.3) folgt:

$$\sigma_5 = -\frac{7}{26} \sigma_7 = +\frac{3}{4} \frac{M_{80}}{c F_0},$$

$$\sigma_3 = -\frac{2}{7} \sigma_5 = -\frac{3}{14} \frac{M_{80}}{c F_0},$$

$$\sigma_1 = -\frac{1}{2} \sigma_3 = +\frac{3}{28} \frac{M_{80}}{c F_0},$$

was mit den analytisch berechneten Resultaten (11.11) übereinstimmt.

12.3 Allgemeine Formulierung

a) Rekursionsformeln

Wird wiederum die Verallgemeinerung zugelassen, daß die einzelnen Scheiben über die Gelenkstellen auskragen und in ihrer Stärke variabel sein dürfen (Abb. 11.7), so ändern sich nur die Formeln, nicht aber das Prinzip der Berechnung. Mit den bereits in Abschn. 11.4a eingeführten vier Kenngrößen jeder Scheibe i, nämlich ihrer Fläche F_i, ihres Trägheitsmomentes I_i und den beiden Kantenabständen a_i bzw. b_i, lautet nun die Formel zur Berechnung des Normalspannungsverhältnisses zweier aufeinanderfolgender Kanten:

$$\frac{\sigma_k}{\sigma_{k+1}} = -\frac{F_i a_i b_i - I_i}{I_i + F_i b_i^2 + F_k^*(a_i + b_i)^2}. \tag{12.5}$$

Die Rekursionsformel für die Bestimmung der neuen stellvertretenden Fläche F_{k+1}^*, ergibt sich aus der vorangehenden Fläche F_k^* zu:

$$F_{k+1}^* = \frac{F_i I_i + F_k^*(I_i + a_i^2 F_i)}{I_i + b_i^2 F_i + F_k^*(a_i + b_i)^2}. \tag{12.6}$$

Die Herleitungen werden im nächsten Abschnitt gezeigt; vorerst wird ihre Handhabung an einem Beispiel demonstriert.

b) Beispiel

Als Beispiel zur Berechnung der Faltwerke mit diesen beiden Formeln möge wiederum der in Abb. 11.8 gezeichnete Brückenquerschnitt dienen, dessen Scheibenkenngrößen in den Gln. (11.33) zusammengestellt sind.

Die Rekursion beginnt mit $F_1^* = 0$ (man könnte auch mit $F_1^* = F_0$, der linken Untergurtfläche beginnen, wenn die Scheibe *2* als nur aus dem Stegblech bestehend aufgefaßt würde) und ergibt durch sukzessives Einsetzen in die Formeln (12.5) und (12.6):

Aus Formel:	(12.5)	(12.6)	
Anfang:		$F_1^* = 0$	
1. Berechnungsschritt:	$\frac{\sigma_1}{\sigma_3} = -\frac{1}{8}$	$F_3^* = \frac{5}{16} F_0$	(12.7)
2. Berechnungsschritt:	$\frac{\sigma_3}{\sigma_5} = -\frac{8}{61}$	$F_5^* = \frac{419}{122} F_0$	(12.8)

Mit F_5^* sind die Elemente des I-förmigen Ersatzträgers bekannt, an dem die Spannungen und Durchbiegungen unter der äußeren Belastung berechnet werden können. Sein Obergurt hat die Querschnittsfläche $F_5^* = 419 F_0/122$.

Die Stegfläche ist F_0, die Steghöhe $2a$ und die Querschnittsfläche des Unter-, gurtes beträgt F_0. Dieser Ersatzträger hat das Trägheitsmoment

$$I_6^* = \frac{2 \cdot 23 \cdot 53}{3 \cdot 221} a^2 F_0 \tag{12.9a}$$

und die Widerstandsmomente

$$W_5^* = \frac{23 \cdot 53}{183} a F_0, \tag{12.9b}$$

$$W_7^* = \frac{23 \cdot 53}{480} a F_0. \tag{12.9c}$$

Wird das Biegemoment aus der in Scheibenebene *6* wirkenden Belastung wiederum mit M_0 bezeichnet, so können die *Normalspannungen* in den Kanten *5* und *7* nun direkt angeschrieben werden und mit den Randspannungsverhältnissen (12.8) und (12.7) auch diejenigen in den Kanten *3* und *1*. Dies ergibt dann die in den Gln. (11.36) zusammengestellten Werte, die dort aus der analytischen Berechnung gewonnen worden sind (s. auch Abb. 12.2a).

Die *Schubspannungen* τ bzw. der Schubfluß $q = \tau t$ (wobei t die Scheibenstärke bedeutet) läßt sich aus den Formeln (11.28) berechnen. Die Scheibenkenngrößen sind dafür in den Gln. (11.33) zusammengestellt. Bei der Berechnung des statischen Momentes der abgeschnittenen Scheibenteile nach Gl. (11.27a) ist y_i mit dem richtigen Vorzeichen einzusetzen. Durch die Neutralachse der isoliert gedachten Scheibe wird diese in zwei Teile zerlegt, und y ist positiv in jenem Teil, in dem die höhere Kantennummer liegt (s. Abb. 11.7). Die fortschreitende Numerierung der Kanten legt somit für jede Scheibe auch den Richtungssinn des positiven Schubflusses fest.

Da die Kantenkraft gleich der Ersatzfläche multipliziert mit der in jener Kante wirkenden Normalspannung ist:

$$R_k = F_k^* \sigma_k, \tag{12.10}$$

so ist nach Gl. (11.1)

$$q_k = F_k^* \frac{d\sigma_k}{dz}. \tag{12.11}$$

Mit den in der Aufstellung (11.36) angeschriebenen Werten für die Normalspannungen σ und den Ersatzflächen F_3^* und F_5^* nach den Gln. (12.7) und (12.8) ergibt Gl. (12.11):

$$\begin{aligned} q_3 &= -\frac{15}{2\cdot 23\cdot 53}\,\frac{Q_0}{a}, \\ q_5 &= +\frac{3\cdot 419}{2\cdot 23\cdot 53}\,\frac{Q_0}{a}. \end{aligned} \tag{12.12}$$

Die daraus resultierenden Schubflüsse sind in Abb. 12.2b aufgezeichnet.

Die *Durchbiegungen* der Scheibe *6* sind gleich den am Träger mit dem Trägheitsmoment (12.9a) berechneten Werte zufolge der äußeren, in der Scheibenebene wirkenden Belastung. Das Faltwerk (und damit der Träger) kann dabei auch durchlaufend sein. Wird als Beispiel angenommen, die Belastung sei über die Länge des Faltwerkes gleichmäßig verteilt, p_6, und das Faltwerk einfeldrig mit der Spannweite l, so ist die größte Durchbiegung v_6 in Feldmitte:

$$v_6 = \frac{5}{384}\,\frac{p_6 l^4}{E I_6^*}. \tag{12.13}$$

Da die Randbedingungen aller Faltwerkscheiben dieselben sein müssen (s. Abschn. 11.2b), so verhalten sich die übrigen Scheibendurchbiegungen zu dieser wie ihre Krümmung zur Krümmung des Ersatzträgers an der gleichen Stelle in Faltwerklängsrichtung. Ein Maß der Scheibenkrümmung ist aber die Differenz der Kantendehnungen, dividiert durch ihren Abstand.

Somit ist:

$$\frac{v_i}{v_{i+1}} = \frac{\dfrac{\sigma_{k+1}-\sigma_k}{E_i(a_i+b_i)}}{\dfrac{\sigma_{k+2}-\sigma_{k+1}}{E_i(a_{i+1}+b_{i+1})}} = \frac{\sigma_{k+1}-\sigma_k}{\sigma_{k+2}-\sigma_{k+1}}\cdot\frac{a_{i+1}+b_{i+1}}{a_i+b_i}. \tag{12.14}$$

Mit den konkreten Zahlen des hier besprochenen Beispieles, Gln. (11.36) und (11.33), werden:

$$\frac{v_4}{v_6} = \frac{\sigma_5-\sigma_3}{\sigma_7-\sigma_5}\cdot\frac{a_6+b_6}{a_4+b_4} = \frac{-183-24}{480+183}\cdot\frac{2a}{4a} = -\frac{3\cdot 23}{2\cdot 13\cdot 17},$$

$$\frac{v_2}{v_4} = \frac{\sigma_3-\sigma_1}{\sigma_5-\sigma_3}\cdot\frac{a_4+b_4}{a_2+b_2} = \frac{24+3}{-183-24}\cdot\frac{4a}{2a} = -\frac{6}{23}.$$

Nach den Gln. (12.9a) und (12.13) erhält man:

$$
\begin{aligned}
v_6 &= +\frac{5}{384}\,\frac{p_6 l^4}{E a^2 F_0}\,\frac{3\cdot 13\cdot 17}{2\cdot 23\cdot 53},\\
v_4 &= -\frac{5}{384}\,\frac{p_6 l^4}{E a^2 F_0}\,\frac{3^2}{2^2\cdot 53},\\
v_2 &= +\frac{5}{384}\,\frac{p_6 l^4}{E a^2 F_0}\,\frac{3^3}{2\cdot 23\cdot 53}.
\end{aligned}
\tag{12.15}
$$

Diese Durchbiegungen sind in Abb. 12.2c dargestellt.

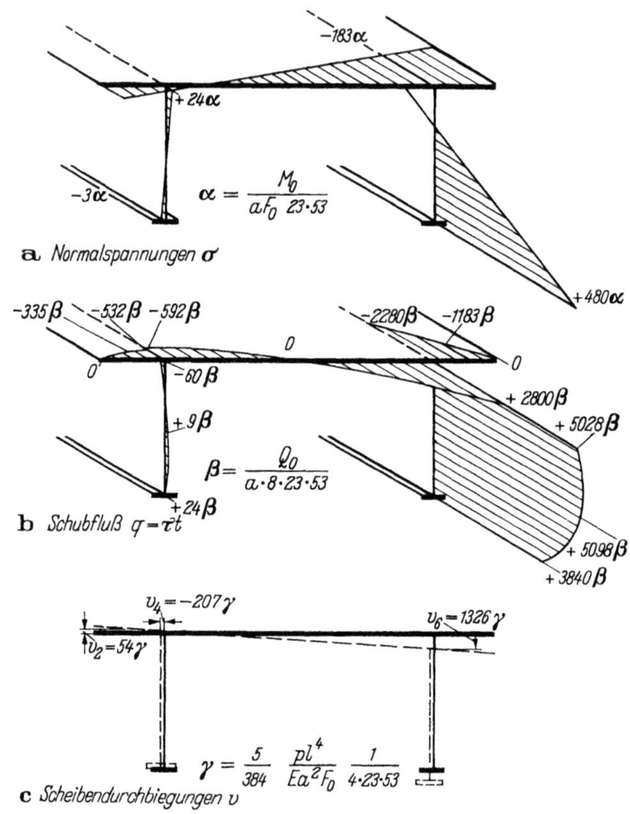

Abb. 12.2. Resultate des Beispiels 12.3 b

Übung 12.1. *Durchbiegungen.* Überprüfe diese Scheibendurchbiegungen nach den Gln. (12.15) mittels Gl. (11.41).

12.4 Verschiedenes

a) Herleitung der Rekursionsformeln

Zum Abschluß dieses Kapitels werden noch die benötigten Rekursionsformeln (12.5) und (12.6) bzw. (12.1) und (12.2) hergeleitet. Ausgegangen wird von den gegebenen Größen F_i, I_i, a_i und b_i, deren Bedeutung im Abschn. 11.4a in Worten und am Kopf der Tab. 12.1 noch einmal graphisch gegeben ist. Die stellvertretende Fläche F_k^* aus dem vorangehenden Rekursionsschritt ist ebenfalls als bekannt anzunehmen.

Tabelle 12.1. *Formelzusammenstellung*

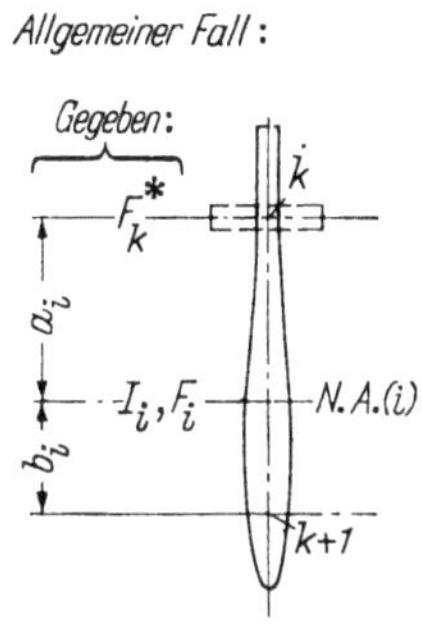

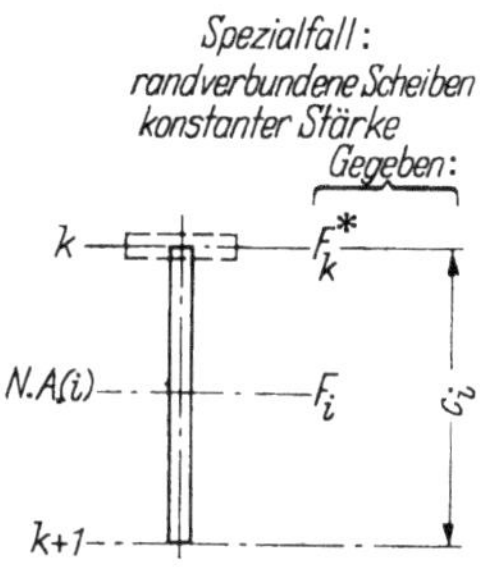

Gesucht:

$F_i^* =$	$F_i + F_k^*$	$F_i + F_k^*$
$a_i^* =$	$a_i \dfrac{F_i}{F_i + F_k^*}$	$= \dfrac{c_i}{2} \dfrac{F_i}{F_i + F_k^*}$
$b_i^* =$	$b_i + a_i \dfrac{F_k^*}{F_i + F_k^*}$	$= \dfrac{c}{2} \dfrac{F_i + 2F_k^*}{F_i + F_k^*}$
$I_i^* =$	$I_i + a_i^2 F_i \dfrac{F_k^*}{F_i + F_k^*}$	$= \dfrac{c_i^2 F_i}{12} \dfrac{F_i + 4F_k^*}{F_i + F_k^*}$
$k_{k+1}^* = \dfrac{I_i^*}{b_i^* F_i^*} =$	$\dfrac{I_i + a_i^2 F_i \dfrac{F_k^*}{F_i + F_k^*}}{b_i (F_i + F_k^*) + a_i F_k^*}$	$= \dfrac{c_i}{6} \dfrac{F_i + 4F_k^*}{F_i + 2F_k^*} \dfrac{F_i}{F_i + F_k^*}$
$W_{k+1}^* = \dfrac{I_i^*}{b_i^*} =$	$\dfrac{I_i + a_i^2 F_i \dfrac{F_k^*}{F_i + F_k^*}}{b_i + a_i \dfrac{F_k^*}{F_i + F_k^*}}$	$= \dfrac{c_i F_i}{6} \dfrac{F_i + 4F_k^*}{F_i + 2F_k^*}$
$W_k^* = \dfrac{I_i^*}{a_i^*} =$	$\dfrac{I_i}{a_i} \left(1 + \dfrac{F_k^*}{F_i}\right) + a_i F_k^*$	$= \dfrac{1}{6} c_i F_i + \dfrac{2}{3} c_i F_k^*.$

Zunächst sind die durch F_k^* verursachten veränderten Querschnittswerte der i-ten Scheibe zu berechnen. Die einfach herzuleitenden Resultate sind in Tab. 12.1 für den allgemeinen Fall wie auch für den speziellen Fall der randverbundenen Rechteckscheibe aufgeführt.

Die neue stellvertretende Fläche F_{k+1}^* ist definiert als die resultierende Normalkraft, dividiert durch die an der Kante $k+1$ wirkenden Normalspannung σ_{k+1}:

$$F_{k+1}^* = \frac{\int_{F_i^*} \sigma \, dF}{\sigma_{k+1}}. \tag{12.16a}$$

Das Flächenintegral im Zähler ist gleich dem Produkt aus Schwerpunktsspannung σ_i und der Gesamtfläche F_i^*:

$$F_{k+1}^* = \frac{\sigma_i F_i^*}{\sigma_{k+1}}. \tag{12.16b}$$

Da sich σ_i zu σ_{k+1} verhält wie die Kernweite k^*_{k+1} zu $(b^*_i + k^*_{k+1})$, so ist:

$$F^*_{k+1} = \frac{k^*_{k+1}}{b^*_i + k^*_{k+1}}\, F^*_i\,. \tag{12.16c}$$

Werden die Werte k^*_{k+1}, b^*_i und F^*_i nach Tab. 12.1 eingesetzt, so erhält man nach einigen Zwischenrechnungen die Formeln (12.6) bzw. (12.2) für den Spezialfall.

Das Verhältnis der Randspannungen ist

$$\frac{\sigma_k}{\sigma_{k+1}} = -\frac{a^*_i - k^*_{k+1}}{b^*_i + k^*_{k+1}} \tag{12.17}$$

und kann ebenfalls durch Einsetzen der in Tab. 12.1 gegebenen Werte für a^*_i, b^*_i und k^*_{k+1} auf die Form der Gln. (12.5) bzw. (12.1) gebracht werden, wodurch die beiden Rekursionsformeln für den allgemeinen und speziellen Fall bewiesen worden sind.

b) Eingabelungen

Aus der im Zusammenhang mit der Kernpunktmethode gegebenen Vorstellung über die Arbeitsweise eines Faltwerkes läßt sich die Beanspruchung aus einem bestimmten Lastfall sehr rasch abschätzen.

Um zum Beispiel die Spannung in der i-ten Scheibe des in Abb. 12.3a skizzierten Sheddaches unter der Belastung P_i zu kennen, genügt es, die Spannungen an dem in Abb. 12.3b dargestellten Ersatzträger unter der Belastung P_i zu bestimmen.

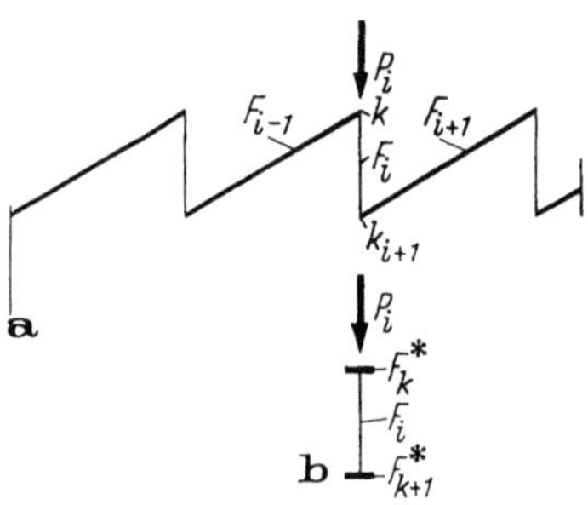

Abb. 12.3. Näherung für randentfernte Scheiben

Für die einzuführenden Ersatzflächen F^*_k und F^*_{k+1} gilt folgende Eingabelung:

$$\begin{aligned} \frac{1}{4} F_{i-1} &< F^*_k &&< \frac{1}{3} F_{i-1}\,, \\ \frac{1}{4} F_i &< F^*_{k+1} &&< \frac{1}{3} F_i\,. \end{aligned} \tag{12.18a}$$

Diese Ungleichungen lassen sich direkt aus der Rekursionsformel (12.2) ablesen: Die diesem letzten Rekursionsschritt vorangehende stellvertretende Fläche ist irgendeine positive Zahl zwischen Null und unendlich. Werden aber diese beiden Grenzen für F^*_k in Formel (12.2) eingesetzt, so erhält man $F_i/4$ und $F_i/3$ als untere und obere Schranke für F^*_{k+1}.

Von Interesse ist auch die Kenntnis des folgenden Wertes zwischen diesen beiden Schranken von $^1/_4$ und $^1/_3$ der anstoßenden Scheiben. Wird angenommen, alle Scheibenflächen seien gleich groß, F, und der zu bestimmenden Ersatzfläche F^*_{k+1} gingen viele Scheiben voran, so unterscheidet sich F^*_{k+1} von F^*_k nicht mehr wesentlich. Werden diese beiden Größen einander gleichgesetzt, $F^*_{k+1} = F^*_k = F^*$, und in die Rekursionsformel (12.2) eingesetzt, so ergibt die Auflösung nach F^*:

$$F^* = \frac{F}{\sqrt{12}} \simeq 0{,}29\,F\,, \tag{12.18b}$$

und aus Gl. (12.1) erhält man folgenden Abklingfaktor für die Spannungen:

$$\frac{\sigma_k}{\sigma_{k+1}} = -\frac{1}{2+\sqrt{3}} \cong -0{,}27. \tag{12.18c}$$

Geht der zu untersuchenden Scheibe *4* nur eine unbelastete, randverbundene Rechteckscheibe *2* voran (s. Abb. 12.4), so gilt für diese vorangehende Scheibe:

$$\left.\begin{aligned} F_3^* &= \frac{F_2}{4}, \\ \frac{\sigma_1}{\sigma_3} &= -\frac{1}{2}. \end{aligned}\right\} \tag{12.19a}$$

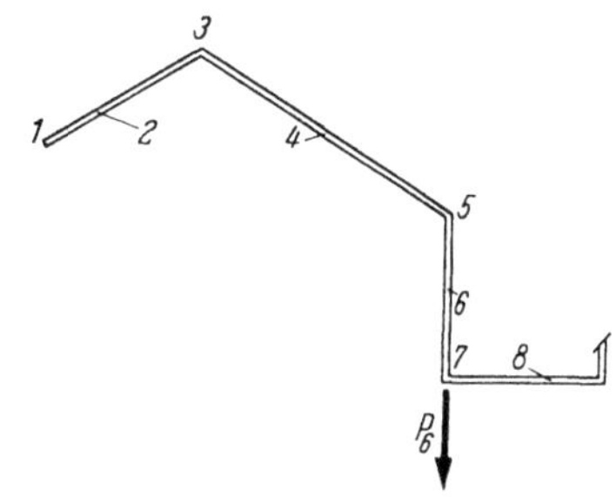

Abb. 12.4
Bezeichnungsweise für Gln. (12.19)

Gehen zwei solche Scheiben voran, die Scheiben *2* und *4* mit den Flächen F_2 und F_4, so erhält man durch Einsetzen obiger Werte in die Rekursionsformeln (12.2) und (12.1) das nächste Paar von Ersatzfläche und Randspannungsverhältnis:

$$\left.\begin{aligned} F_5^* &= F_4 \frac{F_2 + F_4}{3F_2 + 4F_4}, \\ \frac{\sigma_3}{\sigma_5} &= -\frac{2F_4}{3F_2 + 4F_4}. \end{aligned}\right\} \tag{12.19b}$$

Diese Gln. (12.19b) können auch zur Abschätzung der Ersatzfläche und des ersten Abklingfaktors einer weiter vom Rande gelegenen Scheibe benutzt werden. Die damit berechneten Spannungen sind dann obere Schranken für die exakten Werte, die aber viel näher an den wirklichen Werten liegen als die nach Gl. (12.18a) berechneten, da der Rekursionsbeginn um eine Scheibe vorverlegt worden ist.

c) Ersatzträger aus zwei Scheiben

Wenn die äußere Belastung, die in einer Faltwerkkante angreifen muß, nicht eine Wirkungslinie hat, die in einer der beiden Scheibenebenen liegt, welche die betreffende Kante bilden, so muß bei Anwendung der Kernpunktmethode die Belastung nicht erst in die zwei Scheibenkomponenten zerlegt werden. An dem aus zwei Scheiben bestehenden Restgebilde kann, wie im Abschn. 13.2a gezeigt wird, der Spannungsnachweis nach der Biegetheorie durchgeführt werden.

Als Beispiel wird das in Abb. 11.3 gezeichnete Faltwerk für den in Abb. 11.1a dargestellten Lastfall berechnet (s. Abb. 12.5).

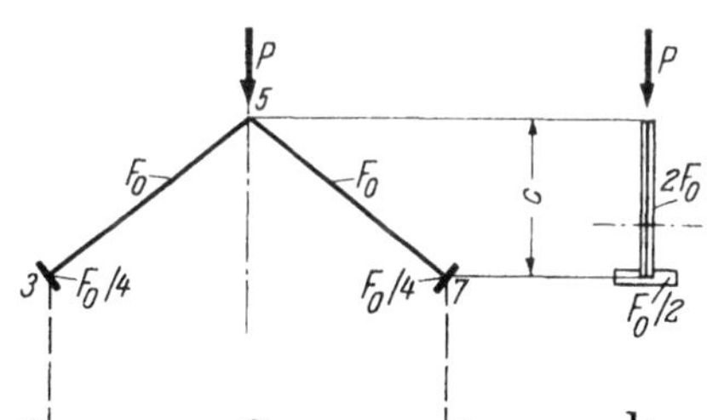

Abb. 12.5
Beispiel für einen Ersatzträger aus zwei Scheiben

Da eine Randscheibe stets eine stellvertretende Fläche hinterläßt, die ein Viertel ihrer ursprünglichen ist und ein Randspannungsverhältnis von $-1/2$ hat, so ist der Querschnitt des zu analysierenden Restträgers der in Abb. 12.5a gezeigte. Daran können die Neutralachse, das Trägheitsmoment und die Spannungen bestimmt werden.

Die Anschrift der Spannungen kann hier noch rascher durchgeführt werden, wenn der Querschnitt der Abb. 12.5a statisch wie derjenige in Abb. 12.5b aufgefaßt wird, wofür in Tab. 12.1 schon Formeln für die Widerstandsmomente vorliegen. Die Kantenspannungen lauten:

$$\begin{aligned} \sigma_5 &= -\frac{Pl}{4}\,\frac{9}{4cF_0}, \\ \sigma_3 = \sigma_7 &= +\frac{Pl}{4}\,\frac{6}{4cF_0}, \\ \sigma_1 = \sigma_9 &= -\frac{Pl}{4}\,\frac{3}{4cF_0}. \end{aligned} \tag{12.20}$$

Diese Resultate sind zum Zeichnen der Abb. 11.1c verwendet worden.

d) Geschlossene Querschnitte

Der analytische Lösungsweg ändert sich in keiner Weise gegenüber dem in den Abschn. 11.1 und 11.4 beschriebenen. Es ist lediglich zu bedenken, daß nun die Dreischübegleichungen soviele Unbekannte aufweisen wie die Dreispannungsgleichungen und daß das Gleichungssystem für die Unbekannten nicht mehr ein reines, aus drei Koeffizienten pro Zeile bestehendes Band von Matrixkoeffizienten ergibt.

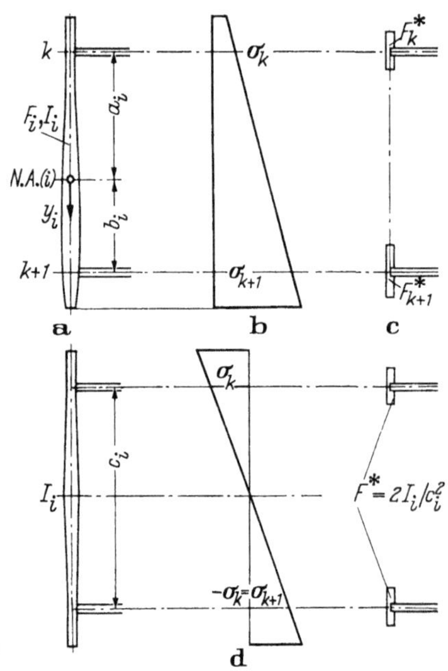

Abb. 12.6. Zum Öffnen von Querschnitten

Mit der Kernpunktmethode kann eine Näherungslösung oder Eingabelung entsprechend Abschn. 12.4b sofort gegeben werden, indem an einem, der belasteten Scheibe möglichst entfernten Punkte aufgeschnitten wird und dort eine geschätzte — oder für die Eingabelung zwei extreme — Ersatzflächen eingeführt werden. Das Öffnen eines Querschnittes kann auf exaktem Wege in jenen Scheiben erfolgen, in denen das Verhältnis der beiden Kantenspannungen bekannt ist.

In Abb. 12.6a ist wiederum eine Scheibe i von allgemeiner Form gegeben, der eine Scheibe $i-1$ vorangeht und eine nächste, $i+1$, nachfolgt. Gesucht werden die Ersatzflächen F_k^* und F_{k+1}^* (Abb. 12.6c) so, daß sie der Wirkung der Scheibe i äquivalent sind. Die Bedingungen dafür lauten:

$$\sigma_k F_k^* + \sigma_{k+1} F_{k+1}^* = \int_{F_i} \sigma_i \, dF_i, \tag{12.21a}$$

$$-\sigma_k F_k^* a_i + \sigma_{k+1} F_{k+1}^* b_i = \int_{F_i} \sigma_i y_i \, dF_i, \tag{12.21b}$$

wobei sich die Scheibenspannungen σ_i folgendermaßen durch die Kantenspannungen σ_k und σ_{k+1} ausdrücken lassen:

$$\sigma_i = \frac{\sigma_k b_i + \sigma_{k+1} a_i}{a_i + b_i} + \frac{\sigma_{k+1} - \sigma_k}{a_i + b_i} y_i . \tag{12.22}$$

Daraus werden mit

$$\int_{F_i} dF_i = F_i, \quad \int_{F_i} y_i \, dF_i = 0 \quad \text{und} \quad \int_{F_i} y_i y_i \, dF_i = I_i$$

die rechten Seiten der Gln. (12.21 a) und (12.21 b)

$$\frac{\sigma_k b_i + \sigma_{k+1} a_i}{a_i + b_i} F_i \quad \text{bzw.} \quad \frac{\sigma_{k+1} - \sigma_k}{a_i + b_i} I_i ,$$

was zu folgenden Lösungen des Gleichungssystems (12.21) führt:

$$\left.\begin{aligned} F_k^* &= \frac{1}{(a_i + b_i)^2} \left[I_i + b_i^2 F_i + \frac{\sigma_{k+1}}{\sigma_k} (a_i b_i F_i - I_i) \right] \\ F_{k+1}^* &= \frac{1}{(a_i + b_i)^2} \left[I_i + a_i^2 F_i + \frac{\sigma_k}{\sigma_{k+1}} (a_i b_i F_i - I_i) \right] \end{aligned}\right\} . \tag{12.2 3}$$

Bei einem *symmetrischen* Querschnitt kann eine beliebige Belastung in eine symmetrische und eine antimetrische zerlegt werden. In einer zur Symmetrieebene normalen Fläche i treten dabei symmetrische bzw. antimetrische Normalspannungsverteilungen auf; somit ist $\sigma_k/\sigma_{k+1} = +1$ bzw. $\sigma_k/\sigma_{k+1} = -1$.

Im Falle der Symmetrie werden daher die Ersatzflächen (unter Beachtung, daß $a_i = b_i$ ist):

$$F_k^* = F_{k+1}^* = \frac{F_i}{2} , \tag{12.24}$$

und für den Fall der antimetrischen Belastung

$$F_k^* = F_{k+1}^* = \frac{2 I_i}{c_i^2} , \tag{12.25a}$$

wobei I_i das Flächenträgheitsmoment der Scheibe i bezüglich der Symmetrieachse und $c_i = a_i + b_i$ der Abstand der Kanten k und $k+1$ bedeutet (s. Abb. 12.6d). Für den Spezialfall der randverbundenen Rechteckscheiben ist

$$F_k^* = F_{k+1}^* = \frac{F_i}{6} . \tag{12.25b}$$

Als ein Beispiel für die Berechnung eines geschlossenen Querschnittes diene der in Abb. 12.7a dargestellte rechteckige Hohlquerschnitt. Der Querschnitt weist doppelte Symmetrie auf, die eingetragene Belastung ergibt jedoch einen antimetrischen Belastungsfall bezüglich der horizontalen Symmetrieachse des Profiles $M_{20} = M_0$, so daß

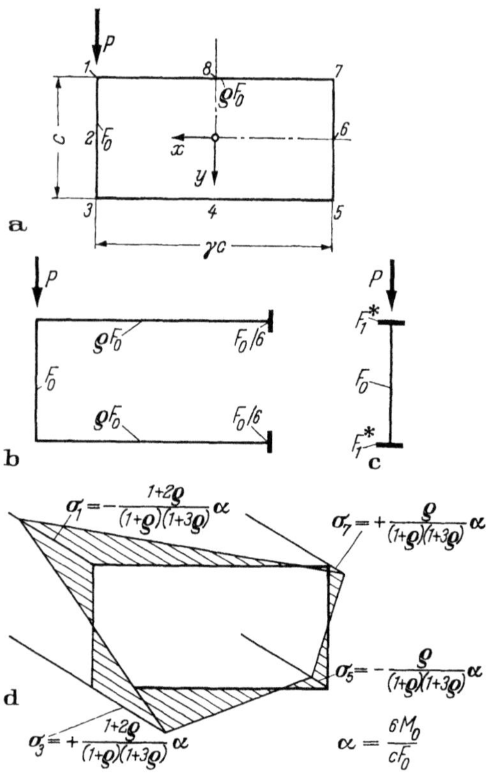

Abb. 12.7. Beispiel eines geschlossenen Faltwerkquerschnittes

$$\frac{\sigma_1}{\sigma_3} = \frac{\sigma_5}{\sigma_7} = -1$$

ist.

Nach Gl. (12.25b) entsteht somit der in Abb. 12.7b gezeichnete geöffnete Querschnitt. Einmaliges Anwenden der Rekursionsformeln (12.1) und (12.2) ergibt:

$$\frac{\sigma_7}{\sigma_1} = \frac{\sigma_5}{\sigma_3} = -\frac{\varrho}{1 + 2\varrho}$$

und

$$F_1^* = F_3^* = \frac{\varrho F_0}{6} \frac{2 + 3\varrho}{1 + 2\varrho}.$$

Der verbleibende symmetrische I-Träger (Abb. 12.7c) hat das Trägheitsmoment

$$I_2^* = \frac{c^2 F_0}{12} \frac{(1 + \varrho)(1 + 3\varrho)}{1 + 2\varrho}. \quad (12.26)$$

Daraus lassen sich die Normalspannungen in den Kanten *1* und *3* und mit den oben angeschriebenen Verhältnissen auch diejenigen in den Kanten *5* und *7* bestimmen:

$$\left.\begin{aligned}
\sigma_1 &= -6 \frac{1 + 2\varrho}{(1 + \varrho)(1 + 3\varrho)} \frac{M_0}{c F_0}, \\
\sigma_3 &= +6 \frac{1 + 2\varrho}{(1 + \varrho)(1 + 3\varrho)} \frac{M_0}{c F_0}, \\
\sigma_5 &= -6 \frac{\varrho}{(1 + \varrho)(1 + 3\varrho)} \frac{M_0}{c F_0}, \\
\sigma_7 &= +6 \frac{\varrho}{(1 + \varrho)(1 + 3\varrho)} \frac{M_0}{c F_0}.
\end{aligned}\right\} \quad (12.27)$$

Diese Resultate sind in Abb. 12.7d für das Flächenverhältnis $\varrho = 2$ aufgezeichnet.

Falls der *analytische Lösungsweg* für dieses Beispiel gewählt wird, so lauten die Dreispannungsgleichungen (11.9):

$$\left.\begin{array}{cccccc}
\sigma_1 & \sigma_3 & \sigma_5 & \sigma_7 & & \text{Bel.-Gl.} \\
2(1+\varrho)F_0 & F_0 & & \varrho F_0 & = & -6\dfrac{M_0}{c} \\
F_0 & 2(1+\varrho)F_0 & \varrho F_0 & & = & +6\dfrac{M_0}{c} \\
 & \varrho F_0 & 2(1+\varrho)F_0 & F_0 & = & 0 \\
\varrho F_0 & & F_0 & 2(1+\varrho)F_0 & = & 0
\end{array}\right\} \qquad (12.28)$$

Die Gln. (12.27) stellen tatsächlich die Lösungen dieses Gleichungssystems dar. Die *Schubflüsse* sind die nach z abgeleiteten Kantenkräfte. Letztere lassen sich aus den Normalspannungen nach Gl. (11.8) direkt anschreiben. Mit $dM_0/dz = Q_0$ ist somit:

$$\begin{aligned}
q_1 = q_3 &= +\frac{\varrho(2+3\varrho)}{(1+\varrho)(1+3\varrho)}\frac{Q_0}{c}, \\
q_5 = q_7 &= -\frac{\varrho}{(1+\varrho)(1+3\varrho)}\frac{Q_0}{c}.
\end{aligned} \qquad (12.29\,\text{a})$$

Die Schubflüsse in jeder Scheibenmitte werden aus Gl. (11.21 b) erhalten. Die darin einzusetzenden $\varkappa$- und λ-Werte können aus den Resultaten (12.29a) bzw. (12.27) direkt abgelesen werden. Es sind je die ersten Faktoren dieser Ausdrücke.

$$\begin{aligned}
q_2 &= +\frac{1}{2}\,\frac{6\varrho^2+10\varrho+3}{(1+\varrho)(1+3\varrho)}\frac{Q_0}{c}, \\
q_4 = q_8 &= -\frac{\varrho}{4(1+\varrho)}\frac{Q_0}{c}, \\
q_6 &= +\frac{1}{2}\,\frac{\varrho}{(1+\varrho)(1+3\varrho)}\frac{Q_0}{c}.
\end{aligned} \qquad (12.29\,\text{b})$$

Die *Scheibendurchbiegungen* werden aus den Normalspannungsdifferenzen gemäß Abschn. 11.4f bestimmt. Um die Vorstellung zu fixieren, sei angenommen, die Durchbiegungen würden unter der konzentrierten Last P zu berechnen sein. Die Last befinde sich an der Stabstelle $\alpha = a/l$ bzw. $\beta = b/l$ des prismatischen Stabes von der Stützweite l. Das einzusetzende Biegemoment M_0 beträgt an der Laststelle $M_0 = Pl\alpha\beta$.

Das Eingeben der Resultate (12.27) in Gl. (11.43a) liefert:

$$\begin{aligned}
v_2 &= +\frac{4(1+2\varrho)}{(1+\varrho)(1+3\varrho)}\frac{Pl^3}{Ec^2F_0}(\alpha\beta)^2, \\
v_4 = v_8 &= -\frac{2}{\gamma(1+\varrho)}\frac{Pl^3}{Ec^2F_0}(\alpha\beta)^2, \\
v_6 &= +\frac{4\varrho}{(1+\varrho)(1+3\varrho)}\frac{Pl^3}{Ec^2F_0}(\alpha\beta)^2.
\end{aligned} \qquad (12.30)$$

Für $\varrho = 2$ und $\gamma = 2$ sind die Schubflüsse und Durchbiegungen in Abb. 12.8 maßstäblich dargestellt.

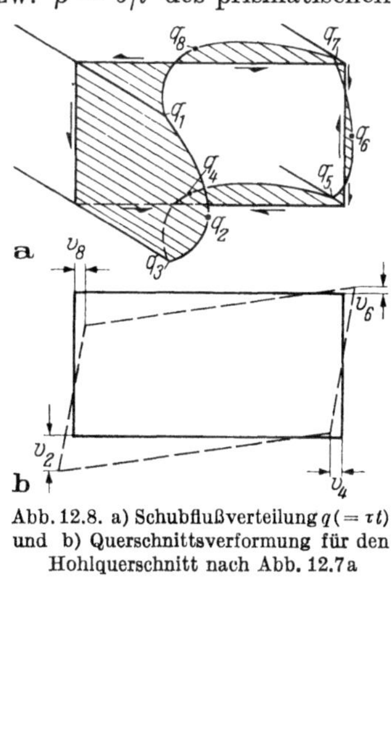

Abb. 12.8. a) Schubflußverteilung $q(=\tau t)$ und b) Querschnittsverformung für den Hohlquerschnitt nach Abb. 12.7a

13 Zum Unterschied zwischen Faltwerk- und Stabtheorie

In den Kap. 5 bis 7 ist der Einfluß aus Verdrehung eines dünnwandigen Stabes bei reiner Wölbtorsion bestimmt worden.

Dem aus Verdrehung verursachten ersten Satz von Spannungen ist ein zweiter aus Querbeanspruchung zu überlagern, der nach der Voraussetzung eben bleibender Querschnitte berechnet wird. Diese Analyse von langen, prismatischen Körpern sei als *Stabtheorie* bezeichnet. Im Gegensatz zur Stabtheorie steht die in den Kap. 11 und 12 entwickelte *Faltwerktheorie* für Körper ähnlicher Ausdehnung, in der aber nur ein Satz von Spannungen ermittelt wird.

Die beiden zu beleuchtenden Probleme dieses Kapitels sind, erstens den Unterschied in den Resultaten dieser beiden Theorien festzustellen und zweitens die wirklichen Verhältnisse abzuschätzen.

In Abschn. 13.1 sind erst jene Fälle auszuscheiden, in denen die Faltwerktheorie nicht anwendbar ist und daher nicht zu einem Vergleich mit der Stabtheorie zugelassen wird. Nachher (Abschn. 13.2) soll erst einmal festgestellt werden, wo Übereinstimmung vorhanden ist. In diesen Fällen stellen sich obige beiden Fragen nicht mehr; dagegen ist es interessant zu wissen, ob eine der beiden Theorien rascher zum Ziele führt. Der eigentliche Unterschied wird im Abschn. 13.3 besprochen, und im Abschn. 13.4 wird der Einfluß der Querträger eingeschätzt und eine Eingabelung der wirklichen Verhältnisse aufgezeigt.

13.1 Keine Faltwerktheorie möglich

a) Kante als Schnittgerade mehrerer Scheiben

Bei der Herleitung der Berechnungsverfahren für Faltwerke wird stillschweigend von der Voraussetzung ausgegangen, daß einer Scheibe höchstens eine nächste, direkt berührende folge und eine andere vorangehe. Wenn in einer Kante aber mehr als zwei Scheiben zusammenstoßen, haben die Voraussetzungen für die Herleitung der Verfahren keine Gültigkeit mehr.

Solche Probleme sind so zu lösen, daß die in einer Kante zusammenstoßenden überzähligen Scheiben losgetrennt werden und daß dann als Elastizitätsbedingung für überzählige Scheibenkräfte, die affin zur Belastung angesetzt werden, gleiche Kantendurchbiegung gefordert wird. .

In all jenen Fällen, in denen das Profil ausschließlich aus sich in einer Geraden schneidenden Ebenen besteht, oder in jenen, die sich nach der Festpunktmethode auf solche Rumpfquerschnitte reduzieren lassen, kann das Formulieren von Verträglichkeitsbedingungen umgangen werden. — Hier würde der oben erwähnte Berechnungsweg mit den Voraussetzungen der Faltwerktheorie identische Resultate wie die Stabtheorie liefern. Dies sei nachstehend bewiesen.

Nach der Faltwerktheorie ist die Krümmung v_i'' jeder Scheibe durch Gl. (11.38) gegeben. Bei mehreren Scheiben $i = 2, 4, \ldots$ mit gemeinsamer Kante ist $v_i = v \cos \varphi_i$, wobei v die Durchbiegung der Kante bedeutet und φ_i der Winkel ist, den die betrachtete Scheibe mit der Biegeebene der Kante einschließt. Die

Biegelinie ist mindestens differenzierbar bis zur zweiten Ableitung. Somit gilt $v_i'' = v'' \cos \varphi_i$, und nach Gl. (11.38) folgt:

$$\frac{\sigma_{k+1} - \sigma_k}{c_i} \frac{1}{\cos \varphi_i} = E v''.$$

Die rechte Seite ist eine Konstante, die nicht von der Scheibe i abhängt. Daher besagt die linke Seite, daß die Spannungszunahme (erster Faktor), projiziert auf die Biegeebene der gemeinsamen Kante (zweiter Faktor), konstant ist. Ferner ist bei der Faltwerktheorie gleiche Dehnung gemeinsamer Kanten erforderlich, d. h. bei konstantem Elastizitätsmodul gleiche Normalspannung, weshalb die Spannungsverteilung für den ganzen Querschnitt eine ebene ist. Das ist aber auch die voraussetzende Annahme für die Stabtheorie, die eindeutige Resultate iefert.

b) Zusammenfallende Scheibenebenen

In der Faltwerktheorie ist der Grenzfall zusammenfallender Ebenen auszuschließen. So wird z. B. bei der Berechnung des Brückenquerschnittes nach der Wölbtheorie das Brückendeck der Abb. 6.3 als aus drei Scheiben bestehend aufgefaßt (zwei Gehwege und eine Fahrbahn). Nach der Faltwerktheorie ist dies nicht zulässig. Gehweg und Fahrbahn sind als *eine* Ebene variabler Stärke aufzufassen. Der in Abb. 6.3 gezeigte Querschnitt ist somit ein Dreischeibenquerschnitt.

Werden Scheiben, die sich direkt berühren und in der gleichen Ebene liegen, nicht als eine einzige aufgefaßt, so wird das Resultat mehrdeutig, wie am nachstehenden Fall des Winkelquerschnittes gezeigt wird.

Die zulässige Tragfähigkeit des im Abschn. 13.2a zu berechnenden Winkelprofils wird für den Fall gleicher Winkelschenkel ($\varrho = 1$) aus der ersten der drei Gln. (13.11) bestimmt zu:

$$M_{\text{zul}} = \frac{2}{9}\, c F \sigma_{\text{zul}}. \tag{13.1 a}$$

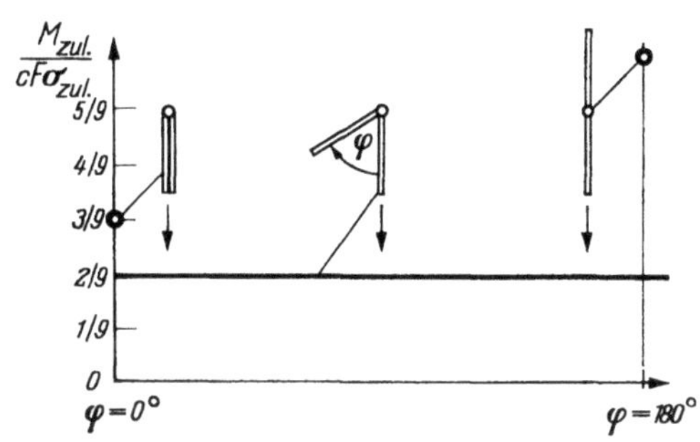

Abb. 13.1. Berechnetes zulässiges Biegemoment des gleichschenkligen Winkelprofils als Funktion des Öffnungswinkels φ

Da dieser Wert unabhängig von der Winkelöffnung ist, wie dort ebenfalls gezeigt wird, entsteht im Diagramm der Abb. 13.1 eine horizontale Gerade.

Das Widerstandsmoment des Rechteckes, gebildet aus zwei parallelen Scheiben (Öffnungswinkel $\varphi = 0$, s. Abb. 13.1 links) und zwei in gleicher Ebene aneinander gefügte Rechteckscheiben (Öffnungswinkel $\varphi = 180°$, Abb. 13.1 rechts), beträgt $\frac{cF}{3}$ bzw. $\frac{2}{3}\, cF$. Somit lauten in diesen Grenzfällen die zulässigen Biegemomente

$$\text{für} \quad \varphi = 0°: \quad M_{\text{zul}} = \frac{1}{3}\, c F \sigma_{\text{zul}}, \tag{13.1 b}$$

$$\text{für} \quad \varphi = 180°: \quad M_{\text{zul}} = \frac{2}{3}\, c F \sigma_{\text{zul}}. \tag{13.1 c}$$

Aus Abb. 13.1, in der diese direkt berechneten Werte (13.1 b und 13.1 c) auch eingetragen sind, ist die Mehrdeutigkeit beim Grenzfall der zusammenfallenden Ebenen ersichtlich.

c) Berechnung am unverformten Querschnitt

Wie allgemein für die Schnittkraftberechnung in der Biegelehre üblich, werden auch hier die Schnittgrößen am unverformten, elastischen Tragwerk bestimmt. Bei Faltwerken, deren Querschnittsform unter Belastung nicht erhalten bleibt, ist diese Annahme aber nicht in allen Fällen zulässig. Nachstehend wird versucht, eine Abgrenzung des unzulässigen Bereiches vorzunehmen.

Wenn ein Faltwerkswinkel zu stumpf ist, so wird die Form des Faltwerkes durch die Belastung in einem nicht mehr zu vernachlässigenden Ausmaß beeinflußt. Um dies zu beleuchten, wird an dem in Abb. 11.1a dargestellten symmetrischen Faltwerk eine Last-Verformungskurve ermittelt, und zwar unter der Annahme eines besonders stumpfen Ausgangswinkels im First.

Die Neigung der Scheiben *4* und *4'* wird mit α eingeführt und im unbelasteten Zustand mit α_0 bezeichnet (Abb. 13.2). Nach der in Abb. 12.5 illustrierten Berechnung werden die Spannungen an den Gln. (12.20) durch Ersetzen der dort vorhandenen Schenkelhöhe c durch $c \sin \alpha$ erhalten. Damit lauten die Scheibendurchbiegungen v_i nach Gl. (11.43 b):

$$v_2 = \frac{\sigma_3 - \sigma_1}{c_2} \frac{l^2}{12E} = +\frac{9}{16} \frac{Pl}{F \frac{3}{5} c^2 \sin \alpha} \cdot \frac{l^2}{12E}$$

$$v_4 = \frac{\sigma_5 - \sigma_3}{c_4} \frac{l^2}{12E} = -\frac{15}{16} \frac{Pl}{F c^2 \sin \alpha} \cdot \frac{l^2}{12E} = -v_2 . \tag{13.2}$$

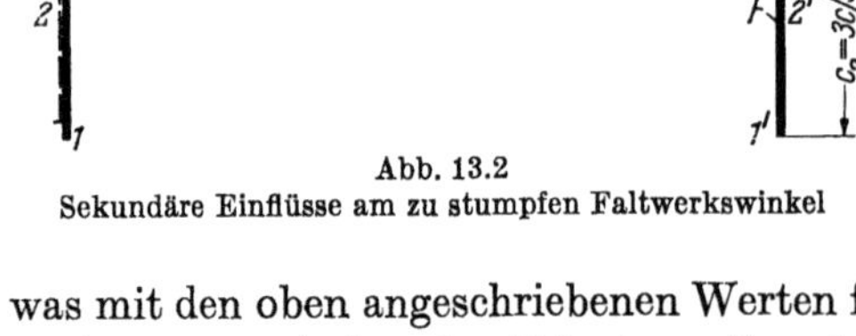

Abb. 13.2
Sekundäre Einflüsse am zu stumpfen Faltwerkswinkel

Wenn die Neigungswinkel α der im First zusammenstoßenden Scheiben bereits so klein angenommen werden, daß $\operatorname{tg} \alpha \simeq \sin \alpha \simeq \alpha$ gesetzt werden darf, so ist die Neigungsänderung der Scheibe *4* zufolge Belastung (s. Abb. 13.2):

$$\alpha_0 - \alpha = \frac{-\frac{v_4}{\alpha} + v_2}{c_4},$$

was mit den oben angeschriebenen Werten für die Scheibendurchbiegung folgende Verkettung zwischen der Belastung P und dem Neigungswinkel α ergibt:

$$\alpha_0 - \alpha = \frac{5}{64} \frac{Pl^3}{EFc^3} \left(\frac{1}{\alpha^2} + \frac{1}{\alpha} \right)$$

oder

$$\frac{P}{P_0} = \alpha^2 \frac{\alpha_0 - \alpha}{1 + \alpha} \tag{13.3}$$

mit der Bezugsbelastung

$$P_0 = \frac{64}{5} EF \left(\frac{c}{l}\right)^3. \tag{13.4}$$

In einem Diagramm mit der Lastintensität als Ordinate und der Verformung als Abszisse ergibt Gl. (13.3) eine Schar von Kurven dritten Grades, wobei α_0 der Scharparameter ist. Für $\alpha_0 = \frac{1}{4}$, was der in Abb. 13.2 dargestellten Ausgangslage für die Dachneigung entspricht, ist die Last-Verformungskurve in Abb. 13.3 als kräftige Linie gezeichnet. Als weitere Kurve der Schar ist mit feiner Linie der Fall für $\alpha_0 = \frac{1}{8}$ ($\approx 7°$) eingetragen.

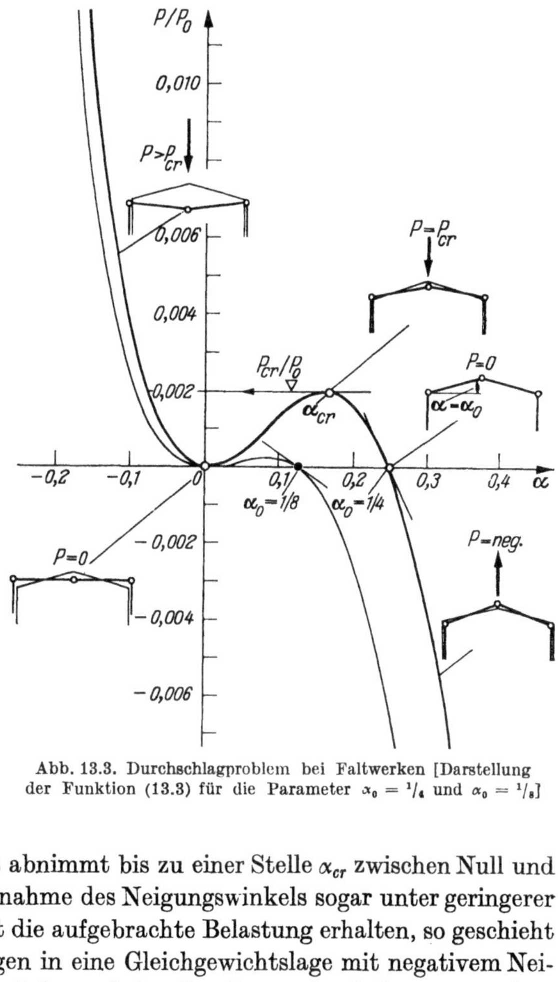

Abb. 13.3. Durchschlagproblem bei Faltwerken [Darstellung der Funktion (13.3) für die Parameter $\alpha_0 = 1/4$ und $\alpha_0 = 1/8$]

Wie aus Gl. (13.3) direkt ersichtlich ist, wird P nur dann Null sein, wenn $\alpha = 0$ und $\alpha = \alpha_0$ ist. Der erste Fall ist physikalisch verständlich; wenn die beiden Dachscheiben horizontal sind, offerieren sie keinen Widerstand mehr gegenüber vertikaler Belastung. Der zweite Fall bestätigt die getroffene Voraussetzung, daß α_0 der Neigungswinkel bei unbelastetem Faltwerk ist. Für $\alpha > \alpha_0$ wird $\frac{P}{P_0}$ negativ, d. h., daß es einer nach oben gerichteten Kraft bedarf, um die Neigung der Dachflächen zu vergrößern. Für alle Winkel $\alpha < \alpha_0$ ist P positiv, also nach unten gerichtet. Aus diesem Grunde muß zwischen den beiden Nullstellen, dem Ausgangswinkel α_0 und dem horizontalen Dach, ein Maximum der Belastung liegen. Das bedeutet, daß nach einer Laststeigerung der Neigungswinkel des Daches abnimmt bis zu einer Stelle α_{cr} zwischen Null und α_0, nach welcher die weitere Abnahme des Neigungswinkels sogar unter geringerer Belastung möglich wäre. Bleibt die aufgebrachte Belastung erhalten, so geschieht an dieser Stelle ein Durchschlagen in eine Gleichgewichtslage mit negativem Neigungswinkel der Dachfläche. — Solange keine Zerstörung durch Spannungsüberschreitung eingetreten ist, kann die Last dann weiter gesteigert werden, wobei P nun an einer Kehle und nicht mehr an einem Grat des Daches angreift (Abb. 13.3).

Mit zunehmender Verformung tritt aber eine Umlagerung der Spannungen im Tragwerk ein, die beim Durchschlagen einen Vorzeichenwechsel der Spannungen bewirkt und in den meisten Fällen zum Einsturz des Bauwerkes führen wird. — Um dies zu vermeiden, sollte man eine Angabe über den minimalen Winkel zwischen zwei aufeinanderfolgenden Faltwerkscheiben besitzen. Die nachstehende Berechnung soll dazu dienen, eine Größenordnung dieses minimalen Schnittwinkels zu bestimmen.

Die erste Ableitung der Funktion (13.3) ergibt:

$$\frac{d}{d\alpha}\left(\frac{P}{P_0}\right) = \frac{\alpha}{(1+\alpha)^2}\,(2\alpha_0 - 3\alpha + \alpha_0\alpha - 2\alpha^2). \tag{13.5}$$

Die Lagen der Extremalwerte werden durch Nullsetzen dieser Ableitung erhalten, wobei der zwischen 0 und α_0 liegende kritische Neigungswinkel α_{cr} aus einer Wurzel des Klammerausdruckes hervorgeht. Da es sich um kleine Winkel handelt, $\alpha \ll 1$, können in diesem Ausdruck zweiter Ordnung die Doppelprodukte gegenüber den linearen Thermen gestrichen werden. Man erhält $2\alpha_0 - 3\alpha = 0$ oder:

$$\alpha_{cr} = \frac{2}{3}\,\alpha_0. \tag{13.6}$$

Die kritische Belastung, die zum Durchschlagen des Faltwerkes führt, ergibt sich nun durch Einsetzen des Wertes (13.6) in (13.3) zu:

$$\frac{P_{cr}}{P_0} = \frac{4}{9}\,\frac{\alpha_0^3}{3+2\alpha_0} \simeq \frac{4}{27}\,\alpha_0^3. \tag{13.7}$$

Es soll ferner verlangt werden, daß das Faltwerk nicht infolge Durchschlagens, sondern infolge Erreichens der Bruchspannung zusammenbricht. Wird die Bruchspannung mit σ_r bezeichnet, so folgt die höchstmögliche Belastung P_r aus der ersten der Gln. (12.20) mit $c = c_4 \sin\alpha \simeq c\alpha$:

$$-\sigma_s = \sigma_r = \frac{9}{16}\,\frac{Pl}{Fc\alpha} \tag{13.8a}$$

zu

$$P_r = \frac{16}{9}\,\sigma_r F\,\frac{c}{l}\,\alpha, \tag{13.8b}$$

wobei $\frac{2}{3}\,\alpha_0 < \alpha < \alpha_0$ ist. Somit lautet die Ungleichung, die ein Durchschlagen vor Spannungserschöpfung ausschließt, $P_{cr} \geq P_r$, und nach den Gln. (13.7) und (13.8b):

$$\frac{4}{27}\,\alpha_0^3 P_0 \geq \frac{16}{9}\,\sigma_r F_0\,\frac{c}{l}\,\frac{2}{3}\,\alpha_0.$$

Unter Beachtung von Gl. (13.4):

$$\frac{4}{27}\,\alpha_0^3\,\frac{64}{5}\,EF_0\left(\frac{c}{l}\right)^3 \geq \frac{16}{9}\,\sigma_r F_0\,\frac{c}{l}\,\frac{2}{3}\,\alpha_0$$

erhält man geordnet:

$$\alpha_0^2 \geq \frac{5}{8}\,\frac{\sigma_r}{E}\left(\frac{l}{c}\right)^2,$$

oder

$$\alpha_0 \geq \sqrt{\frac{5}{8}\,\varepsilon_r\,\frac{l}{c}} \tag{13.9a}$$

wobei ε_r die Bruchstauchung bedeutet.

Mit den getroffenen Annahmen würde für das hier berechnete Faltwerk die Bedingung resultieren, daß der Faltwerkswinkel δ_k — definiert als Winkel, um den eine Faltwerksscheibe gegenüber der vorangehenden gedreht ist — den zweifachen Wert der Dachneigung nach Gl. (13.9a) nicht unterschreiten darf.

$$\delta_k \geq 2\sqrt{\frac{5}{8}\,\varepsilon_r\,\frac{l}{c}}\,. \tag{13.9b}$$

Für Betonteile unter Axialdruck ist $\varepsilon_r \simeq 2‰$, ein von der Festigkeit ziemlich unabhängiger Wert.

Wird dieser Betrag für die Bruchstauchung des Baumaterials in Ungleichung (13.9b) eingesetzt und der Winkel in Graden (der 90°-Teilung des rechten Winkels) ausgedrückt, so entsteht die Bedingung:

$$\delta_k \geq 4\,\frac{l}{c} \text{ (in Graden)} \tag{13.10a}$$

Wäre die Belastung nicht so ungünstig angenommen worden und würde noch beachtet, daß die meisten wirklichen Tragwerke biegesteif miteinander verbunden sind, so entstünde ein kleinerer Grenzwinkel.

Andererseits ist bei dieser Grenzwinkelbestimmung noch keine Rücksicht auf das Überschätzen der Tragfähigkeit genommen worden, die dann eintritt, wenn die Faltwerkscheiben wie üblich aus der Schnittkraftberechnung am unverformten Querschnitt dimensioniert werden.

Dieses nichtlineare Verhalten wird auch bei besonders spitzen Winkeln in der gleichen Größenordnung fühlbar. — Daher sollte bei Faltwerken, die am unverformten Querschnitt bemessen werden, folgende Faustregel für den Faltwerkswinkel δ_k verwendet werden:

$$4\,\frac{l}{c} \leq \delta_k \leq 180 - 4\,\frac{l}{c} \text{ (in Graden)}. \tag{13.10b}$$

Ist zum Beispiel die Spannweite l gleich der fünffachen (mittleren) Scheibenbreite c, so lautet die Eingrenzung des Winkels δ_k zwischen zwei solchen Scheiben:

$$20° \leq \delta_k \leq 160°.$$

Übung 13.1. *Zum Durchschlagproblem*

a) Welches sind die Bedingungen, die man an ein nach Abb. 11.1 gebautes Modell stellen würde, um eine in Abb. 13.3 dargestellte Kurve so aufnehmen zu können, daß die vorgegebene Proportionalitätsgrenze ε_p des Modellbaustoffes nirgends überschritten wird?

(Hinweis: Bestimme die absolut größte Spannung im Verformungsbereich $0 < \alpha < \alpha_0$.)

b) Welches sind die Grenzen des Aufnahmebereiches, wenn α_0 so gewählt wird, daß die Proportionalitätsgrenze im Interval $0 < \alpha < \alpha_0$ gerade erreicht wird?

Lösung:

a) Die größte Spannung ist σ_5, gegeben in Gl. (13.8a). Wird P aus Gl. (13.3) unter Zuzug von Gl. (13.4) eingesetzt, so ist $\sigma_5 = f(\alpha)$:

$$\sigma_5 = -\frac{36}{5} E \left(\frac{c}{l}\right)^2 \frac{\alpha(\alpha_0 - \alpha)}{1+\alpha}. \tag{a}$$

Diese Spannung wird extremal für $\alpha \simeq \frac{\alpha_0}{2}$ und beträgt:

$$|\max \sigma_5| = \frac{9}{5} E \left(\frac{c}{l}\right)^2 \alpha_0^2. \tag{b}$$

Somit:

$$\alpha_0 \frac{c}{l} > \frac{\sqrt{5\,\varepsilon_p}}{3}.$$

b) Wird die allgemeine Spannung (a) gleich dem Wert in (b) gesetzt, so erhält man die beiden Grenzen zu:

$$-\frac{\sqrt{2}-1}{2}\alpha_0 < \alpha < +\frac{\sqrt{2}+1}{2}\alpha_0.$$

13.2 Übereinstimmung

a) Das Zweischeibenprofil

Wie die beiden Titel andeuten, ist die Behauptung die, daß bei den nur aus zwei prismatischen Scheiben bestehenden Tragwerken kein Unterschied in den Resultaten der Spannungsanalyse vorhanden ist, gleichgültig, ob die Analyse nach der Stab- oder der Faltwerktheorie vorgenommen wird. Wir betrachten zunächst die Stabtheorie.

Die Bestimmung des Schubmittelpunktes am offenen, dünnwandigen Querschnitt ist beim Zweischeibenprofil besonders einfach: er liegt im Schnittpunkt der beiden Scheibenprojektionen. Der Schubmittelpunkt kann bestimmt werden als der Schnittpunkt der resultierenden Querkraft aus beliebigen Biegefällen. — Wie immer der Biegefall angenommen wird, treten beim Zweischeibenprofil nur zwei Querkraftkomponenten in den beiden Scheibenebenen auf, die eine durch die gemeinsame Kante wirkende resultierende Querkraft aufbauen.

Diese Querkraft kann nie im Gleichgewicht mit äußerer Belastung stehen, wenn die Wirkungslinie der Belastung nicht auch die Schnittgerade der beiden Ebenen enthält.

Vom Standpunkt der Faltwerktheorie aus betrachtet, ist die Bedingung an die Belastung gleichlautend; sie muß durch die gemeinsame Kante in das Faltwerk eingeführt werden. Eine ebene Normalspannungsverteilung wird hier jedoch nur über die einzelnen Scheiben und nicht über den ganzen Querschnitt vorausgesetzt. Sind aber nur zwei Scheiben gelenkig miteinander verbunden, so daß an der Nahtstelle dieselbe Normalspannung wirkt, so läßt sich die Spannungsverteilung immer als eine ebene auffassen, denn eine Ebene ist durch zwei sich schneidende Geraden bestimmt.

Da es nicht mehrere ebene Normalspannungsverteilungen über einen Querschnitt gibt, die mit ein und derselben Belastung im Gleichgewicht stehen, müssen auch die Resultate der Stab- und Faltwerktheorie übereinstimmen.

Welche der beiden Theorien vorzuziehen ist, hängt von den Symmetrieverhältnissen und der Lastanordnung ab. — Fällt die Belastungsebene mit einer Scheibenebene zusammen, so führt die Faltwerktheorie rascher zum Ziel.

Als Beispiel wird das in Abb. 13.4a gezeichnete Winkelprofil, das als vereinfachtes Modell einer Kranbahn aufgefaßt werden kann, gegeben. In der Lastebene liegt die rechteckige Scheibe der Fläche F_0, senkrecht dazu die Versteifungsscheibe mit dem Querschnitt ϱF_0. Nach der Kernpunktmethode ist die Ersatzfläche ein Viertel der effektiven (Randscheibe, $F^* = \varrho F_0/4$, $\sigma_1/\sigma_3 = -1/2$), so daß die Spannungen und lotrechten Durchbiegungen am Profil der Abb. 13.4b berechnet werden können. Laut Tab. 12.1, Zeile 6 und 7, betragen die Normalspannungen, wenn das Biegemoment aus äußerer Belastung mit M_0 bezeichnet wird:

$$\sigma_5 = + \frac{M_0}{\dfrac{c F_0}{6}\,\dfrac{F_0 + \varrho F_0}{F_0 + \dfrac{\varrho F_0}{2}}} = + \frac{3(2+\varrho)}{1+\varrho}\,\frac{M_0}{c F_0},$$

$$\sigma_3 = - \frac{M_0}{\dfrac{c F_0}{6} + \dfrac{2}{3}\,c\,\dfrac{\varrho F_0}{4}} = - \frac{6}{1+\varrho}\,\frac{M_0}{c F_0}, \tag{13.11}$$

$$\sigma_1 = -\frac{\sigma_3}{2} = + \frac{3}{1+\varrho}\,\frac{M_0}{c F_0}.$$

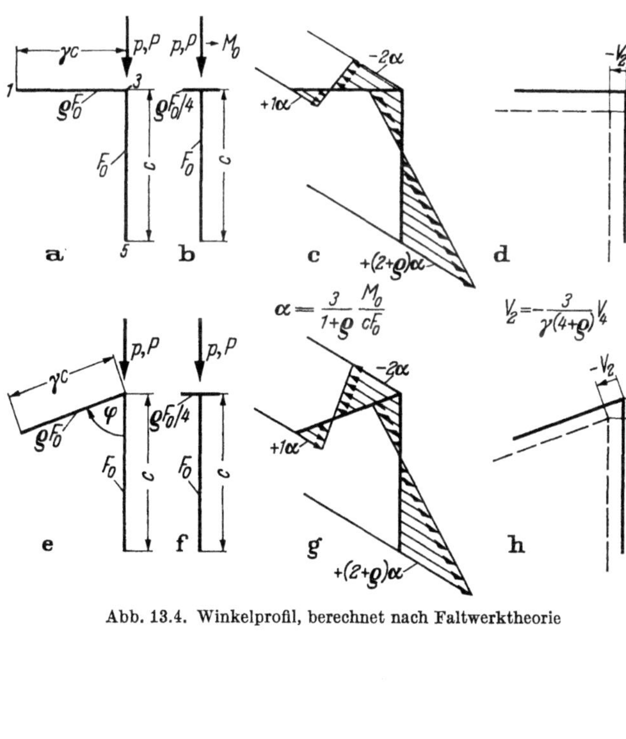

Abb. 13.4. Winkelprofil, berechnet nach Faltwerktheorie

Die Durchbiegung in lotrechter Richtung, v_4, ergibt sich aus der Krümmung $v_4'' = -\frac{M_0}{EI^*}$ unter Beachtung der Randbedingungen, was nach Zeile 4 der Tab. 12.1

$$v_4'' = -\frac{M_0}{E\frac{c^2F_0}{12}\frac{F_0+\varrho F_0}{F_0+\frac{\varrho F_0}{4}}} = -\frac{3(4+\varrho)}{1+\varrho}\frac{M_0}{Ec^2F_0} \tag{13.12}$$

beträgt. Die horizontale Ausbiegung wird aus der lotrechten nach Gl. (12.14) bestimmt:

$$v_2 = v_4\frac{-6-3}{3(2+\varrho)+6}\frac{c}{\gamma c} = -\frac{3}{4+\varrho}\frac{v_4}{\gamma}. \tag{13.13}$$

Diese Resultate sind in den Abb. 13.4c und d dargestellt für die Annahmen $\varrho = 1$ und $\gamma = \frac{3}{4}$.

In der zweiten Reihe der Abb. 13.4 ist die Berechnung für ein Profil dargestellt, dessen Scheiben nicht mehr rechtwinklig, sondern unter einem beliebigen Winkel φ zueinander stehen. Da die stellvertretende Fläche unabhängig vom Winkel φ ist, ändern sich bei einer Verdrehung der unbelasteten Scheibe weder die Spannungen noch die lotrechten Durchbiegungen. Lediglich die horizontale Durchbiegung ist nun in Scheibenrichtung aufzutragen (Abb. 13.4h).

Es wäre viel zeitraubender, solche Aussagen über das Verhalten des Winkelprofils bei Änderung der Schenkelstellung mit der Biegetheorie herzuleiten.

b) Das Dreischeibenprofil

Da die inneren Kräfte über jeden Querschnitt eines Stabes im Gleichgewicht mit den äußeren Kräften stehen müssen, und da die Schubspannungen über einen Scheibenquerschnitt eine in der Scheibe liegende Schubkraft ergeben, wird beim Dreischeibenprofil der Querkraft aus äußerer Belastung das Gleichgewicht durch drei innere Kräfte gehalten, deren Wirkungslinien die drei Scheibenprojektionen sind.

Nun ist die Zerlegung jeder Kraft in drei sich nicht schneidende und nicht zusammenfallende Geraden eindeutig.

Im Abschn. 13.1 sind Querschnitte, bei denen drei Scheiben eine gemeinsame Schnittkante oder zusammenfallende Ebenen haben, bereits ausgeschlossen worden. Somit gibt es bei den zum Vergleich zugelassenen Faltwerken nur eine eindeutige Zuordnung der drei Scheibenkräfte zu der äußeren Belastung. — Nachdem die resultierende Schubkraft für jede Scheibe in Stab- und Faltwerktheorie übereinstimmt, kann der Schubspannungsverlauf auch nicht mehr verschieden sein, denn für beide gilt Gl. (11.19) mit linearer Veränderung der Normalspannungen, und die Randbedingungen pro Scheibe bleiben dieselben in beiden Theorien (kein Schubfluß am freien Scheibenrand und Kontinuität an der gemeinsamen Kante).

Die Schub- und Normalspannungen wie auch die Scheibendurchbiegungen können daher auch bei einem aus drei Scheiben gebildeten Tragwerk nicht davon abhängen, ob sie nach der Stab- oder Faltwerktheorie hergeleitet worden sind.

Als Beispiel soll der im Kap. 6 nach der Stabtheorie berechnete Shedquerschnitt zugezogen werden (s. Abb. 6.1 für die Abmessungen und Abb. 6.2 für die Belastung). Die Zerlegung der Belastung p_y in die Wirkungslinien der drei Scheibenkräfte erfolgt nach dem RITTERschen Verfahren[1], indem gleiche Momente aus äußerer Belastung und Scheibenkraft für die drei Schnittpunkte der Wirkungslinien angeschrieben werden (s. Abb. 13.5):

$$p_2 4a = -p_y 1{,}5a,$$
$$-p_4 5{,}6a = -p_y 5{,}5a,$$
$$-p_6 4{,}95a = +p_y 1{,}5a.$$

Aus jeder dieser drei Gleichungen folgt die entsprechende Scheibenkomponente:

$$p_2 = -0{,}375 p_y, \quad p_4 = +0{,}982 p_y, \quad p_6 = -0{,}303 p_y. \tag{13.14}$$

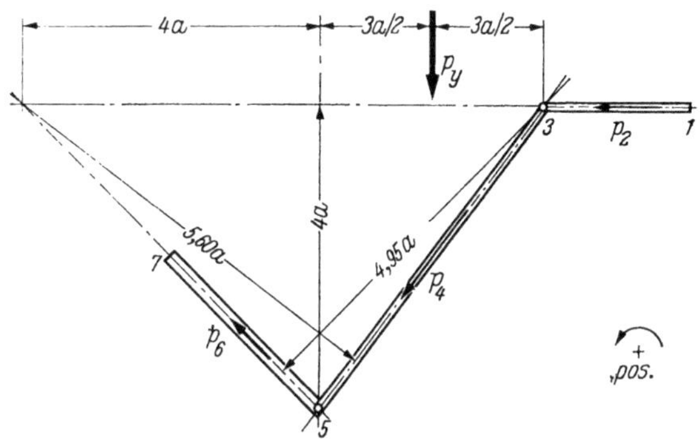

Abb. 13.5. Bestimmung der Scheibenkomponenten am Dreischeibenprofil der Abb. 6.1

Somit lauten die Ausdrücke M_{i0}/W_i, die sowohl für die Belastungsglieder im Gleichungssystem (11.7) als auch für die Berechnung der Kantenspannungen aus den Lösungen dieses Systems benötigt werden, Gl. (11.6), wie folgt:

$$\begin{aligned} \frac{M_{20}}{W_2} &= -\frac{0{,}375\, M_y}{\frac{1}{6} F_0 2a} = -\,1{,}125 \frac{M_y}{a F_0}, \\ \frac{M_{40}}{W_4} &= +\frac{0{,}982\, M_y}{\frac{1}{6} 2 F_0 5a} = +\,0{,}589 \frac{M_y}{a F_0}, \\ \frac{M_{60}}{W_6} &= -\frac{0{,}303\, M_y}{\frac{1}{6} 2 F_0 2\sqrt{2}a} = -\,0{,}321 \frac{M_y}{a F_0}. \end{aligned} \tag{13.15}$$

In diesen Ausdrücken bedeutet M_y das Biegemoment infolge der lotrechten Belastung p_y, ermittelt am Stab mit denselben Randbedingungen wie für das Faltwerk.

Die beiden unbekannten Kantenkräfte R_3 und R_5 werden aus dem Gleichungssystem (11.7) berechnet, das für diesen Querschnitt und Belastungsfall folgendermaßen lautet:

$$R_3\, 2\left(\frac{1}{F_0} + \frac{1}{2F_0}\right) + R_5 \frac{1}{2F_0} = \frac{1}{2}\,(-1{,}125 + 0{,}589) \frac{M_y}{a F_0},$$

$$R_3 \frac{1}{2F_0} + R_5\, 2\left(\frac{1}{2F_0} + \frac{1}{2F_0}\right) = \frac{1}{2}\,(0{,}589 - 0{,}321) \frac{M_y}{a F_0}.$$

---

[1] RITTER, W.: Anwendungen der graphischen Statik, 4 Bände, 1888, 1890, 1900, 1906.

Die Lösungen sind:

$$\begin{aligned} R_3 &= -0{,}105\,\frac{M_y}{a}, \\ R_5 &= +0{,}093\,\frac{M_y}{a}. \end{aligned} \tag{13.16}$$

Da die Schubflüsse in diesen Kanten gleich der ersten Ableitung der Kantenkräfte nach z sind [in Gl. (13.16) wird M_y durch Q_t ersetzt, s. Gl. (11.17)], so erhält man hier eine erste Kontrolle mit den in Abb. 6.2 angeschriebenen Schubflußwerten in den entsprechenden Kanten.

Das Einsetzen der Werte (13.16) und (13.15) in Gl. (11.6) liefert, bis auf Rundungsdifferenzen in der letzten mitgeführten Dezimalstelle, dieselben Normalspannungen, wie sie in Abb. 6.2 eingetragen sind.

Vergleicht man nun den Aufwand zur Berechnung dieses Problems mit dem im Abschn. 6.2 nach der Stabtheorie gegebenen, so erkennt man, daß er immer dann kleiner ist gegenüber der Faltwerktheorie, wenn nur ein einziger Belastungsfall analysiert werden muß. Stets lohnt es sich, die Dreischeibenquerschnitte nach der Faltwerktheorie zu berechnen, wenn die Belastungsebene mit einer Scheibenebene zusammenfällt. Als Beispiel dafür wird die im Abschn. 6.2b nach der Stabtheorie berechnete Übung 6.1 nachstehend mit der Faltwerktheorie berechnet.

Das Problem ist, mit umgekehrter Numerierung der Scheiben und Kanten, noch einmal in Abb. 13.6a dargestellt.

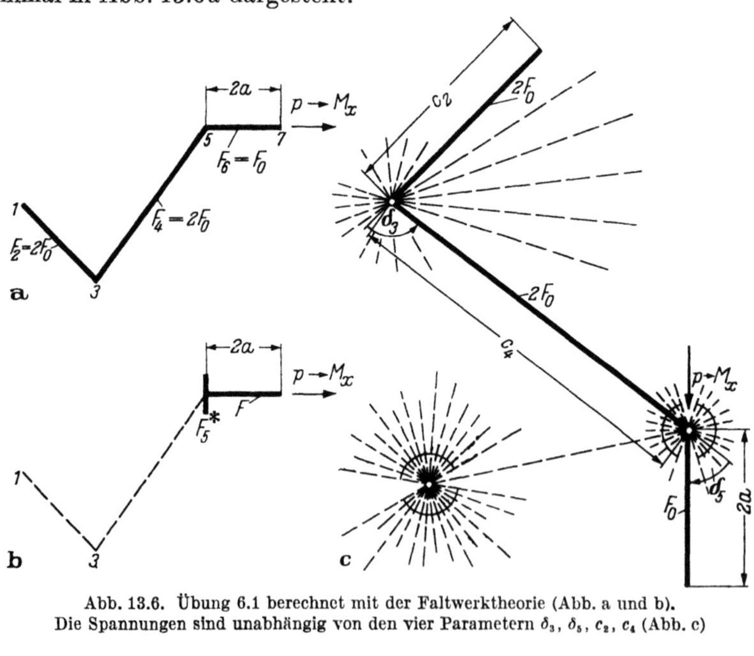

Abb. 13.6. Übung 6.1 berechnet mit der Faltwerktheorie (Abb. a und b). Die Spannungen sind unabhängig von den vier Parametern δ_3, δ_5, c_2, c_4 (Abb. c)

Die Ersatzfläche am Rumpfquerschnitt der Abb. 13.6b wird aus der ersten der beiden Gln. (12.19b) erhalten zu:

$$F_5^* = 2\,F_0\,\frac{2\,F_0 + 2\,F_0}{6\,F_0 + 8\,F_0} = \frac{4}{7}\,F_0.$$

Damit hat dieser Rumpfquerschnitt folgende Widerstandsmomente:

$$W_5^* = \frac{23}{21}\, a F_0,$$

$$W_7^* = \frac{23}{45}\, a F_0.$$

Mit den Randspannungsverhältnissen aus den Gln. (12.19), nämlich $\sigma_1/\sigma_3 = -1/2$ und $\sigma_3/\sigma_5 = -2/7$ erhält man folgende Normalspannungen:

$$\begin{aligned} \sigma_7 &= + \frac{M_x}{W_7^*} = + \frac{45}{23} \frac{M_x}{a F_0}, \\ \sigma_5 &= - \frac{M_x}{W_5^*} = - \frac{21}{23} \frac{M_x}{a F_0}, \\ \sigma_3 &= - \frac{2}{7} \sigma_5 = + \frac{6}{23} \frac{M_x}{a F_0}, \\ \sigma_1 &= - \frac{1}{2} \sigma_3 = - \frac{3}{23} \frac{M_x}{a F_0}. \end{aligned} \qquad (13.17)$$

Diese hier nach der Faltwerktheorie ermittelten Spannungen stimmen mit den in Übung 6.1 nach der Stabtheorie (in umgekehrter Numerierung) berechneten Resultaten überein.

Neben der einfacheren Berechnung gibt die Faltwerktheorie eine bessere Einsicht zur Verallgemeinerung der Resultate. Aus den Überlegungen im Zusammenhang mit der Kernpunktmethode ist ersichtlich, daß das Resultat unabhängig ist von der Form des unbelasteten Faltwerkteiles und den Breiten der unbelasteten Scheiben. Daher sind die in Gl. (13.17) zusammengestellten Spannungen auch gültig für vierfach unendlich viele andere Profile.

Die innerhalb der im Abschn. 13.1 aufgestellten Schranken noch beliebig zu wählenden Parameter sind δ_3, δ_5, c_2 und c_4 (s. Abb. 13.6c).

Für den im Brückenbau häufig vorkommenden Fall eines *symmetrischen Dreischeibenquerschnittes*, bestehend aus zwei Hauptträgern und einer (eventuell versenkten) Fahrbahn, kann eine beliebige, zur Symmetrieebene parallele Belastung immer in einen symmetrischen und antimetrischen Lastfall mit nur in Hauptträgerebene wirkenden Kräften zerlegt werden. Zufolge der Symmetrie ist das Kantenspannungsverhältnis in der Fahrbahnebene bekannt; es ist $+1$ für den symmetrischen Lastfall und -1 für den antimetrischen. Daher kann der Querschnitt mit den Ersatzflächen nach Gl. (12.24) bzw. Gl. (12.25) getrennt werden. Die Normal- und Schubspannungen, wie auch die Durchbiegungen, können somit an den in Abb. 13.7b und c dargestellten Ersatzträgern nach den Regeln der Balkenstatik ermittelt werden. In der Fahrbahn verlaufen die Normalspannungen linear von Kante zu Kante, und die Schubspannungen können mit den Gln. (11.28) berechnet werden.

Dieser Berechnungsweg ist schon vereinzelt eingeschlagen worden[1,2]. Er gewinnt durch einen Hinweis von RESINGER[3], daß der Schubmittelpunkt des

---

[1] BEUSCH, J., u. G. PESTALOZZI: Statische Berechnung der St. Albanbrücke, Basel, 1953.

[2] BASLER, K.: Diplomarbeit, E.T.H. Zürich, 1954.

[3] RESINGER, F.: Ermittlung der Wölbspannungen an einfach symmetrischen Profilen nach dem Drillträgerverfahren. Der Stahlbau. Bd. 26, 1957, 321.

Brückenquerschnittes um das gleiche Maß über der Fahrbahnebene liegt, wie die Neutralachse des Ersatzträgers für die antimetrische Belastung darunter, Abb. 13.7c. Denn für die Zerlegung von Windlasten in einen verdrehenden Anteil (der wiederum nach Abb. 13.7c zu berechnen ist) und einen Biegeanteil (der reine Biegung in Brückenquerrichtung verursacht) ist die Kenntnis des Schubmittelpunktes notwendig, falls nicht nach der allgemeinen Methode der Faltwerktheorie gemäß Abb. 13.5 vorgegangen wird.

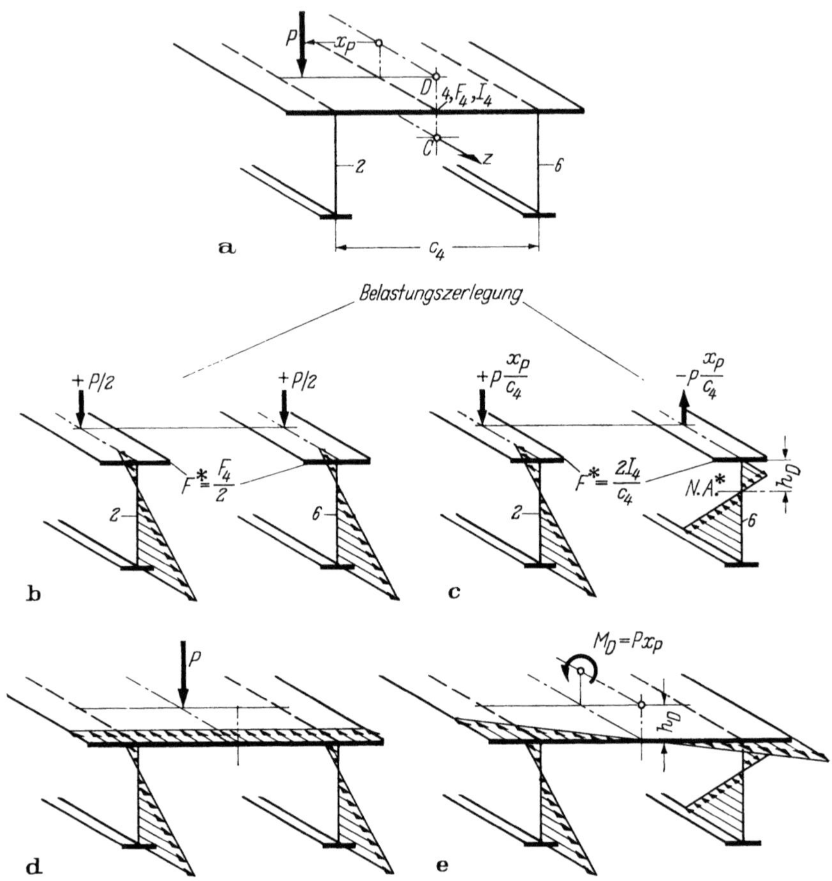

Abb. 13.7. Normalspannungen am symmetrischen Dreischeibenprofil; b und c: nach der Faltwerktheorie, d und e: nach der Stabtheorie

Zur Gegenüberstellung ist in den beiden Abb. 13.7d und e auch noch die Auffassung nach der Stabtheorie wiedergegeben. Die Querbelastung des Stabes wird auf die Schubmittelpunktachse reduziert und die Biegespannungen (Abb. 13.7d) von den Wölbspannungen (Abb. 13.7e) gesondert ermittelt.

Es sei noch einmal darauf hingewiesen, daß die Resultate bei dünnwandigen Querschnitten mit vernachlässigbar kleiner SAINT-VENANTscher Torsionssteifigkeit dieselben sind, unabhängig davon, ob nach der Stab- oder Faltwerktheorie vorgegangen wird, da der Querschnitt zur Kategorie der Dreischeibenquerschnitte gehört!

Übung 13.2. *U- und Z-Querschnitte.* Berechnung der Normalspannungen und Durchbiegungen parallelflanschiger [- und ˥_-Profile infolge Steg- und Flanschbelastung nach der Faltwerktheorie.

Gegeben:

Flanschfläche F und Flanschbreite c, Stegfläche ϱF und Steghöhe γc, d. h. F, c und die beiden Parameter ϱ und γ.

Gesucht:

Die Normalspannungen, die Ersatzträgheitsmomente für die Durchbiegungsberechnung der direkt belasteten Scheiben und die Relativverschiebungen der übrigen beiden Scheiben zu dieser infolge:

a) Belastung in der Stegebene, charakterisiert durch M_x,

b) Belastung in einer Flanschebene, charakterisiert durch M_y.

Lösung:

a) Das Ersatzprofil ist sowohl für den [- als auch den ˥_-Querschnitt ein I-Profil mit Flanschflächen, die ein Viertel der wirklichen betragen. Daraus werden die Durchbiegungen v_4 bestimmt und über Gl. (11.40) v_2 und v_6.

Die Resultate sind nachstehend zusammengestellt. Sie sind identisch für beide Profilformen.

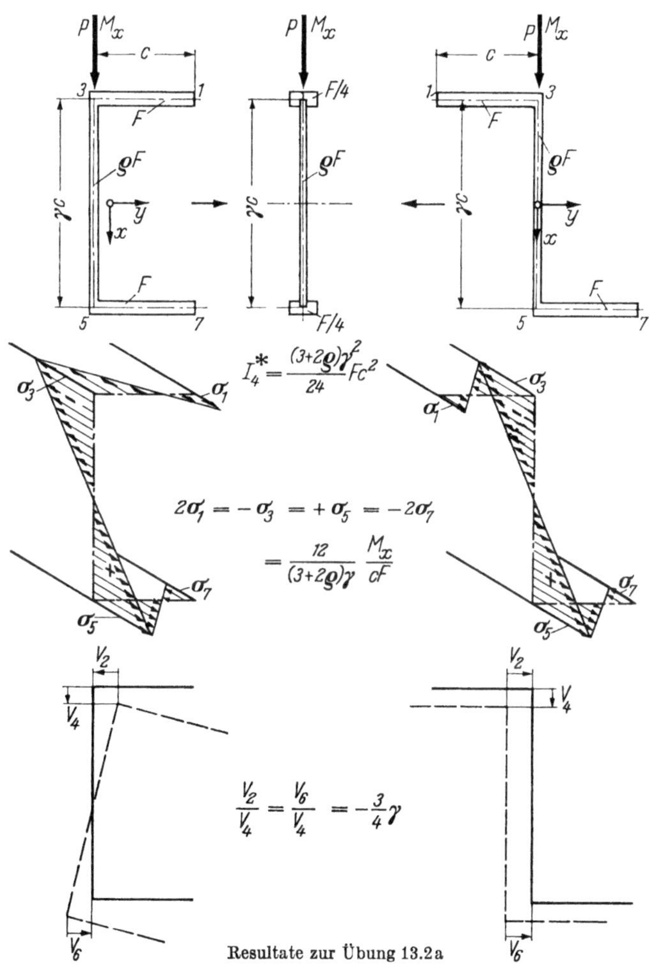

Resultate zur Übung 13.2a

b) Die Gln. (12.18) haben für beide Querschnitte Gültigkeit. Das Ersatzprofil ist ein T-Querschnitt:

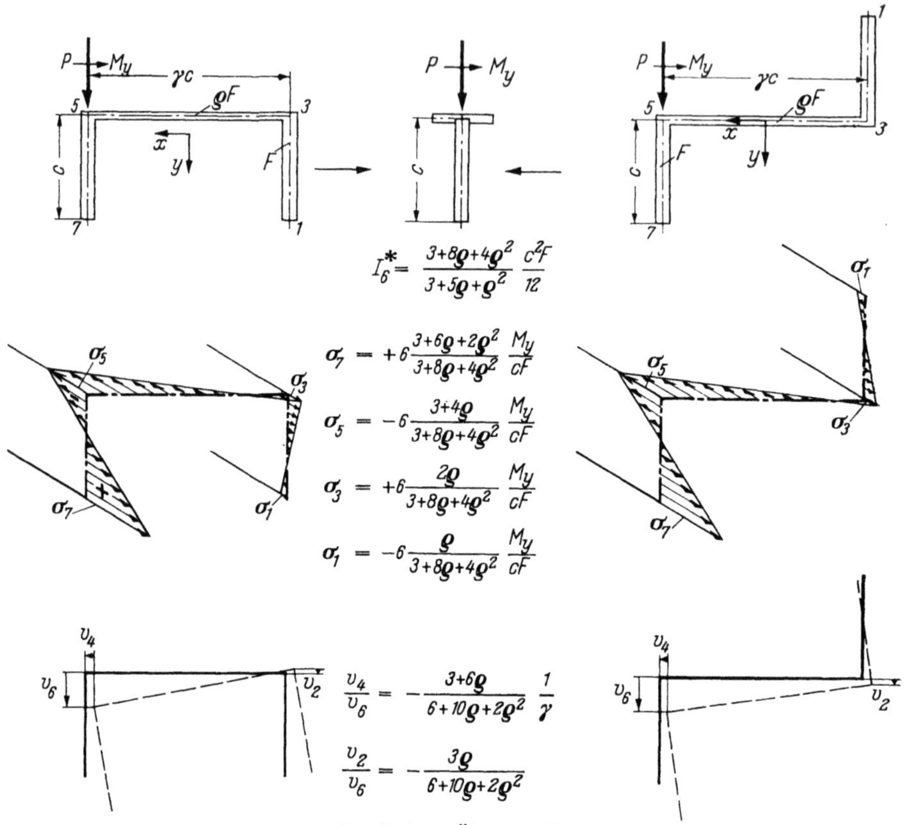

Resultate zur Übung 13.2b

Übung 13.3. *Vergleiche.* Verifiziere, daß die Resultate der Übung 13.2 dann vollständig mit den in den Abschnitten 10.1c und d nach der Stabtheorie ermittelten übereinstimmen, wenn nur Biege- und Wölbtorsionsanteile berücksichtigt werden, d. h. wenn der SAINT-VENANTsche Torsionswiderstand vernachlässigt wird.

Hinweis: Nach Gl. 10.9a ist für den Fall des [-Profiles mit Belastung in der Stegebene

$$\sigma = \frac{M_x}{I_{xx}}\,x + \frac{M_\omega}{I_{\omega\omega}}\,\omega\,.$$

Ohne SAINT-VENANTsche Torsion ist nach Kap. 7 $M_\omega = -e\,M_x$. Mit e nach Gl. (10.11b) und den in Tab. 10.1 berechneten Werten werden die in Übung 13.2a bestimmten Normalspannungen erhalten.

13.3 Der wesentliche Unterschied

a) Theorie

α) Verformungen. Um zu erkennen, worin der Unterschied in den Resultaten der Stab- und Faltwerktheorie besteht, werden zunächst die Verformungsmöglichkeiten betrachtet, denn die Voraussetzungen der beiden Theorien unterscheiden sich nur in einem Verformungspostulat (falls in beiden der SAINT-VENANTsche Torsionswiderstand vernachlässigt wird).

Bei der Stabtheorie wird die Formerhaltung für den ganzen Querschnitt vorausgesetzt (s. Abschn. 5.2d), während dies bei der Faltwerktheorie nur für die einzelnen Scheiben des Profils gilt. Beiden Theorien ist die Voraussetzung der vernachlässigbar kleinen Schubverformung und der den Dehnungen proportionalen Spannungen gemeinsam.

Die Distanz zweier Kanten, d. h. jede Scheibenbreite, bleibt unverändert unter der Belastung. Aus den (zueinander affinen) Scheibendurchbiegungen, welche die Berechnung nach der Faltwerktheorie für jede Scheibe liefert, wird daher die Verschiebung aller Schnittgeraden der Tragwerksscheiben festgelegt, nicht aber der Ränder eines offenen Profiles. Um diese Verschiedenheit hervorzuheben, wird im folgenden zwischen *Schnittkanten* und *Randkanten* eines offenen, aus dünnwandigen Scheiben bestehenden Profiles unterschieden. Werden bei einem solchen Faltwerk die Verformungen skizziert, so zeichnet man die Randscheiben, in Ermangelung einer Angabe, meist parallel zu ihrer ursprünglichen Lage wieder ein (s. z. B. Abb. 11.9 oder Abb. 12.2c). Man dürfte aber jede beliebige Verdrehung der Randscheiben um ihre Schnittkante zeichnen, solange die Verdrehung in der gleichen Größenordnung klein ist, wie diejenigen der übrigen Scheiben. Diese müssen voraussetzungsgemäß so klein bleiben, daß die Bestimmung der Scheibenkräfte am unverformten Tragwerk erlaubt ist und im Verlaufe der Belastung als unverändert angesehen werden darf. Insbesondere ist es erlaubt, die Verdrehung der Randscheibe gleich der angrenzenden Scheibe zu setzen. Damit ist es möglich, die Form des Querschnittes über jene beiden Teilstücke eines offenen, dünnwandigen Querschnittes zu wahren, die aus den ersten zwei und letzten zwei Scheiben bestehen.

Daraus ist erstens ersichtlich, daß ein aus drei Scheiben bestehender Querschnitt immer formtreu aufgefaßt werden darf, auch wenn die Scheibenspannungen nach der Faltwerktheorie ermittelt werden; denn die mittlere der drei Scheiben gehört beiden Teilstücken an. Dies ist in den Resultaten zur Übung 13.1 stillschweigend so gezeichnet worden. Man erkennt aber auch, daß in den Voraussetzungen der Stab- und Faltwerktheorie beim Dreischeibenquerschnitt noch kein Unterschied entstehen kann, wonach wiederum bewiesen ist, daß die Resultate mit Ausnahme eventueller SAINT-VENANTscher Torsion identisch sein müssen.

Zweitens ist ersichtlich, daß beim aus vier dünnwandigen Scheiben gebildeten offenen Querschnitt mit den Scheiben 2, 4, 6 und 8 die Differenz der Verformungsbilder auf eine Veränderung im Kantenwinkel *5* zurückgeführt werden kann. Würden offene Querschnitte mit n Scheiben betrachtet, so wären die Verformungsunterschiede beider Tragarten auf $n-3$ Freiheitsgrade in den Kantenwinkeln beschränkt.

β) Spannungen. Zum Unterschied in den Spannungszuständen beider Tragarten ist folgendes festzustellen: Da sowohl nach der Tragart der Faltwerke wie nach der Stabwirkungsweise die Gesamtheit der Spannungen (innere Kräfte) im Gleichgewicht mit der äußeren Belastung steht, die Differenz der resultierenden Belastung bei der Subtraktion zweier Vergleichszustände aber verschwindet, so muß der Unterschied in den Spannungszuständen beider Theorien in einem *Eigenspannungszustand* bestehen.

Auch Eigenspannungszustände haben resultierende Scheibenquerkräfte, die man sich durch Kantenbelastungen des Faltwerkes erzeugt vorstellen kann (Abb. 13.8).

Bei einer aus drei parallelen Kräften bestehenden Gruppe ist das Verhältnis der Kräfte untereinander festgelegt durch die senkrecht zu den Wirkungslinien gemessenen Kantenabstände; nur die Größe X der Kraftgruppe kann noch bestimmt werden. Da in Faltwerken Kräfte nur in Schnittkanten (und nicht in Randkanten) eingeführt werden dürfen, erstreckt sich die äußerste Kraftgruppe bereits über die ersten drei Schnittkanten. Durch Weiterschieben der ganzen Gleichgewichtsgruppe um eine Kante wird ein neuer, unabhängiger Eigenspannungszustand erzeugt.

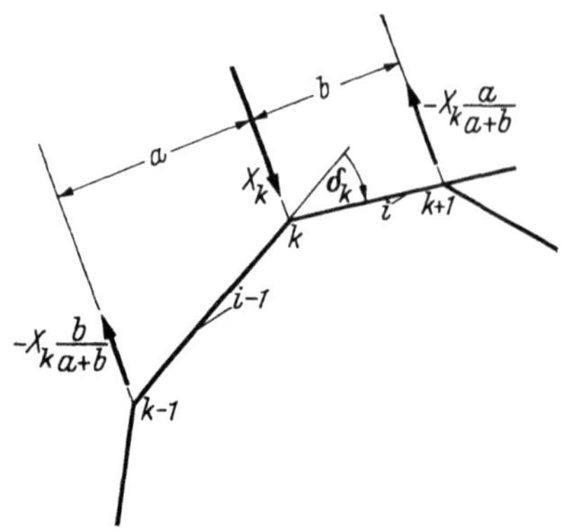

Abb. 13.8. Kraftgruppe, die einen Eigenspannungszustand erzeugt

Wiederum ist ersichtlich, daß soviele und nur soviele voneinander unabhängige Kraftgruppen, d. h. Eigenspannungszustände, möglich sind, wie Freiheitsgrade in den Verformungsunterschieden festgestellt worden sind: $n-3$ für einen aus n Scheiben bestehenden Querschnitt. Somit ist erneut einzusehen, daß beim Dreischeibenquerschnitt mit nur zwei Schnittkanten kein Eigenspannungszustand möglich ist, der einen Unterschied in den Resultaten bewirken könnte.

Will man den Spannungszustand aus der Faltwerktragweise in denjenigen der Stabtheorie überführen, so kann man dies beim offenen Querschnitt mit n Scheiben durch Addition von $n-3$ Eigenspannungszuständen durchführen, falls ihre Größe X_k so gewählt wird, daß die Veränderung der $n-3$ Kantenwinkel verschwindet.

b) Dachquerschnitt

Ein Musterbeispiel eines offenen Querschnittes mit mehr als drei Scheiben ergibt das in Abb. 11.1 eingeführte Faltwerk, dessen Querschnittsabmessungen in Abb. 11.3 definiert sind.

Die Spannungen aus Faltwerktheorie sind in Gl. (12.20) zusammengestellt. Am unverformbaren Balkenquerschnitt lauten die entsprechenden Spannungen:

$$\begin{aligned} \sigma_5 &= -\frac{3}{4}\frac{Pl}{4cF}, \\ \sigma_3 &= \sigma_7 = 0, \\ \sigma_1 &= \sigma_9 = +\frac{3}{4}\frac{Pl}{4cF}. \end{aligned} \tag{13.18}$$

Beide Spannungszustände sind im Gleichgewicht mit derselben äußeren Belastung. Die Differenz dieser beiden Spannungszustände, Gl. (12.20) minus

Gl. (13.18), ergibt:

$$\begin{aligned} \sigma_5 &= -\frac{3}{2}\frac{Pl}{4cF_0}, \\ \sigma_3 = \sigma_7 &= +\frac{3}{2}\frac{Pl}{4cF_0}, \\ \sigma_1 = \sigma_9 &= -\frac{3}{2}\frac{Pl}{4cF_0}. \end{aligned} \tag{13.19}$$

Dieser Eigenspannungszustand ist in Abb. 13.9 dargestellt. Seine Form ist für jede beliebige Belastung die hier dargestellte, da mit $n = 4$ Scheiben nur der Eigenspannungszustand $n - 3 = 1$ möglich ist. Lediglich die Größe der Spannungen kann noch belastungsabhängig sein, nicht aber ihr Verlauf über den Querschnitt. Um dies zu verifizieren, soll noch die Differenz der Normalspannungen aus Faltwerk und Stabtheorie für den unsymmetrischen Belastungsfall berechnet werden.

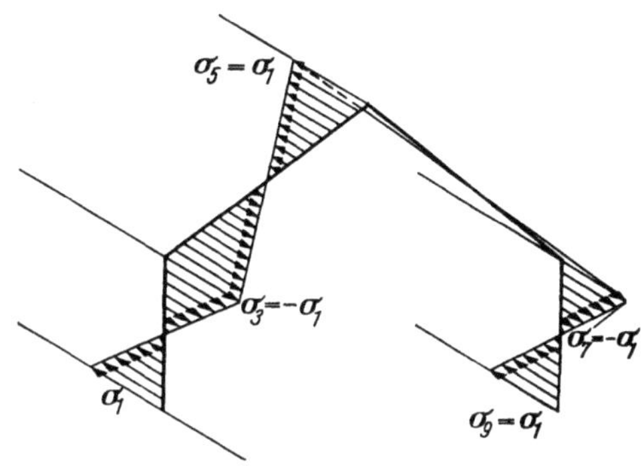

Abb. 13.9. Der Eigenspannungszustand des vierscheibigen Faltwerkes nach Abb. 11.3

Die Normalspannungen nach der Faltwerktheorie sind in Gl. (11.11) zusammengestellt und nach der Stabtheorie in Übung 6.2b berechnet worden. Die Differenz lautet somit:

gem. Mult.	s. Gl. (11.11) $\frac{M_{80}}{cF}$		s. Übg. 6.2b $\frac{M_{80}}{cF}$		Eigensp. Zust. $\Delta\sigma$ $\frac{M_{80}}{cF}$
σ_1:	$+\frac{3}{28}$	$-$	$\left(-\frac{39}{28}\right)$	$=$	$+\frac{3}{2}$,
σ_3:	$-\frac{3}{14}$	$-$	$\left(+\frac{9}{7}\right)$	$=$	$-\frac{3}{2}$,
σ_5:	$+\frac{3}{4}$	$-$	$\left(-\frac{3}{4}\right)$	$=$	$+\frac{3}{2}$,
σ_7:	$-\frac{39}{14}$	$-$	$\left(-\frac{9}{7}\right)$	$=$	$-\frac{3}{2}$,
σ_9:	$+\frac{123}{28}$	$-$	$\left(+\frac{81}{28}\right)$	$=$	$+\frac{3}{2}$.

(13.20)

Das ist tatsächlich wieder dieselbe „Koordinatenfunktion" für den Spannungsverlauf über den Querschnitt, wie sie in Abb. 13.9 dargestellt worden ist. Aus dem Vergleich der Spannungsgrößen zwischen den Gln. (13.19) und (13.20) erkennt man, daß eine lotrechte Belastung über der Traufkante den Faltwerkswinkel δ_5 um das gleiche Maß vergrößert, wie ihn die gleiche Belastung im First verkleinert; denn das Verhältnis der Größen dieser beiden Eigenspannungszustände ist -1.

c) Plattenbalkenquerschnitt

Die bis anhin berechneten offenen Brückenquerschnitte gehören zu den Dreischeibenquerschnitten. Um einen Vierscheibenquerschnitt zu erhalten, muß neben der Fahrbahnscheibe ein dritter Hauptträger vorhanden sein. Dies wäre zum Beispiel der Fall, wenn im Brückenquerschnitt der Abb. 11.8 noch ein Hauptträger in der Symmetrieebene eingeführt würde.

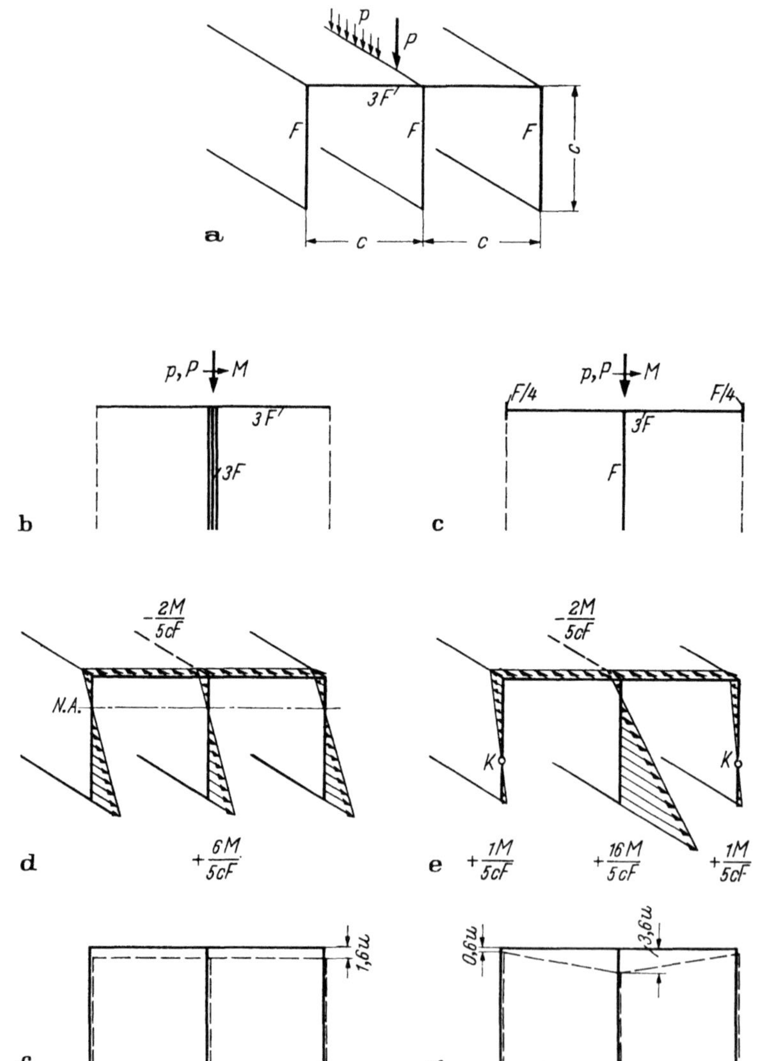

Abb. 13.10. Modell des Plattenbalkens;
Berechnung nach Stab- (links) und Faltwerktheorie (rechts) für Belastung über dem Mittelträger

Ein solcher Querschnitt, der leider zu oft als Trägerrost berechnet wird, soll nun Gegenstand der weiteren Untersuchungen sein. Um die numerischen Größen noch bequem in geschlossener Form angeben zu können, wird als Modell eines Plattenbalkenquerschnittes der in Abb. 13.10a gezeichnete Querschnitt verwendet.

α) **Belastung über dem Mittelträger.** Nach der *Biegetheorie* kann der Brückenquerschnitt als T-Querschnitt entsprechend Abb. 13.10b aufgefaßt werden, was die in Abb. 13.10d eingetragenen Normalspannungen gibt.

Nach der *Faltwerktheorie* werden aber die nicht direkt belasteten äußeren beiden Hauptträger nur Spannungen infolge einer Kantenkraft auf Fahrbahnhöhe erhalten. Im Kernpunkt K, der zur Randfaser auf Fahrbahnhöhe gehört, sind die Normalspannungen Null. Beim hier verwendeten Beispiel mit rechteckigen Scheiben führt das zu einem Randspannungsverhältnis von $-1/2$ und zu einer stellvertretenden Fläche $F^* = F/4$. Die Spannungen am Faltwerkquerschnitt werden daher am T-Querschnitt der Abb. 13.10c ermittelt, was die in Abb. 13.10e eingetragenen Normalspannungen gibt.

Der Unterschied in den Resultaten ist aus dem Vergleich der Abb. 13.10d mit e ersichtlich. Die Randspannungen in den Untergurten der äußeren Hauptträger sind sechsmal größer beim solidarischen Querschnitt als beim Faltwerkquerschnitt. Dafür sind bei diesem die entsprechenden Spannungen am mittleren Hauptträger 2,7mal größer als bei jenem.

Wegen der Wahl von möglichst einfachen Proportionen im Querschnitt sind für dieses Beispiel die Spannungen in der Fahrbahnebene gleich groß. Dies ist ein Zufall und wird im allgemeinen nicht so sein.

Das Verhältnis der einzelnen Scheibendurchbiegungen nach Gl. (11.40) ist für die beiden Auffassungen in den Abb. 13.10f und g skizziert. Voraussetzungsgemäß bleibt die Form des Querschnittes bei der Berechnung nach der Biegetheorie erhalten, währenddem beim Faltwerk dies nicht mehr der Fall ist.

β) **Belastung über einem äußeren Hauptträger** (Abb. 13.11a). Entsprechend der *Theorie der offenen, dünnwandigen Querschnitte* wird die Belastung in eine symmetrische und eine antimetrische aufgeteilt. Bei gleicher Lastanordnung in Brückenlängsrichtung wie unter α) sind auch die Spannungen aus dem symmetrischen Anteil dieselben, wie bereits in Abb. 13.10d festgehalten. Mit der antimetrischen Belastung wird wie in Abb. 13.7 verfahren. Für dieses spezielle Beispiel der randverbundenen Rechteckscheiben lassen sich auch die Lösungen der Übung 13.1 mit $\varrho = 3$ und $\gamma = 2$ verwenden. Die Summe der Normalspannungen aus Biegung und Verdrehung ist in Abb. 13.11d gegeben.

Nach der Auffassung der *Faltwerktheorie* nehmen die beiden nicht direkt belasteten Hauptträger nur mit einer stellvertretenden Fläche gemäß Gl. (12.16) teil, und sie haben ein Randspannungsverhältnis entsprechend Gl. (12.17).

Für die randverbundenen Rechteckscheiben des besprochenen Beispieles ist dies $F^* = \frac{F}{4}$ bzw. ein Randspannungsverhältnis von $-\frac{1}{2}$. Der Rumpfquerschnitt, an dem somit die Spannungen zu ermitteln sind, ist der in Abb. 13.11c aufgezeichnete. Er kann nach der Iterationsformel (12.6) auf einen einfachen T-Querschnitt mit der stellvertretenden Flanschfläche $F^* = \frac{23}{28} F$ reduziert werden. Aus Gl. (12.5) wird das Randspannungsverhältnis in der Fahrbahn zu $-3/7$ bestimmt. Die resultierenden Normalspannungen gehen aus Abb. 13.11e hervor.

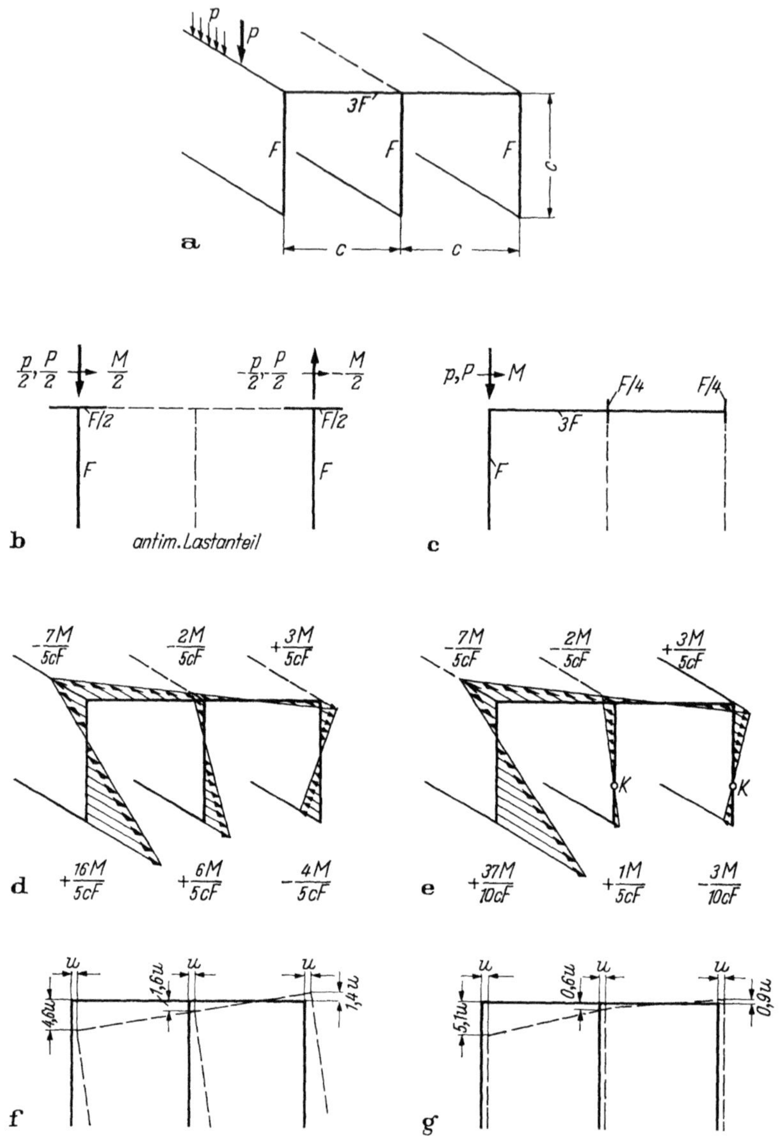

Abb. 13.11. Modell des Plattenbalkens;
Berechnung nach Stab- (links) und Faltwerktheorie (rechts) für Belastung über dem Randträger

γ) **Unterschied.** Nach der dargestellten Theorie muß der Unterschied zwischen Faltwerk- und Stabtheorie bei beiden Belastungsfällen von gleicher Form sein; bestehend aus einem Eigenspannungszustand und einem der Spannungsgröße proportionalen Knick in der Fahrbahnmitte.

Für den zentrischen Belastungsfall ist die Normalspannungsdifferenz (Faltwerk- minus Stabspannungen) in Abb. 13.12a aufgezeichnet. Die entsprechende Differenz der Hauptträgerdurchbiegungen geht aus Abb. 13.12b hervor. Die relative Einsenkung des mittleren Hauptträgers gegenüber seinen beiden Nachbarträgern beträgt $+3u$, d. h. der Knickwinkel Ψ ist $= \frac{6u}{c}$.

Steht die gleiche Belastung über einem äußeren Hauptträger, so ist die relative Durchbiegung des mittleren Trägers $-1{,}5u$, bzw. es entsteht ein Knickwinkel $\Psi = -\frac{3u}{c}$.

Will man daher, unter Umgehung einer Wölbberechnung, die Spannungen am exzentrisch belasteten Plattenbalken bestimmen, so sind zu den Resultaten aus der Faltwerkanalyse des exzentrischen Falles (Abb. 13.11e und g) die $-\frac{1{,}5u}{3u} = 0{,}5$fachen Eigenzustände nach Abb. 13.12 zu subtrahieren, d. h. die 0,5fachen zu addieren. Dies ergibt hier in der Tat die in Abb. 13.11d bzw. f dargestellten Resultate der Stabtheorie.

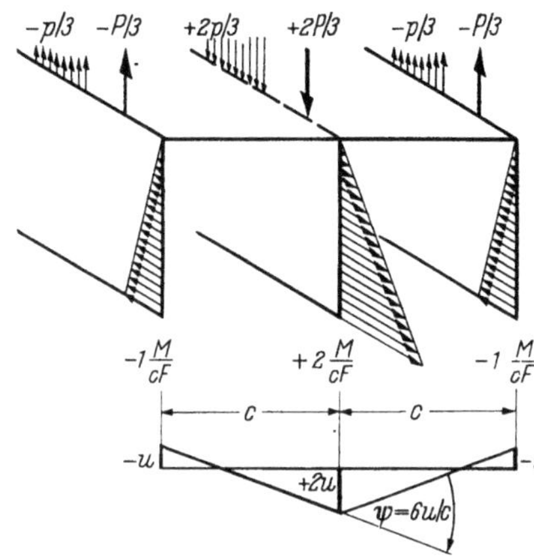

Abb. 13.12. Differenz zwischen Faltwerk- und Stabtheorie: ein Eigenspannungszustand

Übung 13.4. *Lastaufstellung*

a) Wie ist die symmetrische Belastung auf die drei Hauptträger des Querschnittes von Abb. 13.10a zu verteilen, so daß Faltwerk- und Stabtheorie identische Resultate liefern?

b) Wie ist die exzentrische Belastung auf sekundäre, von Rand- zu Mittelträger gespannte Querträger zu plazieren, damit die beiden Theorien übereinstimmende Resultate ergeben?

Lösung:

a) Über jedem Hauptträger ein Drittel der Gesamtlast.

b) Im Abstand $2c/3$ von der Symmetrieachse.

13.4 Eingabelung der wirklichen Verhältnisse

a) Der Einfluß eines Querträgers

Da die Abweichung der Resultate aus der Faltwerktheorie bei offenen, dünnwandigen Querschnitten nur auf die Formänderung des Querschnittes unter Belastung zurückzuführen ist, darf erwartet werden, daß jede Aussteifung des Tragwerkes durch Querträger, Rippen oder Querschotte einen entscheidenden Einfluß auf den Unterschied in den Spannungen haben wird.

Um für die nachfolgende Diskussion ein konkretes Beispiel zu haben, wird zunächst der Einfluß eines Querträgers in einer Plattenbalkenbrücke studiert. Dazu wird der schematische Querschnitt der Abb. 13.10a verwendet. Die Brückenspannweite ist l, und der Querträger befindet sich in Feldmitte. Die Belastung besteht aus einer konzentrierten Einzellast P, die über dem Mittelträger an der Stabstelle z bzw. z' $\left(\zeta = \frac{z}{l},\ \zeta' = \frac{z'}{l}\right)$ aufgebracht ist.

Das in den Abb. 13.10g und 13.11g eingetragene Durchbiegungsmaß u ist daher durch Gl. (11.42) gegeben, wobei $\frac{\Delta\sigma_i}{c_i}$ den Wert $\frac{M}{c^2F} = \frac{\frac{Pl}{2}\zeta}{c^2F}$ annimmt.

Für die Durchbiegung in Feldmitte infolge einer Last P in der ersten Brückenhälfte $\left(\zeta < \frac{1}{2}\right)$ ist:

$$u = \frac{1}{2}\,\frac{Pl\zeta}{c^2F}\,\frac{l^2}{6E}\left(\frac{3}{4} - \zeta^2\right)$$

und somit der Knickwinkel $\Psi_0 = \frac{6u}{c}$ in Feldmitte:

$$\Psi_0 = \frac{P}{2EF}\,\frac{l^3}{c^3}\,\zeta\left(\frac{3}{4} - \zeta^2\right). \quad (13.21)$$

Dieser Querschnittsverformung widersetzt sich ein Querträger. Er übt Reaktionen in der Form der Kraftgruppe X (Abb. 13.13b) auf das Faltwerk aus, die darin einen Eigenspannungs- und Verformungszustand nach Abb. 13.12 bewirken.

Mit $X = 1$ $\left(\text{und somit } M = \frac{l}{4} \text{ in Feldmitte}\right)$ ergibt diese Kraftgruppe die 3/2fachen numerischen Werte für die Normalspannungen in Feldmitte (Abb. 13.13c) und den 3/2fachen numerischen Ausdruck für den Knickwinkel Ψ, wenn in Gl. (13.21) die Laststellung $\zeta = \frac{1}{2}$ und $P = 1$ verwendet wird:

$$\Psi_1 = \frac{3}{16}\,\frac{1}{EF}\,\frac{l^3}{c^3}. \quad (13.22)$$

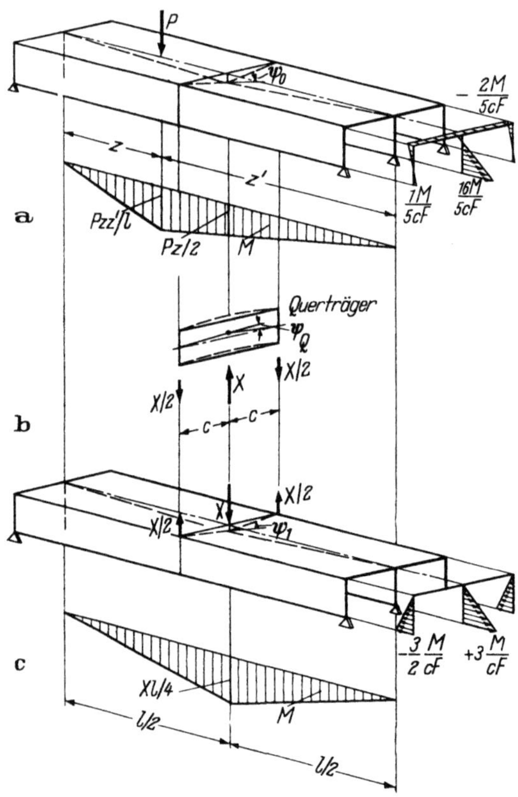

Abb. 13.13. Der Einfluß eines Querträgers

Die Durchbiegung des Querträgers unter der Lastgruppe $X = 1$ resultiert in einem Knickwinkel

$$\Psi_Q = -\frac{c^2}{3EI_Q}. \quad (13.23)$$

Die Verträglichkeitsbedingung lautet:

$$\Psi_0 + \varphi_1 X = \Psi_Q X$$

oder

$$X = -\frac{\Psi_0}{\Psi_1 - \Psi_2} \tag{13.24a}$$

und mit den Ausdrücken (13.21) bis (13.23) darin eingesetzt erhält man:

$$X = -\frac{8}{3} P \frac{\zeta\left(\frac{3}{4} - \zeta^2\right)}{1 + \frac{16}{9}\frac{F c^2}{I_Q}\frac{c^3}{l^3}} \qquad (\zeta \leq 1/2). \tag{13.24b}$$

Hat z. B. die Konstruktion solche Proportionen, daß der zweite Summand im Nenner gleich Eins wird, so erhält man für eine Laststellung im Drittelspunkt der Spannweite $X = -0{,}284 P$.

Ist der Querträger nicht vorhanden, $I_Q = 0$, oder unendlich steif, $I_Q = \infty$, so wird $X = 0$ bzw.

$$X = -\frac{8}{3} P \zeta\left(\frac{3}{4} - \zeta^2\right). \tag{13.25}$$

Die Spannungen werden aus Überlagerung der in Abb. 13.13a und c dargestellten Zustände erhalten. Für den unendlich steifen Querträger und die Laststellung $\zeta = 0{,}2$ ist die Untergurtspannung in Abb. 13.14 aufgetragen ($X = -0{,}38 P$).

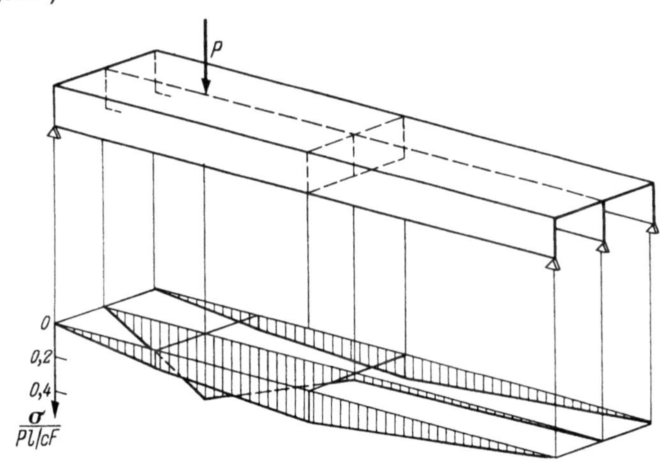

Abb. 13.14. Normalspannungsverlauf in den Untergurten. Überbau nach Abb. 13.10a mit einem Querschott in Brückenmitte

Übung 13.5. *Exzentrische Lastaufstellung.* Berechne und skizziere den zur Abb. 13.14 analogen Normalspannungsverlauf in den Untergurten, jedoch mit der Laststellung über dem Randträger (Querschnitt nach Abb. 13.11a, $\zeta = 0{,}2$, $I_Q = \infty$.)

Lösung

$$X = +\frac{4}{3}P\frac{\zeta\left(\frac{3}{4}-\zeta^2\right)}{1+\frac{16}{9}\frac{Fc^2}{I_Q}\frac{c^3}{l^3}},$$

für $\zeta = 0{,}2$, $I_Q = \infty$: $X = +0{,}19P$.

Die Darstellung des Spannungsverlaufes ist in der folgenden Abbildung festgehalten.

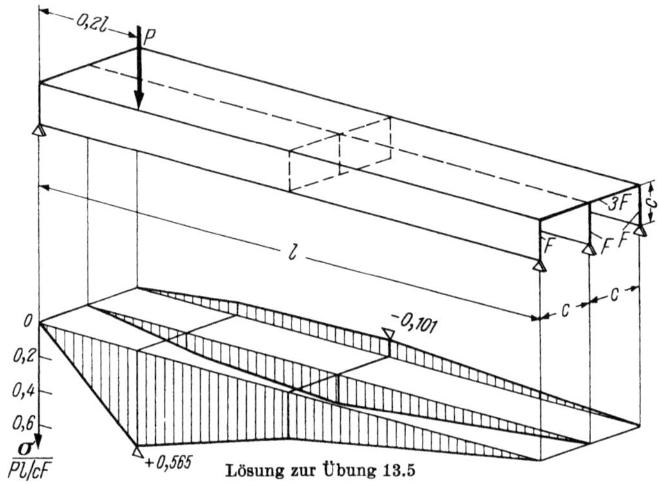

Lösung zur Übung 13.5

b) Grenzfall: Querschott

Wie der Einfluß eines biegsamen Querträgers auf die Spannungen berechnet werden kann, ohne den Überbau in einen Trägerrost zu verstümmeln, ist im vorangehenden Abschnitt am Beispiel eines vierscheibigen Querschnittes dargelegt worden. In den häufigsten Fällen können solche Berechnungen jedoch vereinfacht werden, nämlich dann, wenn der Querträger als starr angesehen werden darf. In diesem Falle sei er als *Querschott* bezeichnet.

Zunächst wird an Hand der Zahlen des vorangehenden Beispieles verifiziert, wie gering der Einfluß der Querträgerdurchbiegung auf die Resultate ist. Wenn die Querträgerhöhe und -stärke gleich derjenigen eines Hauptträgers ist, so wird $I_Q = \frac{c^2 F}{12}$ oder mehr, je nachdem, ob er mit der Fahrbahnplatte verbunden ist oder nicht. Das Verhältnis von Spannweite l zu Hauptträgerhöhe c wird mindestens 10 betragen. Somit ist der Nenner des Ausdruckes (13.24b) höchstens

$$1 + \frac{16}{9}\frac{12}{10^3} = 1 + 0{,}02,$$

gegenüber 1 bei unendlich starrem Querträger. Mit anderen Worten: Die Berücksichtigung der Querträgerdurchbiegung ändert die überzählige Größe unter den genannten Annahmen um höchstens zwei Prozent.

Wird nun die überzählige Größe X nach Gl. (13.25) für einen starren Querträger benutzt, so erhält man für die Einzellast über dem Querträger $X = -2P/3$. Wie aus Abb. 13.12 ersichtlich ist, erzeugt diese Kraftgruppe die Differenz der

Resultate zwischen Stabtheorie minus Faltwerktheorie. Werden die beiden Zustände aus Faltwerktheorie (am Grundsystem) und derjenige aus der überzähligen Größe überlagert, so entstehen die Resultate der Stabtheorie. Da diese Feststellung nicht an die Besonderheiten des verwendeten Beispieles gebunden ist, gilt folgender fundamentaler Satz:

Wenn ein vier- oder mehrscheibiger Querschnitt mit vernachlässigter SAINT-VENANTscher Torsionssteifigkeit vorliegt und durch Einzellasten belastet wird, so genügt es, den Querschnitt unter den Lasten durch Querschotte auszusteifen, um das Tragwerk nach der Stabtheorie genau zu analysieren.

Obwohl diese Maßnahme bei wandernden Einzellasten nicht erfüllbar ist, verhilft diese Aussage trotzdem zur untenstehenden sehr einfachen Berechnung der Spannungen aus einer Kombination von zwei Einflußlinien. Zur Illustration des folgenden Textes wird der bereits verwendete Überbau nach Abb. 13.13 mit Querschnitt gemäß Abb. 13.10 benutzt. Die Aussagen gelten jedoch für beliebig durchlaufende, auskragende oder eingespannte Tragwerke mit Lasten über jeder Schnittkante. Ferner wird die Bezeichnung f_1 und f_2 aus Abschn. 11.2b „Produktdarstellung der Resultate" wieder übernommen.

Man denke sich den Überbau (Abb. 13.15a) noch zusätzlich gestützt bei jedem Querschott (Abb. 13.15b). Nun liegt ein *unausgesteiftes* Faltwerk vor, das sich freilich über mehr Felder mit kleinerer Spannweite erstreckt, sich aber eindeutig nach der Faltwerktheorie berechnen läßt, da es durch keine Querschotte mehr ausgesteift ist.

Die Biegemomente werden aus Einflußlinien $\overline{\eta}_M$ bestimmt ($= \bar{f}_2$) und die Spannungsverteilung über den Querschnitt gemäß dem Schlüssel der Faltwerkanalyse, f_1 (F.W.) (Abb. 13.15c).

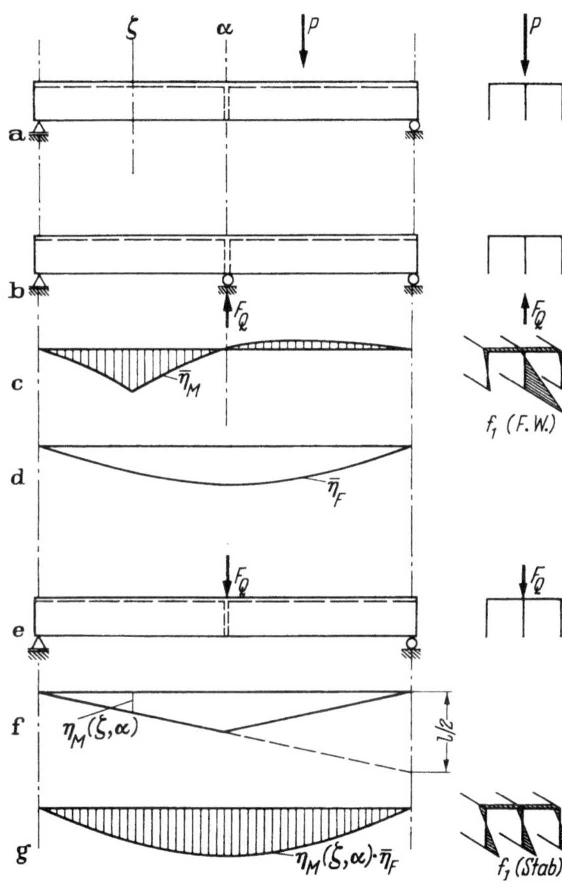

Abb. 13.15
Berechnung eines durch Querschott ausgesteiften Tragwerkes

Nun wird der Auflagerdruck F_Q unter dem Querschott, dargestellt durch seine Einflußlinie $\overline{\eta}_F$ (Abb. 13.15d), als Belastung des Tragwerkes eingeführt, denn in Wirklichkeit ist dort kein Lager vorhanden (Abb. 13.15e). Nach obigem Satz ist es nun aber eindeutig, daß dafür der Schlüssel für die Querverteilung der Spannungen nach der Stabtheorie, f_1 (Stab), zu benutzen ist.

Wenn der Einflußkoeffizient für das Biegemoment an der Stelle ζ des Stabes infolge der Kraft am Ort des Querträgers α mit $\eta_M(\zeta, \alpha)$ bezeichnet wird (Abb. 13.15f), so ergibt das die z-abhängige Funktion f_2, mit der die Normalspannungen infolge $M = 1$ nach der Stabtheorie zu bestimmen sind (Abb. 13.15g).

Die Überlagerung der Spannungen nach Abb. 13.15c mit g ergibt das Resultat:

$$\sigma = f_1\,(\text{F.W.}) \cdot \bar{\eta}_M + f_1\,(\text{Stab}) \cdot \eta_M(\zeta, \alpha) \cdot \bar{\eta}_F. \tag{13.26}$$

Es ist noch zu erwähnen, daß die Auflagerdruckverteilung auf die einzelnen Faltwerksscheiben affin zu den Scheibenkomponenten aus äußerer Belastung ist. Zum Beispiel wird bei Belastung des Mittelträgers nur dieser einen Auflagerdruck F_Q verursachen.

Übung 13.6. *Erneute Berechnung der Übung 13.4.* Überprüfe die beiden in der Lösung zur Übung 13.5 eingetragenen numerischen Werte mit der soeben beschriebenen Berechnungsmethode.

c) Zur Zahl der Querschotte

Für den in diesem Abschn. 13.4 berechneten Plattenbalken entstehen folgende Grenzwertlinien der Zugspannungen im Untergurt des Mittelträgers, hervorgerufen durch eine auf diesem Träger wandernde Einzellast P:

nach der Stabtheorie:

$$\sigma = \frac{6}{5}\,\frac{Pl}{cF}\,\zeta\,(1-\zeta); \tag{13.27a}$$

nach der Faltwerktheorie mit einem Querschott in Feldmitte:

$$\sigma = \frac{Pl}{cF}\,\zeta\left(\frac{16}{5} - \frac{31}{5}\,\zeta + 4\zeta^3\right) \quad (\zeta \leq \tfrac{1}{2}); \tag{13.27b}$$

nach der Faltwerktheorie ohne Querschott:

$$\sigma = \frac{16}{5}\,\frac{Pl}{cF} \qquad \zeta(1-\zeta). \tag{13.27c}$$

Der Verlauf dieser Spannungsgrenzwerte (13.27) ist in Abb. 13.16 aufgetragen.

Aus der Abb. 13.16 ist ersichtlich, wie wirksam ein einziger Querschott die Spannungen eines Faltwerkes zu beeinflussen vermag. Am Ort des Querschotts differiert der maßgebende Spannungsgrenzwert nicht mehr, gleichgültig, ob er nach der Stab- oder Faltwerktheorie ermittelt wird.

Die größte Abweichung der Resultate beider Theorien ist etwa im Viertelspunkt der Spannweite zu finden.

Wären zwei Querträger in den Drittelspunkten eingezogen worden, so entstünde ein ähnliches Bild aus drei Kurven. Zufolge der kleineren Zwischenspannweite wäre die Abweichung der Spannungsgrenzwerte von den Resultaten der Stabtheorie noch geringer. Da sich bei einer Dreierteilung die größte Abweichung in Feldmitte zur größten Spannung aus Stabtheorie addiert, würde durch diese Anordnung der höchste Grenzwert unwesentlich vermindert gegenüber der Zweiteilung.

Erst mit einer Viererteilung wäre die Reduktion der größten Spannung erheblich, doch kann selbst bei beliebig großer Querschottdichte der Spannungsgrenzwert nie kleiner werden als nach der Stabtheorie.

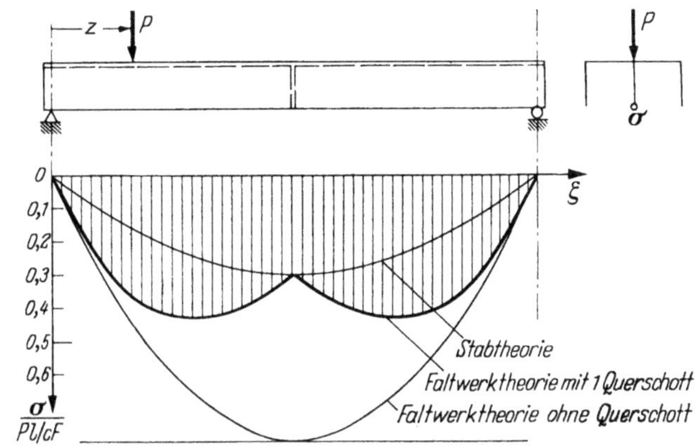

Abb. 13.16. Grenzwertlinie der Untergurtspannung im Mittelträger, infolge einer wandernden Einzellast P über diesem Träger

Man könnte die in Abb. 13.16 als Stabtheorie angeschriebene Linie auch als „Faltwerktheorie mit unendlich vielen Querschotten" bezeichnen; dann unterscheiden sich die Voraussetzungen der beiden Theorien auch nicht mehr in der Erhaltung der Stabquerschnitte unter Belastung.

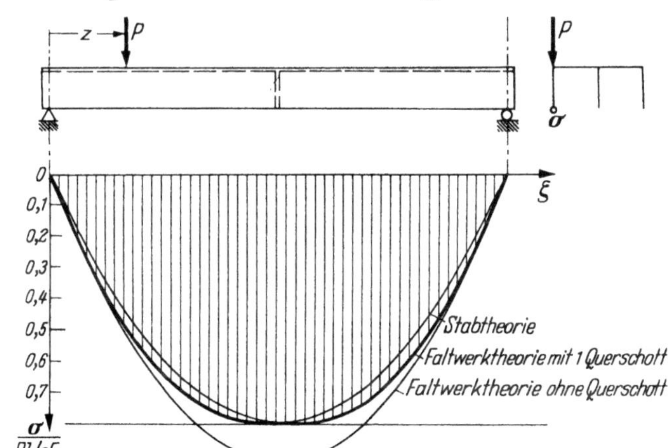

Abb. 13.17. Grenzwertlinie der Untergurtspannung im Randträger, infolge einer wandernden Einzellast P über diesem Träger

Die allerhöchste Zugspannung im hier verwendeten Beispiel des Plattenbalkens tritt im Untergurt eines Randträgers auf, falls der Plattenbalken exzentrisch belastet wird. Für den Fall einer Wanderlast P auf dem Randträger selbst ist in Abb. 13.17 auch die Grenzwertlinie der Untergurtzugspannungen für diesen Randträger gegeben. Nach Einzug eines einzigen Querschotts in Feldmitte wird der Unterschied in den Spannungen aus beiden Theorien gering.

Berücksichtigt man, daß bei gleicher Belastung aller drei Hauptträger (Eigengewicht!) oder durch Nutzlast in einer gewissen Stellung zwischen Rand- und Mittelträger (s. Lösung zu Übung 13.3) überhaupt kein Unterschied in den Resultaten beider Theorien vorhanden ist, so kommt man aus all diesen Überlegungen zum Schluß, daß in den meisten Fällen die wirtschaftlichste Lösung bereits durch Einzug eines einzigen Querschottes am Ort der größten Feldmomente erreicht wird.

Außerdem ist festzustellen, daß die effektiven Grenzwerte der Spannungen so nahe an denjenigen aus der Stabtheorie liegen, daß man das Tragwerk schon sehr zutreffend mit der Stabtheorie allein analysieren darf. Das soll nicht heißen, daß der Einfluß der Stabverdrehung vernachlässigbar sei — wie groß der Unterschied aus einer Lastverschiebung vom Mittelträger auf den Randträger sein kann, zeigt der Vergleich von Abb. 13.16 mit 13.17 —, sondern daß die Voraussetzung der Querschnittserhaltung als hinreichend angesehen werden darf.

Übung 13.7. *Exzentrische Belastung.* Berechne die Grenzwertlinie der Zugspannungen im Untergurt des Randträgers für Stab- und Faltwerktheorie mit und ohne Querschott in Feldmitte.

Querschnitt nach Abb. 13.11, Spannweite l, Belastung: Wanderlast P über dem Randträger.

Lösung:

Stabtheorie, mit oder ohne Querschott:

$$\sigma = \frac{16}{5}\frac{Pl}{cF}\zeta(1-\zeta).$$

Faltwerktheorie, ohne Querschott:

$$\sigma = \frac{37}{10}\frac{Pl}{cF}\zeta(1-\zeta).$$

Faltwerktheorie, mit Querschott:

$$\sigma = \frac{Pl}{cF}\zeta\left(\frac{37}{10} - \frac{89}{20}\zeta + \zeta^3\right), \quad (\zeta \leq \tfrac{1}{2}).$$

d) Zusammenfassung

Die Bedeutung der hier dargestellten Faltwerktheorie liegt darin, daß sie, mit der Stabtheorie zusammen, Schranken liefert, zwischen denen alle wirklichen Verhältnisse liegen. Die Stabtheorie setzt vollkommene Querschnittserhaltung unter Belastung voraus; die hier gezeigte Faltwerktheorie überhaupt keine; sie nimmt gelenkige Scheibenverbindungen an.

In Wirklichkeit sind die meisten Scheiben steif miteinander verbunden, aber die Scheiben selbst so biegsam, daß sie die Querschnittsform unter Last nur teilweise zu wahren vermögen. Wie wir gesehen haben, ist der Unterschied zwischen vollkommener Querschnittstreue (Stabtheorie) und überhaupt keiner (die hier verwendete Faltwerktheorie) zum Teil so klein — er besteht bei Tragwerken aus 2 und 3 Scheiben höchstens noch im SAINT-VENANTschen Torsionsanteil —, daß eine Angabe der Schranken genügt. Wo dies nicht der Fall ist, wird man aus Kostengründen und um höhere Steifigkeit der Konstruktion zu erreichen, einen oder mehrere Querschotte pro Feld einziehen.

Wenn der Querschnitt als starr vorausgesetzt werden darf, so ist auch in diesen Fällen eine Eingabelung der wirklichen Verhältnisse leicht möglich: Man bestimmt die Faltwerkspannungen an dem durch die Querschotte in kleinere Spannweiten unterteiltem System und überlagert diesen die Spannungen nach der Stabtheorie aus den unter den Querschotten gefundenen Auflagerreaktionen. Die wirkliche Scheibenspannung liegt zwischen dem so berechneten Wert und demjenigen aus der Stabtheorie.

Für die Beanspruchung der Querträger ist man immer auf der sicheren Seite, wenn sie über die Stabtheorie bestimmt wird.

Dimensionen einiger neu eingeführter Größen

I_{xx}, I_{yy}, I_{xy}: [Länge]^4
$I_{\omega\omega}$: [Länge]^6
$I_{\omega x}, I_{\omega y}$: [Länge]^5
K: [Länge]^4
m_D: [Kraft]
M_D: [Kraft] · [Länge]
M_x, M_y: [Kraft] · [Länge]
M_ω: [Kraft] · [Länge]^2
q: [Kraft] · [Länge]$^{-1}$
$\tilde{S}_x, \tilde{S}_y$: [Länge]^3
$\tilde{S}_\omega$: [Länge]^4
T, T_s, T_ω : [Kraft] · [Länge]
ω, Ω: [Länge]^2

Namenverzeichnis

GPSR Compliance

The European Union's (EU) General Product Safety Regulation (GPSR) is a set of rules that requires consumer products to be safe and our obligations to ensure this.

If you have any concerns about our products, you can contact us on ProductSafety@springernature.com

In case Publisher is established outside the EU, the EU authorized representative is:

Springer Nature Customer Service Center GmbH
Europaplatz 3
69115 Heidelberg, Germany

Batch number: 10684222

Printed by Printforce, the Netherlands